Easy 전기전자공학 개론

| 개정판 |

| 정석문 · 홍우영 공저 |

세종출판사

Easy 전기전자공학 개론을 발간하며

최근 전기전자공학 및 정보통신분야의 급속한 발전에 따라 거의 모든 공학 분야에 있어서 전자회로에 관한 지식이 필요하게 되었다. 또한 고등학교 교과과정 개선 등으로 인해 화학과 물리에 대한 기초지식이 부족한 전공자뿐만 아니라 비전공자에게 있어 전기전자공학의 기본 이론과 응용에 대한 내용을 한 학기 내에 효과적으로 학습할 수 있는 교재들이 부족하고, 특히 사관학교와 같은 특수 목적 대학의 경우 그 목적에 맞는 교과내용을 다루고 있는 교재가 부족하여 교재 선정 때마다 어려움을 겪어왔다.

이에 다년간 강단에서의 경험을 바탕으로 필요한 전기부분과 전자부분의 내용들을 모아 본 교재의 내용을 구성하였으며, 공부하는 학생들이 이해하기 쉽도록 내용을 풀어서 서술하였고, 내용의 이해에 도움이 될 만한 많은 그림들을 직접 그려 넣어 이해하기 쉽도록 하였다.

본 교재는 전기전자공학의 기초부분에서부터 응용분야까지 전 분야를 다루고 있으며, 한 학기에 다룰 수 있도록 내용의 범위를 한정하였다. 본 교재를 통해 공부한 학생들이 전기전자분야에 대한 필요한 지식을 얻고, 추후에 필요한 내용을 참고할 수 있는 서적이 되기를 기대한다.

늦게나마 많은 시간이 요구되는 본 교재를 집필할 수 있도록 용기를 주신 하느님과 본 교재가 완성되기까지 다년간 함께 강단에서 강의하면서 필요한 부분을 조언해 주신 동료교수들과 출판사 관계자 분에게 감사의 말을 전하며, 이 책을 통해 전공자 또는 비전공자들의 전기전자공학에 대한 이해가 높아지기를 기대한다.

2009년 8월 한여름에

저자 대표 정석문

"해군의 힘, 대한민국의 미래입니다."

Easy 전기전자공학 개정판을 발간하며

초판을 발간하여 실제 강의에 사용하면서 교재 내용 중 일부분에 대한 수정과 보완이 필요한 것을 느끼게 되어 개정판을 출판하게 되었다.

전기전자공학 및 정보통신분야의 급속한 발전에도 불구하고 근간을 이루는 기본 이론은 여전히 중요하다. 따라서 본 개정판에서는 초판의 내용을 기본으로 하여 회로이론의 부족한 부분을 보충하였고, 3상 발전기 부분을 추가하였다. 특히 함정에서 사용하는 3상 교류 신호의 발생과정과 성형결선 및 환상결선에 대하여 자세히 기술하여 3상 교류 신호에 대하여 이해할 수 있도록 하였다. 또한 이번 개정판에는 연습문제에 대한 답을 부록에 추가하여 학생들이 연습문제를 스스로 풀어보고 답을 비교, 확인할 수 있도록 하였다.

본 교재를 통해 전기전자공학이라는 학문의 개념을 쉽게 이해할 수 있기를 바란다. 또한 서고에 보관하면서 언제든지 꺼내어 볼 수 있는 기초전공서적으로서 역할을 기대해 본다.

본 교재의 개정판이 나올 수 있도록 부족한 부분에 상의해 주신 박한웅, 김하철 교수님께 감사드리며, 보다 나은 서적이 될 수 있도록 최신의 기술 개발에 대한 내용들은 다음 개정판에서 추가할 것을 약속드린다. 마지막으로 본 교재와 관련하여 좋은 의견이 있으면 언제든지 제시하여 주시기를 바란다.

2010년 12월

저자 대표 정석문

목 차

PART Ⅰ 전기와 회로이론

제1장 전기 · 3

제2장 직렬 및 병렬 회로 · 19

제3장 커패시터와 인덕터 · 55

PART II 교류 신호와 응용

제4장 자기학 · 75

제5장 교류신호 · 91

제6장 RC 및 RL 회로 · 131

PART III 반도체와 응용

제7장 반도체 소자 · 161

제8장 다이오드 응용회로 · 187

제9장 트랜지스터 · 211

제10장 연산증폭기 · 237

PART IV 통신과 디지털 시스템

제11장 통신시스템 · 255

제12장 디지털 시스템 · 273

제13장 조합논리회로 · 321

제14장 순차논리회로 · 341

PART Ⅰ

기본 전기 이론
(Basic Electric Theory)

1. 전기

전류는 도체 내에서 전하의 흐름을 말하며, 전류가 잘 흐르는가 여부는 그 물질의 원자의 구조에 의해 결정된다.

1.1. 원자

일반적으로 모든 물질들은 분자(molecule)로 구성되어 있고, 이들 분자는 다시 원자(atom)들로 구성되어 있다. 원자는 원소의 성질을 유지하고 있는 가장 작은 입자로, 서로 다른 원소는 다른 종류의 원자들로 구성되어 고유한 원자 구조를 가지고 있다.

Bohr의 이론에 의하면 원자는 중앙의 핵(nuclear)과 중성자(neutron), 그를 둘러싼 외부 궤도의 전자(electron)들로 구성되어 있다. 원자핵은 양자(proton)라고 하는 (+) 극성을 갖는 입자와 중성자(neutron)라고 하는 극성을 갖지 않은 입자로 구성되고, 전자는 (–) 극성을 갖고 있으며 전하의 기본 단위로 사용된다.

각각의 원자들은 특정한 수의 전자와 양자를 갖고 있으며, 이들 수에 의하여 다른 원자들과 구별되는 특성을 가진다. 즉, 원자들은 그 고유 원자 번호에 따라 주기율표상에 차례로 배열되며, 원자 번호는 핵 안의 양자수와 같으며, 정상 상태에서는 양자와 같은 수의 전자를 가지고 있다. 따라서 양전하와 음전하의 수는 같으며, 원자의 극성은 없다. 전선으로 가장 많이 사용하는 구리(Cu)의 경우 원자번호는 29이므로, 원자 핵 주위에 29 개의 전자가 돌고 있다. Pauli 배타율에 의해 전자들은 서로 다른 에너지를 가지는 궤도상에서 돌게 되며, 각 궤도에 올 수 있는 전자의 수는 $2N^2$의 공식에 의해 결정된다. 원자핵으로부터 첫 번째 가까운 궤도에는 전자가 2 개, 두 번째 궤도에는 8 개의 전자가 세 번째 궤도에는 18 개, 네 번째 궤도에는 32 개의 전자가 각각 올 수 있다. 구리의 경우 29이므로, 첫 궤도에 2 개, 두 번째 궤도에 8 개, 3번째 궤도에 18 개, 그리고 마지막 4번째 궤도에 1 개가 있게 된다. 최외각 궤도에 있는 전자를 가전자(valence electron)이라고 한다. 궤도가 멀어지면 원자핵과 전자 사이에 작용하는 쿨롱(coulomb)의 힘이 약하며, 따라서 가전자는 외부로부터 작은 에너지를 얻게 되면 쉽게 원자핵으로부터 이탈가능하다. 원자로부터 이탈된 전자를 자유전자(free electron)이라고 한다. 자유전자는 한 원자에서 다른 원자로 쉽게 이동할 수 있으며 전류를 흐르게 하는 입자이다. 전기적 특성으로 물질을 구분하면 도체(conductor), 반도체(semiconductor), 절연체(insulator) 등의 세 종류로 구분할 수 있다.

⊙ 도체

도체는 많은 자유전자를 가지고 있어 전류가 쉽게 흐를 수 있는 재료로 원자 구조 내에 가전자를 1 ~ 3 개를 가지고 있다. 대개의 금속은 양도체(good conductor)이며, 그 중 은(silver)은 최고의 도체이다. 다음으로 구리가 있는데 구리가 은보다 가격이 싸기 때문에 실제 사용하는 많은 전선들이나 전기회로에서 도체로 사용하고 있다.

⊙ 반도체

반도체는 원자 구조 상 최외각의 가전자가 4 개이며, 공유결합을 하고 있다. 따라서 도체보다 자유전자를 만들기 쉽지 않으며, 외부로부터 보다 많은 에너지를 공급해 주어야 자유전자를 만들 수 있다. 실리콘(silicon)이나 게르마늄(germanium) 등은 대표적인 반도체 재료이며, 불순물을 첨가하는 정도에 따라 전기적 특성이 달라지는 특징이 있어 다이오드나 트랜지스터 또는 집적회로 등의 전자소자들의 기반이 되고 있다.

⊙ 절연체

절연체는 전류를 잘 흐르지 않게 하는 재료로 자유전자를 거의 가지지 않고 있으며, 일반적으로 가전자 수가 4 개 이상인 경우이다. 실제로 전류의 흐름을 막는데 사용한다.

1.2. 전하

전하(charge)는 전기적 성질을 띄고 있는 입자를 말하며, 그 양을 전하량(Q)이라고 한다. 전하량의 단위는 [C], 쿨롱(coulomb)이며, 1 쿨롱은 6.24×10^{18} 개의 전자가 가지는 총 전하량이다.

원자들을 구성하는 것들 중, 전자는 전하의 기본 단위로 사용되며, 전자의 전하량은 1.602×10^{-19} C이다. 전하는 극성을 가지고 있으며, 전자의 경우 (–) 극성을 가진다. 이에 반해 (+) 극성을 가지는 것으로는 원자핵을 들 수 있으며, 원자핵의 (+) 극성은 원자의 번호와 같은 양을 가진다. 이 경우 원자는 원자번호에 해당하는 전자를 가지고 있어 극성은 중성이 된다. 즉, 수소의 경우 원자번호는 1이며, 전자는 하나를 가지고 있다. 따라서 수소의 경우 원자핵의 전하량은 +1이 된다. 원자 번호 6에 해당하는 탄소(C)의 경우 전자의 수는 6 개이며, 원자핵의 전하량도 +6이 된다.

(–) 극성을 가지는 전자와 반대의 극성을 가진 입자를 정공(hole)이라고 한다. 정공의 개념은 마치 수족관의 공기방울을 생각하면 쉽게 이해할 수 있다. 수족관의 공기방울은 바닥에서 위로 향해 올라온다. 그러나 실제 물리적인 움직임은 공기방울이 주입되는 순간 바로 위의 물 입자가 위치 에너지로 인해 바로 아래의 공기가 있는 빈자리로 내려가는 것이며, 이에 따라 공기 방울은 바로 위의 물이 있었던 곳으로 올라가는 것처럼 보이게 된다. 이와 같이 수족관 물의 높이까지 반복적으로 이루어지며, 마치 공기 방울이 바닥에서부터 수면까지 올라가는 것으로 생각하는 것과 같다. 이와 같이 실제의 입자 흐름은 전자이지만 전자의 극성이 (–)인 관계로 전기 회로의 해석과 계산에 있어서 음의 값이 나타나게 되어 (+) 입자인 정공의 개념을 도입하게 되었다.

1.3. 전압

전류를 흘리기 위해 외부로부터 가해지는 힘을 전기기전력(electro-motive force, emf) 라고 한다. 이 기전력의 단위가 전압(voltage) [V]이다. 전압은 두 단자 사이의 전위차에 의해서 높은 전위에서 낮은 전위로 전류가 흐르게 한다. 이것은 마치 수위가 다른 두 수조에 대하여 높은 수위의 수조에서 낮은 수위의 수조로 물이 흐르는 것과 같은 원리이다. 따라서 기전력, 전위차, 전위와 전압은 다 같은 의미로 사용된다.

한편으로 전하의 관점에서 보면 양전하와 음전하 사이에는 쿨롱의 힘인 인력이 작용한다. 이를 떼어놓기 위해서는 외부에서 일의 형태로 일정량의 에너지가 필요하다. 따라서 모든 반대 전하들은 그 사이가 떨어져 있기 때문에 일정량의 위치 에너지를 가지고 있다고 볼 수 있다. 이 위치에너지의 차이를 전위차(potential difference) 또는 전압이라고 한다. 그러므로 전압(V)은 에너지(W)를 전하(Q)로 나눈 것으로 표현할 수 있다.

$$V = W / Q \ \ [V] \qquad (1\text{-}1)$$

여기서 W는 에너지로 단위는 [J]이며, Q는 전하량으로 단위는 [C]이다.

결국 한 점에서 다른 점까지 1 C의 전하를 이동시키는데 1 J의 일이 필요할 때 그 두 점간의 전위차를 1 V라고 한다.

전압원 중 전지는 화학에너지를 전기에너지로 변환시켜주는 것이다. 전지의 전해액에 두 가지 서로 다른 물질이 용해되어 있을 때 생기는 화학반응에 의해 두 단자(전극)들 사이에 양전하와 음전하가 서로 분리되어 전압이 존재하게 된다. 일반적으로 전지는 1차 전지와 2차 전지로 구분되며, 1차 전지는 다시 충전될 수 없는 전지로 탄소-아연 전지, 알칼리 전지 등이 있으며, 2차 전지는 화학적 역반응에 의해 다시 충전할 수 있는 전지로 니켈-카드늄(Ni-Cd), 니켈-수소(Ni-H) 전지 등이 있다. 탄소-아연 전지는 전등용으로 1.5 V이며, 12 V 자동차용 배터리는 2 V의 전압을 내는 납-산 전지를 6 개 직렬로 연결하여 사용한다. 이처럼 전지의 전압은 구성하는 재료에 따라 다르다.

전지는 화학에너지를 전기에너지로 변환시킨다고 하였는데 화학에너지원이 제한되어 있으므로 주어진 출력을 낼 수 있는 시간도 한정될 수밖에 없다. 이를 암페어-시로 규정하며, Ah로 나타낸다. 전지가 정격 전압으로 부하에 전류를 공급할 수 있는 시간은 암페어-시와 공률에 의해 결정된다. 1 Ah는 전지가 정격전압 출력으로 부하에 1 시간 동안 1 A의 전류를 공급할 수 있다는 것을 나타낸다. 만일 2 A의 전류로 보낸다면 30분 동안만 공급가능하다. 실제로 전지는 특정한 전류값과 출력 전압에서 공률이 평가된다. 자동차의 경우 12 V 전지가 3 A로 공률이 60 Ah이라고 한다면 이것은 3 A의 전류를 20 시간 낼 수 있다는 뜻이다.

또한 기계적 에너지를 전기적 에너지로 변화시켜 주는 발전기에 의해 전압을 생성할 수 있다. 자세한 내용은 4장에서 다룬다.

예제 1. 1 어떤 전지가 50 Ah이라면, 2.5 A의 전류를 몇 시간 동안 낼 수 있는가?

[풀 이] 암페어-시 공률은 전류×시간이다. 따라서

50 Ah = 2.5 A × t에서

t = 50/2.5 = 20 h가 된다.

1.4. 전류

도체나 반도체 물질 내에는 전자들이 존재하며, 이들은 무질서하게 움직이고 있기 때문에 전체적으로는 어느 한 방향으로 영향을 미치지 않는다. 그러나 외부에서 전압이 인가되면 전자들은 인가된 전압의 (+) 극으로 끌려간다. 이러한 전자의 흐름이 전류(current)이다. 전류는 전하의 흐름으로 외부의 힘에 의해 전자가 한 방향으로 이동하게 되면 이와 반대 방향으로 정공이 흐르는 것으로 해석하여 이 정공의 흐름을 전류라고 정의한다. 전류는 단위 시간당 한 점을 통과하여 흐르는 전하량이며, 단위는 [A], 암페어(ampere)이며, 기호는 I를 사용한다.

$$I = Q / t \ [V] \qquad (1\text{-}2)$$

즉, 1 A란 1 초 당 6.24×10^{18} 개의 전자가 흐르는 것을 말한다. 이 전자 양을 1 C이라고 한다. 따라서 1 A는 1 초 당 1 C의 전하의 흐름과 같다.

전류의 흐름은 수족관에서 공기방울이 올라간다고 하는 것과 같이 실제의 전자의 흐름이 아닌 전자의 빈자리인 정공이 움직이는 방향으로 정의한다.

예제 1. 2 어떤 도체 내에 2 초간 18.72×10^{18} 개의 전자가 흐른 경우 전류를 구하라.

[풀 이] 정의에 의해 1 A는 1초당 6.24×10^{18} 개의 전자가 흐르는 것이므로, 2 초에는 12.48×10^{18} 개의 전자가 흐르게 된다.

따라서 전류의 크기는

$\frac{18.72 \times 10^{18}}{12.48 \times 10^{18}} = 1.5[A]$ 이다.

1.5. 저항

물질 내에 전류가 흐르면 자유전자는 물질을 통과하면서 물질 내의 원자들과 충돌을 하게 되며 이 충돌로 인하여 전자는 에너지를 잃게 되고 전자의 흐름이 약해지게 된다. 이러한 특성을 저항이라고 하며, 물질에 따라 그 값이 다르게 나타난다. 따라서 저항은 전류의 흐름을 방해하는 기능을 가진 소자로 단위는 옴[Ω]을 사용하며, 회로기호로는 R로 표기한다. 전자의 운동에너지는 저항에서 열에너지로 손실된다.

동일한 물리적 성질을 가지고 있는 도체에 대하여 단면적 S, 길이 L이라고 할 때, 전류의 흐름을 방해하는 저항의 크기는 식 (1-3)과 같다.

$$R = \rho \frac{l}{S} \ [\Omega] \tag{1-3}$$

여기서 ρ는 도체의 종류에 따라 단위 입방체의 저항값을 나타내는 저항률이다. 저항률은 물질에 따라 다른 값을 가지며, 식으로부터 저항은 도체의 길이에 비례하고, 단면적에 반비례함을 알 수 있다. 표 1-1은 다양한 금속도체의 저항률이다.

표 1-1. 금속도체의 고유저항(20°C, 단위 : 10^{-8} [Ω·m])

원 소	고유저항	원 소	고유저항
은	1.62	니켈	6.9
구리(동)	1.69	철	10.0
알루미늄	2.83	백금	10.5
마그네슘	4.46	주석	11.4
몰리브덴	4.47	연	21.9
아연	6.1	수은	95.8

고유저항의 역수를 전도도 또는 도전율(conductivity)이라고 하며, 기호 σ로 표현한다. 따라서 도전율은 전류를 얼마나 쉽게 흐르게 하는가의 정도를 표시하는 것이다.

저항은 고정저항과 가변저항으로 나누며, 또한 재료에 따라 크게 탄소계 저항과 금속계 저항으로 나눌 수 있다. 가장 일반적이고 저가격의 저항은 탄소계 고정저항으로 오차의 범위는 보통 ±5%이다. 금속계 저항은 비교적 오차가 적고, 높은 정밀도를 요할 때 사용된다.

또, 권선형 저항은 단위 길이 당 저항을 조절하는 권선으로 제작하며 길이에 따라 소비하는 전력이 다르게 나타나며 전력 정격이 비교적 높은 편이다.

저항은 일반적으로 막대 형태로 이루어져 있으며, 양쪽에 회로와 연결하기 위한 도선이 나와 있다. 저항은 양방향성 소자이며, 형태는 그림 1-1에서 보는 것처럼 다양한 형태가 있으며, 전자회로에서는 사용되는 기호는 그림 1-2와 같다.

(a) 탄소저항

(b) 가변저항

(c) 금속저항

(d) 어레이저항

그림 1-1. 저항의 형태

(a) 일반 저항

(b) 가변저항

그림 1-2. 저항의 기호

가변저항은 단자가 3 개이며 양쪽 끝의 두 단자 간에는 전체 저항의 크기가 나타난다. 가변저항의 기본적인 용도는 전압을 분배하거나 전류의 크기를 제어하는 것이다. 전압분배에 사용할 때는 전위차계(potentiometer)라고 하며, 전류를 제어하는 경우에는 가감저항기(rheostat)이라고 한다.

저항의 크기는 십(10)의 자리수, 일(1)의 자리수, 승수 및 오차를 나타내는 색띠로 구분한다. 그림 1-3에서 보는 것처럼 색띠는 각각의 고유의 숫자를 대신하고 있다.

그림 1-3에서는 10의 자리에 초록색, 1의 자리에 파란색, 승수는 빨간색, 그리고 오차는 금색을 보이고 있으므로, 저항의 값은 $56 \times 10^2 \pm 5\%$이며, $5.6\ k\Omega \pm 280\ \Omega$, 즉 $5.32 \sim 5.88\ k\Omega$의 범위의 값을 가진다.

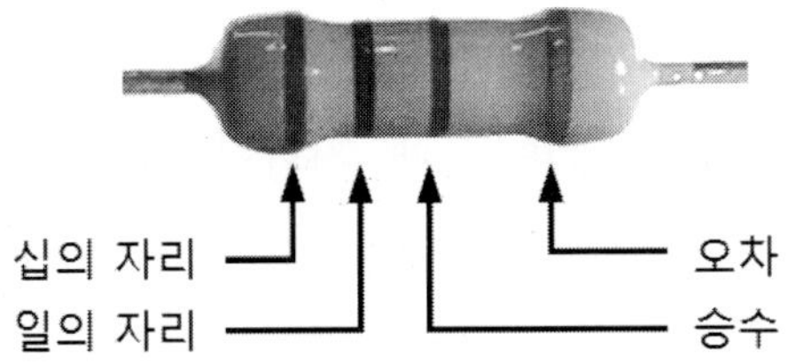

검정	갈색	빨강	주황	노랑	초록	파랑	보라	회색	흰색	금색	은색	무색
0	1	2	3	4	5	6	7	8	9	5%	10%	20%

그림 1-3. 저항의 색띠와 값.

예제 1. 3 길이가 100 m이고, 지름이 5 mm인 원형 구리선의 저항을 구하라. 구리의 저항률은 1.69×10^{-8} Ω-m 이다.

[풀 이] $$R = \rho\frac{l}{S} = 1.69\times10^{-8}\Omega\cdot m\times\frac{100\,m}{\pi\times(2.5)^2(mm)^2} = 0.09\,\Omega$$

1.6. 옴의 법칙

전기회로에서 가장 기본적인 법칙인 Ohm의 법칙은 독일의 물리학자 George S. Ohm이 전압과 전류사이의 관계를 발견한 것으로, 회로에서 저항의 양단에 전압을 가해주면 전류가 흐르는데 전류의 크기는 전압에 비례하고 저항에 반비례한다는 것으로 식 (1-4)와 같이 표현할 수 있다.

$$V = RI \tag{1-4}$$

이때 전류 I의 단위는 [A](ampere), 전압 V의 단위는 [V](volt)이고, 저항 R의 단위는 [Ω](ohm)이다. 전압은 전류에 대한 1차 함수 형태로 나타나고 그 비례 상수가 저항이다. 저항에 동일한 전류가 흐른다고 할 때, 저항이 크면 저항 양단에 걸리는 전압이 크게 나타나고, 저항이 작으면 저항 양단에 걸리는 전압이 작게 나타난다.

또 다른 표현으로는 전압이 일정하다면 저항이 작을수록 전류는 커지고 저항이 클수록 전류는 작아진다. 이와 같이 전류와 전압은 선형적(linearly)으로 비례한다. 즉 저항이 일정할 때 전류와 전압 중 하나가 증가하거나 감소하면 다른 하나도 같은 비율로 증가하거나 감소한다.

저항의 양단에 전압을 가한다는 것은 저항 양단에 전압차를 주는 것이다. 따라서 저항에 흐르는 전류의 방향은 전압이 높은 쪽에서 낮은 쪽으로 전류가 흐른다.

예제 1. 4 40 Ω의 저항을 가진 백열전구에 2 A의 전류가 흐르고 있다. 전압은 몇 V가 걸려야 하는가?

[풀 이] 옴의 법칙에 의해

$V = R\ I = 40\ \Omega \times 2\ A = 80\ V$가 된다.

예제 1. 5 미지의 저항에 60 V의 전압을 인가하였더니 1.2 A의 전류가 흘렀다. 저항은 몇 Ω인가?

[풀 이] 옴의 법칙에 의해

$R = V\ /\ I = 60\ V\ /\ 1.2\ A = 50\ \Omega$ 이다.

1.7. 전력

전기의 흐름, 즉 전류가 할 수 있는 전기 에너지의 생성 또는 소비에 대한 시간적인 비율을 전력(power)이라고 한다. 전류가 흘러 전구에 빛이 들어오게 한다든지 전열기에서 열이 나게 하는 전기에너지의 공급 비율을 말한다. 즉, 에너지란 일을 할 수 있는 기본적인 능력이며, 전력이란 에너지가 소비되는 비율을 말한다.

전력의 단위는 와트[W]를 사용하고, 에너지나 일인 경우 단위로 주울[J]을 사용한다. 1 W는 1 초당 1 J의 비율로 에너지를 발생하는 전력이다. 또한 1 J은 1 N의 힘으로 1 m를 움직인 경우에 행해지는 일이다. 즉 1 [J] = 1 [N·m]이다. 만일 3초 동안 60 J의 에너지가 소비되었다면 전력은 60 J / 3 s = 20 W가 된다.

이전에는 마력[hp]이라는 단위를 사용하여 전력을 측정하였으며, 아직도 미국에서는 마력으로 전기모터에 대한 등급을 매기고 있다. 마력은 1분에 33,000 파운드를 1 피트 옮기는데 소모되는 일로 정의되고 있다. 따라서 1 hp는 전력 746 W와 같다.

전기회로에서의 전력은 기호 P를 사용하여 표시하며, 전류와 전압과의 관계는 식 (1-5)와 같다.

$$P = V \times I \quad [W] \tag{1-5}$$

또한 옴의 법칙에 대한 식 (1-4)를 대입하면 식 (1-6)의 여러 형태로 나타낼 수 있다.

$$P = R I^2 \quad [W] \tag{1-6a}$$

$$P = V^2 / R \quad [W] \tag{1-6b}$$

또한 전력량이라고 하는 것은 전력에 시간을 곱한 것으로, 어떤 시간 동안 공급(또는 소비)되는 전기에너지의 총량을 말한다. 즉 에너지를 얼마나 소비했는가를 나타내는 지수이다. 따라서 이 전력량은 일이라는 의미에서 work의 W를 사용하여 표시하고, 단위는 와트시[W·h]이다. 기울임체(이탤릭체)인 *W*는 에너지, 전력량을 의미한다.

$$W = P \times t \ [W \cdot h] \tag{1-5}$$

전선은 전기회로에서 소자들 간의 연결을 위해 필요한 도전물질이다. 전선을 통해 흐르는 전류의 크기와 소비되는 전력에 알맞은 굵기의 전선을 사용하여야 한다. 전선의 굵기는 AWG(American Wire Gauge)라고 하는 표준 규격으로 나타낸다. AWG는 미국 또는 그 밖의 많은 나라에서 구리, 알루미늄 등의 전선의 굵기를 나타내는 단위로 전선의 지름이 11.680 mm를 AWG 0으로 하며, 0.127 mm를 AWG 36으로 하여 39 단계로 되어 있다. 구리선은 대개 AWG 18에서 26사이의 굵기를 가지며, 전화망에서는 AWG 22, 24, 26 등이 사용되고 있다. AWG에서 숫자가 크면 전선은 더 가늘고, 숫자가 작을수록 전선의 굵기가 더 굵다. 전선이 굵으면 더 많은 전류를 전송할 수 있다.

예제 1. 6 전압 220 V의 가정용 40 W 전등을 사용하고 있다. 이 전등에 흐르는 전류는 얼마인가?

[풀 이] 전력은 전압×전류이므로,

40 W = 220 V × I 가 된다.

따라서

$I = \dfrac{40\,W}{220\,V} = 0.182\,[A]$ 이다.

예제 1. 7 저항 5 kΩ에 전류가 25 mA가 흐른다고 한다. 소비되는 전력은 얼마인가?

[풀 이] $P = V \times I = V^2/R = R \times I^2$ 이므로,

$5 \times 10^3 \times (25 \times 10^{-3})^2 = 3{,}125 \times 10^{-3}$ [W] = 3.125 [W] 이다.

예제 1. 8 600 W의 전기히터를 3 시간 동안 사용하였다고 할 때, 전기히터가 소비한 전력량은 얼마인가?

[풀 이] 전력량은 전력×시간이므로,

W = 600 W×3×3600 초가 된다.

따라서

$$W = 600\,\mathrm{W} \times 3 \times 3600\,\mathrm{s} = 6{,}480{,}000\,[\mathrm{W\,s}]$$ 이다.

$$= 6{,}480\,[\mathrm{kW\,s}]$$

또는 $W = 600\,\mathrm{W} \times 3\,\mathrm{h} = 1.8\,[\mathrm{kWh}]$

비선형 저항 : 텅스텐 필라멘트에 전압을 걸어주면 발생하는 주울(joule) 열에 의해 온도가 상승하게 되며, 필라멘트의 저항값이 증가한다. 따라서 텅스텐 필라멘트에 흐르는 전압과 전류의 관계는 비례하지 않는다. 즉, 옴의 법칙이 성립하지 않는다. 이와 같이 전압에 의해 저항값이 달라지는 저항을 비선형 저항(비옴 저항)이라고 한다.

초전도체 : 물질의 저항은 온도에 따라 달라지는데 온도가 낮아지면 전기 저항이 작아지게 된다. 1911년 K. Onnes가 수은의 전기저항이 극저온인 4.2 K(약 -269℃) 이하에서 저항이 '0'이 되는 현상을 발견하였다. Onnes는 이 현상을 초전도 현상(superconductivity)이라 하고, 초전도 현상을 보이는 물질을 초전도체(superconductor)라고 하였다.

고온 초전도체 : 비저항이 '0'이 되는 온도를 초전도체의 임계온도라고 하는데 임계온도가 액체 질소 온도 77 K(-196℃)보다 높은 초전도체를 말한다.

연습문제

1. 50×10^{30} 개의 전자가 갖는 전하량은 얼마인가?

2. 0.1초 동안 10^{16} 개의 전자가 이동하였을 때, 전류는 몇 A인가?

3. 어떤 도체의 단면을 통해 1시간 동안 20,000 C의 전기량이 흘렀다고 하면 전류의 크기는 얼마인가?

4. 단면적이 0.02 mm^2인 구리 도선에 0.8 A의 전류가 흐르고 있다. 이 도선의 단면을 1분 동안 통과한 전하량은 몇 C인가?

5. 지름이 5 mm, 길이가 500 m인 동선의 전기저항은 얼마인가?

6. 다음의 저항들의 저항값과 허용오차를 구하라.
   (1) 청색, 회색, 붉은색, 은색
   (2) 갈색, 흑색, 붉은색, 금색
   (3) 노란색, 보라색, 검은색, 은색
   (4) 빨강, 검정, 주황, 무색

7. 어떤 저항에 인가된 20 V 전원을 바꾸어 전류를 100 mA로부터 150 mA로 증가시키고자 한다. 전압을 얼마로 바꾸어야 하는가?

8. 자동차의 전기는 12 V로 작동한다. 자동차의 전조등의 저항은 3 Ω, 전자시계의 저항은 900 Ω이다. 전조등과 전자시계에 흐르는 전류를 계산하라.

9. 100 개의 전등이 달려 있는 크리스마스트리의 전구는 각 저항은 8 Ω이다. 220 V의 전압을 인가할 때, 흐르는 전류는 얼마인가? 또 소비전력은 얼마인가?

10. 어떤 전등에 220 V를 가하면 0.1 A가 흐른다. 이 전등의 소비전력은 얼마인가?

11. 전압 220 V에서 1 A의 전류가 흐르는 전열기를 5 시간 사용하였다. 이 전열기에서 소비되는 전력량은 얼마인가?

12. 랜턴에는 6 V의 건전지를 사용한다. 소비전력 2 W인 꼬마전구를 사용할 경우 흐르는 전류의 크기는 얼마인가?

13. 전력 요금이 kWh당 100원이다. 다음의 각 경우에 대한 전기요금을 계산하라.
   (1) 1200 W 전기히터를 하루 3 시간 동안 5 일간 사용하였다.
   (2) 소비전력이 200 W인 TV를 하루 4 시간씩 한 달(30 일) 사용하였다.
   (3) 7 W인 비상등을 일 년 동안 계속 사용하였다.

14. 그림 p1-14에서 발열소자에 흐르는 전류를 조절하기 위해서 가감저항기가 사용 되고 있다. 가감저항기가 8 Ω 이하가 되면 발열소자가 타버릴 수 있다. 전류의 최대치에서 발열소자 양단의 전압이 200 V이라면 회로를 보호하기 위한 퓨즈의 정격치는 얼마인가?

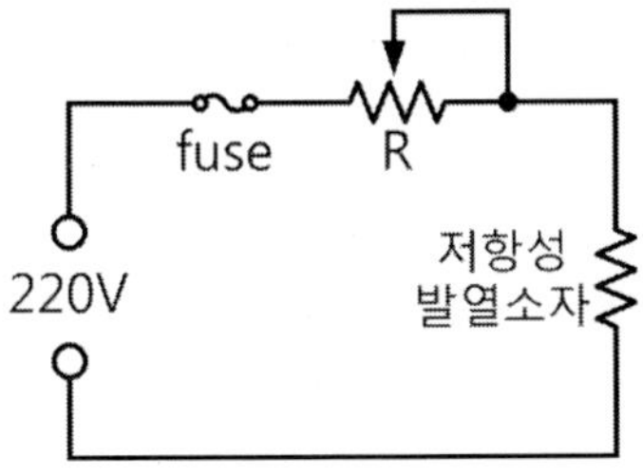

그림 p1-14.

2. 직렬 및 병렬회로 해석

전기전자 회로는 여러 요소들의 결합으로 특별한 기능을 수행한다. 이러한 요소들은 능동 소자와 수동 소자로 구분할 수 있으며, 능동 소자는 전압 공급원, 전류 공급원 등으로 회로에 에너지를 공급하는 소자들을 말하며, 수동 소자는 저항, 커패시터, 인덕터 등과 같은 선형 소자와 다이오드, 트랜지스터와 같은 비선형 소자들로 에너지를 소비하는 소자들을 말한다. 전자회로는 하나 이상의 능동 소자와 하나 이상의 수동 소자로 구성된다. 먼저 소자들의 연결에 대하여 알아본다.

2.1. 직렬 및 병렬연결

일반적으로 전기전자회로에서는 요소들을 전기전자회로 기호로 표현하며, 회로의 결선을 표시하기 위해 각 요소들은 양단에 노드를 가지고 있다(다만 예외적으로 트랜지스터 등의 경우 노드점이 3 개 또는 4 개를 가질 수 있다). 이들 노드의 연결 상태에 따라 각 요소들의 연결 상태를 직렬과 병렬로 구분할 수 있다.

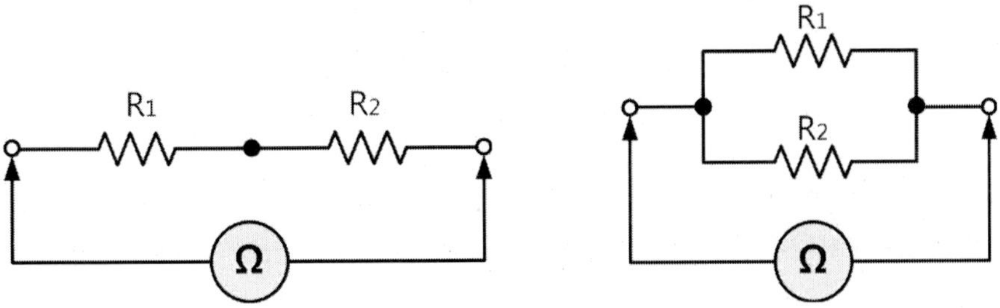

(a) 직렬 연결 (b) 병렬 연결

그림 2-1. 직렬 및 병렬 연결.

그림 2-1(a)와 같이 두 저항의 양단 중의 하나가 서로 연결되어 있고, 다른 하나는 서로 연결되어 있지 않으면 두 저항은 서로 직렬 연결되어 있다고 한다.

그러나 그림 2-1(b)와 같이 두 저항의 양단 모두가 서로 연결되어 있으면 두 저항은 서로 병렬로 연결되어 있다고 한다.

저항의 경우 직렬로 연결 된 경우에는 흐르는 전류의 크기가 동일하게 되어 각 저항에 걸리는 전압은 옴의 법칙에 의하여 저항의 값에 비례하여 걸리게 된다.

그림 2-2에서 저항 R_1과 R_2는 한 노드만 서로 만나고 있으므로 서로 직렬로 연결되어 있다. 따라서 직렬연결에 의한 단자 A와 B 사이의 전체 저항 R_T은

$$R_T = R_1 + R_2 \ [\Omega] \tag{2-1}$$

과 같이 더한 값이 되며, 직렬로 연결된 회로는 각 소자에 흐르는 전류의 크기가 동일한 특징이 있다.

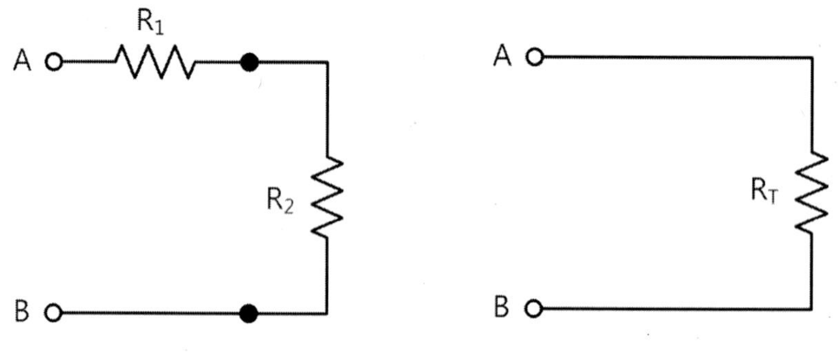

그림 2-2. 직렬저항의 등가저항.

또한 그림 2-3과 같이 저항의 양 노드가 서로 연결되어 있으면 병렬연결이다. 병렬연결에 대한 등가저항은 저항의 역수의 합으로 구할 수 있으며, 이 때 병렬로 연결된 각 소자에 걸리는 전압의 크기는 동일하다.

$$1/R_T = 1/R_1 + 1/R_2 [\Omega] \tag{2-2}$$

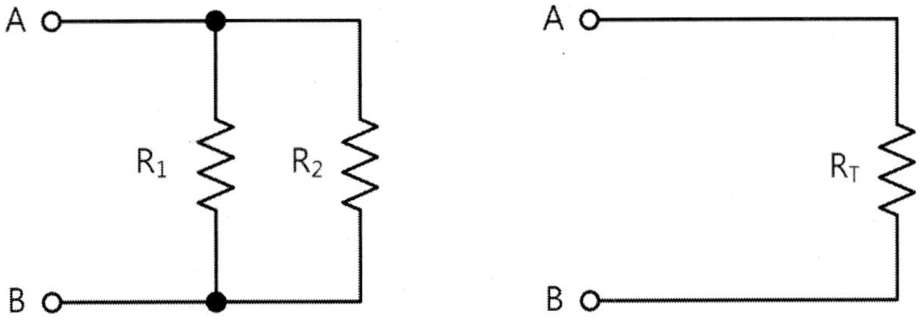

그림 2-3. 병렬저항의 등가저항.

따라서 등가저항은 각 저항의 값보다 작은 값으로 나타나며, 만일 두 저항의 값이 같을 경우에는 등가저항의 크기는 1/2의 크기로 된다. 3 개의 동일한 저항이 병렬 연결되어 있다면 등가저항은 1/3의 크기로 줄어든다. 일반적으로 2 개의 저항이 병렬로 연결되면 작은 값의 저항보다 더 작은 등가저항으로 나타난다.

예제 2. 1 그림 2-4의 회로에 대한 등가저항을 구하고, 회로에 흐르는 전체 전류를 구하라.

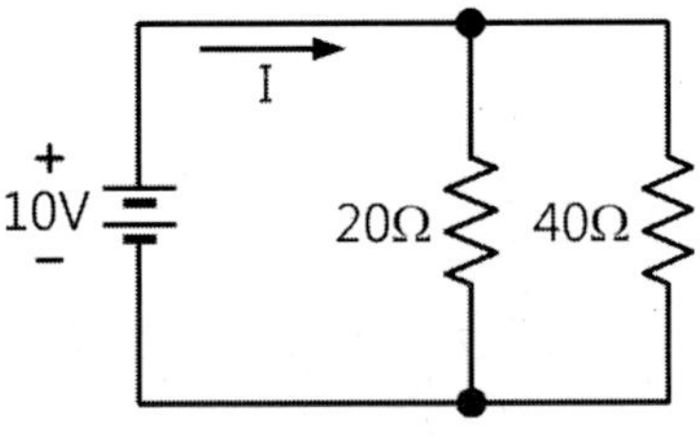

그림 2-4. 예제 2.1

[풀 이] 병렬연결이므로

$1/R_T = 1/20 + 1/40 = 3/40$ 이므로, 등가저항 $R_T = 40/3 = 13.33$ [Ω] 이며,

따라서 회로에 흐르는 전류는

$I = V/R_T = 10/13.33 = 0.75$ [A] 이다.

[별 해] 병렬로 연결되어 있으므로

각 저항에 걸리는 전압은 10 V로 일정하다.

각 소자에 흐르는 전류를 구하여 계산할 수 있다.

20 Ω에 흐르는 전류는 I_{20} = 10/20 = 0.5 [A]

40 Ω에 흐르는 전류는 I_{40} = 10/40 = 0.25 [A]

따라서 총 전류는 I = 0.5 + 0.25 = 0.75 [A]

예제 2. 2 그림 2-5의 회로에 대한 등가저항과 전체 전류를 구하라.

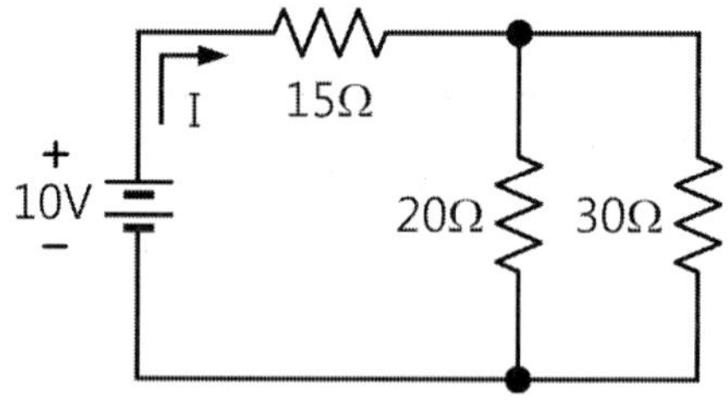

그림 2-5. 예제 2.2

[풀 이] 먼저 저항 20 Ω과 30 Ω은 병렬연결이므로

(20 Ω // 30 Ω) = 60/5 [Ω] = 12 [Ω] 이다.

다시 15 Ω과 직렬로 연결되어 있으므로 전체저항은

R_T = 12 + 15 = 27 [Ω] 이다.

따라서, 회로에 흐르는 전류 I = V / R_T = 10 / 27 = 0.370 [A] 이다.

예제 2. 3 그림 2-6의 회로에 대한 단자 A-B 사이의 전체 등가저항을 구하라.

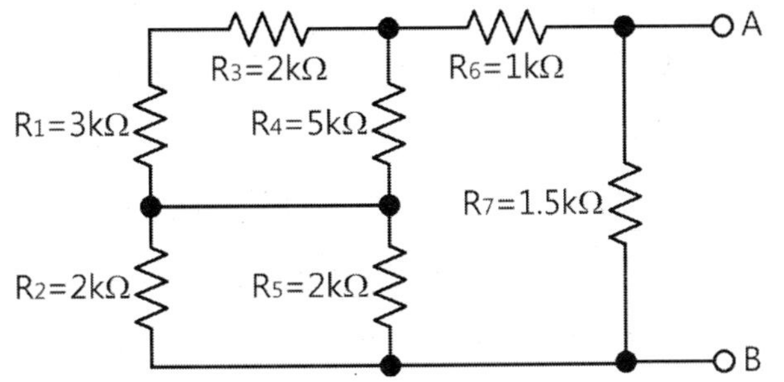

그림 2-6. 예제 2.3

[풀 이] 먼저 저항 R_1과 R_3가 직렬로 연결되어 있고

(2 kΩ + 3 kΩ) = 5 kΩ 이다.

다시 R_4 = 5 kΩ과 병렬로 연결되어 있으므로

$R_X = (R_1+R_3) // R_4 = 5\ k\Omega // 5\ k\Omega = 2.5\ k\Omega$

또한 R_2 저항과 R_5 저항이 병렬로 연결되어 있다. 따라서

$R_Y = R_2 // R_5 = 2\ k\Omega // 2\ k\Omega = 1\ k\Omega$

위의 두 등가저항 R_X와 R_Y가 서로 직렬로 연결되어 있고

$R_Z = R_X + R_Y = 2.5\ k\Omega + 1\ k\Omega = 3.5\ k\Omega$

다음으로 R_Z와 R_6이 직렬로 연결되어 있기 때문에

$R_Z + R_6 = 3.5\ k\Omega + 1\ k\Omega = 4.5\ k\Omega$

마지막으로 R_7 저항과 병렬로 연결되어 있다. 따라서

$(R_Z + R_6) // R_7 = 4.5\ k\Omega // 1.5\ k\Omega = 1.125\ k\Omega$

2.2. 키르히호프의 법칙(Kirchhoff's Laws)

임의의 전자회로에 있어서 각 소자에 걸리는 전압과 흐르는 전류를 구하는 것을 회로 해석(circuit analysis) 또는 회로망 해석(network analysis)이라고 한다. 회로 해석에 있어서 가장 많이 사용되는 관계식 중에 키르히호프 전압법칙 및 전류법칙이 있다. 이 법칙들은 회로의 연결 구성에 따라 나타나는 전압과 전류의 관계식들이며, 필요에 따라 전압법칙 또는 전류법칙을 사용한다. 또한 회로의 소자들이 선형(linear) 소자뿐만 아니라 비선형(non-linear) 소자에도 적용할 수 있다.

2.2.1. 키르히호프 전압법칙(KVL, Kirchhoff Voltage Law)

회로 내의 임의의 폐회로(Loop)에 대하여 이 폐회로상의 각 소자에 걸리는 전압강하의 합은 '0'(zero) 이다. 즉, 식 (2-3)과 같이 표현할 수 있다.

$$\Sigma V_i = 0 \qquad (2\text{-}3)$$

예를 들면, 그림 2-7의 회로에 대하여 전압원 V와 저항 R_1, R_2, R_3 소자들의 연결 상태는 직렬이며 폐회로를 구성하고 있으므로 회로상의 한 점에서 시작하여 다시 그 점으로 돌아오는 동안 각 소자에 걸리는 전압들은 식 (2-4)와 같다.

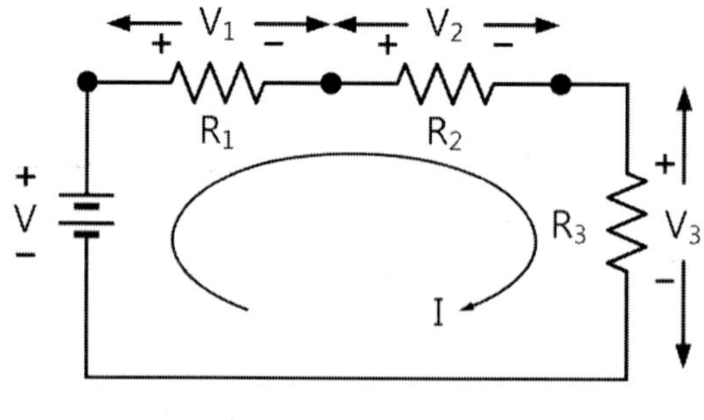

그림 2-7. 키르히호프 전압법칙

$$-V+V_1+V_2+V_3=0 \tag{2-4}$$

이때, 회로에서 시계방향이나 반시계방향으로 도는 방향에 따라 식 (2-4)의 부호만 바뀔 뿐 큰 의미가 없다.

각 소자에 걸리는 전압으로 표시한 V_1, V_2, V_3는 회로에 흐르는 전류를 계산하면 구할 수 있게 된다. 즉, 폐회로가 직렬연결이므로 회로에 흐르는 전류는 일정하며, 흐르는 전류를 I라고 할 때, 각 저항의 전압에 대하여 옴의 법칙을 적용하면 식 (2-5)와 같다.

$$-V+R_1I+R_2I+R_3I=0 \tag{2-5}$$

따라서 회로에 흐르는 전류는 식 (2-6)과 같다.

$$I=\frac{V}{R_1+R_2+R_3} \tag{2-6}$$

예제 2. 4 그림 2-8의 회로에서 저항 R_3에 걸리는 전압과 전류를 KVL을 이용하여 구하라.

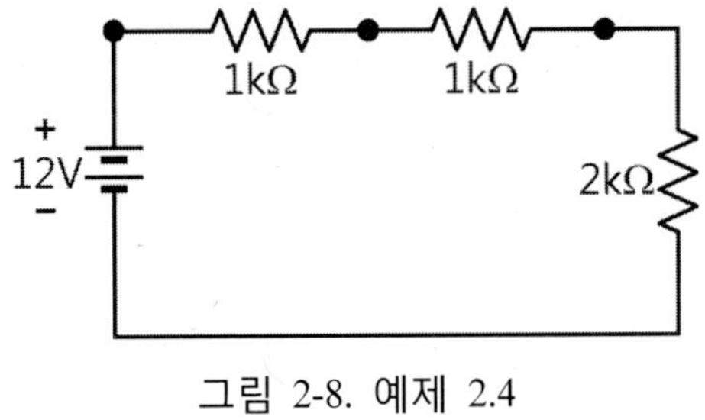

그림 2-8. 예제 2.4

[풀 이] 직렬 연결된 각 저항에 흐르는 전류는 동일하므로 KVL에 의해

$-12+(1+1+2)\mathrm{I}=0$ 이므로

$\mathrm{I}=\frac{12}{4}=3[\mathrm{mA}]$가 되고,

R_3에 걸리는 전압은 $\mathrm{V}=\mathrm{R}_3\mathrm{I}=2[\mathrm{k}\Omega]\times 3[\mathrm{mA}]=6[\mathrm{V}]$가 된다.

만일 그림 2-9와 같이 회로 내에 폐루프가 여러 개 있는 경우에는 각 루프에 대한 독립 루프전류(loop current)를 가정하여 해석한다. 각 루프에 대하여 흐르는 전류를 설정하여 루프를 구성하는 각 소자에 걸리는 전압을 구하여 해석하기 때문에 이 방법을 망 전류 해석법(mesh current method)이라고도 한다.

그림 2-9에서는 2 개의 독립전원을 가진 회로로 각 폐루프에 대한 전류를 I_1과 I_2로 가정하여 해석하고 있다.

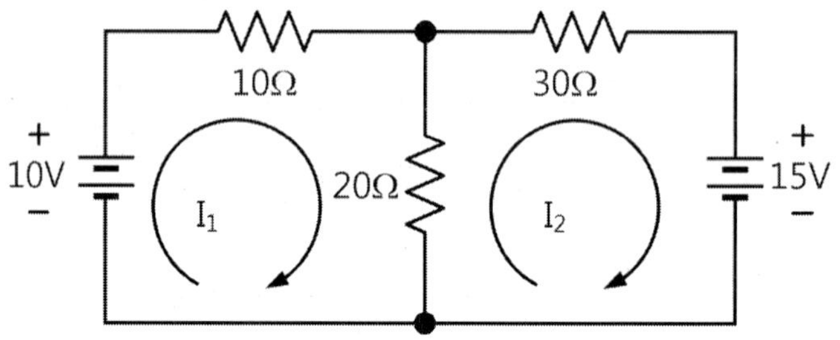

그림 2-9. 키르히호프 전압법칙 해석

따라서 회로의 각 루프에 대한 KVL을 수립하면 식 (2-6)과 같이 된다.

$$-10+10\mathrm{I}_1+20(\mathrm{I}_1-\mathrm{I}_2)=0 \tag{2-6a}$$

$$20(\mathrm{I}_2-\mathrm{I}_1)+30\mathrm{I}_2+15=0 \tag{2-6b}$$

각 루프 전류에 대하여 정리하여 풀면

$$I_1 = 0.182[A],\ I_2 = -0.227[A]$$

가 된다. 여기서 I_2가 음의 값을 가진다는 것은 전류의 흐름이 반대방향으로 흐른다는 것을 뜻하며, 20 Ω의 저항에는 흐르는 전류의 크기는 다음과 같다.

$$I_{20\Omega} = I_1 - I_2 = 0.182 - (-0.227) = 0.409[A]$$

2.2.2. 키르히호프 전류법칙(KCL, Kirchhoff Current Law)

회로 내의 임의의 노드(node)에 대하여 이 점으로 흘러 들어오는 전류의 합은 '0'(zero) 이다. 즉, 식 (2-7)과 같이 표현할 수 있다.

$$\Sigma I_i = 0 \tag{2-7}$$

예를 들면, 그림 2-10의 회로에 대하여 노드 a에 연결되어 있는 소자들은 전류원(I)과 R_1, R_2, R_3의 각 저항이 연결되어 있으므로 노드 a점에서 흘러 들어오는 전류는 I 이고, 흘러 나가는 전류는 I_1, I_2, I_3가 있다. 따라서 KCL은 식 (2-8)과 같다.

$$I - I_1 - I_2 - I_3 = 0 \tag{2-8}$$

각 저항에 대한 옴의 법칙을 적용하면 식 (2-9)와 같다.

$$I - \left(\frac{V}{R_1} + \frac{V}{R_2} + \frac{V}{R_3}\right) = 0 \tag{2-9}$$

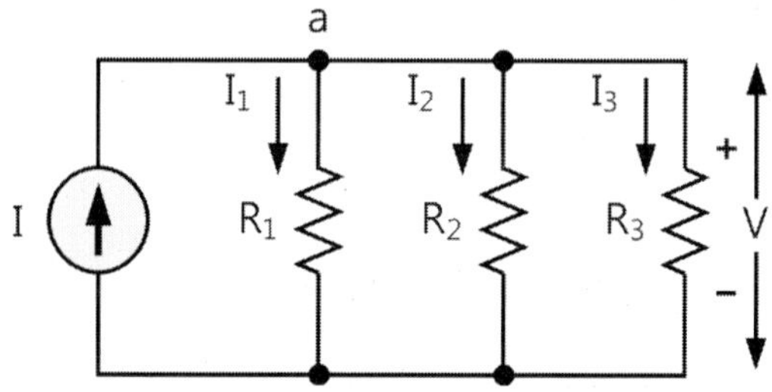

그림 2-10. 키르히호프 전류법칙

이상과 같이 키르히호프 전압법칙(KVL)과 전류법칙(KCL)을 살펴보았다. 특이한 점은 전압법칙인 KVL에서 폐회로를 흐르는 미지의 전류값을 변수로 두고 계산하여 전압을 구하며, 전류법칙인 KCL에서 임의의 노드에서 미지의 전압값을 변수로 설정하여 계산함으로서 전류를 구한다는 것이다.

예제 2. 5 그림 2-11 회로에서 저항 2 kΩ에 흐르는 전류를 KCL을 이용하여 구하라.

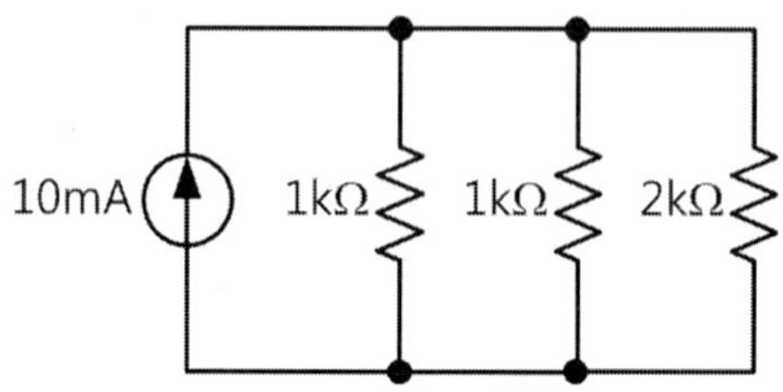

그림 2-11. 예제 2.5

[풀 이] KCL에 의해 $10 - V\left(\frac{1}{1} + \frac{1}{1} + \frac{1}{2}\right) = 0$ 이므로

$V = \frac{2}{5}[k\Omega] \times 10[mA] = 4[V]$가 되고,

2 kΩ에 흐르는 전류는 $I = \frac{V}{R_3} = \frac{4V}{2k\Omega} = 2[mA]$가 된다.

2.3. 전압분배 법칙

직렬로 연결된 회로는 전압을 분배하는 역할을 한다. 그림 2-12 (a)에서 저항 R_1과 R_2는 서로 직렬 연결되어 있으므로 회로에 흐르는 전류는 같다. 전류를 I라고 할 때, 각 저항에 걸리는 전압은

$$V_1 = I R_1$$
$$V_2 = I R_2 \tag{2-10}$$

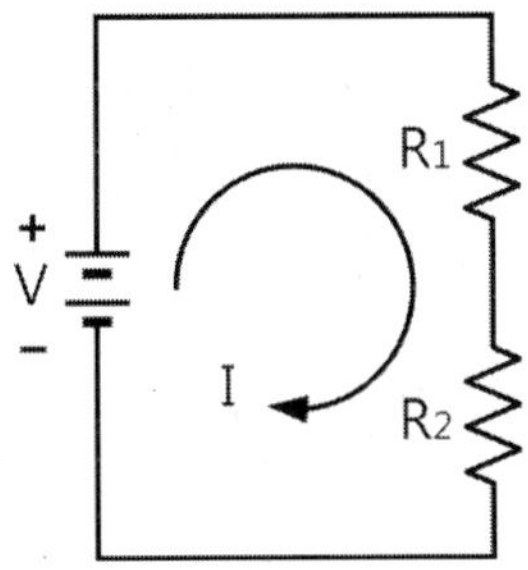

(a)

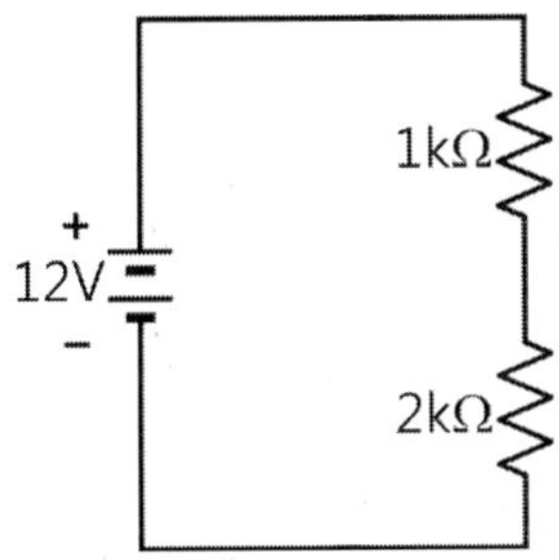

(b)

그림 2-12. 전압분배 회로

총 저항은 직렬연결이므로 $R_T = R_1+R_2$이며, 전류는 전원 전압을 총 저항으로 나눈 값과 같다. 즉, $I = V/R_T$ 이다. 따라서 식 (2-10)은 식 (2-11)과 같이 고쳐 쓸 수 있다.

$$V_1 = \frac{R_1}{R_T} V$$
$$V_2 = \frac{R_2}{R_T} V \tag{2-11}$$

공급되는 전원 전압이 각 저항의 값에 비례하여 분배되는 것을 알 수 있다.

그림 2-12 (b)와 같이 공급전압 12 V에 대하여 직렬 연결된 저항 1 kΩ과 2 kΩ은 전체 저항이 3 kΩ이므로 회로에 흐르는 전류는 4 mA가 되며, 옴의 법칙에 의해 각 저항에 걸리는 전압은 식 (2-11)으로부터 각각 4 V 및 8 V가 된다. 따라서 이는 공급전압 12 V가 저항의 비 1 : 2로 분배되는 것과 같다. 이와 같이 저항의 연결과 같이 직렬로 연결된 각 소자에 공급전압이 나누어지게 되어 전압분배법칙이라고 한다.

예제 2. 6 그림 2-13의 회로에서 각 저항에 걸리는 전압을 구하라.

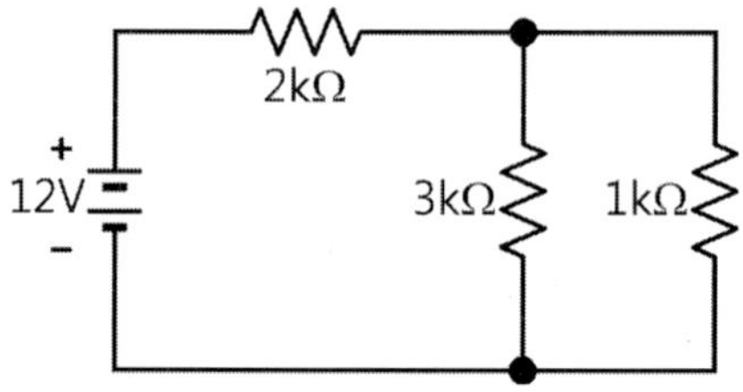

그림 2-13. 예제 2.6

[풀 이] 먼저 병렬 연결된 1 kΩ과 3 kΩ의 저항의 등가저항은

(1 kΩ // 3 kΩ) = (1×3)/(1+3) = 0.75 kΩ이 된다.

따라서 2 kΩ과 0.75 kΩ은 직렬연결이므로, 전압분배법칙에 의해 2 kΩ에 걸리는 전압은

$$V_{2k\Omega} = \frac{2}{2+0.75} \times 12 = 8.73\,[V]$$

0.75 kΩ의 병렬 등가저항에 걸리는 전압은

$$V_{1k\Omega} = V_{3k\Omega} = \frac{0.75}{2+0.75} \times 12 = 3.27\,[V]$$

이므로, 1 kΩ과 3 kΩ의 저항에는 각각 3.27 V가 걸린다.

2.4. 전류분배 법칙

전압분배 법칙은 키르히호프 전압법칙에서 유도되는 것처럼 키르히호프 전류법칙으로부터 병렬로 연결된 회로는 전류를 분배하는 역할을 한다.

앞의 예제 2.6의 회로에서 2 kΩ에 흐르는 전류는 8.727 V / 2 kΩ = 4.364 mA이다. 1 kΩ과 3 kΩ의 저항은 병렬 연결되어 있으므로 두 저항에 걸리는 전압은 동일하다. 즉 1 kΩ과 3 kΩ의 각 저항에 흐르는 전류는 3.273 V / 1 kΩ = 3.273 mA 및 3.27 V / 3 kΩ = 1.091 mA가 된다. 따라서 키르히호프 전류법칙을 만족함을 알 수 있다.

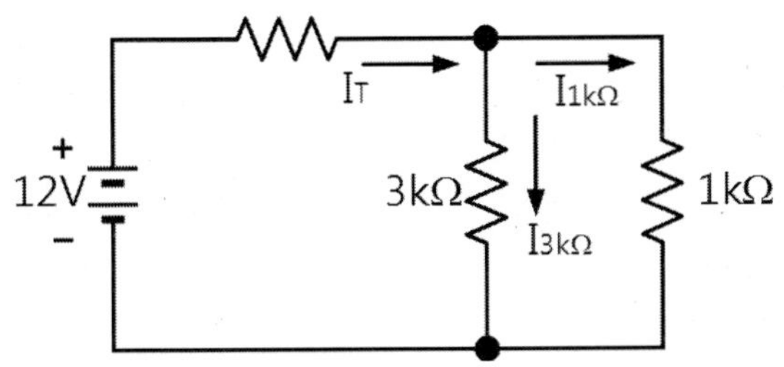

회로 전체에 흐르는 전류 I_T가 4.364 mA이므로 1 kΩ에 흐르는 전류 $I_{1k\Omega}$와 3 kΩ에 흐르는 전류 $I_{3k\Omega}$는 식 (2-12)와 같이 구할 수 있다.

$$I_{1k\Omega} = \frac{R_{3k\Omega}}{R_{1k\Omega} + R_{3k\Omega}} \times I_T \qquad (2\text{-}12a)$$

$$I_{3k\Omega} = \frac{R_{1k\Omega}}{R_{1k\Omega} + R_{3k\Omega}} \times I_T \qquad (2\text{-}12b)$$

이와 같이 병렬회로에 흐르는 전류는 각 저항값에 반비례하여 분배되어 흐르는 것과 같으며, 이를 전류분배 법칙이라고 한다.

2.5. 휘스톤 브리지

브리지 회로는 다양한 응용분야가 있으나 대표적으로 저항값을 측정하는 데 사용되는 평형 저항 브리지(balanced resistive bridge)로 알려져 있다. 브리지가 평형이 되는 경우 양단의 전위가 '0'이 된다는 성질을 이용하여 저항값을 측정할 수 있다. 그림 2-14 (a)에 보인 회로가 휘스톤 브리지회로(Wheatstone bridge circuits)이다. 그림 2-14 (b)는 동일한 회로를 모양만 다르게 그린 것이다.

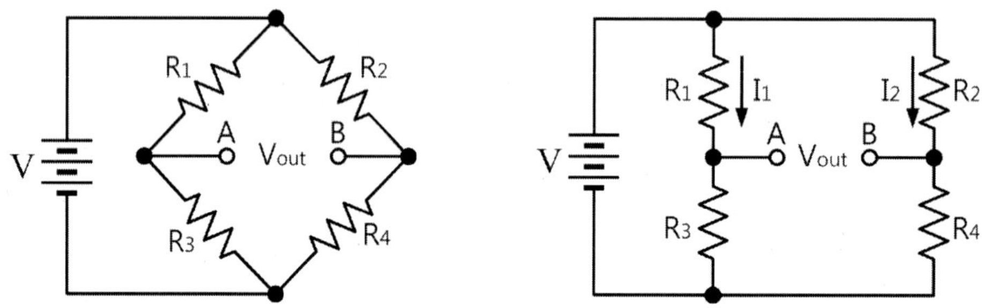

그림 2-14. 휘스톤 브리지 회로

회로에서 출력단자 A와 B 사이의 전압(V_{out})이 0V가 될 때 평형이 되었다고 하는데 $V_{out} = V_A - V_B$이므로 $V_A = V_B$가 되면 된다. 즉, 저항 R_3에 걸린 전압 V_{R3}와 R_4에 걸린 전압 V_{R4}가 서로 같다는 것을 뜻한다. 또한 저항 R_1에 걸린 전압과 R_2에 걸린 전압도 같아야 한다는 것을 뜻한다. 따라서 전압비는 식 (2-13)과 같이 구할 수 있다.

$$\frac{V_1}{V_3} = \frac{V_2}{V_4} \tag{2-13}$$

식 (2-12)에 옴의 법칙을 적용하면

$$\frac{I_1 R_1}{I_1 R_3} = \frac{I_2 R_2}{I_2 R_4}$$

가 된다. 그러므로 저항의 비는 식 (2-14)와 같이 나타난다.

$$\frac{R_1}{R_3} = \frac{R_2}{R_4} \tag{2-14}$$

따라서 식 (2-13)으로부터 저항값을 모르는 저항 R_1을 측정하는 방법은 다른 저항 R_3를 가변저항으로 하여 가변저항의 값을 변화하면서 출력 전압이 '0'이 되는 평형이 될 때의 가변저항 값을 알고 있는 저항의 비(R_2/R_4)에 곱하여 주면 된다. 평형이 되는 것은 두 단자 A-B 사이에 검류계(galvanometer)[1)]를 설치하여 바늘이 중앙에 오도록 하면 된다.

휘스톤 브리지는 미지의 저항 측정뿐만 아니라 여러 용도로 사용되고 있다. 만일 온도저항소자(thermistor)를 저항 대신 사용하여 온도를 감지하도록 한다고 하자. 브리지 회로는 특정온도에서 평형이 되도록 저항값을 조정하여 사용한다. 온도가 변하면 온도감지소자의 저항이 바뀌게 되어 브리지 회로는 비평형이 될 것이며, 이로 인해 출력 전압이 바뀌게 될 것이다. 이 출력을 증폭하여 표시기에 표시하면 온도를 표시할 수 있게 된다.

2.6. 중첩의 정리

중첩의 정리는 회로망을 구성하는 요소들 중 둘 또는 그 이상의 전원을 포함한 회로에 대하여 해석 하는 방법이다. 회로 상에 2개 이상의 전원이 있을 때 한 소자에 걸리는 전압이나 흐르는 전류의 값은 각 전원이 독립적으로 존재할 때 나타나는 전류나 전압의 대수적인 합으로 나타난다. 이때 각 독립적 전원에 의한 해석을 위해서

1) 검류계(Galvanometer) : 미세전류를 측정할 수 있는 계측기구로 수십 μA의 전류도 측정가능하다.

는 회로 내의 나머지 전원들에 대하여는 영으로 간주하여 계산하여야 한다. 만일 나머지 전원이 전압원이면 단락회로로 대체하고, 전류원이면 개방회로로 하여 해석하면 된다. 그러나 나머지 수동소자들은 그대로 둔 상태에서 회로 해석을 한다.

그림 2-15 (a)의 회로는 하나의 12 V 전압원과 하나의 20 mA의 전류원을 전원으로 가지고 있는 회로이다.

여기서 전압원에 의한 회로의 영향을 계산하기 위해 먼저 전류원을 '0'으로 만들어 주면 전류원은 개방회로로 되어 그림 2-15 (b)와 같이 된다.

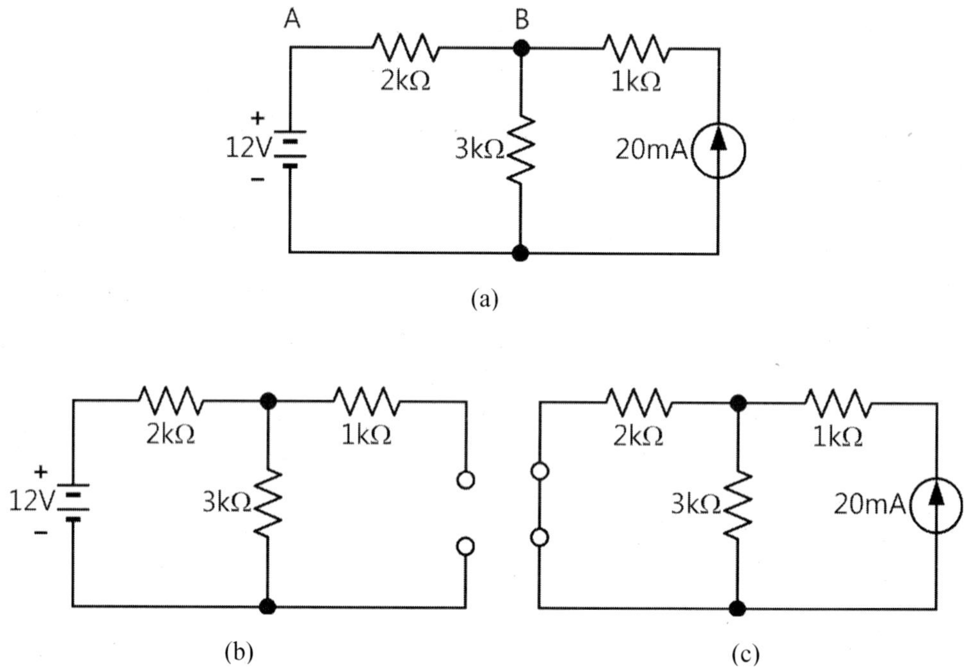

그림 2-15. 중첩의 정리 회로

이 경우 1 kΩ의 저항에는 전류가 흐르지 않게 되어 소자의 연결이 없는 것과 같이 해석할 수 있으며, 따라서 2 kΩ과 3 kΩ의 직렬연결 상태가 되고, 따라서 전압분배 법칙에 의해 저항 2 kΩ과 3 kΩ에는 전압이 각각

$$V_{2k\Omega} = \frac{2}{5} \times 12\,V = 4.8\,V$$

$$V_{3k\Omega} = \frac{3}{5} \times 12\,V = 7.2\,V$$

가 된다. 또한 전류원에 의한 회로의 영향을 계산하기 위해서 전압원을 '0'으로 만들어 주면 전압원은 단락회로로 되어 그림 2-15 (c)와 같이 된다.

이 경우에는 저항 2 kΩ과 3 kΩ은 병렬연결로 되어 등가저항은 1.2 kΩ이 되고, 이 등가저항과 1 kΩ이 직렬로 연결된 회로가 되어 각 저항에 걸리는 전압을 구하면

$$V_{1k\Omega} = 1\,k\Omega \times 20\,mA = 20\,V$$
$$V_{(2k\Omega//3k\Omega)} = 1.2\,k\Omega \times 20\,mA = 24\,V$$

이다. 따라서 각각의 독립전원에 의한 계산 결과를 대수적 합으로 표현하면

$$V_{1k\Omega} = 20\,V$$
$$V_{2k\Omega} = 4.8\,V - 24\,V = -19.2\,V$$
$$V_{3k\Omega} = 7.2\,V + 24\,V = 31.2\,V$$

가 된다. 여기서 전압원에 의한 전류의 방향과 전류원에 의한 전류의 방향을 잘 고려하여 각 독립된 전원에 의한 계산된 값을 더하거나 빼는 것을 결정하여야 한다. 다시 말해 위의 예에서 저항 2 kΩ에는 전압원에 의해 A에서 B쪽으로 전압강하가 일어나며, 전류원에 의해서는 B에서 A쪽으로 전류가 흐르게 된다. 따라서 서로 반대 방향으로 전류가 흐르게 되어 A점의 전위가 B점의 전위보다 19.2 V 낮다는 것을 뜻한다. 반대로 저항 3 kΩ에는 두 전원에 의해 모두 위에서 아래로 전류가 흐르게 되어 두 전원에 의한 계산 결과를 대수적 합으로 표현하면 된다.

예제 2. 7 그림 2-16의 회로를 중첩의 원리를 이용하여 부하저항 R_L에 걸리는 전압을 계산하라.

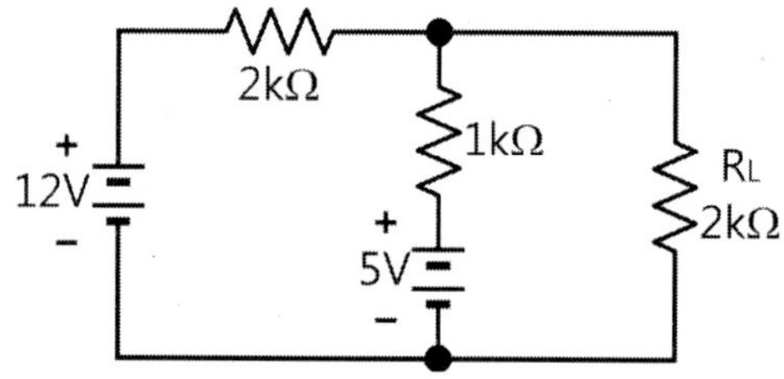

그림 2-16. 예제 2.7

[풀 이] 먼저 12 V 전압원에 의한 부하저항에 걸리는 전압을 구하면

1 kΩ과 부하저항 2 kΩ은 병렬이므로

$$V_{12V} = \frac{(1\,k\Omega // 2\,k\Omega)}{2\,k\Omega + (1\,k\Omega // 2\,k\Omega)} \times 12\,V = 3\,V \text{ 이다.}$$

5 V의 전압원에 의한 부하에 걸리는 전압을 구하면

2 kΩ과 부하저항 2 kΩ은 병렬이므로

$$V_{5V} = \frac{(2\,k\Omega // 2\,k\Omega)}{1\,k\Omega + (2\,k\Omega // 2\,k\Omega)} \times 5\,V = 2.5\,V \text{ 이다.}$$

따라서 부하저항에 걸리는 전압은 각각의 전압원에 의해 걸리는 전압의 합과 같으므로,

$$V_{R_L} = V_{12} + V_5 V = 3\,V + 2.5\,V = 5.5\,V$$

2.7. 테브난의 정리(Thevenin's Theorem)

회로를 해석하는데 있어서 필요에 따라 부하저항을 제외한 회로의 모든 요소들을 하나의 전압원과 그와 직렬 연결된 저항으로 단순화하게 되면 회로 해석을 매우 쉽게 할 수 있다.

그림 2-17 (a)와 같은 회로에서 부하 저항만을 뺀 나머지 부분을 그림 (b)와 같이 하나의 전압원과 직렬로 연결된 저항으로 표현하는 방법이 테브난의 정리이다.

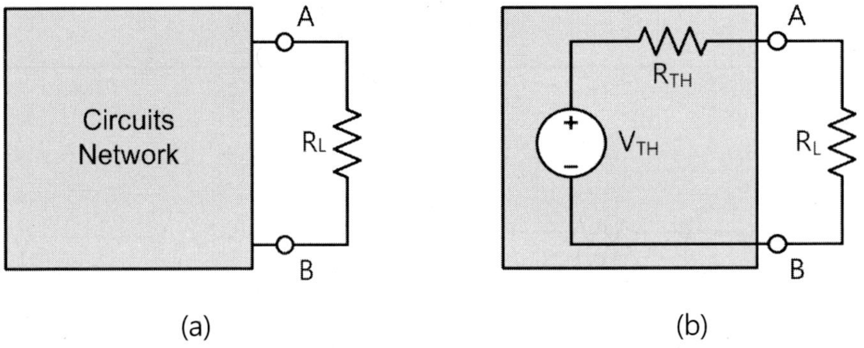

그림 2-17. 테브난의 정리

다시 말해 그림 2-17 (a)에서 미지의 회로 내부를 부하 저항의 연결단자 A-B에서 전압과 저항을 측정하여 그림 (b)와 같이 전압원과 직렬로 연결된 저항으로 표현하는 것이 테브난의 정리이다. 이와 같은 방법은 회로 상의 관심이 있는 소자를 중심으로 나머지 부분을 테브난의 등가회로로 변환하게 되면 다른 소자로 바꾸었을 때 나타나는 전압과 전류를 쉽게 해석할 수 있게 된다.

그림 2-18 (a)에서는 부하저항 R_L에 대하여 테브난의 정리를 적용하였다. 테브난의 등가회로를 구하기 위해서는 먼저 부하저항을 회로에서 제거한다. 테브난의 등가전압은 부하 저항 양단의 단자 A-B에서 나타난 전압이므로 단자 A-B에서 전압을 측정하기 위해서 부하 R_L을 제거하여 그림 2-18 (b)와 같이 회로를 구성한다. 회로에서 1 kΩ에 전류가 흐르지 않으므로 저항에서 전압강하가 없다. 따라서 A-B 양단에 나타난 전압은 3 kΩ에 걸리는 전압과 같아지며, 2 kΩ과 3 kΩ의 두 저항은 직렬로 연결되어 있으므로 옴의 법칙을 적용하여 전압분배법칙에 의해 구할 수 있다.

$$V_{TH} = V_{A-B} = \frac{3}{2+3} \times 12\,V = 7.2\,V$$

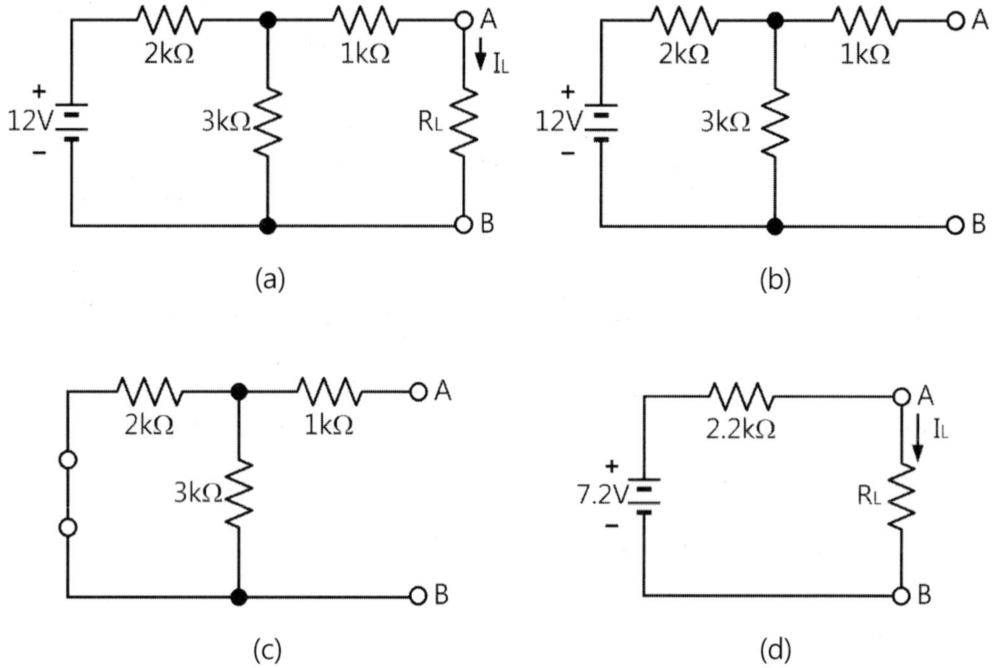

그림 2-18. 테브난의 정리 회로

또한 테브난의 등가저항은 그림 2-18 (c)와 같이 회로를 구성한다. 이때 회로 내의 모든 공급전원은 '0'으로 한다. 즉, 중첩의 정리 때와 마찬가지로 전압원은 단락회로로 만들며, 전류원은 개방회로로 만들어야 한다. 그림 2-18 (c)로부터 단자 A-B 사이의 저항은 저항 2 kΩ과 3 kΩ이 병렬로 연결되어 있으므로 다음과 같다.

$$R_{EQ} = R_{A-B} = 1\text{k}\Omega + \frac{2\text{k}\Omega \times 3\text{k}\Omega}{2\text{k}\Omega + 3\text{k}\Omega} = 2.2\text{k}\Omega$$

따라서 테브난의 등가회로는 그림 2-18 (d)와 같이 되어 부하저항 R_L에 흐르는 전류는 옴의 법칙만을 사용하여 쉽게 계산할 수 있다. 이때 부하에 흐르는 전류는 본래 회로에서 부하에 흐르는 전류와 같은 값을 가진다.

그림에서 부하저항 R_L이 2 kΩ일 경우 전류는

$$I_L = \frac{7.2\,V}{2.2\,k\Omega + 2\,k\Omega} = 1.714\,[mA]$$

이고, 부하에 걸리는 전압은 오옴의 법칙과 전압분배 법칙에 의해 각각 구하면

$$V_{R_L} = 2\,k\Omega \times 1.714\,mA = 3.428\,V$$

$$V_{R_L} = \frac{2}{2 + 2.2} \times 7.2\,V = 3.429\,V$$

와 같다. 소수점 3째 자리에서 발생한 오차는 자리수 오차이다.

2.8. 노톤의 정리(Norton's Theorem)

테브난의 정리는 전압원과 직렬로 연결된 저항으로 표현하는 것인데 반해 노톤의 정리는 전류원과 병렬 연결된 저항으로 회로를 해석하는 방법이다.

그림 2-19 (a)와 같은 회로에서 부하 저항만을 뺀 나머지 부분을 그림 (b)와 같이 하나의 전류원과 병렬로 연결된 저항으로 표현하는 방법이 노톤의 정리이다.

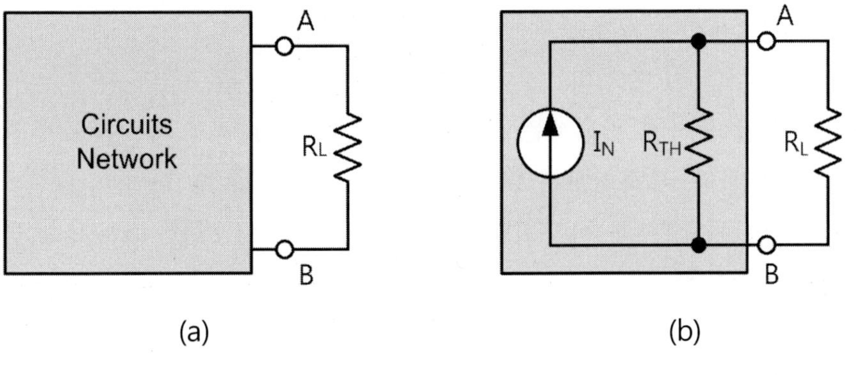

그림 2-19. 노톤의 정리

다시 말해 그림 2-19 (a)에서 미지의 회로 내부를 부하 저항의 연결단자 A-B를 단락시킨 후 흐르는 전류를 측정하고, 테브난의 정리에서와 같이 저항을 측정하여 그림 (b)와 같이 전류원과 병렬로 연결된 저항으로 표현하는 것이 노톤의 정리이다.

그림 2-20(a)에서는 부하저항 R_L에 대하여 노톤의 정리를 적용하였다.

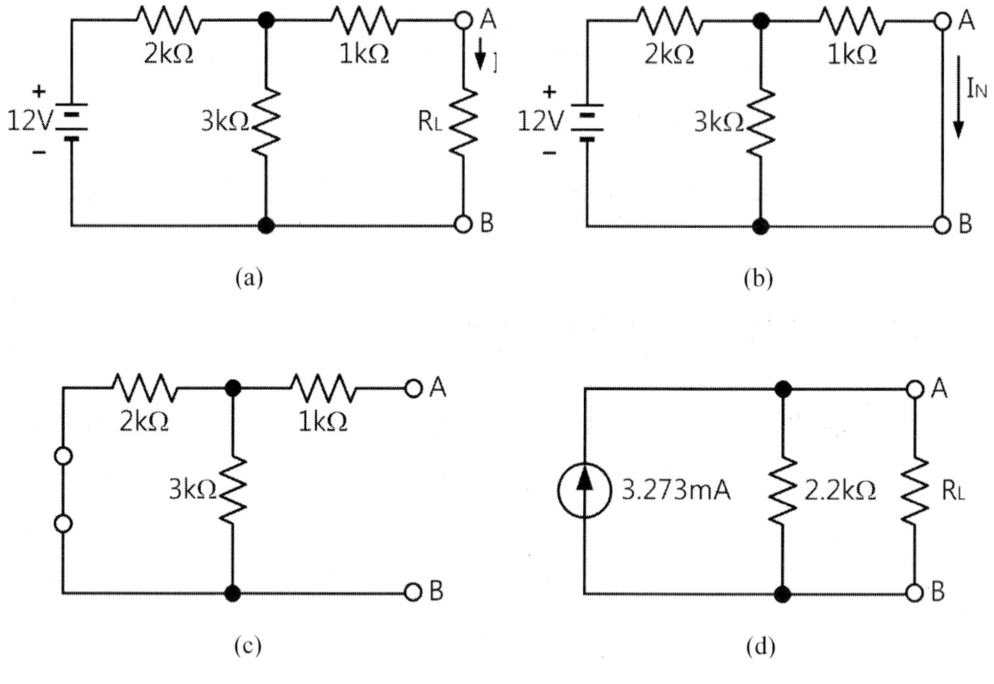

그림 2-20. 노톤의 정리 회로

노톤의 전류를 구하기 위해서는 부하저항을 단락시켜 단자 A-B 사이에 흐르는 전류를 구하여야 한다. 부하저항을 단락시킨 회로가 그림 2-20 (b)이며, 그림에서 1 kΩ과 3 kΩ이 병렬연결이므로 이들의 등가저항은 0.75 kΩ이 되고, 따라서 회로 전체에 흐르는 전류값은

$$I_T = \frac{12\,V}{0.75\,k\Omega + 2\,k\Omega} = 4.364\,[mA]$$

가 되며, 이 전류가 1 kΩ과 3 kΩ의 병렬연결로 흘러 들어간다. 따라서 1 kΩ에 흐르는 전류는 서로 병렬 연결된 저항에 반비례하므로

$$I_N = \frac{3k\Omega}{1k\Omega + 3k\Omega} \times I_T = 3.273[mA]$$

이 된다. 한편 노톤의 등가저항 R_N은 테브난의 등가저항을 구할 때와 같은 방식으로 그림 2-20 (c)로부터 구하면 된다. 그러므로 앞서 구한 R_{TH}와 같다. 따라서 노톤의 등가회로는 그림 2-20 (d)와 같이 구성된다.

그림 2-20 (d)에서 부하저항 R_L이 2 kΩ일 경우, 등가저항과의 병렬연결이므로 부하저항으로 흐르는 전류의 크기와 전압은

$$I_L = \frac{2.2k\Omega}{2.2k\Omega + 2k\Omega} \times 3.273mA = 1.714[mA]$$

$$V_{R_L} = 2k\Omega \times 1.714mA = 3.428V$$

가 된다. 이는 앞서 테브난의 정리에서 구한 전류, 전압값과 동일함을 알 수 있다.

테브난의 등가회로는 전압원과 등가저항으로 표현하지만 노톤의 등가회로는 전류원과 등가저항으로 표현한다. 이때 테브난과 노톤의 등가회로에서 등가저항은 동일하다. 그러나 테브난의 등가회로에서는 전압원에 직렬로 등가저항을 연결하였으나, 노톤의 등가회로에서는 전류원과 등가저항을 병렬로 연결하여야 한다.

또한 그림 2-17 (d)의 테브난 등가회로와 그림 2-19 (d)의 노톤 등가회로는 상호 변경이 가능한데 테브난의 전압과 노톤의 전류, 그리고 등가저항 사이에는 식 (2-12)와 같이 옴의 법칙이 성립한다.

$$V_{TH} = R_{TH} \times I_N \tag{2-12}$$

예제 2. 8 그림 2-21의 회로에서 테브난의 전압, 노톤의 전류, 등가저항을 각각 구하라. 또한, 이들 사이에서 옴의 법칙이 성립함을 보여라.

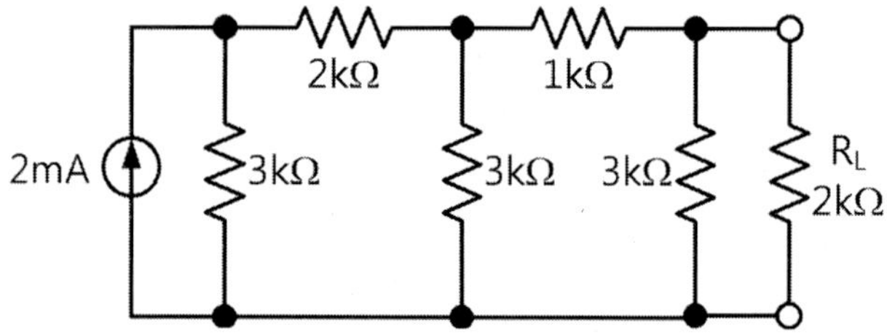

그림 2-21. 예제 2.8

[풀 이] 전류원을 개방시키고 등가저항을 구한다.

등가저항 R_{TH}는

$R_{TH} = \{(2k\Omega + 3k\Omega)//3k\Omega) + 1k\Omega\}//3k\Omega = 1.468k\Omega$이 된다.

테브난의 전압 V_{TH}을 구하기 위해 2 kΩ에 흐르는 전류를 구하면

$$I_{2k\Omega} = \frac{3k\Omega}{\{2k\Omega + (3k\Omega//4k\Omega)\} + 3k\Omega} \times 2mA = 0.894mA$$가 된다.

따라서 부하저항 양단의 3 kΩ에 걸리는 테브난의 전압은

$$V_{TH} = 3k\Omega \times \frac{3k\Omega}{3k\Omega + 4k\Omega} \times 0.894mA = 1.149V$$

노톤의 전류 I_N은 부하저항 R_L을 단락시키고 흐르는 전류를 구한다.

$$I_N = 2mA \times \frac{3k\Omega}{3 \cdot k\Omega + 2.75k\Omega} \times \frac{3k\Omega}{1k\Omega + 3k\Omega} = 0.783mA$$

따라서 $V_{TH} = R_{TH} \times I_N$ 가 성립한다.

2.9. 밀만의 정리(Millman's Theorem)

밀만의 정리는 미지의 전압을 구하는 데 특별히 계산하기 좋은 방법이다. 이 방법은 어느 한 소자의 양단에 나타나는 전위차(전압차)에 의해 그 소자에는 옴의 법칙에 의해 흐르는 전류가 결정된다. 옴의 법칙에서부터 식 (2-13)과 같이 변형할 수 있다.

$$V = R \times I = \frac{\frac{V}{R}}{\frac{1}{R}} \Rightarrow V = \frac{\Sigma \frac{V_i}{R_i}}{\Sigma \frac{1}{R_i}} \qquad (2\text{-}13)$$

식 (2-13)에서 'Σ'는 한 노드에서 연결되어 있는 모든 요소들에 대하여 적용한다는 것을 뜻하며, 이로부터 그 노드에서 전압을 계산할 수 있다. 그림 2-22에서 노드 A와 B에서 전압은 각각

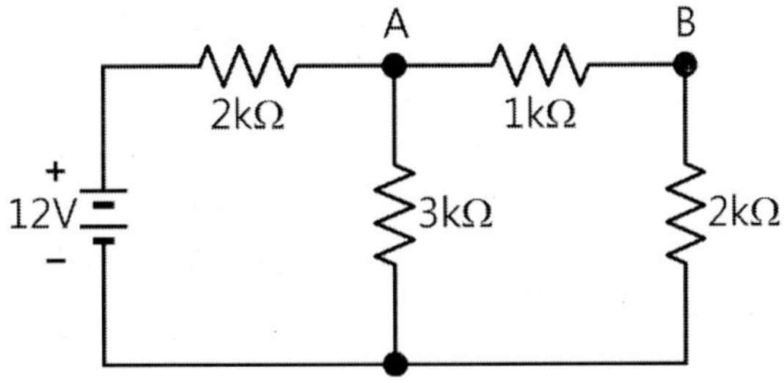

그림 2-22. 밀만의 정리 회로

$$V_A = \frac{\frac{12V}{2k\Omega} + \frac{0V}{3k\Omega} + \frac{V_B}{1k\Omega}}{\frac{1}{2k\Omega} + \frac{1}{3k\Omega} + \frac{1}{1k\Omega}} = \frac{36 + 6V_B}{11}$$

$$V_B = \frac{\frac{V_A}{1k\Omega} + \frac{0V}{2k\Omega}}{\frac{1}{2k\Omega} + \frac{1}{1k\Omega}} = \frac{2V_A}{3}$$

와 같이 구할 수 있다. 여기서 노드 B에서의 전압 V_B를 V_A에 대입하여 정리하면

$$V_A = \frac{36 + 6V_B}{11} = \frac{36 + 6(2/3)V_A}{11} = \frac{36}{7}V = 5.143V$$

가 된다.

예제 2. 9 그림 2-23의 회로를 밀만의 정리를 이용하여 부하저항 R_L에 흐르는 전류를 계산하라.

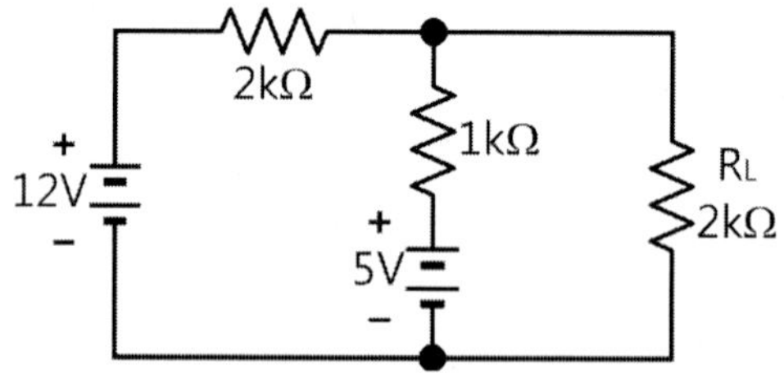

그림 2-23. 예제 2.9

[풀 이] 1kΩ 위 노드에서 밀만의 정리를 적용하면

$$V = \frac{\frac{12V}{2k\Omega} + \frac{5V}{1k\Omega} + \frac{0V}{2k\Omega}}{\frac{1}{2k\Omega} + \frac{1}{1k\Omega} + \frac{1}{2k\Omega}} = \frac{12+10}{4} = 5.5V$$ 이 된다.

따라서 부하저항 R_L에 흐르는 전류는 $I = \frac{5.5V}{2k\Omega} = 2.75mA$ 이다.

2.10. 최대 전력 전달

공급전원으로부터 얼마나 많은 전력이 부하저항으로 전달되는가 하는 점은 중요한 요소이다. 만일 테브난의 등가회로로 회로 시스템을 정리한다면 그림 2-24와 같이 회로를 간략화 할 수 있다.

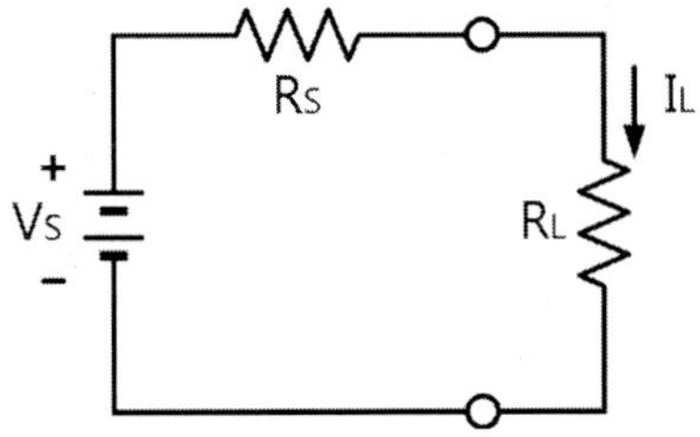

그림 2-24. 최대전력 전달 회로

이때 부하저항에 흐르는 전류와 부하저항에 전달되는 전력 P는 각각

$$I_L = \frac{V_S}{R_S + R_L}$$

$$P = R_L \times I_L^2 = \frac{R_L V_S^2}{(R_S + R_L)^2}$$

이 된다. 부하저항에 따른 최대 전달전력은 미분하여 '0'이 되는 값을 찾으면 되므로

$$\frac{dP}{dR_L} = \frac{V_S^2(R_S + R_L)^2 - 2R_L V_S^2(R_S + R_L)}{(R_S + R_L)^4} = 0$$

으로부터 분자 항이 '0'이 되는 값은

$$R_S = R_L$$

이 된다. 따라서 부하저항의 값은 내부 저항과 같은 크기를 가질 때 최대 전력전달이 일어난다. 만일 고정된 부하저항과 공급전원의 내부저항이 서로 다를 경우 최대전력 전달이 일어나지 않게 되며 전력손실이 발생하게 된다. 이를 방지하기 위하여 두 저항 사이에 변압기 등을 통하여 임피던스 정합(impedance matching)을 시켜줌으로써 최대 전력전달이 가능하도록 한다. 자세한 내용은 변압기에서 설명을 참조하기 바란다.

예제 2. 10 그림 2-25의 회로에서 부하저항 R_L의 값이 얼마일 때, 최대 전력전달이 일어나는가? 또 최대 전력은 얼마인가?

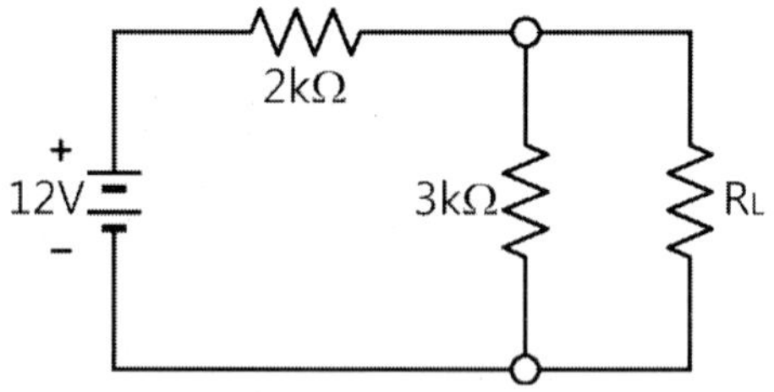

그림 2-25. 예제 2.10

[풀 이] 부하저항에서 본 내부 저항은 2 kΩ과 3 kΩ의 병렬저항이므로,
(2 kΩ // 3 kΩ) = (2×3)/(2+3) = 1.2 kΩ이 된다.

따라서 부하저항 R_L=1.2 kΩ 일 때 최대 전력이 전달된다.

부하저항에 흐르는 전류를 계산하면 3 mA이므로
이때 전달되는 최대 전력은 P = 1.2 kΩ × (3 mA)2 = 10.8 [W]

2.11. Y-Δ 변환

직병렬로 해석하기 힘든 결선을 한 그림 2-26과 같은 회로에 대한 해석은 Y–Δ 변환을 이용하여 해석한다. 이 방법은 T–Π 변환이라고도 부른다.

그림 2-26 (a)와 같은 회로에 대하여 KVL이나 밀만의 정리를 이용하여 해석하면 해석 가능하지만 많은 변수들을 설정하여 계산하게 됨에 따라 시간이 오래 걸리게 된다. 따라서 Y–Δ 변환 방법을 이용하면 보다 쉽게 계산이 가능하다.

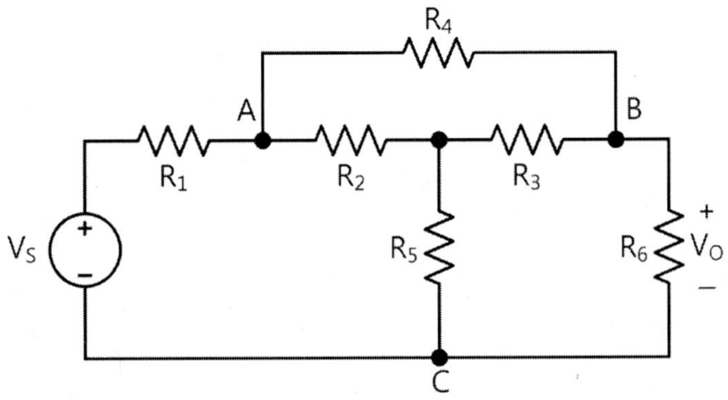

(a)

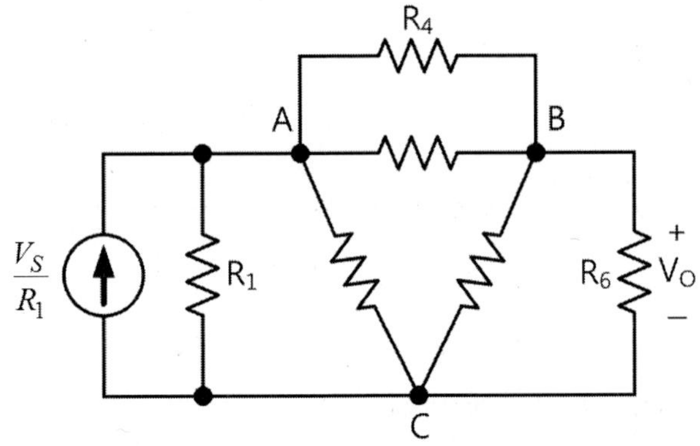

(b)

그림 2-26. Y–Δ 변환을 위한 회로

그림 2-26 (a)의 회로는 직병렬을 구분하기가 불가능하다. 따라서 위의 회로를 그림 2-26 (b)와 같이 변환할 수 있으면 회로 해석을 보다 쉽게 할 수 있다. 그림 (b)와 같이 변환하게 되면 가운데 역삼각형을 이루고 있는 각 저항은 주변의 R_1, R_4, R_6와 각각 병렬로 연결되어 있음을 알 수 있다. 이때 공급전압과 저항 R_1은 테브난의 등가 회로에서 전류원과 저항으로 표현하는 노톤의 등가회로로 변환한 것이다.

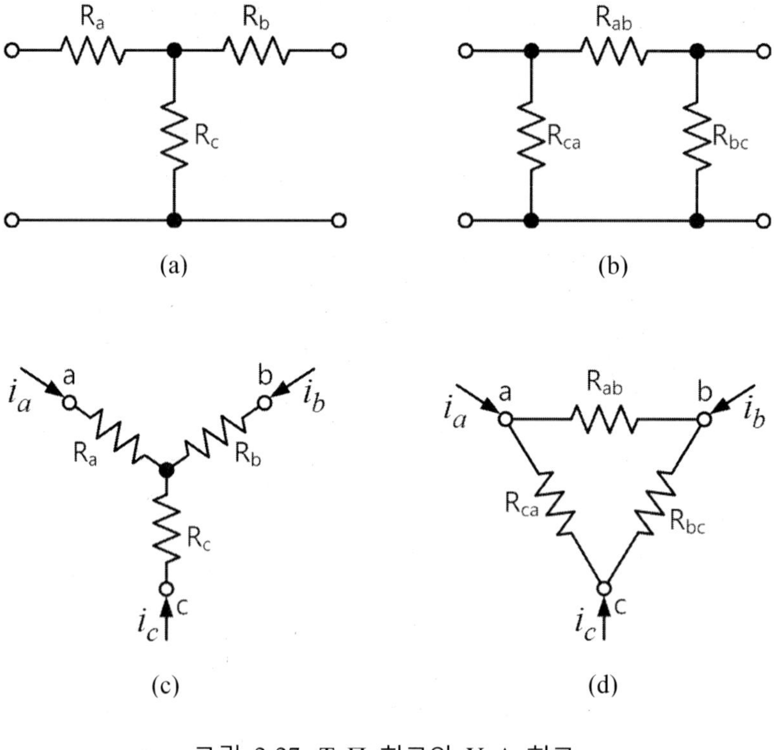

그림 2-27. T–Π 회로와 Y–Δ 회로

그림 2-27의 (a), (b)는 T–Π 형으로 표현한 회로이며, 이를 약간 변형하면 (c), (d)와 같이 표현할 수 있으며, 그 모양에 의해 Y–Δ형 회로라고 한다. 이와 같이 그림 (c)에서 각 단자 a, b, c에 흐르는 전류를 i_a, i_b, i_c라고 할 때 그림 (d)와 같이 변형하였을 경우 각 단자에 흐르는 전류가 동일하면 두 회로는 등가라고 할 수 있다. 따라서 Y형의 각 저항에 대한 Δ형에서의 등가의 저항은 식 (2-14)와 같이 나타난다. 이에

대한 유도과정은 부록 B에 자세하게 설명한다.

$$R_{ab}=\frac{R_aR_b+R_bR_c+R_cR_a}{R_c} \quad (2\text{-}14\ a)$$

$$R_{bc}=\frac{R_aR_b+R_bR_c+R_cR_a}{R_a} \quad (2\text{-}14\ b)$$

$$R_{ca}=\frac{R_aR_b+R_bR_c+R_cR_a}{R_b} \quad (2\text{-}14\ c)$$

반대로 Δ형에서 Y형으로 변환하고자 할 때는 식 (2-15)와 같다.

$$R_a=\frac{R_{ca}R_{ab}}{R_{ab}+R_{bc}+R_{ca}} \quad (2\text{-}15\ a)$$

$$R_b=\frac{R_{ab}R_{bc}}{R_{ab}+R_{bc}+R_{ca}} \quad (2\text{-}15\ a)$$

$$R_c=\frac{R_{bc}R_{ca}}{R_{ab}+R_{bc}+R_{ca}} \quad (2\text{-}15\ a)$$

예제 2. 11 그림 2-28의 회로에서 출력을 구하라.

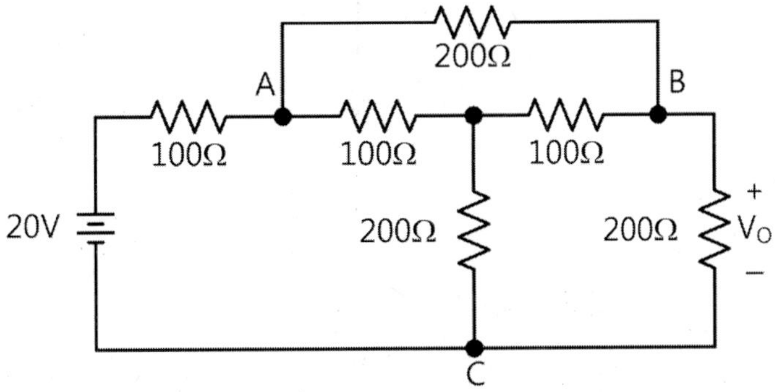

[풀 이] 그림에서 단자 A-B-C 사이의 Y형 결선을 Δ형 결선으로 바꾸면 식 (2-14)에 의해 A-B 사이의 저항과 B-C와 A-C 사이의 저항은 각각

$$R_{AB} = \frac{(100)(100) + (200)(100) + (200)(100)}{200} = 250\,\Omega$$

$$R_{BC} = R_{CA} = \frac{(100)(100) + (200)(100) + (200)(100)}{100} = 500\,\Omega$$

가 된다. 따라서 왼쪽의 전압원과 저항을 노톤의 등가회로로 변환하면

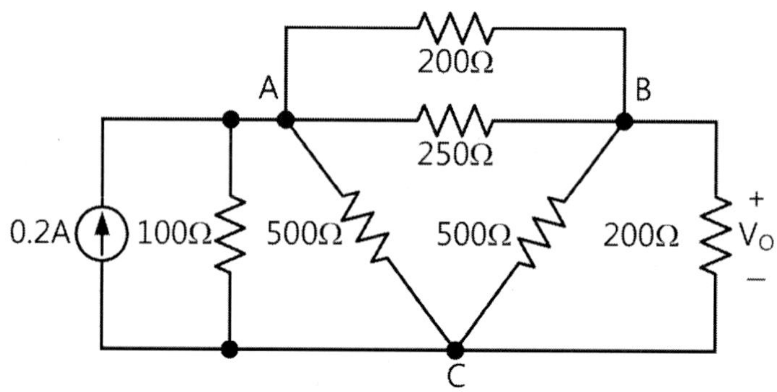

이 회로는 단자 A-C 사이에 100 Ω과 500 Ω이 병렬로 연결되어 있으며, 단자 A-B 사이에는 200 Ω과 250 Ω이 병렬로, 단자 B-C 사이에는 500 Ω과 200 Ω이 서로 병렬로 연결되어 있다.

각 병렬 등가저항으로 대체하면 각각 83.3 Ω, 111.1 Ω 142.9 Ω이 된다.

단자 A-C 사이의 저항과 전류원을 테브난의 등가회로로 바꾸면

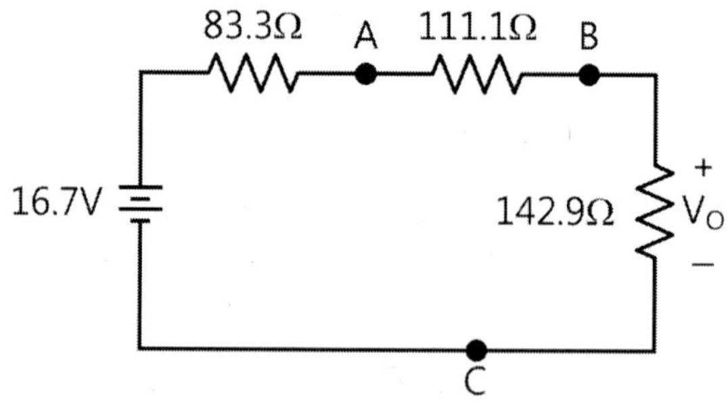

따라서 출력전압은

$$V_0 = \frac{142.9}{(83.3 + 111.1 + 142.9)} \times 16.7\,V = 7.08\,[V]$$ 이다.

연습문제

1. 그림 p2-1에서 전원단자에서 보는 저항의 직-병렬 관계 설명하라.

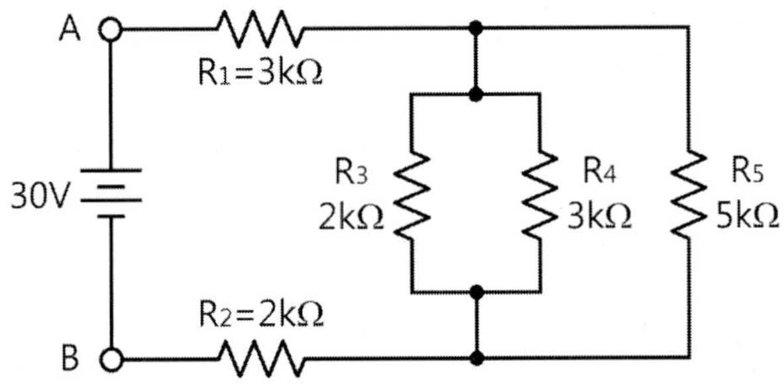

그림 p2-1.

2. 그림 p2-1에서 저항 R_2, R_3, R_4에 걸리는 전압과 흐르는 전류를 구하라.

3. 그림 p2-3의 회로에 대하여 전원에서 본 총 저항과 전원에서 흘러나오는 전류를 구하라.

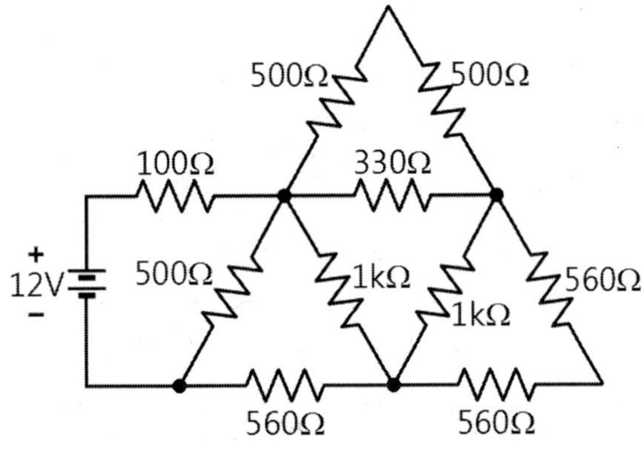

그림 p2-3.

4. 그림 p2-3의 회로에서 저항 330 Ω에 걸리는 전압을 구하라.

5. 그림 p2-5의 회로에 대하여 키르히호프 전압법칙을 이용하여 각 저항에 걸리는 전압과 전류를 구하라.

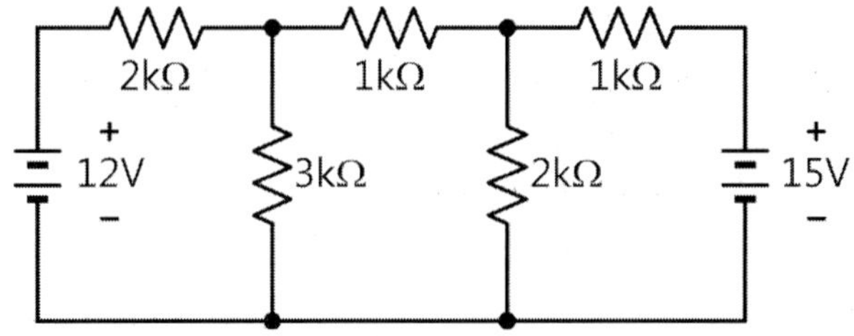

그림 p2-5.

6. 그림 p2-5의 회로를 중첩의 정리를 이용하여 각 저항에 걸리는 전압과 전류를 구하라.

7. 그림 p2-5의 회로를 밀만의 정리를 이용하여 각 저항에 걸리는 전압과 전류를 구하라.

8. 문제 5, 6, 7의 결과를 비교하라.

9. 그림 p2-9와 같이 휘스톤 브리지 회로에 검류계(G)를 연결하고 검류계에 흐르는 전류가 '0'을 가리킬 때의 가변저항 값을 측정하였더니 300 Ω이었다. 미지의 저항 R_X의 값은 얼마인가?

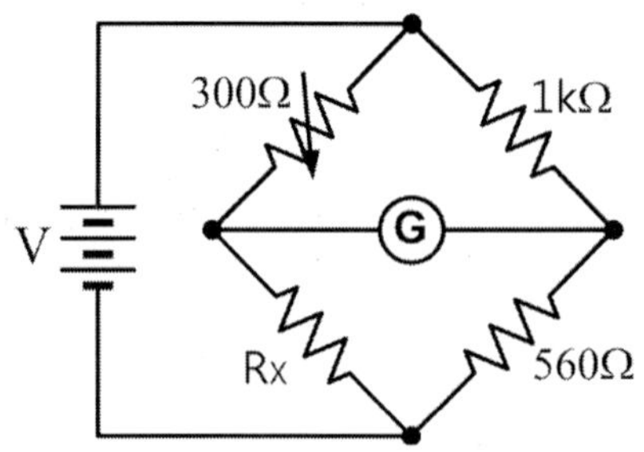

그림 p2-9.

10. 그림 p2-10의 회로에서 저항 R_L의 양단에 대한 테브난의 등가저항과 등가 전압을 구하고, 부하저항 R_L에 걸리는 전압을 구하라.

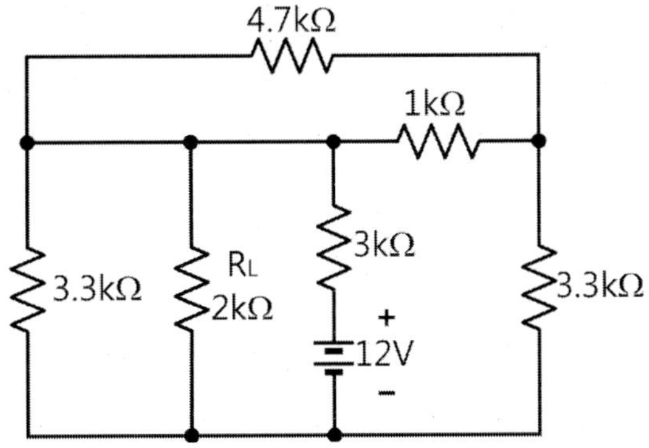

그림 p2-10.

11. 그림 p2-11의 회로에서 오른쪽 두 단자에 부하저항이 연결될 예정이다. 회로를 노톤의 등가회로로 변환하라.

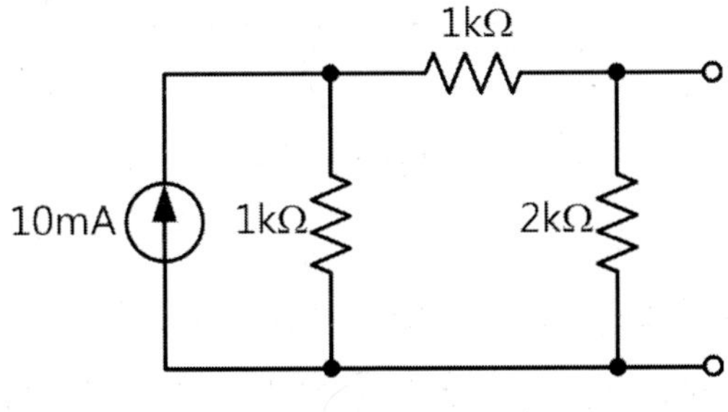

그림 p2-11.

12. 그림 p2-11의 회로에서 부하저항으로 500 Ω의 저항을 연결하였을 때와 1 kΩ의 저항을 연결하였을 때 부하저항에 흐르는 전류와 전압은 각각 얼마인가?

13. 그림 p2-13의 회로를 테브난의 등가회로와 노톤의 등가회로로 변환하고, 부하저항에 걸리는 전압과 흐르는 전류를 구하라.

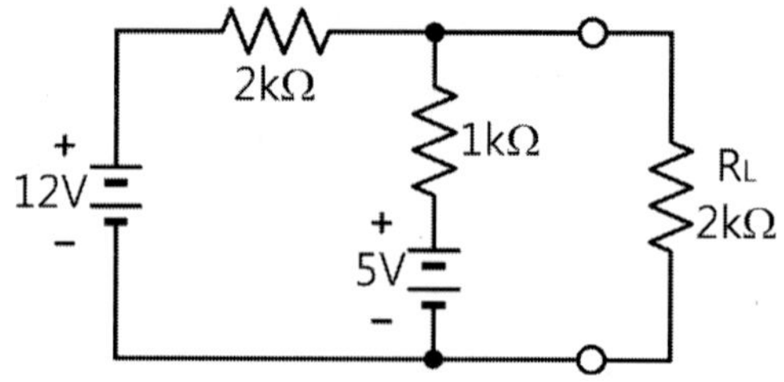

그림 p2-13.

14. 미지의 회로에 대하여 부하 양단에서 테브난의 전압과 등가저항을 측정하였더니 그림 p2-14와 같이 각각 20 V와 2.5 kΩ이 측정되었다. 노톤의 등가회로는 어떻게 나타나는가?

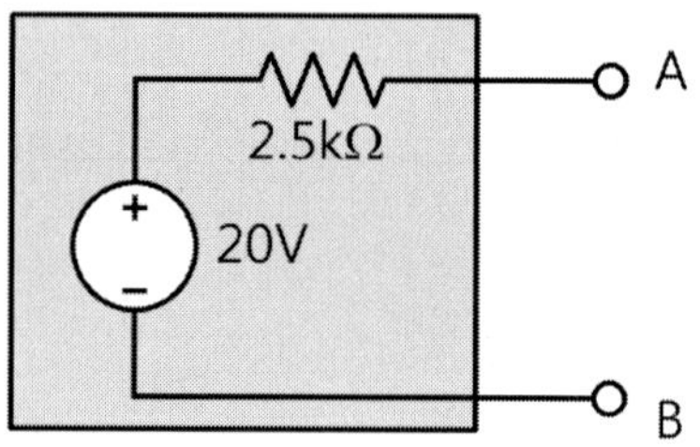

그림 p2-14.

15. 그림 p2-15의 회로에 연결된 스피커의 저항은 8 Ω이다. 스피커의 출력이 최대가 되기 위한 회로상의 저항 R의 값을 얼마로 하면 되는가?

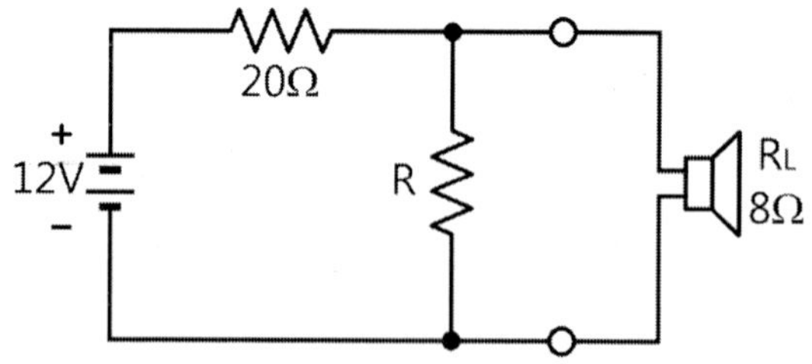

그림 p2-15.

16. 그림 p2-16 회로에서 전원에 직렬로 연결된 저항 10 Ω에 흐르는 전류를 구하라.

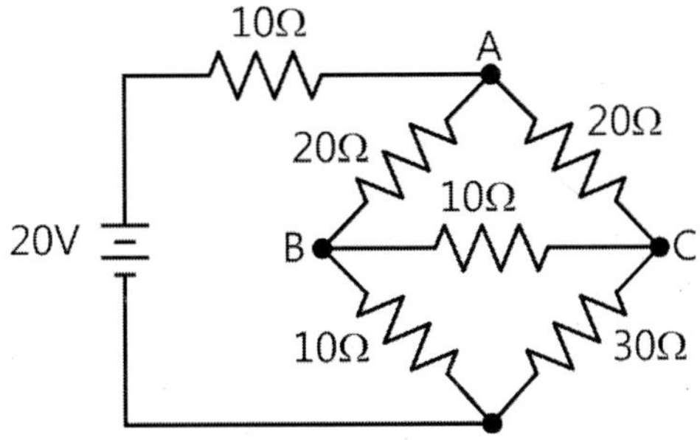

그림 p2-16.

17. Y-결선에서 각 저항이 10 Ω이라면 등가의 Δ-결선으로 변환할 때 각 저항의 값은 얼마로 되어야 하는가?

3. 커패시터와 인덕터

전자회로에 사용되는 것으로 저항 이외에도 비저항 소자로서 커패시터(capacitor)와 인덕터(inductor)가 있다. 이들 소자는 수동소자이지만 전압과 전류의 변화에 대한 저항을 하는 소자로서 주파수에 따라 그 특성이 다르다. 먼저 커패시터와 인덕터의 전기적 특성을 살펴본다.

3.1. 정전용량

커패시터는 일명 콘덴서라고도 부르며, 전하를 저장하여 에너지를 저장하는 전계를 만들 수 있는 소자이다. 에너지를 저장할 수 있는 능력인 단위 전압당 저장할 수 있는 전하량을 정전용량 또는 커패시턴스(capacitance, C)라고 한다. 커패시터는 전하를 충전했다가 방전하는 일종의 충전지와 같은 소자이며 비저항성 소자로 단위는 패럿[F]을 사용한다. 2 개의 극판이 유전체라는 절연체로 분리되어 있어 (+) 전하와 (–) 전하가 내부에 저장되어 전장(electric field)이 나타나게 되고 이러한 전장에 에너지를 저장한다. 또한 전자회로의 전류와 전압을 필터링하거나 안정화시키는 역할도 한다. 회로에서의 기호는 그림 3-1과 같다.

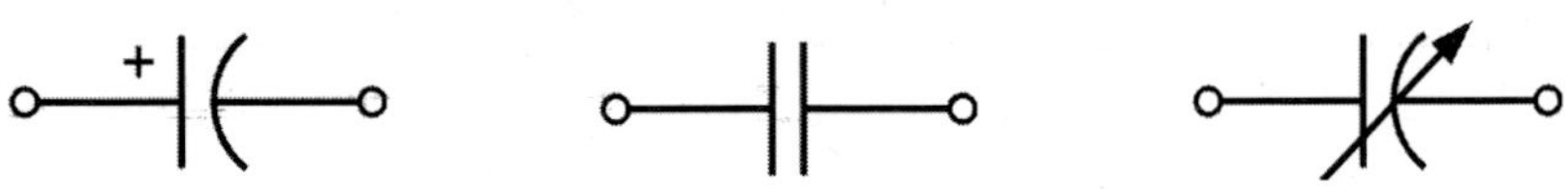

(a) 극성 (b) 무극성 (c) 가변

그림 3-1. 커패시터의 기호

커패시터에 충전되는 전하량을 Q, 전압을 V라 하면 정전용량과 전하량 및 전압 사이의 관계는 식 (3-1)과 같다.

$$Q = CV \tag{3-1}$$

일반적으로 커패시터의 구조는 두개의 금속 극판과 그 사이에 절연체가 채워져 있다. 커패시터의 구조 및 재료에 따른 정전용량 C는 식 (3-2)로 구할 수 있다.

$$C = \epsilon_0 \cdot \epsilon_r \cdot \frac{A}{d} \tag{3-2}$$

여기서, ϵ_0는 자유공간의 유전율(8.854×10^{-12} F/m), ϵ_r은 커패시터 내부 유전체의 비유전율, A는 커패시터 내부 극판 면적(m^2)이며, d는 커패시터 내부 극판 간격(m)이다. 커패시터에 사용되는 전형적인 유전체의 종류와 비유전율을 표 3-1에 나타내었다.

표 3-1. 유전체의 비유전율.

유전체	비유전율	유전체	비유전율
진공	1.0	운모	5.0
공기	1.0006	자기	6.0
테플론	2.0	베클라이트	7.0
파라핀 종이	2.5	유리	7.5
고무	30	물	80.0

커패시터의 종류로는 크게 고정 콘덴서와 가변 콘덴서가 있으며, 고정 콘덴서에는 극성이 있는 전해 콘덴서와 탄탈 콘덴서가 있고, 극성이 없는 세라믹 콘덴서와 마일러 콘덴서가 있다. 전해콘덴서는 그림 3-2 (a)에서와 같이 용량과 정격전압이 수치로

적혀 있다. 극성을 구분하기 위하여 한쪽 다리가 짧으며, 짧은 쪽이 (–) 단자이다. 또한 겉 표면에도 (–) 표시가 있다. 세라믹 콘덴서에는 커패시터의 용량이 그림 (c)와 같이 표시 되어 있으며, 극성이 따로 없기 때문에 다리의 길이도 같다. 표면에 적힌 수는 앞의 2 자리는 십의 자리와 일의 자리를 나타내고 3번째 자리는 승수를 나타내며 그 단위는 [pF]이다.

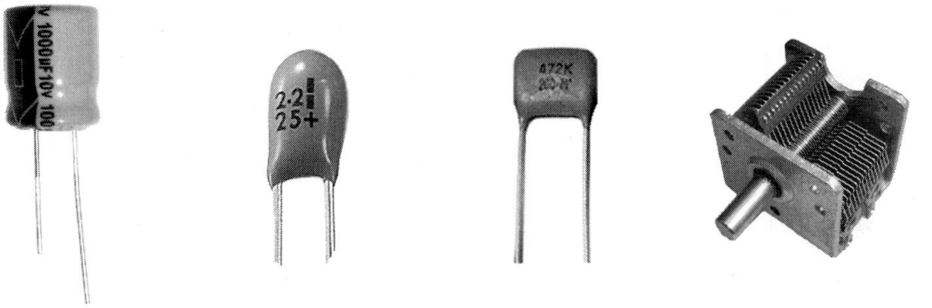

(a) 전해콘덴서 (b) 탄탈콘덴서 (c) 세라믹콘덴서 (d) 가변용량콘덴서

그림 3-2. 커패시터의 종류

그림에서는 472 K라고 적혀 있으므로 47×10^2 [pF] 이므로 4.7 [nF]이다. 오차의 범위는 'J' 이면 5%, 'K' 이면 10%, 'M' 이면 20%를 나타낸다. 여기서는 'K'이므로 오차의 범위는 ±10%이다. 단위 pF는 10^{-12} F이고, nF는 10^{-9} F이다.

여러 개의 커패시터의 합성은 저항의 합성과 반대이다. 즉 n 개의 병렬 커패시터의 합은 식 (3-3)과 같이 구할 수 있다.

$$C_T = C_1 + C_2 + \cdots + C_n \tag{3-3}$$

커패시터의 경우 병렬로 연결되면 극판의 면적이 늘어나는 것과 동일한 효과가 있기 때문에 식 (3-2)에 의해 정전용량이 늘어나는 것과 같은 결과이다.

또한 n 개의 직렬 커패시터의 합은 식 (3-4)와 같이 구할 수 있다.

$$\frac{1}{C_T} = \frac{1}{C_1} + \frac{1}{C_2} + \cdots + \frac{1}{C_n} \tag{3-4}$$

직렬로 연결된 경우 커패시터의 양 극판 사이의 거리가 늘어나는 것과 같은 효과가 있으며, 식 (3-2)에 의해 정전용량이 줄어드는 결과를 가져온다.

예제 3. 1 운모를 유전체로 사용한 커패시터에서 극판 면적이 4×10^{-3} m^2이고, 극판의 간격이 0.1×10^{-6} m라고 할 때 정전용량은 얼마인가?

[풀　이] 운모의 비유전율은 5이므로, 정전용량은

$$C = \epsilon_0\epsilon_r\frac{A}{d}$$

$$= 8.854\times10^{-12}\times5\times\frac{4\times10^{-3}}{0.1\times10^{-6}} = 1.771\ [\mu F]$$

예제 3. 2 그림 3-3의 커패시터 연결에 대한 전체의 등가 커패시터를 구하라.

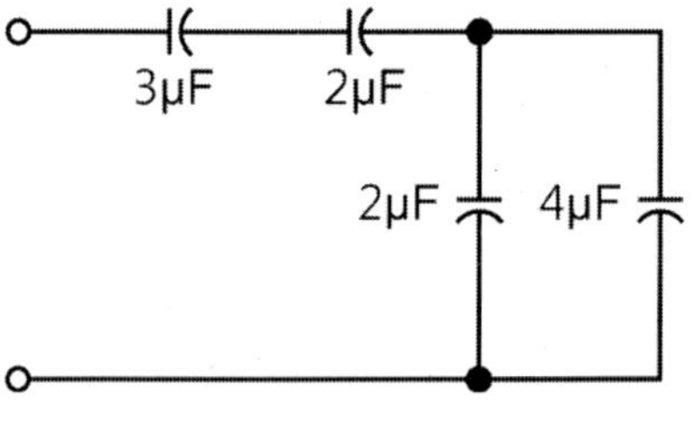

그림 3-3. 예제 3.2

[풀　이] 먼저 병렬 연결된 2 μF와 4 μF의 병렬 등가 커패시터는

2 μF + 4 μF = 6 μF가 된다.

다음으로 직렬 연결된 3 μF와 2 μF 및 6 μF(병렬등가)는

$$C = \frac{1}{\frac{1}{3}+\frac{1}{2}+\frac{1}{6}} = 1\,[\mu F]$$ 이다.

모든 커패시터는 도체판 사이에 걸리는 전압을 견딜 수 있는 한계점이 있다. 이를 정격전압이라고 하는데 소자에 손상을 주지 않고 가할 수 있는 최대 직류전압을 의미한다. 파괴전압(breakdown voltage), 동작전압(working voltage)라고도 한다. 이 최대 전압을 초과하면 커패시터는 손상을 받아 터지게 된다. 최대 전압은 커패시터를 구성하는 유전체의 유전강도 값에 따라 결정된다.

3.1.1. 정전용량의 직류 특성

커패시터는 DC 전압원에 연결되면 충전을 한다. 그림 3-4와 같이 초기에 스위치가 열려 있는 상태에서 충전되지 않은 상태로 양 극판에는 전하가 없다.

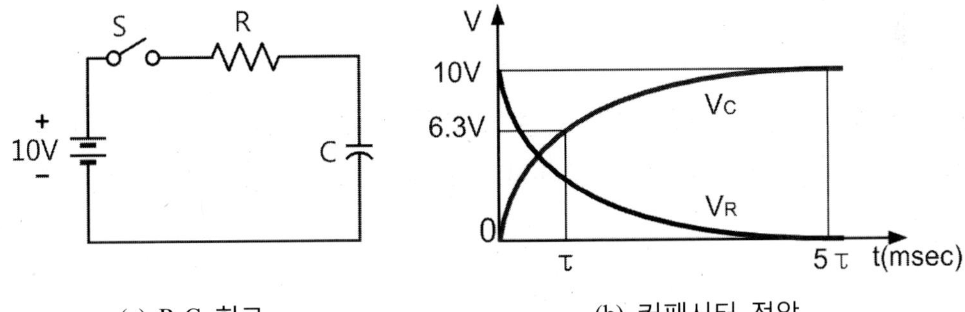

(a) R-C 회로 (b) 커패시터 전압

그림 3-4. 커패시터의 충전

시간 t = 0에서 스위치 S가 닫힌다고 하면 전압원으로부터 커패시터에 전하가 충전되기 시작한다. 이때 커패시터의 전압 V_C는 0 V이므로 최대의 전류가 흐르며 급속하

게 충전을 시작한다. 시간이 경과하면 (+)극에서 정공이 (–)극에서 전자가 각각 극판에 충전 되면서 전류의 크기는 점차 줄어들고 커패시터 양단의 전압은 점차 완만하게 증가 한다. 전압이 공급전압과 같아질 때까지 충전이 일어나고, 완전히 충전되고 나면 더 이상 전류가 흐르지 않는다.

한편 저항에서는 커패시터가 점차 충전을 하게 됨에 따라 초기에 10 V의 전압이 걸리지만 시간이 지남에 따라 감소를 하여 0 V로 된다. 저항에 걸리는 전압은 항상 회로에 흐르는 전류의 크기에 비례한다. 따라서 커패시터 전압 V_C와 저항에 걸리는 전압 V_R의 합은 항상 10 V가 되어 KVL이 성립함을 알 수 있다.

커패시터에서 전류는 전압의 미분형으로 나타나므로 전압은 순간적으로 변할 수 없다는 것을 뜻한다. 즉 커패시터의 전압은 지수함수(e^{-x}) 모양으로 변화한다. 따라서 스위치 S가 닫히는 순간에 커패시터 전압은 '0 V'로 변하지 않고, 저항에 걸리는 전압은 0 V에서 바로 10 V로 변한다. 시간이 지남에 따라 커패시터 전압은 10 V로 증가하게 된다. 커패시터 전압이 최종 전압으로 도달하는데 걸리는 시간은 회로에 연결된 저항과 커패시터 값에 의해 결정된다.

충전 곡선은 지수함수 형태를 가지고 있으며, 일반적으로 식 (3-5)와 같이 표현한다.

$$v = V_f + (V_i - V_f)e^{-\frac{t}{\tau}} \tag{3-5}$$

여기서 V_f는 최종값을 나타내고, V_i는 초기값을 나타낸다. 이때 지수함수의 승수가 '-1'이 되는 시간 즉 $t = \tau$ 이면 식 (3-5)은 초기값 V_i가 '0'일 때,

$$v = V_f + (V_i - V_f)e^{-1} = V_f(1 - 0.368) = 63.2 V_f$$

가 되며, 전압은 최종값의 약 63%가 된다. 최종값의 63%에 도달하는 데 걸리는 시간을 시정수(time constant, τ)라고 부른다. 즉, 시정수란 어떠한 회로가 외부의 입력에 대해 얼마나 빠르게 반응하는지에 대한 지표이며, RC 회로에서는 시정수는 식 (3-6)과 같다.

$$\tau = RC \quad [sec] \tag{3-6}$$

그림 3-4 (b)에서 최종값 10 V의 63%, 즉 6.3 V가 되는데 걸리는 시간이 시정수이다. 시정수의 5 배가 되는 시간이면 최종값의 99.3%(= e^{-5})에 해당하므로 최종값에 도달한 것으로 본다. 또한 커패시터는 충전만 하는 것이 아니라 방전도 할 수 있다. 만일 커패시터가 방전을 할 경우에는 최종값이 0 V가 되기 때문에 약 37%(= e^{-1})까지 남아있는 시간에 해당하며, 식 (3-6)로부터 10 V×37%=3.7 V이다. 최종값의 63% 개념으로 계산할 경우 10 V − 10 V × 63% = 3.7 V가 된다.

예제 3. 3 그림 3-5의 회로에서 t = 0에서 스위치가 닫힐 경우 다음을 구하라.

(1) 시정수

(2) t = 50ms와 t = 200ms에서 커패시터에 충전되는 전압

(3) 시간에 따른 커패시터의 전압파형을 그려라.

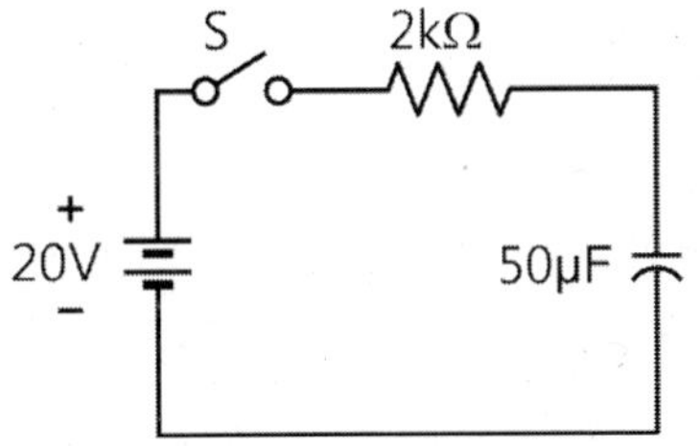

그림 3-5. 예제 3.3

[풀 이] (1) 시정수는

$$\tau = RC = 2k\Omega \times 50\mu F = 100[ms]$$

(2) 커패시터의 초기값은 '0 V'이고, 최종값은 '20 V'이므로

t = 50 ms에서의 커패시터에 걸리는 전압은

$$v = 20V + (0V - 20V)e^{-50/100} = 20V(1 - 0.607) = 7.86V$$

t = 200 ms에서의 커패시터에 걸리는 전압은

$$v = 20V + (0V - 20V)e^{-200/100} = 20V(1 - 0.135) = 17.3V$$

(3) 위의 결과로부터 커패시터의 전압파형은

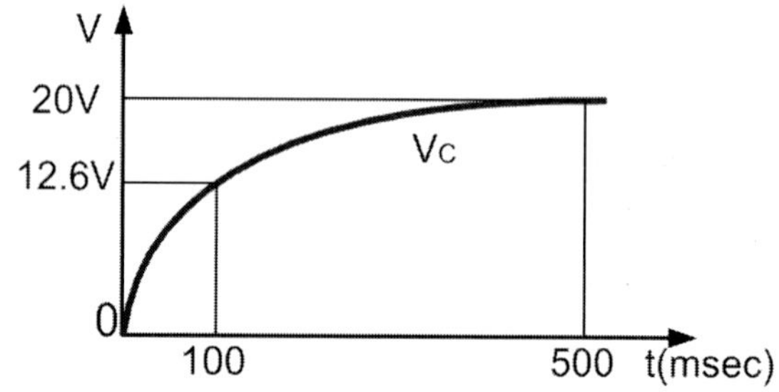

커패시터의 양 극판 사이에는 유전체로 채워져 있기 때문에 커패시터의 유전체를 통하여 전류를 흘릴 수 없고, 외부 회로를 통하여서만 충전과 방전이 일어난다.

커패시터는 직류전압에 대해 충전과 방전하는 과정을 통해 전류가 흐르게 된다. 그림 3-4의 회로는 커패시터가 한 번 충전을 하게 되면 방전할 수 있는 회로가 없기 때문에 스위치 S가 열린다 하더라도 커패시터는 지속적으로 충전된 상태를 유지하게 된다. 만일 그림 3-6과 같이 스위치 S가 열린 경우에 커패시터에 충전된 전압이 방전할 수 있는 폐회로를 가지고 있다면 커패시터는 방전을 할 것이다. 그림 3-6에서는 저항 R을 통해 방전한다. 이 경우 스위치 S가 짧은 시간에 ON/OFF를 반복한다면 커패시터는 충전과 방전을 반복하게 되며, 마치 전류가 흐르는 것처럼 보일 수 있다. 이때 흐르는 전류의 크기는 스위치 S를 얼마나 빨리 여닫는가에 따라 달라진다.

방전시에도 초기에는 최대 전류가 흐르며, 전류의 방향은 충전될 때와는 반대 방향이다. 시간이 경과하게 되면 전류와 커패시터의 전압은 감소한다.

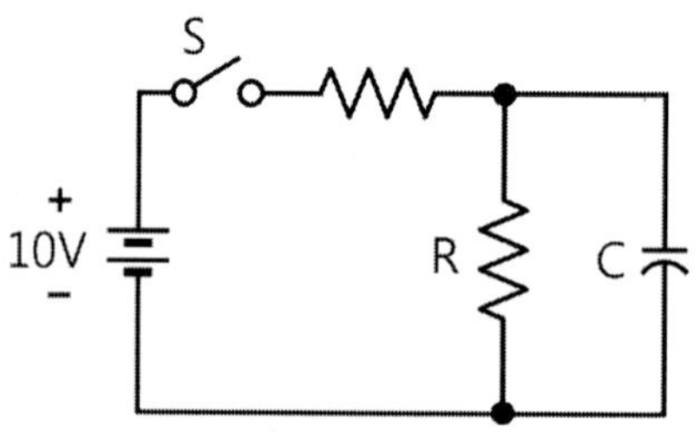

그림 3-6. 커패시터의 방전

3.2. 인덕턴스

인덕터는 하나의 도선이 코일(coil)과 같이 되어 있기 때문에 일명 코일 또는 초크(choke)라고 부른다. 코일에 전류가 흐르게 되면 코일은 전류의 흐름을 방해하려고 하고 감소하려고 하면 계속 흘리려고 하는 성질이 있다. 이러한 성질을 Lenz의 법칙이라고 한다. 자세한 내용은 4장에서 다룬다. 커패시터는 극판 사이에 전계형태로 에너지를 축적하지만 인덕터는 코일 형태의 소자 내부에 자계형태로 에너지를 저장한다.

코일은 비저항성 소자로 전류의 변화를 방해하는 성질을 가지며, 이를 인덕턴스(inductance, L)라고 한다. 인덕턴스의 단위는 헨리[H]를 사용한다. 인덕턴스는 전류가 흐르는 도체 주변에 형성되는 전자계에 의해 발생한다. 전류가 흐르는 도체 주위의 전자계가 인덕턴스를 형성한다. 전자 회로에서는 그림 3-7과 같은 기호로 표시된다.

그림 3-7. 인덕터의 기호

인덕터의 종류로는 그림 3-8과 같이 여러 가지 형태가 있다. 코일의 도선을 감은 횟수에 따라 인덕터의 값도 커지게 되며, 내부에 철심을 넣거나 자성체를 넣은 경우가 비어 있는 경우보다 인덕터의 값이 커지게 된다.

그림 3-8. 인덕터의 종류

전류가 흐르는 도체에는 항상 인덕턴스가 존재한다. 도체를 코일 형태로 감거나, 특수한 형태로 정렬함으로써 인덕턴스를 증가시킬 수 있다.

여러 개의 인덕터의 합성은 저항 합성과 같이 구할 수 있으며, n 개의 직렬 인덕터와 병렬 인덕터의 합은 식 (3-7)과 식 (3-8)과 같이 나타난다.

$$L_T = L_1 + L_2 + \cdots + L_n \tag{3-7}$$

$$\frac{1}{L_T} = \frac{1}{L_1} + \frac{1}{L_2} + \cdots + \frac{1}{L_n} \tag{3-8}$$

예제 3. 4 그림 3-9 회로의 총 인덕턴스를 구하라.
인덕터의 값은 L_1 = 1 mH, L_2 = 5 mH, L_3 = 10 mH 이다.

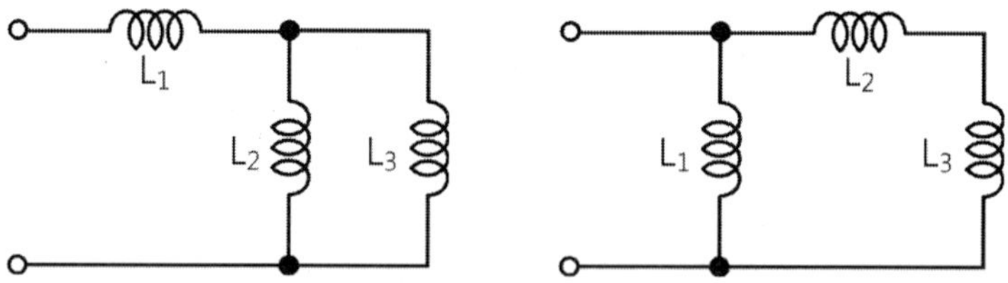

그림 3-9. (a) 그림 3-9. (b)

[풀 이] (a) L_2와 L_3가 병렬연결이므로,

(5 mH // 10 mH) = (5×10)/(5+10) = 3.33 mH

다시 L_1과 직렬로 연결되어 있으므로 1 mH + 3.33 mH = 4.33 mH

(b) L_2와 L_3가 직렬연결이므로, 5 mH + 10 mH = 15 mH

다시 L_1과 병렬로 연결되어 있으므로

(1 mH // 15 mH) = (1×15)/(1+15) = 0.938 mH

3.2.1. 인덕터의 직류 특성

인덕터는 커패시터와 달리 전류가 순간적으로 변화하지 않고, 지수함수 모양으로 변화한다. 저항과 인덕터로 구성된 그림 3-10과 같은 RL회로는 유도성 회로라 한다.

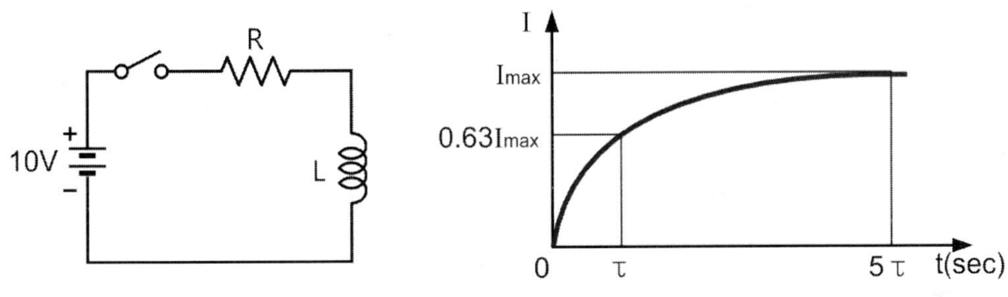

(a) RL 회로 (b) 인덕터 전류

그림 3-10. 인덕터의 전류

인덕터에서 전압은 전류의 미분형으로 나타나므로 전류는 순간적으로 변할 수 없다는 것을 뜻한다. 즉 커패시터에서의 전압과 마찬가지로 인덕터의 전류는 지수함수 (e^{-x}) 모양으로 변화한다. 따라서 스위치 S가 닫히는 순간에 인덕터의 전류는 0A에서 서서히 증가하여 최대 전류는 10/R [A]가 된다. 커패시터에서와 같이 인덕터의 전류가 최종 전류값의 63%에 도달하는 데 걸리는 시간을 시정수라 하며, 저항값에 반비례한다. RL 회로에서 시정수는 식 (3-9)와 같다.

$$\tau = \frac{L}{R} \text{ [sec]} \tag{3-9}$$

이때 전류 곡선의 방정식은 지수 함수적으로 변하며 앞의 RC 회로의 식 (3-5)에서 전압을 전류로 바꾸면 된다. 다만 회로의 시정수는 식 (3-9)와 같다.

예제 3. 5 그림 3-10 (a) 회로에서 R = 2 kΩ, L = 20 mH일 때, t = 0에서 스위치가 닫힐 경우 시정수를 구하라.

[풀 이] RL 회로에서의 시정수는

$$\tau = \frac{L}{R} = \frac{20\,mH}{2\,k\Omega} = 10\,[\mu s]$$

연습문제

1. 커패시터 제작에 사용한 극판 면적이 5 mm^{2}이다. 다음의 경우에 대한 커패시터 용량을 계산하라.
   (1) 극판 사이 간격이 1 mm일 때, 극판 사이에 유전체로 테플론을 사용한 경우
   (2) 극판 사이 간격을 2 mm로 변경하였을 경우
   (3) 극판 사이의 유전체를 고무를 변경하였을 경우

2. 문제 1에서 커패시터 양단에 20 V의 전압을 인가한다면 각 커패시터에 충전되는 전하량은 얼마인가?

3. 표면에 104 K라고 쓰인 세라믹 커패시터와 203 J이라고 쓰인 세라믹 커패시터가 있다. 각 커패시터의 용량의 범위는 얼마인가?

4. 그림 p3-4에서 단자 A-B에서 보는 커패시터의 등가 커패시턴스를 구하라.

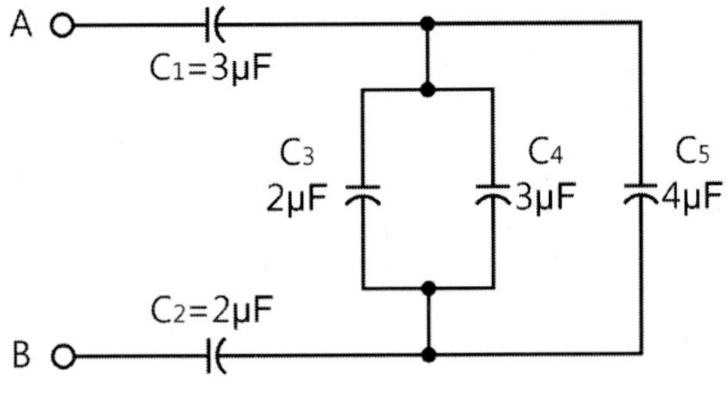

그림 p3-4.

5. 정전용량이 같은 두 커패시터를 병렬로 연결하였을 때의 합성 정전용량은 직렬로 연결하였을 때의 합성 정전용량의 몇 배인가?

6. 그림 p3-6에서 t = 0일 때 스위치가 닫힌다.
   (1) 시정수를 구하라.
   (2) 시간에 따른 커패시터에 충전되는 전압파형을 그려라.
   (3) 시간이 2초가 지난 후 스위치가 다시 열린다면 어떻게 되는가?

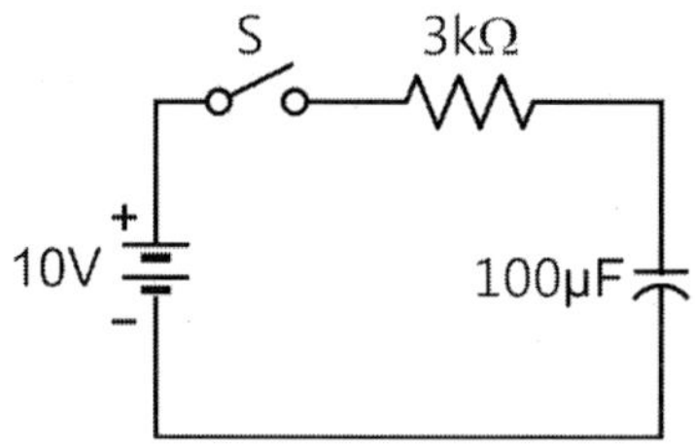

그림 p3-6.

7. 그림 p3-7에서 시간 t = 0에서 스위치가 닫히면 커패시터는 충전을 시작한다.
   (1) 충전이 완료되는 시간을 구하라.
   (2) 충분히 시간이 지난 후, 스위치가 열리면 커패시터는 방전을 시작한다. 완전히 방전을 하는 시간은 얼마 후인가?

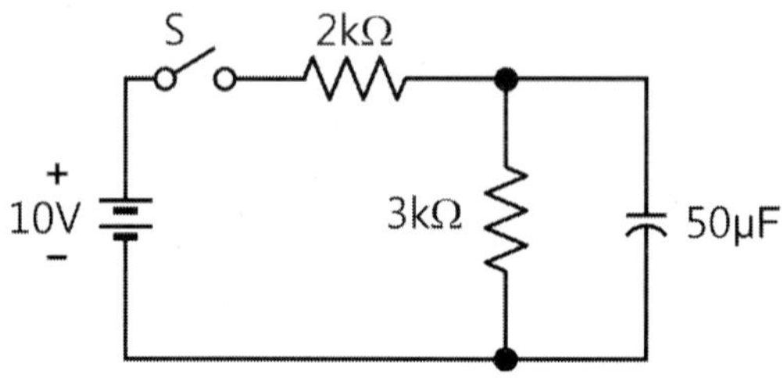

그림 p3-7.

8. 인덕턴스가 같은 두 인덕터를 병렬로 연결하였을 때의 합성 인덕턴스는 직렬로 연결하였을 때의 합성 인덕턴스의 몇 배인가?

9. 그림 p3-9에서 단자 A-B에서 보는 인덕터의 등가 인덕턴스를 구하라.

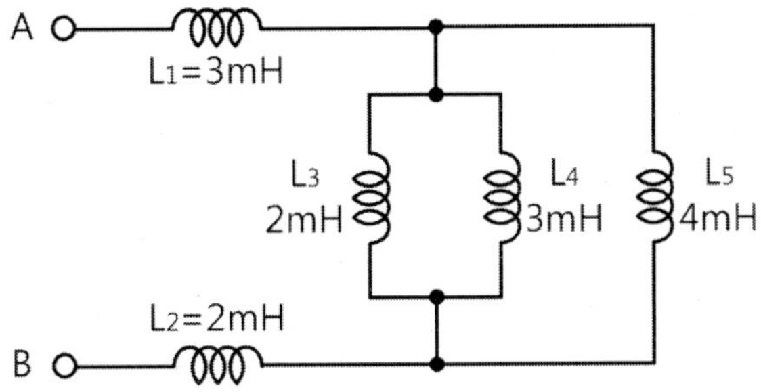

그림 p3-9.

10. 그림 p3-10에서 시간 $t = 0$에서 스위치가 닫힌다.

(1) 시정수를 구하라.

(2) 스위치를 닫은 순간으로부터 5 시정수 이후의 전류값을 구하라.

(3) 다시 스위치가 열리고 난 후 시정수를 구하고, 그때의 전류값을 계산하라.

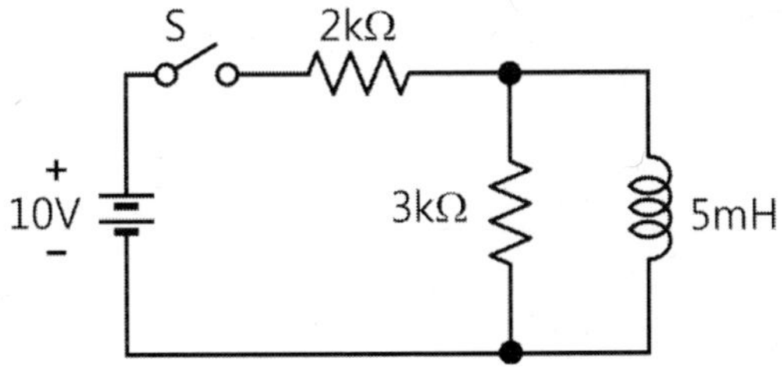

그림 p3-10.

PART Ⅱ

교류신호와 응용
(AC Signal and Applications)

4. 자기학(Magnetics)

4.1. 자계

영구자석의 주위에는 자계가 존재한다. 지구의 자계는 북극에서 남극으로 향하고 있다. 이러한 자계는 영구자석뿐만 아니라 다른 형태로도 발생 가능하다. 직류 전류가 흐르는 도선 주위에도 발생하며, 전기장이 시간적으로 변하는 경우에도 발생한다.

영구자석이나 직류 전류가 흐르는 경우에 발생하는 자장은 시간에 따라 변하지 않는 일정한 크기를 가지고 있으나, 전기장이 시간적으로 변하는 경우 발생하는 자장은 역시 시간적으로 크기가 변하게 된다.

4.1.1. 자력선

자기의 발생이 어떻게 일어나는가는 막대형 영구자석으로부터 쉽게 관찰할 수 있다. 그림 4-1은 막대자석과 같은 영구자석의 주변에 일어나는 자계를 보이고 있다. 자계는 N 극에서 출발하여 S 극을 향하는 방향으로 발생하며, 연속적이며 폐루프(closed-loop)를 이룬다. 이러한 자력선을 자속선(flux line) 또는 간단히 자속(magnetic flux)라고 부른다.

자력선이 많을수록 자속은 증가하고, 자계가 더 세다. 자속의 단위는 웨버(weber, [Wb])이다. 1 Wb는 10^8 개의 자력선을 나타낸다. [Wb]는 매우 큰 단위이므로 실제로는 [μWb]가 사용된다.

또한 자속밀도(magnetic flux density)는 자계에서 단위 면적당 자속의 양을 나타낸다. 자속밀도의 기호는 B이며, 단위는 테슬라(tesla, [T])이다. 1 [T]는 평방미터당 1 웨버[Wb/m^2]와 같다.

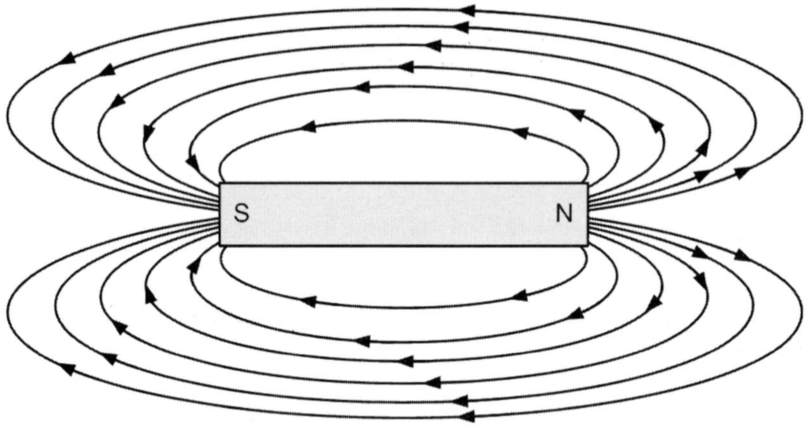

그림 4-1. 막대자석 주위의 자력선

그림 4-2 (a)에서처럼 두 자석의 서로 다른 극성이 인접하게 되면 자력선은 흡인력이 발생하여 일부 자력선이 다른 자석의 S극으로 들어가게 된다. 그러나 그림 (b)와 같이 동일한 극성이 놓이게 되면 반발력이 발생한다.

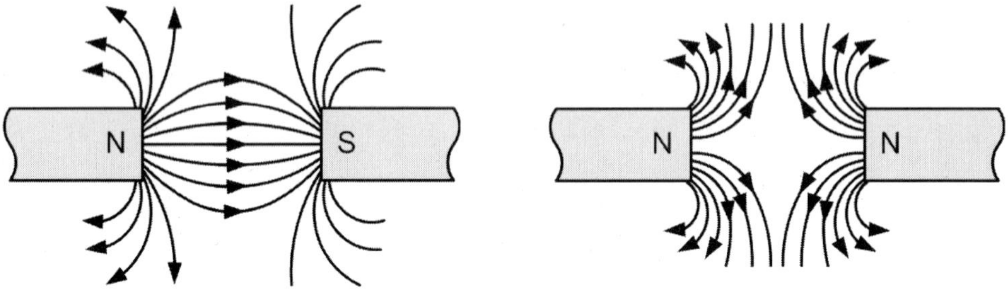

(a) 극성이 반대인 경우

(b) 극성이 같은 경우

그림 4-2. 극성에 따른 자력선 분포

이러한 자석의 흡인 현상이나 반발현상들은 전동기나 발전기에서 회전을 일으키는 요인이 된다.

종이나 유리, 나무, 플라스틱 등의 비 자성물질에는 영향을 받지 않지만 철, 니켈,

코발트 등과 같은 자성체는 자계 내에 놓이면 자화된다. 영구자석은 이러한 자성 물체들을 자화시켜 자석에 끌리게 한다. 이때 그 자신이 자석이 된 것과 같은 효과를 낸다. 그러나 자석의 영향 밖에 놓이면 그 물체들은 자성을 잃게 된다.

이러한 자성체의 성질을 투자율(permeability)이라고 하며, 물질마다 다른 값을 가진다. 자성체가 자력선 내에 놓이게 되면 자력선들은 영향을 받아 방향을 바꾸어 주위의 공기보다는 자성체를 통과해서 지나가려고 한다. 이것은 자성 물체가 더 쉽게 자로(magnetic path)를 제공하기 때문이다.

영구자석은 다양한 분야에서 응용되어 사용된다. 자석 스위치의 경우 자석의 위치에 따라 접점의 On/Off를 조정하게 된다. 이러한 자석 스위치는 창문이나 문으로의 침입을 알리는 경보장치에 사용되고 있다.

4.1.2. 전자기 원리

전자기는 도체에 흐르는 전류에 의하여 자계가 형성되는 것을 말한다. 테이프 녹음기와 전동기(motor), 스피커, 솔레노이드, 마그네틱 계전기(magnetic relay) 등이 전자기 현상을 이용한 장치들이다.

전류가 흐르면 도체 주변에 전자계(electro-magnetic field)라고 하는 자계가 형성된다. 그림 4-3과 같이 직류 전류가 흐르는 도선의 둘레에는 자력선이 동심원을 이루고 형성된다. 자력선의 방향은 전류의 방향에 따라 결정된다.

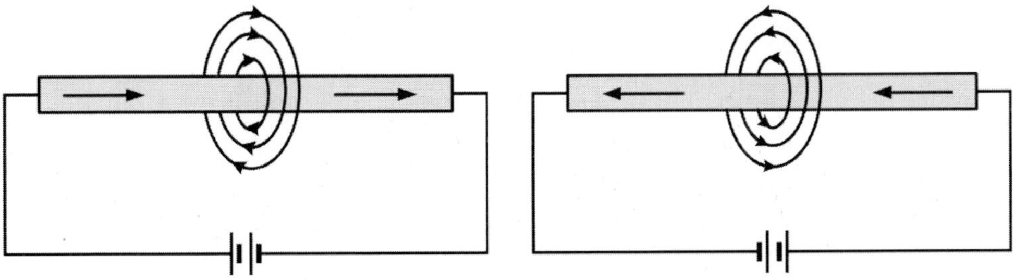

그림 4-3. 전류가 흐르는 도선 주위의 자력선

전류가 흐르는 도체 주위의 자력선의 방향은 오른손 법칙(right-hand rule)에 의해 결정된다. 그림 4-4와 같이 오른손 법칙이란 전류가 흐르는 방향으로 오른손 엄지를 향하게 하고 잡으며 나머지 손가락이 자력선의 방향을 나타낸다는 것이다. 자계의 세기는 도체에 가까울수록 더 세고, 도체로부터 멀어질수록 약해진다.

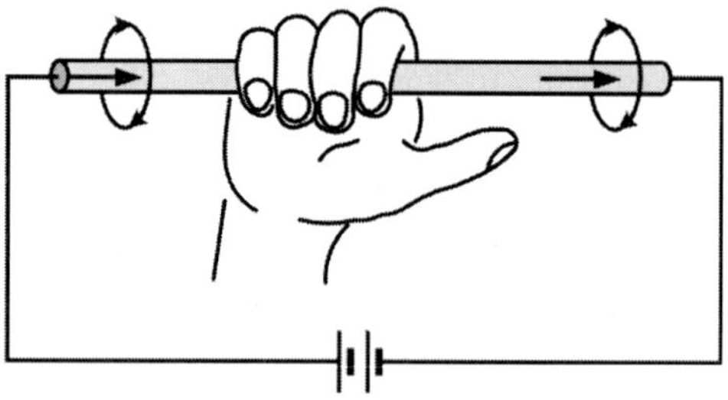

그림 4-4. 오른손 법칙

4.1.3. 전자석

전류의 크기가 커지게 되면 발생하는 자력선은 세어진다. 그러나 전류의 크기를 무한대로 증가할 수 없고, 또한 일반적으로 미세 전류를 사용하기 때문에 자력선의 크기는 한계가 있다. 반면에 도선을 코일과 같은 형태로 만들어 주면 전류가 코일을 통과하면서 자력선들이 더해져서 비교적 강한 자계를 형성할 수 있다. 그림 4-5는 전류가 흐르는 코일 주위에 형성되는 자계를 보여준다.

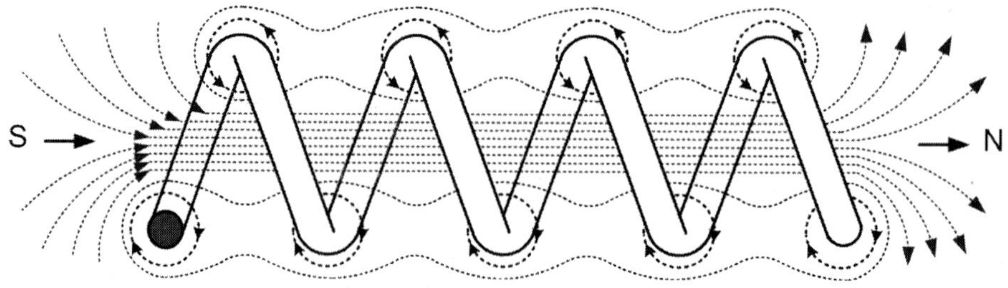

그림 4-5. 코일 주위의 자계

각 코일에 흐르는 전류는 오른손 법칙에 의해 코일 주변에 원형의 자력선을 형성한다. 코일의 중심부에서 모든 코일에 의한 자력선들은 같은 방향으로 되어 자계는 강해지게 되고 인접한 코일의 권선들 사이에서는 서로 상쇄되어 결과적으로 자력선은 폐곡선을 이루기 위해 코일의 권선이 감겨져 있는 전체 길이에 걸쳐져 형성된다. 따라서 코일은 N극과 S극을 갖는 자석과 같이 동작하게 된다. 자계의 형성 방향은 코일의 전류가 흐르는 방향으로 오른 손가락을 두게 되면 엄지가 향하는 방향이 N극이 된다. 이때 발생하는 자계의 세기는 코일의 감은 권선수에 비례하게 된다.

전류가 흐르는 코일 내부에 자성체를 두면 코일의 자기 특성은 자성체로 인해 현저히 증가되어 나타난다. 자성체로는 연철을 많이 사용하는데 연철의 경우 자계가 형성되기 쉬운 특성이 있다. 어떤 재료에서 자계가 형성되기 쉬운 정도를 투자율(permeability, μ)라고 하며, 투자율이 높은 경우 자계가 형성되기 쉽다. 즉, 연철의 경우 투자율이 크다. 이렇게 자화가 잘되는 물체 주위를 도선으로 감은 것을 전자석이라고 한다.

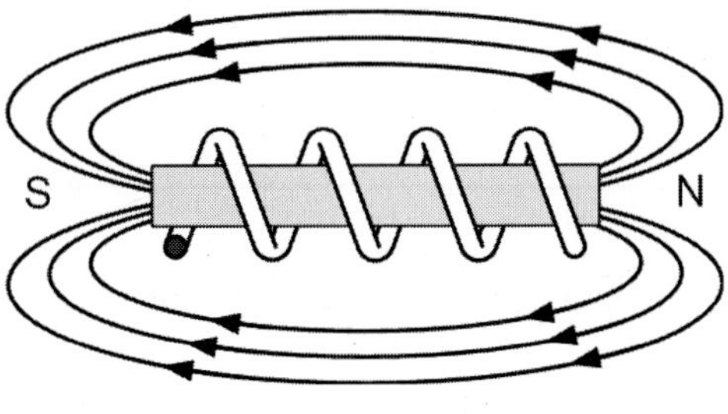

(a)

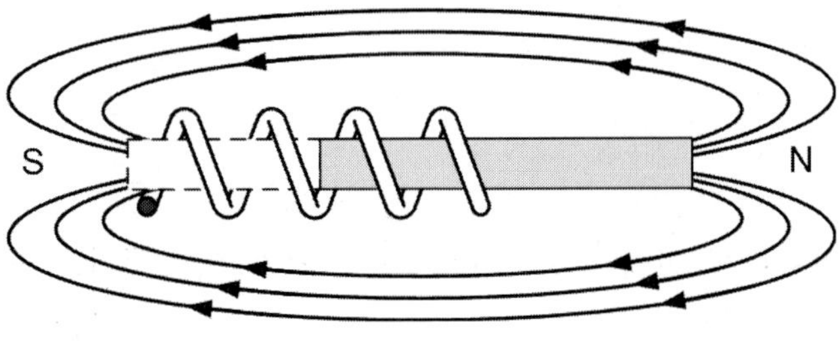

(b)

그림 4-6. 코일 내 철심의 위치에 의한 자계

코일 내에 철심이 있으면 코일에 의한 자계는 철심에 의해 영향을 받는다. 즉, 자력선들은 공기보다 투자율이 높은 철심을 따라 형성된다. 그림 4-6은 철심의 위치에 따라 코일에 의한 자력선의 형성이 어떻게 변하는가 보여 준다. 그림 (a)는 코일을 관통하는 전력선이 철심에 한정되어 있다. 그림 (b)와 같이 철심을 코일에서 부분적으로 외부로 빼낸 경우에는 자력선은 코일 외부에 있는 철심의 끝부분으로 형성되도록 연장되어 나타난다.

4.2. 전자기 유도

도선에 전류의 흐름에 의해 도선 주위에 자력선이 나타난다는 것은 자계에 의하여 전류가 발생할 수 있음을 생각할 수 있다. 즉, 도체가 자계 내를 움직일 때 도체에 전압이 발생하며, 이러한 현상을 전자기 유도(electromagnetic induction)라고 한다. 반대로 정지 해 있는 도선에 자력선이 도체를 쇄교하여 끊을 수 있도록 자계를 움직인다면 역시 기전력이 유도된다.

4.2.1. Faraday 법칙

1831년 Faraday는 코일을 가로질러 자석을 움직이면 코일에 전압이 유도되고, 폐회로가 구성되면 유도전압이 유도전류를 발생한다는 것을 발견하였다. Faraday의 실험결과는 코일에 유도되는 전압은 코일의 권선수와 자속의 변화율을 곱한 것과 같다는 것이다. 자속의 변화율은 도선과 자계가 서로에 대해 움직이는 속도와 관계가 있으며, 상대적인 속도가 크면 클수록 유도전압이 증가한다. 자석을 오른쪽 방향으로 움직일 때의 유도 전압과 왼쪽으로 움직일 때의 유도전압은 서로 극성이 다르게 된다.

그림 4-7에서 N극이 코일로 다가오면 코일에 전압이 유도된다. 이때 코일에 검류계를 연결하여 폐회로를 만들어 주면 유도전류가 흐르게 된다. 이 유도전류에 의해 자계가 발생하는데 이 자계는 다가오는 N극을 방해하기 위하여 코일의 왼쪽이 N극이 되도록 하는 방향으로 유도된다. 즉, B 점의 전위가 높고 A 점의 전위가 낮아 유도되는 전류는 오른 쪽에서 왼쪽으로 흐르는 방향으로 발생한다.

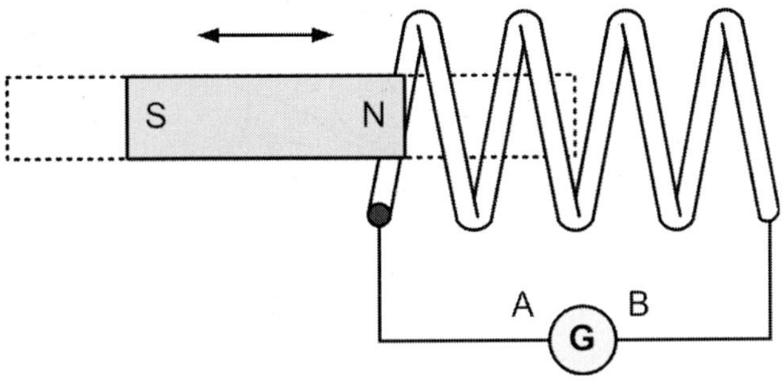

그림 4-7. Faraday 실험

반대로 자석의 N극이 코일로부터 멀어 지게 되면 코일의 왼쪽이 S극이 되도록 전압이 유도되며 점 A의 전위가 점 B의 전위보다 높게 형성된다. 이와 같이 유도전압의 방향은 항상 자장의 변화를 방해하는 방향으로 결정된다. 이러한 법칙을 Lenz의 법칙이라고 한다.

4.2.2. 도체에 작용하는 힘

자계 내의 도선에 전류가 흐르면 전류에 의해 자계가 형성되는데 외부의 영구자석과 같은 방향으로 형성되기도 하지만 반대 방향으로 형성되기도 한다.

그림 4-8 (a)는 전류의 흐름에 의한 자력선과 영구자석에 의한 자력선이 도선의 위쪽에서는 반대 방향이 되어 자속밀도가 감소하고 자계는 약해진다. 반대로 도선의 아래쪽에는 두 자력선이 같은 방향이 되어 자속밀도가 증가하고 자계가 세어진다. 결국 도체는 자속밀도가 낮은 위로 향하는 힘을 받게 되어 위쪽으로 움직인다.

그림 (b)는 (a)와 반대 경우이다. 도선에 흐르는 전류의 방향이 반대가 되면 이로 인한 자력선은 방향이 반대가 되어 영구자석에 의한 자력선과는 아래쪽에서 반대로 형성되어 자속밀도가 감소하므로 도체는 아래쪽으로 힘을 받는다. 힘의 방향은 플레밍의 왼손 법칙에 의한 힘의 방향과 동일하다. 이러한 힘이 전동기를 구동 시키는 힘이 된다.

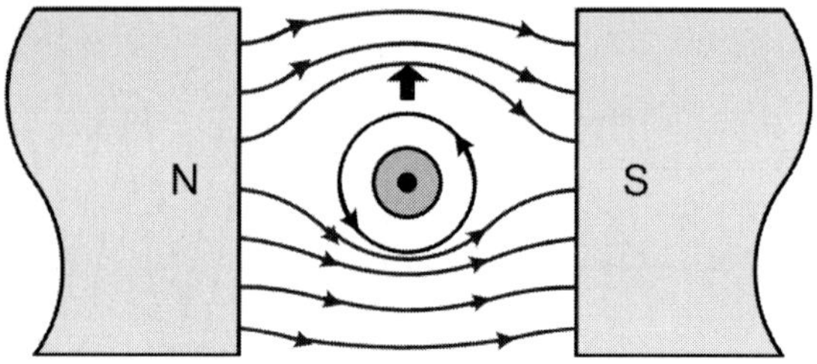

(a)

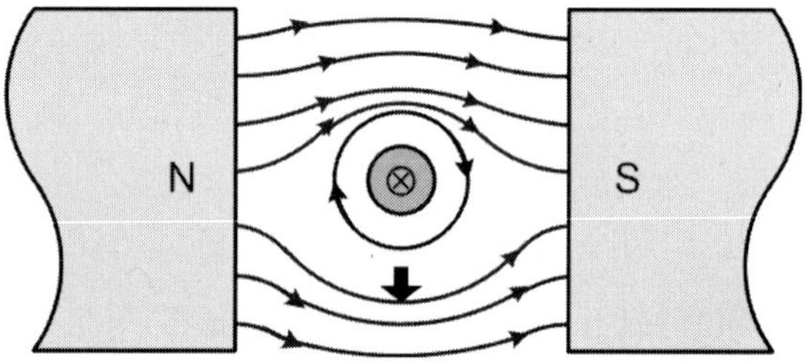

(b)

그림 4-8. 자계 내에서 전류가 흐르는 도체가 받는 힘

4.3. 전자석 응용

4.3.1. 솔레노이드(Solenoid)

자계가 형성되면 코일의 중심과 철심의 중심을 일치하려는 힘이 작용한다. 따라서 그림 4-6 (b)에서 빠져나온 철심은 자계가 형성되고 나면 점선의 위치로 돌아오는 힘을 받게 된다. 이를 응용한 것이 솔레노이드이다. 솔레노이드는 플린저(plunger)라고 하는 움직일 수 있는 철심이 있는 전자기를 이용한 장치이다. 솔레노이드의 철심은 전자계와 스프링의 기계적인 힘에 의해 움직인다. 동작원리는 전류가 코일에 흐르면 자계가 발생하여 코일은 내부에 있는 고정된 철심과 플린저는 각각 N-S 극성을 띄게 된다. 따라서 고정된 철심의 S 극과 플린저의 N 극이 서로 끌어 당겨 들이게 된다. 이때 스프링은 압축된다. 스위치가 Off되어 전원이 끊어지게 되어 자계가 사라

지게 되면 스프링의 복원력에 의해 플린저는 다시 원래의 상태로 바깥쪽으로 밀려 나오게 된다. 솔레노이드는 열고 잠그는 밸브나 자동차문 잠금장치 등 여러 가지 용도로 사용되고 있다.

솔레노이드에서 발생하는 자계의 세기는 코일에 흐르는 전류의 세기가 크면 자계가 크게 발생하게 되며, 코일을 감은 권선수가 많으면 자계의 발생이 비례하여 증가하게 될 것이다. 그러나 솔레노이드의 길이가 길어지면 자계의 영향이 줄어들게 되므로 반비례한다. 이와 같이 솔레노이드에서 자계의 세기는 식 (4-1)과 같이 구할 수 있다.

$$H = \frac{NI}{l} \qquad (4\text{-}1)$$

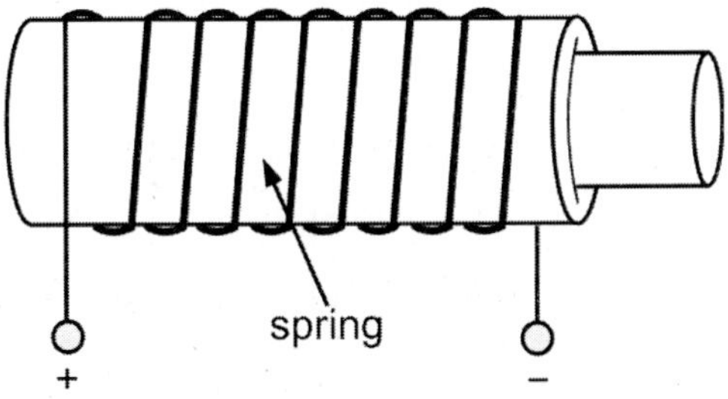

(a)

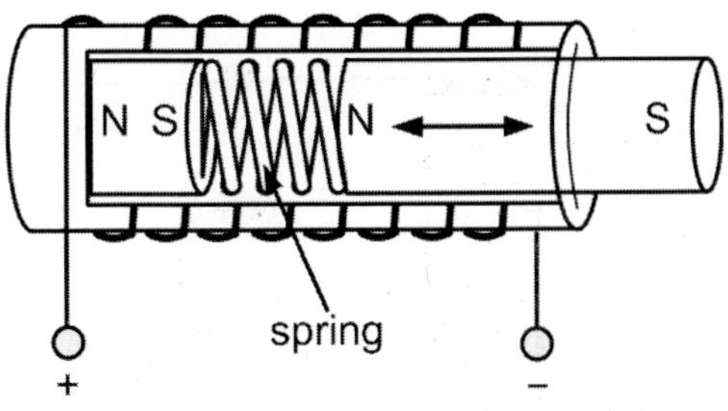

(b)

그림 4-9. 솔레노이드 원리

예제 4. 1 권선수가 1000 회, 길이가 10 cm인 솔레노이드에 전류를 5 mA를 흘렸다. 이 솔레노이드의 자계의 세기는 몇 [AT/m]인가?

[풀 이] 자계의 세기는 암페어 주회법칙에 의해

$$H = \frac{NI}{l} = \frac{1000 \times 5 \times 10^{-3}}{10 \times 10^{-2}} = 50\,[AT/m]$$

4.3.2. 계전기

계전기(magnetic relay)는 전자기의 작용이 기계적인 운동을 유발하는 솔레노이드와 달리 전기적인 접촉을 열고 닫는 장치이다. 평상시 접촉이 되어 있는 계전기의 단자를 코일에 전류가 흘러 자계가 형성되면 흡인력에 의해 접점이 다른 단자와 연결되는 장치이다.

그림 4-10에서 코일에 전류가 흐르면 자장의 발생으로 인해 위쪽의 철편을 끌어당기게 된다. 이때 단자 B에 붙어 있는 접점이 암의 운동으로 인해 단자 A에 접점이 붙게 된다. 다시 코일에 전류가 끊어지면 단자 B로 접점이 옮겨진다. 따라서 단자 S로부터 전기신호가 단자 A와 B 사이에서 전환할 수 있게 되며 전기적 스위치 역할을 수행한다.

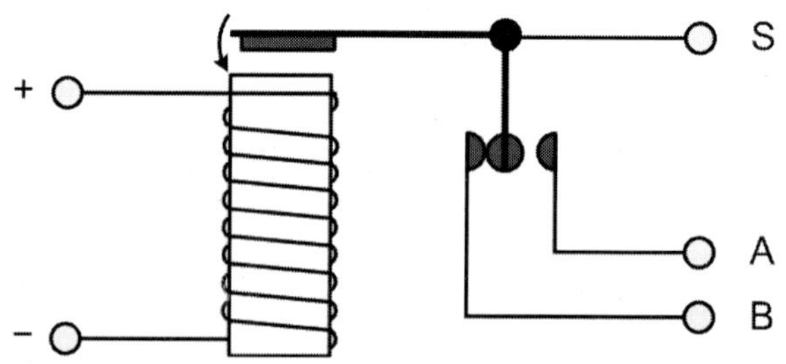

그림 4-10. 계전기 원리

4.3.3. 스피커

스피커는 형식과 구조에 따라 여러 가지 형태가 있다. 전기음향 변환 원리에 따라 분류할 경우 다이나믹 스피커와 마그네틱 스피커, 콘덴서 스피커, 세라믹 스피커 등으로 분류한다. 여기서 다이나믹 스피커가 전자석을 응용한 것이다.

영구자석 스피커는 일반적으로 스테레오나 라디오, TV 등에 사용되며, 전자기 원리에 의해 작동된다. 전형적인 스피커는 영구자석과 전자석으로 구성되어 있다.

스피커의 콘(cone)에는 종이와 같은 얇은 진동판에 코일이 감긴 속이 비어 있는 실린더가 연결되어 있다. 영구자석의 두 극 중 하나는 코일 내에 위치한다.

코일의 한쪽 방향으로 전류가 흐르면 영구자석의 자계와 전자석의 작용으로 인해 실린더가 움직이게 되고, 이 실린더의 움직임으로 인해 진동판이 안쪽이나 바깥쪽으로 움직인다. 코일에 흐르는 전류량이 자계의 세기를 조정함으로서 진동판이 움직이는 정도를 제어하고 스피커의 볼륨을 조정한다.

음성이나 음악의 신호전압에 의해 코일에 흐르는 전류의 방향과 세기가 비례하여 변하게 되고, 진동판에 의해 공기를 똑같은 방법으로 진동시킴으로서 음파로 전달된다. 그림 4-11에서 신호전류가 코일에 인가되면 자장이 발생하여 코일로 감겨있는 실린더가 좌우로 움직이게 되며, 이에 따라 실린더에 연결되어 있는 진동판이 신호와 동일한 형태로 떨림이 발생하여 공간에 진동파로 전달한다.

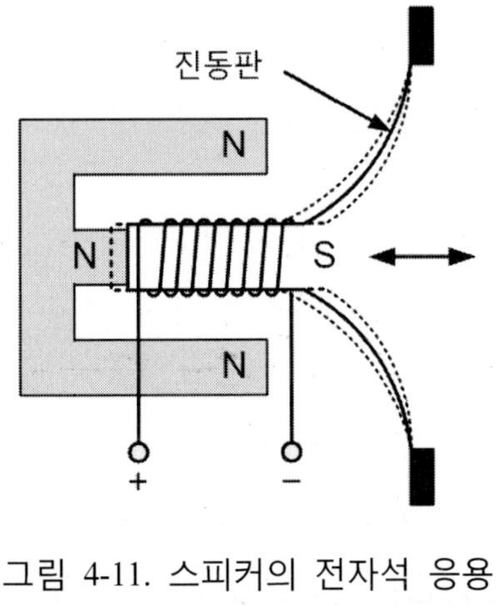

그림 4-11. 스피커의 전자석 응용

4.3.4. 마이크로폰

마이크로폰(microphone)은 스피커와 반대 개념으로 작동하는 것이다. 음파에 의해 철심에 부착된 신축성이 있는 콘에 자극을 가하면 철심은 코일 안쪽에서 움직이며, 이를 둘러싼 영구자석에 의해 입력되는 음파와 같은 주파수의 전압을 유도한다. 즉 소리 에너지를 전기에너지로 변환하는 장치이다. 마이크로폰의 기본 구조는 그림 4-12와 같다. 마이크로폰의 종류에는 일반적으로 가장 많이 사용하는 콘덴서 마이크로폰, 전화기에 사용하는 탄소입자 마이크로폰, 압전효과를 이용하는 크리스탈 마이크로폰 등이 있다. 콘덴서 마이크로폰은 기계적으로 단순하면서도 음질이 좋은 반면 탄소입자 마이크로폰은 가장 오래된 역사를 가지고 있으나 음질이 좋지 않아 현재에는 전화기 이외에는 거의 사용하지 않는다.

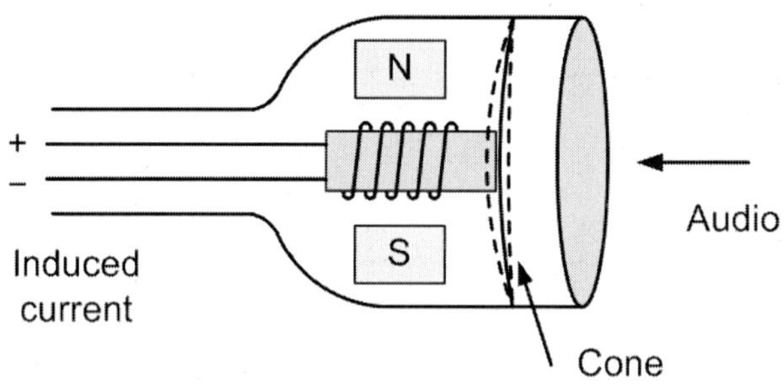

그림 4-12. 마이크로폰의 전자석 응용

4.3.5. 기타 전자기 응용

(1) 소형발전기

전자기 유도 현상을 이용한 실생활에서 볼 수 있는 소형 발전기로는 자전거나 킥보드 바퀴에서 불이 켜지는 것이다. 자전거 바퀴가 돌아가면 회전축에 연결된 자석이 돌아가면서 주위에 감겨 있는 코일에 유도전류가 발생하여 전조등에 불이 켜진다. 돌아가는 회전이 빨라지면 유도전류가 증가하여 불의 밝기가 밝아진다. 또한 킥보드 바퀴도 같은 원리로 바퀴의 회전에 의해 내부 자석이 돌아가고 주위에 코일이 감겨진 철심에 전류가 유도되면서 LED에 불이 켜지는 원리이다.

(2) 도난 방지 장치

최근 대형 백화점이나 마트에서 볼 수 있는 물건에 부착된 장치들은 전자기 유도 현상을 이용한 것이다. 이들 물건에 작고 얇은 형태의 자기 테이프가 들어 있어 출입구에 설치되어 있는 장치 속의 코일에 전자기 유도가 일어나 전류가 발생하고, 이 전류에 의해 경보음이 울리게 되어 있다.

(3) 인덕션 히터와 조리기

전기를 열로 바꾸는 것을 전열기이며 이와 유사하게 자기도 열로 바꿀 수 있으며, 이것이 인덕션 장치이다. 즉 인덕션 장치들은 자기장에 의한 유도 전류를 열로 바꾸는 장치이다. 인덕션은 초기에는 물질의 가열이나 금속의 용해 등에 이용되었으며, 현재는 가정용 전기기구로 이용되고 있다. 인덕션 조리기는 안에 모기향 모양의 코일이 감겨져 있으며 아주 높은 고주파의 전류(약 2만 Hz 이상)가 흐르게 되면 자장이 발생하는데 변화하는 자장이 그릇 밑바닥에서 맴돌이 유도전류를 발생한다. 따라서 그릇의 밑바닥은 알루미늄 제품이 아니라 자기력선을 잘 끌어당길 수 있도록 철이나 스테인리스 등의 강자성체로 만든다. 그릇 밑부분에서 유도되는 전류는 그릇의 전기저항으로 인해 주울 열이 발생하여 가열하는 원리이다.

> **맴돌이 유도전류** : 도체가 움직이면서 자기력선을 끊으면 도체 속을 지나는 자속이 변하고 도체 내부에 유도 기전력이 생겨 소용돌이 모양의 원형 유도전류가 무수히 발생한다. 이 전류를 맴돌이 전류라고 한다.

연습문제

1. 자장이 발생하는 요인에는 어떠한 것들이 있는가?

2. 플레밍의 오른손 법칙과 왼손법칙을 구분하여 설명하라.

3. 자석의 단면적이 0.2 m^2이고, 자석의 자하량이 0.5 Wb이면 이 자석의 자속밀도는 몇 [Wb/m^2]인가?

4. 그림 p4-4에서 유도되는 전류의 방향은 어떻게 되는가?

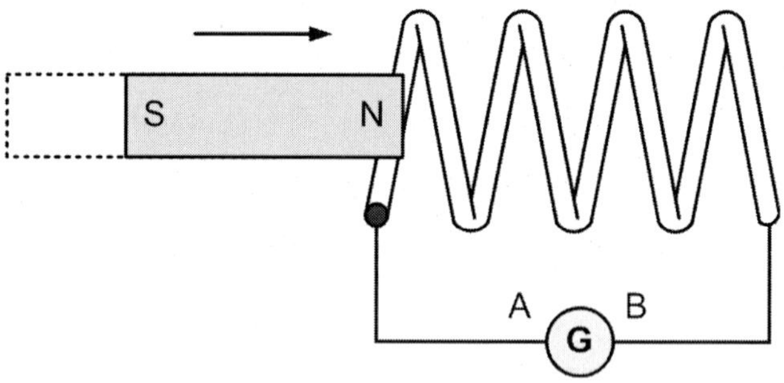

그림 p4-4.

5. Faraday 법칙에 따르면 자속의 변화율이 두 배가 되면 코일에 유도되는 전압은 어떻게 되는가?

6. 코일의 감은 권선수가 2배가 되면 발생하는 자속의 크기는 어떻게 되는가?

7. 자계 내에 놓여 있는 도체에 전류가 흐르면 도체는 힘을 받는다. 힘의 방향은 어떻게 결정되는가?

8. 권선수가 500 회, 길이가 5 cm인 솔레노이드에서 자계가 1200 AT/m 발생하였다. 이때 솔레노이드에 흐르는 전류는 얼마인가?

9. 솔레노이드의 원리가 응용될 수 있는 분야에는 어떤 것이 있는가?

10. 계전기와 솔레노이드의 차이점은 무엇인가?

11. 스피커와 마이크로폰의 차이점은 무엇인가?

5. 교류 신호

일반적으로 거의 모든 전기 신호는 교류 전원이며, 우리가 가정에서 사용하는 전기도 60 Hz의 교류 신호이다. 이 장에서는 교류 신호에 대해 알아본다. 먼저 교류와 대비되는 직류에 대하여 알아보고, 교류 신호의 특성과 발전의 원리에 대하여 살펴본다.

5.1. 직류

극성이 변하지 않는 파형을 직류(direct current, DC)라고 하며, 그림 5-1과 같이 여러 형태로 표시된다. 일반적으로 직류라고 하면 그림 5-1 (a)을 의미한다. 시간에 따라 파형이 변하지 않고 일정한 값을 유지하는 것이다.

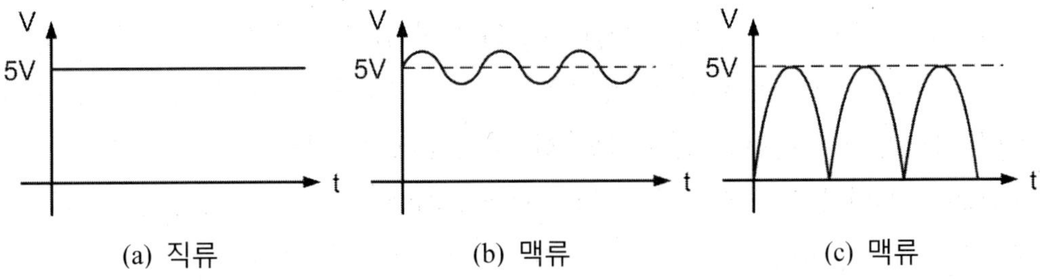

그림 5-1. 직류 파형의 종류

또한 그림 5-1 (b)와 (c)도 극성이 바뀌지는 않으므로 직류로 분류되지만, 파형이 일정하지 않고 지속적으로 변하는 교류 성분이 포함된 경우이므로 이와 같은 파형은 맥류(ripple)라고 부르며, 전류 파형의 경우 맥동전류(ripple current)라고 부른다.

맥류에서 직류 성분 내에 포함되어 있는 교류 성분을 맥동이라 한다. 이러한 맥류는 교류를 직류로 바꿔주는 정류회로(rectifying circuit)의 출력에서 나타나며, 직류를 사용하는 기기의 안정적인 운용을 위해서는 필터회로(filtering circuit, 또는 평활회로)를 이용하여 맥류 내에 포함된 리플을 최대한 제거하는 것이 좋다. 어떻게 교류를 직류로 바꾸는가에 대한 것과 필터회로에 대한 자세한 내용은 8장 3절 전원 여파기에서 다룬다. 그림 5-1 (a)와 같은 형태의 직류는 최대값과 평균값이 같으므로 멀티미터를 이용하여 간단히 전압을 측정할 수 있다.

5.2. 교류

시간에 따라 극성이 주기적으로 변하는 파형을 가지는 신호를 교류(alternating current, AC)라고 한다. 교류는 그림 5-2와 같이 일정한 주기를 기준으로 전압 또는 전류의 극성이 (+) 와 (–) 로 바뀐다. 전압의 극성이 변하는 궤적에 따라 정현파(sinusoidal wave)로 부르는 사인파(sin wave), 삼각함수, 톱니 형태인 톱니파(saw wave), 펄스 형태인 구형파(square wave) 등으로 구분한다. 삼각파, 톱니파, 구형파들은 정현파의 고조파(harmonics)들을 적절히 합성하면 만들 수 있다.

완전한 파형이 한번 만들어져서 다음 파형의 시작될 때 까지를 한 사이클(cycle)이라 한다. 이때 걸리는 시간을 주기(period, T)라 한다. 다시 말하면 주기란 파형에서 하나의 완전한 사이클을 이루는 데 필요한 시간이다. 시간축에서 주기와 유사하게 x-축이 거리를 표시하는 공간이라면 한 사이클을 이루는데 필요한 길이를 파장(wavelength, λ)이라고 부른다. 주파수(frequency, f)란 1초에 교류의 파형이 반복되는 횟수 또는 진동수이며, 주기의 역수이다. 즉, 식 (5-1)과 같이 표현한다.

$$f = \frac{1}{T} \tag{5-1}$$

주파수의 단위는 헤르츠(Hz)이며, 1 초간 존재하는 사이클의 개수를 의미한다. 어떠한 파형이 1 초에 60 회 반복된다면 주파수는 60 헤르츠(Hz)이다.

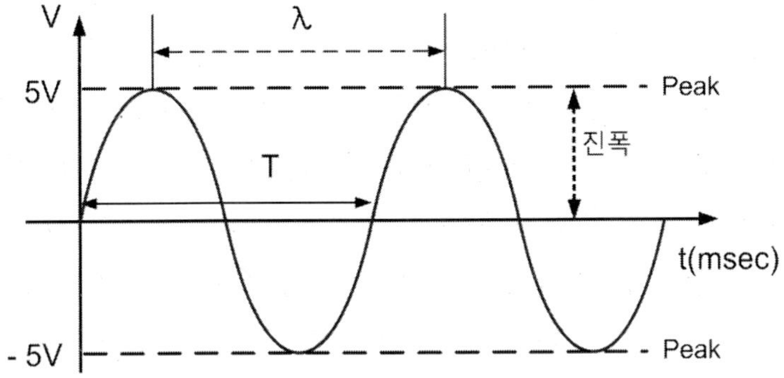

(a) 정현파

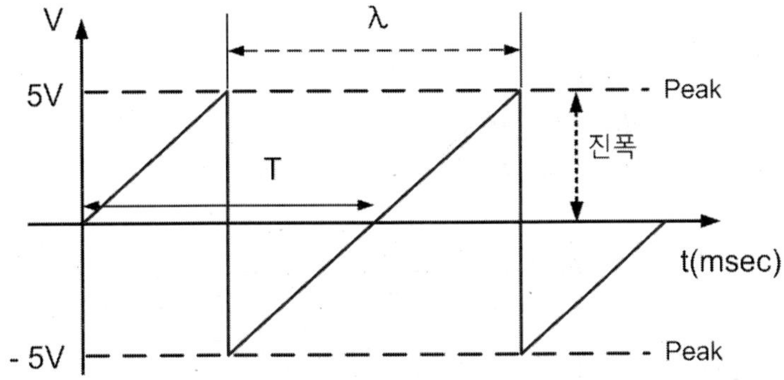

(b) 톱니파

그림 5-2. 교류 파형

5.2.1. 교류신호의 크기

교류 신호는 시간에 따라 최대값에서 최소값 사이를 지속적으로 변하기 때문에 교류 신호의 크기는 순시값(instantaneous value), 최대값(maximum value), 평균값(average value), 실효값(root mean square value, rms) 등으로 구분하여 표시한다.

일반적으로 교류 신호는 식 (5-2)와 같이 표현한다.

$$v = V_m \sin\omega t \, [V] \tag{5-2}$$

여기서 ω는 각속도이며, ω=2πf이다. 순시값은 측정하는 순간마다 측정값이 다르게 나타나는 값으로 파형의 형태에 따라 최젓값에서 최곳값까지 변화한다.

교류 신호의 최대값은 순시값 중에서 가장 큰 값을 나타내고, 피크값(peak value), 진폭(amplitude) 등으로 부른다. 식 (5-2)에서 V_m을 말한다. 이를 전압에 적용하면 최대 전압이 된다. 최대값에 2배를 하면 피크-피크값(peak-to-peak value)이 된다. 또한 교류 신호의 평균값은 한 주기에 대하여 양과 음의 부분이 서로 상쇄되므로 항상 '0'이 되어 큰 의미가 없다. 따라서 정현파의 평균값은 하나의 완전한 한 주기에 대하여 하지 않고 반주기에 대하여 식 (5-3)과 같이 구하며, 식 (5-2)를 대입하면 반주기 평균값은 식 (5-4)와 같이 계산된다.

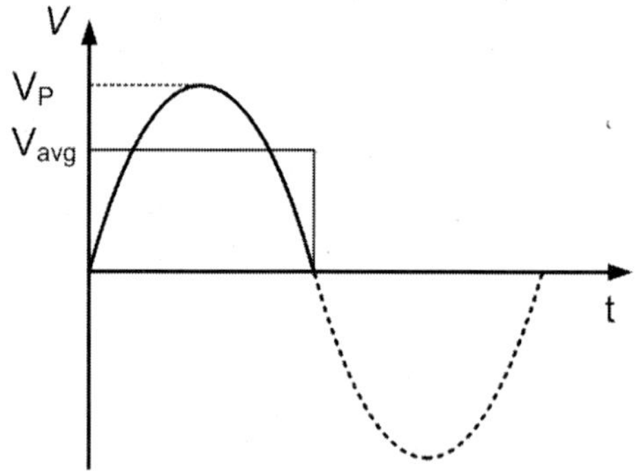

그림 5-3. 교류 신호의 반주기 평균값

$$v_{avg} = \frac{2}{T}\int_0^{\frac{T}{2}} v\ dt\,[V] \qquad (5\text{-}3)$$

$$v_{avg} = \frac{2}{\pi}V_m = 0.673\,V_m\ [V] \qquad (5\text{-}4)$$

따라서 평균값은 최대값의 67.3% 정도를 나타낸다.

그러나 교류신호는 멀티미터 등으로 측정하면 첨두값이나 평균값이 아닌 실효값으로 표시된다. 실효값은 "root mean square"라는 용어에서 알 수 있듯이 식 (5-5)와 같이 계산하며, 교류의 실효값이란 저항이 정현파 전압에 연결된 경우와 똑같은 양의 열(전력)을 발생하는 직류전압과 같다.

$$v_{rms} = \sqrt{\frac{1}{\mathrm{T}}\int_0^{\mathrm{T}} v^2\ dt}\ [\mathrm{V}] \tag{5-5}$$

여기에 식 (5-2)를 대입하여 정리하면

$$v_{rms} = \frac{\mathrm{V_m}}{\sqrt{2}} = 0.707\ V_m\ [\mathrm{V}]$$

이다. 즉, 정현파의 경우 실효값은 최대값을 $\sqrt{2}$로 나눈 값이다. 가정에서 사용하고 있는 전원은 60 Hz 교류 220 V인데, 이때 전압 220 V는 실효값을 의미한다. 멀티미터로 교류 전압원의 전압을 측정하면 실효값이 표시되므로, 최대전압(V_{MAX})은

$$\mathrm{V_{MAX}} = \mathrm{V}\sqrt{2} \tag{5-6}$$

이다. 여기서, V는 멀티미터로 측정한 값이다. 만약 멀티미터로 측정한 값이 10 V라면 최대전압 V_{MAX}는 $10\sqrt{2}$ [V]이고, 피크-피크전압 $V_{P\text{-}P}$는 $20\sqrt{2}$ [V]이다.

5.2.2. 교류신호의 위상

교류 신호는 시간에 따라 순시값을 가지는 파형이다. 일반적으로 시간 t=0인 시간에 순시값을 '0'으로 하여 정현파로 나타낸다. 그러나 시간 t=0일 때 '0'의 값을 가지고 있지 않을 수도 있으며, 그림 5-4의 v_2와 v_3과 같이 두 가지 경우가 가능하다.

v_2 신호는 기준 신호 v_1보다 α각도만큼 앞선(lead) 값을 나타내고, v_3 신호는 기준 신호보다 β각도 만큼 뒤진(lag) 값을 가지고 있으므로 식 (5-7)과 같이 표현할 수 있다.

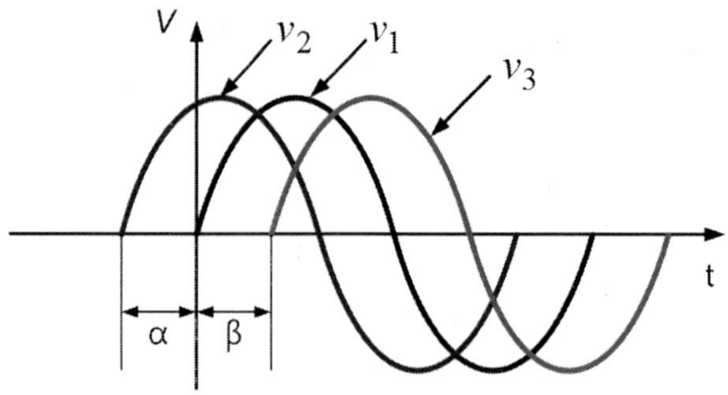

그림 5-4. 교류 신호의 위상

$$v = V_m \sin(\omega t + \alpha)\ [V] \tag{5-7a}$$

$$v = V_m \sin(\omega t - \beta)\ [V] \tag{5-7b}$$

따라서 시간 t = 0일 때 이미 각도 α 또는 β에서 출발하여 순시값을 나타내므로 위와 같은 각을 위상(phase) 또는 위상각(phase angle) 이라고 한다. 위 그림에서 신호 v_2는 신호 v_3보다 각도 (α+β) 만큼 위상이 빠르다(또는 앞선다)고 표현한다.

예제 5. 1 교류의 실효값이 100 V이며, 주파수는 60 Hz이다.
시각 t = 1/100초 일 때 순시값은 얼마인가?

[풀 이] 식 (5-2)와 (5-6)으로부터

$$v = \sqrt{2} V_m \sin \omega t$$

$$= \sqrt{2} \times 100 \sin 2\pi 60 \times \frac{1}{100} = -83.123 [V]$$

예제 5. 2 그림의 교류 파형에 대하여 다음을 구하라.

(1) 주파수　　　　　　　　　(2) 평균값

(3) 실효전압

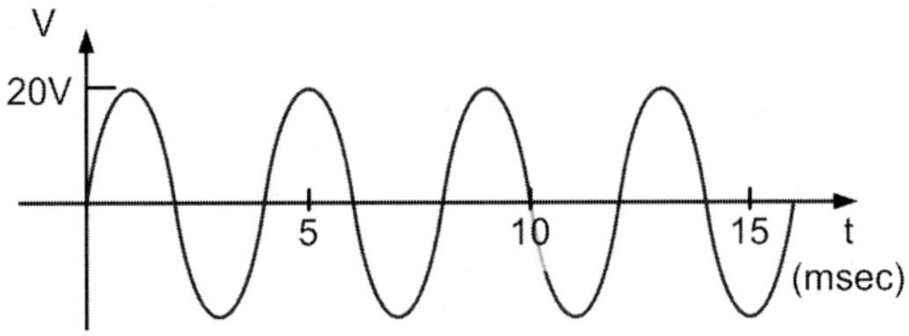

[풀　이] (1) 주기 T는 4 ms 이므로 주파수는 1 / 4 ms = 250 Hz이다.

(2) 최대값이 20 V이므로

평균값은 $v_{avg} = 0.673 \times 20\,\mathrm{V} = 13.46\,\mathrm{V}$

(3) 전압파형의 실효값은 $v_{rms} = \sqrt{2} \times 20\,\mathrm{V} = 28.284\,\mathrm{V}$ 이다.

5.3. 발전기

교류 신호의 여러 가지 변수값에 대하여 앞에서 살펴보았다. 실제 이러한 교류 신호는 어떻게 발생하는가? 하는 궁금증이 생기게 된다. 이를 위해 먼저 유도 기전력 (electro-motive force, emf)에 대해 더 자세히 살펴볼 필요가 있다.

5.3.1. 유도 기전력

전류가 도선을 따라 흐름에 따라 도선 주위에 자기장이 형성된다. 플레밍의 왼손 법칙에 따르면 자장이 형성되어 있는 도선에 전류가 흐르면 도선에 힘이 작용한다.

이때 자장(B)과 전류(I)의 방향은 서로 직각이어야 하며, 발생하는 힘은 자장 및 전류 방향과 모두 수직인 방향으로 발생한다. 즉 식 (5-8)과 같다.

$$\vec{F} = I d\vec{L} \times \vec{B} = BIL \sin\theta \tag{5-8}$$

여기서 θ는 자장과 전류 방향 사이의 각도이다. 다시 말해 자장과 전류 방향이 직각이면 sinθ 값은 '1'이 되므로 발생하는 힘은 자장의 크기와 전류의 크기의 곱이다. 그러나 임의의 각도 θ를 가질 경우 sinθ를 곱해주어야 함을 알 수 있다.

이와 반대로 자장이 있는 상태에서 도체가 움직이거나, 정지해 있는 도체에 자장의 크기가 변하는 경우에는 전류가 발생할 수 있다. 이때에는 발생하는 전류는 플레밍의 오른손 법칙에 의해 발생한다. 이는 자속의 변화에 대하여 방해하는 방향으로 전류를 발생하게 하는 렌츠의 원리(lenz's law)이다. 오른손 법칙에 의해 발생한 전기를 유도 기전력이라고 하는데 보다 쉽게 전기를 생성하기 위한 구조로 만든 것이 발전기이다.

5.3.2. 교류 발전기

발전기(generator)는 기계적인 회전에너지를 전기에너지로 변환시키는 장치이다. 회전에너지는 떨어지는 물, 자동차 엔진의 회전, 기름, 석탄 등의 가열로 인한 증기 등에 의해 얻을 수 있다. 발전기에서 교류 전압을 만들어 내기 위해서는 발전기 내에 자계를 발생시키는 자극편이 있으며, 전압을 발생하기 위한 코일(armature, 전기자, 계자권선)이 회전을 하게 된다. 이 코일은 보통 전기자 원통에 감겨져 있다. 이렇게 회전하는 부분을 회전자(rotor)라고 한다. 자극편은 고정되어 있는 고정자(stator)에 부착되어 있다. 그 외 회전자가 회전하게 됨에 따라 선이 꼬이지 않고 회전할 수 있도록 되어 있는 슬립링(slip ring)과 브러시(brush)를 가지고 있다. 고정된 브러시는 슬립링과 접촉하여 전류를 모으고, 이를 외부 회로로 전달하기 위하여 사용된다.

가장 간단한 발전기의 구조를 그림 5-5에 보이고 있다.

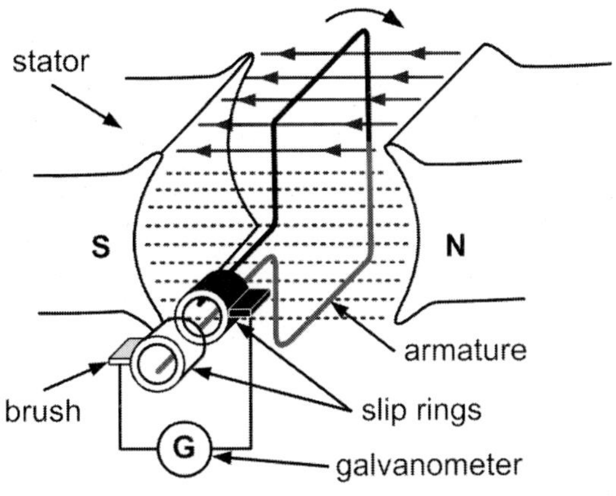

그림 5-5. 교류 발전기 기본 구조

이러한 발전기의 원리를 해석하기 위해 단면에서 보면 그림 5-6과 같은 형태로 그릴 수 있다. 그림 5-6은 발전기의 단면을 표현하고 있다. 그림에서 화살표는 원으로 표시한 도선의 회전에 따른 힘의 방향을 표현하고 있다. 화살표가 있는 원을 중심으로 해석하면 (a)에서 자장은 오른쪽에서 왼쪽으로 발생하고 있고, 회전자의 회전 운동은 시계 방향이므로 회전에 의한 힘은 아래 방향 성분을 포함하고 있다. 따라서 전류는 안으로 흘러 들어가는 방향으로 발생한다.

한편 반대편 도선은 회전에 의한 힘을 위로 향하므로 전류는 흘러나오는 방향으로 발생한다. 결국 두 도체에 의해 발생하는 전류는 같은 방향으로 발생하여 기전력은 합쳐진 결과로 나타난다. 또한 자계에 수직이 되는 힘만이 기전력을 발생시키므로 그림 (b)의 위치에 올 때 회전 운동에 의한 모든 힘이 아래 방향을 향하고 있으므로 자계와 직각을 이루게 되어 전류의 크기는 최대가 되고, 여전히 흘러 들어가는 방향으로 발생한다. 다시 그림 (c)가 되면 회전운동에 의한 아래 방향으로 발생하는 힘은 없고 모두 왼쪽으로 발생한다. 따라서 자계와 평행하게 되므로 발생하는 전류의 크기는 '0'이 된다. 그러나 회전운동에 의해 관성으로 회전자는 회전하게 되므로 다시 회전자가 (d)의 위치에 가면 회전 운동에 의한 힘의 방향이 위로 나타나므로 전류는 흘러나오는 방향으로 나타난다. (e)의 위치에서 다시 흘러나오는 방향으로 최대값이 되고, (f)의 위치에서 다시 '0'이 된다.

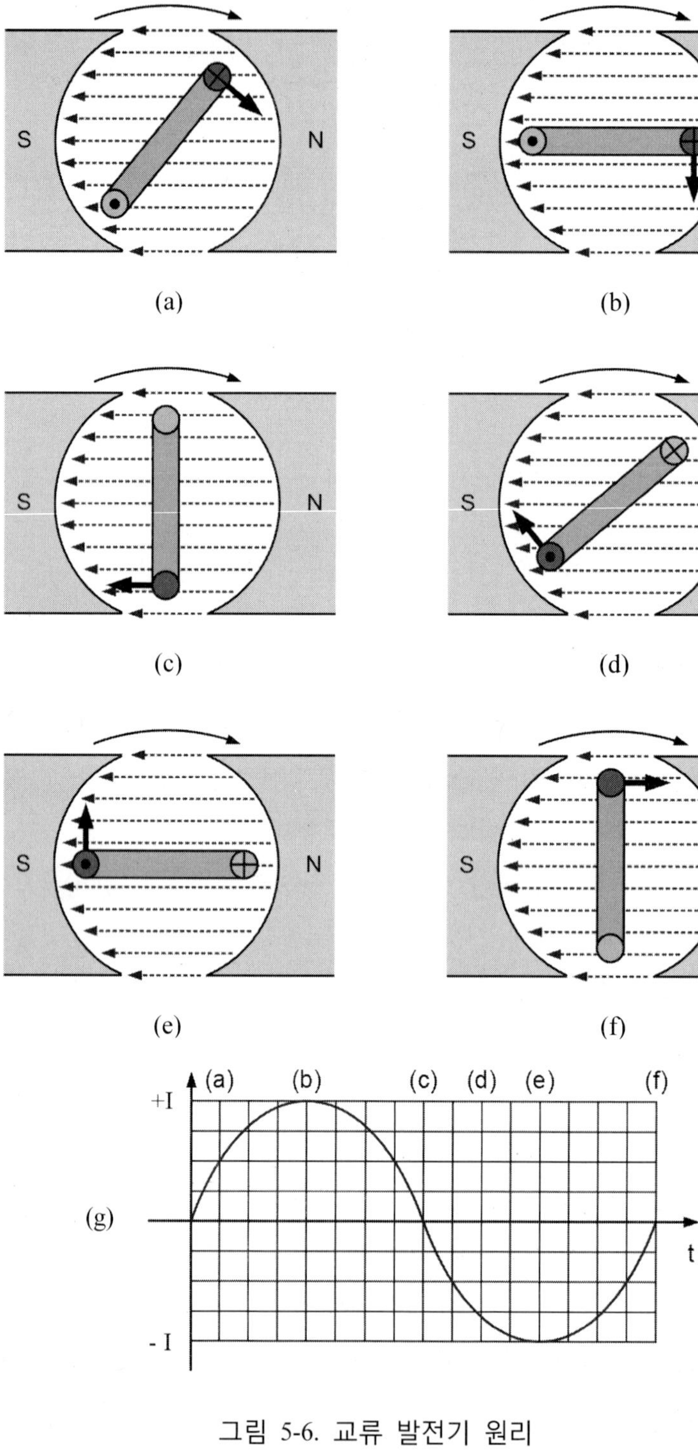

그림 5-6. 교류 발전기 원리

회전자가 회전하게 됨에 따라 회전자의 전류가 발생하는 것에 대한 유도전압 파형을 관측하면 (g)와 같은 교류파형이 됨을 알 수 있다.

일반적으로 교류발전기를 동기발전기라고 부르며, 동기발전기에서 발생하는 정현파 전압의 주파수는 식 (5-9)와 같이 주어진다.

$$f = \frac{P \cdot N}{120} \tag{5-9}$$

여기서, P는 계자극의 수, N은 회전자의 속도, 즉 매분당 회전수(rpm)이다.

동기발전기는 더 큰 전류가 흐르게 되면 권선저항에서 전압강하가 더 일어나게 되어 출력 전압은 떨어지게 된다. 따라서 전압변동률[2)]이 낮을수록 더 좋은 발전기가 된다. 변동률이란 부하전류의 변동에도 불구하고 얼마나 출력전압을 일정하게 유지하는가를 나타내는 척도이다.

5.3.3. 직류 발전기

발전기에서 발생되는 신호가 교류 신호임은 앞서 설명하였다. 그러나 때때로 발전기로 부터 직접 직류 출력을 얻어야 할 필요가 있다. 이 경우 통상의 발전기에서 슬립링을 사용하는 대신에 단극성 출력으로 전환할 수 있는 금속 원통으로 된 분할링(split ring)을 사용한다. 이를 정류자(commutator)라고 한다. 루프가 회전함에 따라 반으로 나누어진 정류자도 함께 회전한다. 정류자의 바깥에 있는 고정되어 있는 브러시와 접점이 닿게 되어 있어 루프를 외부 회로와 연결한다. 이렇게 하여 회전의 반이 지나 극성이 바뀌게 되는 지점에서 정류자는 다시 브러시를 바꾸게 되어 출력단자에서 전압의 극성이 똑같이 유지된다. 일부에서는 브러시와 포함한 링 장치를 정류자라고도 한다.

그림 5-7은 직류 출력을 얻기 위한 정류자에 대한 그림이다.

---

2) 전압변동률(voltage regulation) : 최대부하가 있을 때의 전압에 대한 부하가 없을 때의 전압과의 차에 대한 비율이다. 즉, 전압 변동률 = (V_{FL} -V_{NL}) / V_{FL} 이다. 첨자 FL과 NL은 Full load와 No load를 뜻한다.

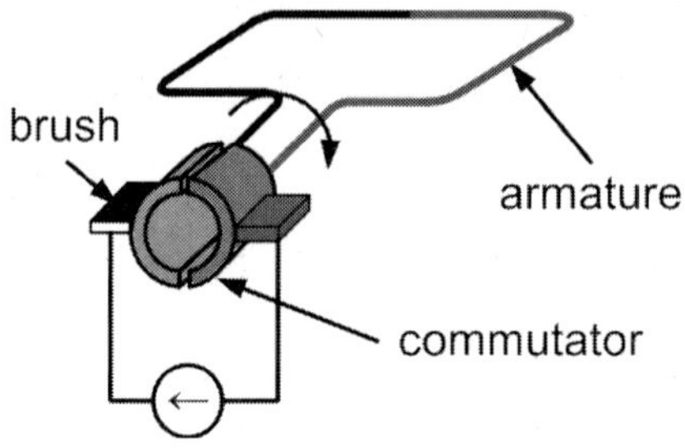

그림 5-7. 직류 발전기의 정류자

이러한 직류 발전기에 의해 발생하는 직류 전압파형을 그림 5-6의 교류발전기에서의 회전자의 위치에 대응하여 표시하면 그림 5-8과 같이 나타난다. 그림 5-6 (g)와 다르게 파형의 극성이 (+)에서 (–)로 바뀌는 순간인 (c) 지점에서 직류 발전기는 다시 파형의 극성이 (+)로 바뀌어 직류(맥류)가 됨을 알 수 있다.

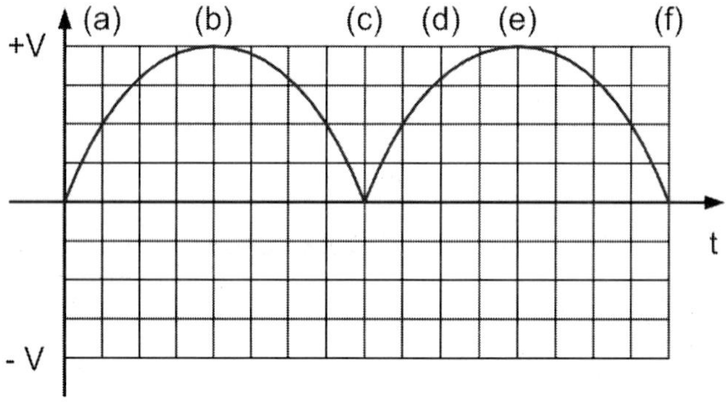

그림 5-8. 직류 발전기의 유도전압

만일 정류자의 정류자편(루프 회전자)의 수를 더 많이 만들어 주면 유도전압의 파형은 맥동이 더욱 작아진다. 그림 5-9는 2 개의 정류자편을 가지는 경우 발생하는 유도전압 파형이다. 출력은 여러 개의 분리된 권선들에 의해 발생하는 전압파형의 피크들로 구성되어 있음을 알 수 있다. 더 많은 정류자편을 사용하게 되면 맥동이 감소하게 되어 거의 완전한 직류파형과 같이 된다.

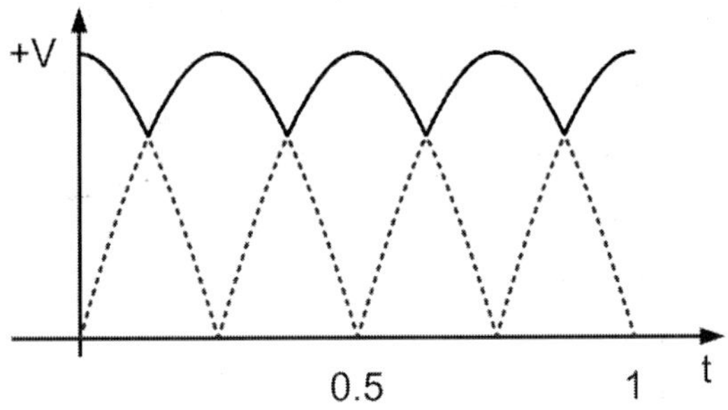

그림 5-9. 2 개의 정류자편에 의한 직류 발전기의 유도전압

5.4. 3상 발전기

교류발전기에서 2 개의 전기자를 사용하는 것과 달리 3상 발전기는 그림 5-10과 같이 3 개의 전기자를 사용한다. 그림 5-10 (a)에서는 자석을 고정자로, 전기자를 회전자로 하여 구성한 것이며, 그림 (b)에서는 3 개의 전기자를 가져야 하므로 회전자 로터가 자석으로 구성되고, 전기자가 외부에 고정되어 있는 차이가 있다. 이렇게 하여도 각 전기자에 자계의 변화를 가져올 수 있으므로 3상 발전기에서는 그림 (b)의 방법을 많이 사용한다. 각 전기자는 서로 120°의 차이를 가지고 위치하고 있다.

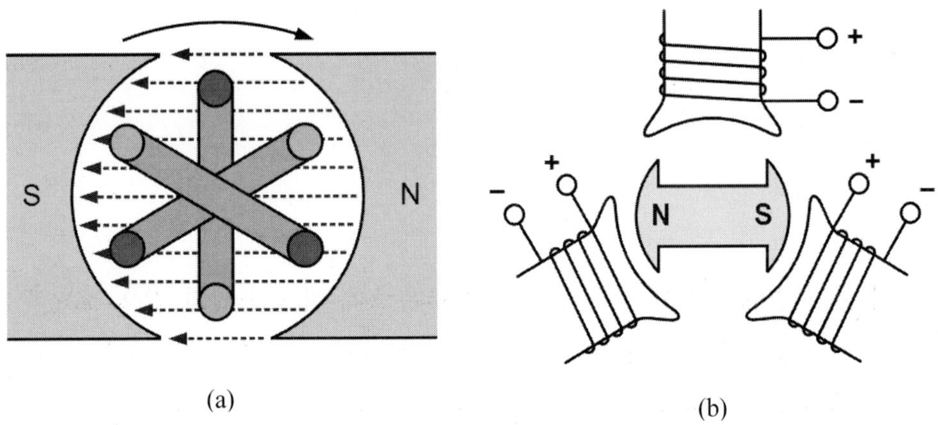

(a) (b)

그림 5-10. 3상 발전기 기본 구조

회전자 로터의 자석이 회전하게 되면 120°의 각으로 위치하고 있는 전기자에서 발생하는 교류전압 파형도 서로 주파수는 동일하지만 120°의 위상차를 가지고 그림 5-11과 같은 교류 파형이 발생하게 된다.

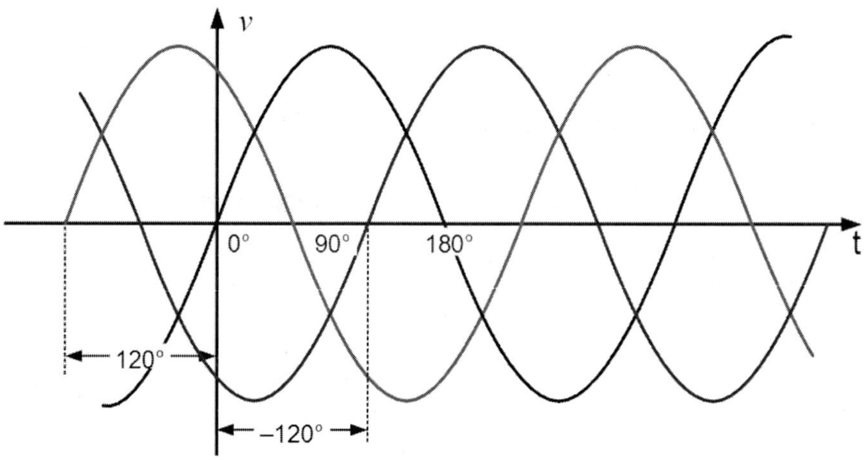

그림 5-11. 3상 교류 신호 파형.

서로 120°의 위상차를 가지고 발생한 전압 파형을 수식으로 표현하면 식 (5-10)과 같이 표현할 수 있다.

$$v_a = \sqrt{2}\ \sin\omega t \tag{5-10a}$$

$$v_b = \sqrt{2}\ \sin(\omega t - 2\pi/3) \tag{5-10b}$$

$$v_c = \sqrt{2}\ \sin(\omega t - 4\pi/3) \tag{5-10c}$$

임의의 한 시간에서 3상 교류신호의 순시값은 3 개 파형의 합과 같으므로 식 (5-10)으로부터 삼각함수의 공식[3])을 적용하고 정현파(sin파)는 기함수, 여현파(cosine 파)는 우함수인 특성을 고려하면 식 (5-11)과 같이 구할 수 있다.

3) $\sin(\alpha \pm \beta) = \sin\alpha\ \cos\beta \pm \cos\alpha\ \sin\beta$

$$v_a + v_b + v_c = \sqrt{2}\ \sin\omega t\{1 + \cos(-2\pi/3) + \cos(-4\pi/3)\} \\ -\sqrt{2}\ \cos\omega t\{\sin(-2\pi/3) + \sin(-4\pi/3)\} = 0 \tag{5-11}$$

따라서 3상 교류 신호의 각 순시값의 합은 '0'이다. 즉, 그림 5-11에서 임의의 시간에서 3 개의 교류 신호의 순시값을 각각 측정하여 더하면 그 합이 '0'이 된다는 것을 뜻한다.

일반적으로 가정용 교류전원은 2상으로 되어 있으며, 안정성이 높으나 전력의 효율이 낮다. 따라서 산업용에서는 전력의 효율이 높은 3상 교류를 이용한다. 그러나 순시전력은 2상뿐만 아니라 3상에서도 항상 '0'이며, 3상 교류 전압은 2상에 비해 위험성이 더 높다.

3상 발전기에서 전기자에 전류가 흐를 때 발생하는 자계의 방향을 관측하기 위해서는 그림 5-11에서 각 상에 흐르는 전류의 방향을 먼저 살펴보아야 한다. 그림 5-12에서 3 개의 상을 각각 R, S, T 상이라고 부른다. R 상의 전압이 (+)일 때, S와 T 상의 전압은 (–)이다. 마찬가지로 S 상의 전압이 (+)일 때는 R과 T 상의 전압이 (–)이며, T 상의 전압이 (+)일 때에는 R과 S 상의 전압이 (–) 상태가 된다.

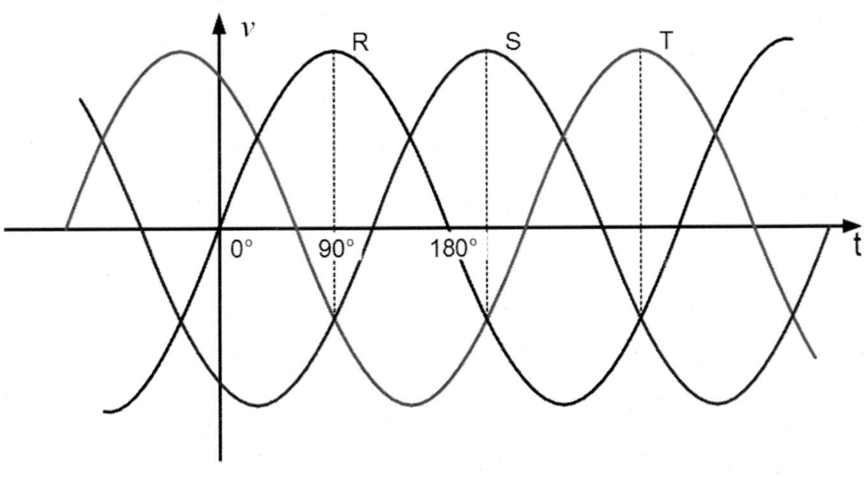

그림 5-12. 3상 전압파형의 상대적 크기 부호.

따라서 그림 5-10 (a)의 각 도선에 전류의 흐름은 R 상이 (+)일 때에는 S와 T 상은 (–)이므로 전기자에 흐르는 전류의 방향은 그림 5-13 (a)와 같이 결정되며, 이에 따라 자계가 형성된다.

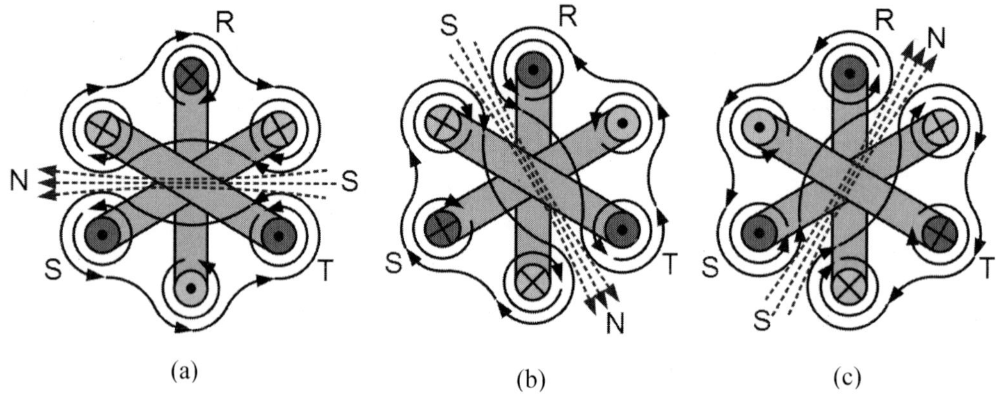

그림 5-13. 3상 발전기에서 발생하는 자계.

유사하게 S 상이 (+)일 때에는 그림 (b)와 같이 자계가 형성되고, T 상이 (+)일 때에는 그림 (c)와 같이 자계가 형성된다. 이와 같이 R, S, T 상에 의해 자계의 회전 방향은 반시계방향으로 회전하는 것을 알 수 있다.

그림 5-14는 3상 발전기의 3상 중에 2개 상의 연결을 바꾸면 자계의 발생은 어떻게 변하는가를 보이고 있다. 먼저 그림 5-13 (a)에서 R 상을 그대로 두고 S와 T 상의 연결을 바꾸는 경우는 S 상과 T 상의 전류 흐름의 방향이 같으므로 변화가 없이 그림 5-14 (a)와 같이 그대로 나타난다. 그러나 그림 5-13 (b)에서는 S 상과 T 상의 전류 흐름의 방향이 서로 다르므로 그림 5-14 (b)와 같이 S와 T에서 전류가 흐르는 방향이 반대가 되어 이로 인한 자계의 형성도 달라진다. 마찬가지로 그림 5-14 (c)에서도 S 상과 T 상의 전류 흐름의 방향이 다르기 때문에 이로 인한 전체적인 자계 형성이 변하게 된다. 결과적으로 자계의 회전 방향은 시계방향으로 회전하게 됨을 알 수 있다. 이와 같이 3상 교류발전기에서는 R, S, T 상 중에서 2 개의 상전압을 서로 바꾸어 결선하면 회전의 방향이 달라진다.

이러한 3 개의 서로 다른 위상을 가지는 교류 신호를 결선하는 방법은 다음과 같다.

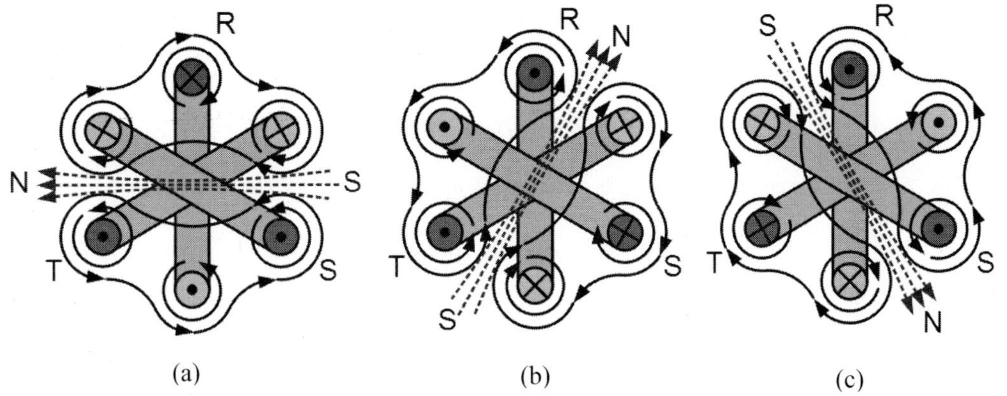

그림 5-14. 2 개의 상의 바뀜에 따라 발생하는 자계.

5.4.1. 성형결선(Y 결선)

먼저 각 전기자의 출력 단자를 각각 R, S, T라 하고 반대편 단자는 각각 R', S', T'라고 한다. 각 전기자의 R', S', T' 단자 쪽을 한 중성점에 모아 그림 5-15와 같이 공통으로 결선한 것을 성형결선(star connection)이라 한다.

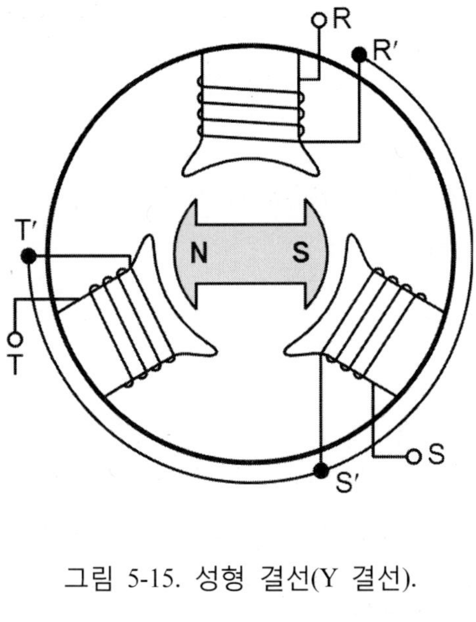

그림 5-15. 성형 결선(Y 결선).

성형 결선은 그 결선 모양이 Y형을 이루고 있어 Y 결선이라고 부른다. 이때 R, S, T의 3개 단자에서는 위상이 서로 다른 전압이 나타난다. 그림 5-15의 결선을 등가 모델로 바꾸면 그림 5-16과 같이 표현할 수 있다.

각 전기자에서 공통으로 결선된 곳을 N이라고 표시하며, 각 전기자의 출력 단자의 전압을 상전압(v_P)이라고 하며, 출력 단자간의 전압을 선간전압(v_L)이라고 한다. 또한 전기자에 흐르는 전류를 상전류(i_P)라 하며, 회로에 연결되어 흐르는 전류를 선전류(i_L)라고 부른다.

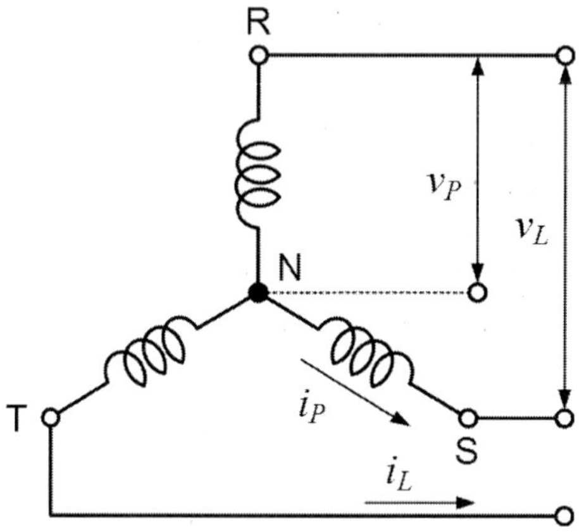

그림 5-16. 성형 결선 등가 모델.

그림 5-16으로부터 상전류는 선전류와 같으나 상전압은 선간전압보다 작으며 식 (5-12)와 같은 관계식을 가진다.

$$v_L = \sqrt{3}\, v_P \tag{5-12}$$

이것은 각 상전압의 위상이 서로 다르기 때문에 발생하는 현상이다. 즉 각 상전압의 위상은 서로 120°의 위상차를 가지고 있음을 알 수 있다. 만일 R 상의 상전압을 0°라고 하면 S 상의 상전압은 120°에 있다. 그러므로 R 상과 S 상 사이의 선간전압은 두 벡터의 차로 식 (5-12)와 같이 나타난다. 따라서 일반적인 3상 교류전압에 대하여 중성인 N 상과 나머지 R, S, T 상과의 전압은 220 V로 나타나지만 R-S, S-T, R-T 사이의 전압은 선간전압으로 식 (5-12)에 의해 380 V로 나타나게 된다.

성형결선에서의 각 상에 부하를 연결하는 방법은 그림 5-17과 같다. 이때 N'에서 N으로의 중성선으로 흐르는 전류는 각 선전류의 합이 ‘0’이므로 전류가 흐르지 않게 된다. 그림 5-17의 3상 4선식에서 중성선의 연결을 생략한 것을 3상 3선식 성형결선이라고 한다. 우리나라의 교류 전원은 120°의 위상차를 가지는 평형 3상으로 발전하고 있으며, 일반적인 송전선로는 3상 3선식을 채택하고 있다

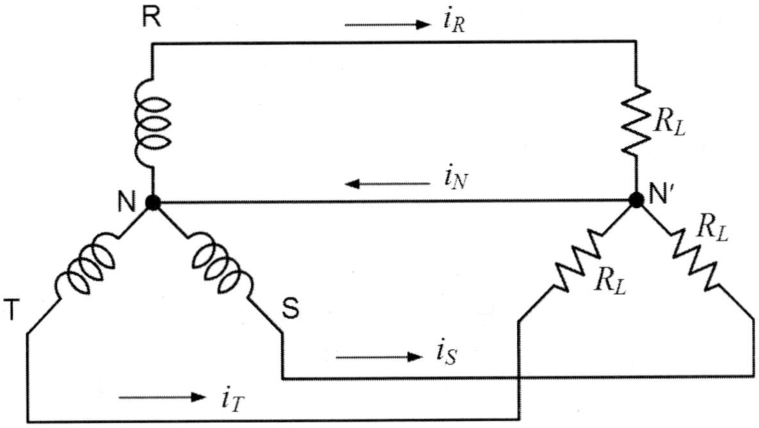

그림 5-17. 성형 결선에서 부하 연결

5.4.2. 환상결선(Δ 결선)

각 전기자의 상을 그림 5-18과 같이 직렬로 접속한 결선방법을 환상결선이라고 한다. 또한 환상 결선은 그 결선 모양이 삼각형을 이루고 있어 Δ 결선이라고 부른다.

그림 5-18의 결선을 등가모델로 바꾸면 그림 5-19와 같이 표현할 수 있다. 그림에서 상전압은 선간전압과 같은 크기를 가지는 것을 알 수 있으며, 선전류는 두 상전류의 차와 같다. 그러나 상전류가 서로 120°의 위상차를 가지고 있으므로 상전류와 선전류는 식 (5-13)과 같은 관계식을 가진다.

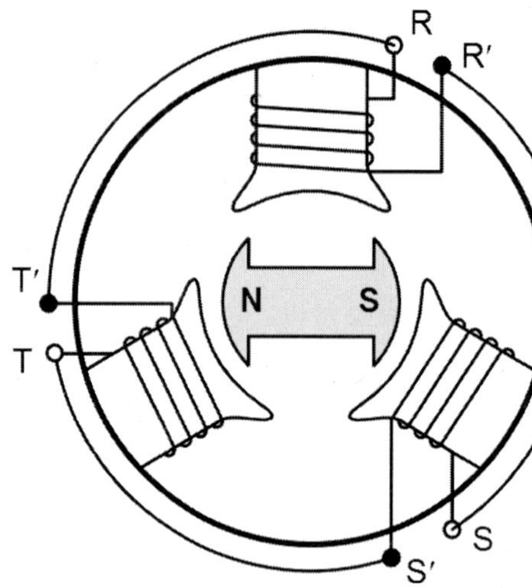

그림 5-18. 환상 결선(Δ 결선).

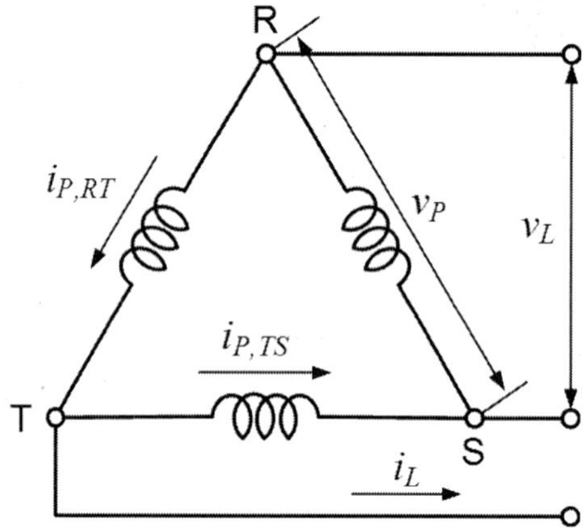

그림 5-19. 환상 결선 등가 모델.

$$i_L = \sqrt{3}\, i_P \tag{5-13}$$

이것은 상전압의 위상이 서로 120°의 위상차를 가지고 있으므로 각 상전류도 120°의 위상차를 가진다. 만일 T 상에서 선전류 i_L은 R 상에서 T 상으로 들어오는 상전류

$i_{P,RT}$와 T 상에서 S 상으로 흘러나가는 상전류 $i_{P,TS}$의 차로 계산된다. 상전류 $i_{P,RT}$가 0°라고 하면 상전류 $i_{P,TS}$는 120°에 있다. 그러므로 성형결선에서 선간전압과 유사하게 T 상에서 선전류는 식 (5-13)과 같이 계산된다.

델타 결선에서 부하의 연결 방법은 그림 5-20과 같다.

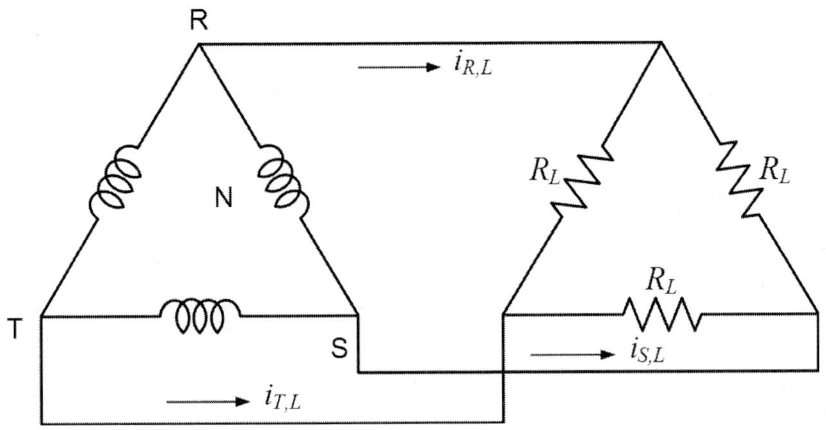

그림 5-20. 델타 결선에서 부하 연결

평형 3상 교류신호의 전력은 상이 3 개이므로 1상 전력의 3 배가 된다. 이것은 Y 결선과 Δ 결선에 관계없이 같다.

또한 3상 교류는 단상 교류에 비해서 같은 양의 전력을 보내는 데 필요한 도선의 무게가 작고, 선로에서 소비되는 줄(J)열이 적을 뿐만 아니라 전동기의 경우에서도 단상에 비해 3상 교류를 이용한 전동기가 훨씬 우수하여 널리 이용되고 있다.

실제 전기는 발전, 송전, 배전의 단계를 거쳐 공급된다. 발전기에서 발생된 3상 전압은 변압기로 승압시켜서 송전을 하는데 송전계통은 대부분 델타 결선을 이용하는 3상 3선식을 사용한다. 주위에서 흔히 볼 수 있는 전봇대의 3선은 고전압으로 송전하는 3상 3선식임을 알 수 있다. 또한 우리나라의 표준 배전방식으로는 접지를 통해 안정성이 있는 성형 결선을 이용한 3상 4선식을 이용하는데, 이 배전방식에 의해 가정용 전등, 전열기 등에 사용되는 단상 전압(220 V)과 부하가 큰 모터나 산업용으로 사용되는 동력원 전압(380 V)을 동시에 얻을 수 있다.

5.5. 전동기

전동기는 전기에너지를 기계에너지로 변환하는 전기기기이다. 자계가 있는 상태에서 도선에 전류가 흐르면 도선은 힘을 받게 되는 플레밍의 왼손법칙에 의해 전기적 힘을 기계적인 회전 운동으로 바꿀 수 있다. 기본적인 구조는 발전기와 동일하지만 발전기는 출력이 전기에너지인 반면에 전동기는 기계에너지(회전에너지)라는 것을 제외하고는 전동기의 구조와 동작 원리는 비슷하다.

5.5.1. 직류 전동기

그림 5-21은 자계 내에서 전류가 흐르는 도선에 작용하는 힘을 보인 것으로 직류 전동기의 동작 원리를 나타낸다. 전류의 방향은 전류가 흘러나오는 것을 나타내며 원의 중심에 점(⊙)으로 표시한다. 왼쪽의 코일은 원의 중심에 X(⊗)로 표시되어 전류가 흘러들어가는 방향을 표시하고 있다. 두 코일이 수평의 위치에서는 플레밍의 왼손 법칙에 의하여 오른쪽 도선은 위로, 왼쪽 도선은 아래를 향하는 방향으로 힘이 작용한다. 이때 자력선의 분포는 움직이는 방향의 자력선 소밀정도가 다르다.

일반적으로 코일은 회전자에 감싸져 있는 형태로 설치되어 있으며, 이러한 힘은 코일을 회전하게 만든다. 이러한 회전력을 토크(torque)라고 한다.

회전을 하다가 그림 (b)의 위치에 도달하게 되면 힘의 방향이 서로 반대가 되어 회전력인 토크가 없어진다. 이러한 점을 사점(dead point)라고 한다. 이때 코일에 흐르는 전류의 방향이 반대가 되면 회전관성에 의해 회전하던 코일은 다시 원래의 토크와 같은 방향으로 회전력을 얻게 되어 연속적으로 회전을 하게 된다.

전동기의 경우에도 단권 전기자의 경우 맥동이 심하게 되어 효과적이지 못하다. 따라서 다수의 코일을 회전자에 감아 사용하고 있다. 이 경우 맥동이 아주 작아져 회전력이 일정하게 나타난다.

그림 5-22는 자계 및 전기자를 통하여 흐르는 전류의 방향에 따른 회전 방향을 나타내었다. 직류 전동기의 경우 외부에서 인가하는 전압의 방향과 자계의 방향에 따라 회전방향이 결정된다.

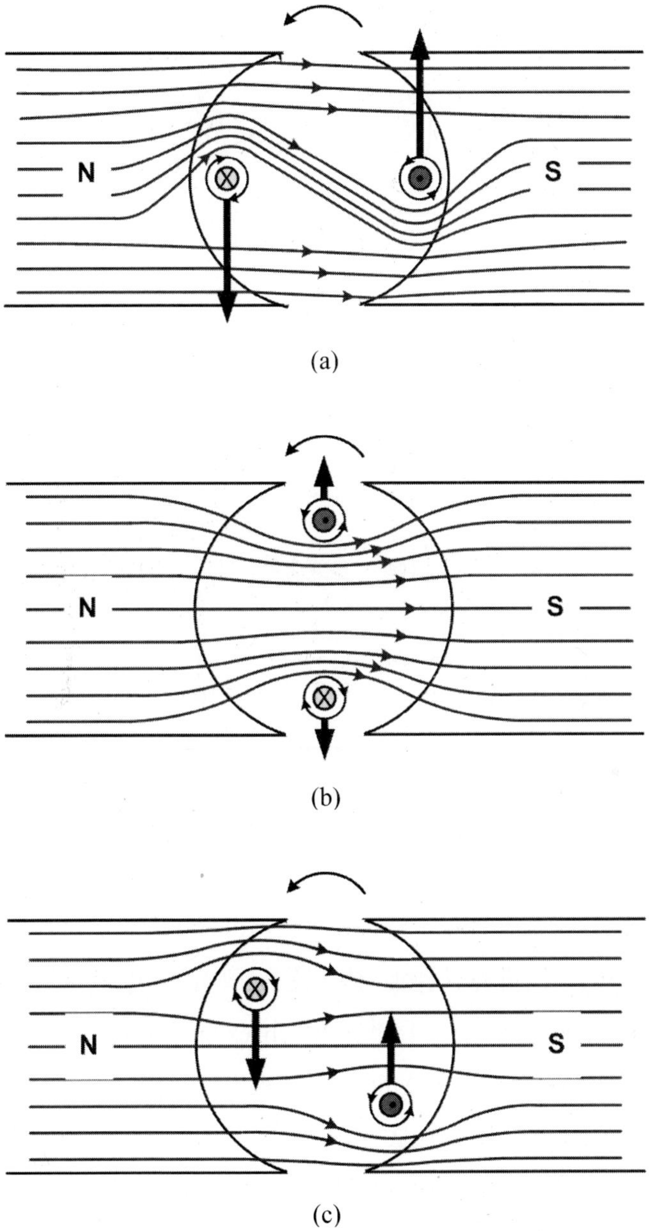

그림 5-21. 직류 전동기의 원리

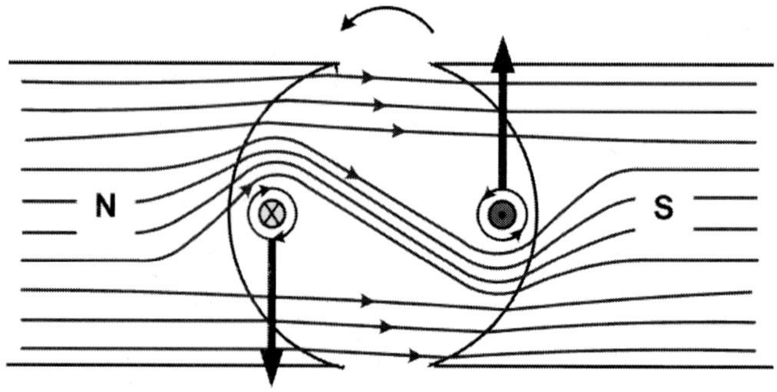

(a)

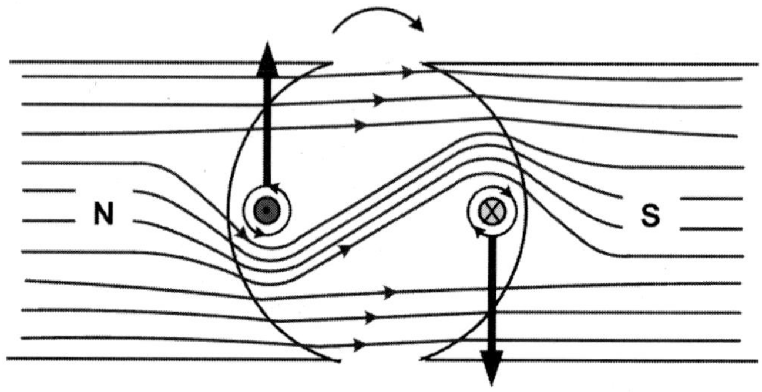

(b)

그림 5-22. 직류 전동기의 회전방향

직류 전동기에서 계자권선에 직류를 흐르게 하여 자속을 발생시키는 것을 여자(exciting)라고 하며, 이 계자권선에 전류를 공급하는 방법에 따라 타여자 전동기(separately excited motor)와 자여자 전동기(self excited motor)로 구분한다. 자여자 전동기에는 직권전동기(series wound motor), 분권전동기(shunt wound motor) 및 복권전동기(compound wound motor) 등으로 구분한다. 이러한 여자방식들은 각각 다른 성질을 가지며 사용 용도에 따라 선택하는데 계자저항 값을 변경하여 속도를 조절한다.

타여자 전동기는 그림 5-23 (a)와 같이 계자권선(field winding)과 전기자(armature) 권선이 각각 다른 전원에 접속되어 있다. 이에 반해 자여자 전동기는 계자권선과 전기자 권선에 같은 전원을 연결하는 전동기이다. 직권전동기는 그림 (b)와 같이 계자권선과 전기자 권선이 전원에 직렬로 접속되어 있으며, 분권전동기는 그림 (c)와 같이 계자권선과 전기자 권선이 병렬로 전원에 연결되어 있다. 복권전동기는 직권과 분권을 조합한 형태의 전동기로 그림 (d)와 같이 2 개의 계자 권선이 전기자 권선과 직렬 및 병렬로 연결된 구조이다.

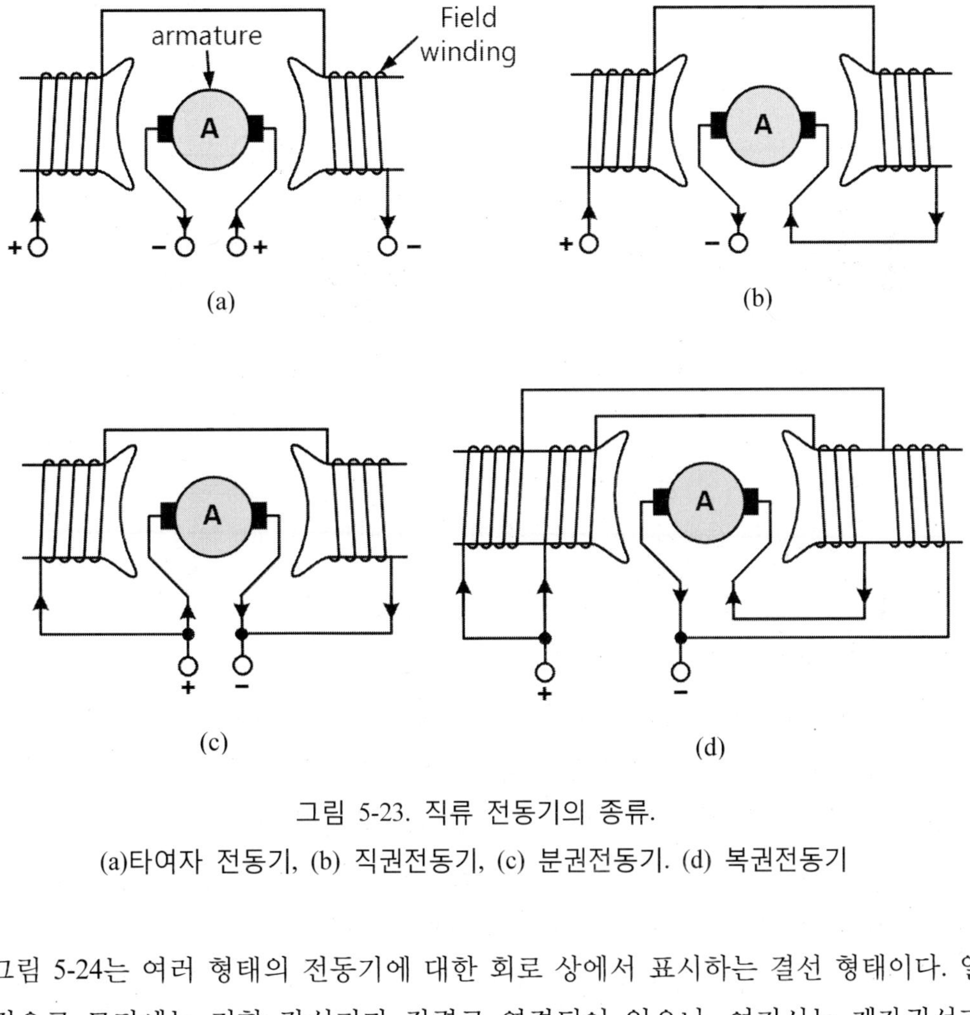

그림 5-23. 직류 전동기의 종류.
(a)타여자 전동기, (b) 직권전동기, (c) 분권전동기. (d) 복권전동기

그림 5-24는 여러 형태의 전동기에 대한 회로 상에서 표시하는 결선 형태이다. 일반적으로 모터에는 저항 감쇠기가 직렬로 연결되어 있으나, 여기서는 계자권선과 전기자 권선의 결선의 형태만 나타내기 위하여 저항 감쇠기나 기타 부품들의 표시는 생략하였다.

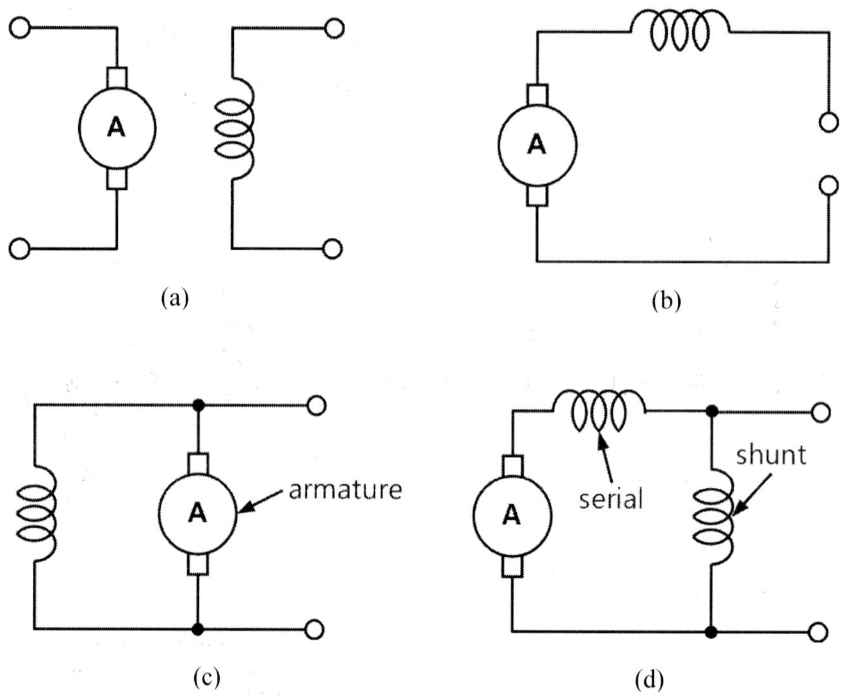

그림 5-24. 직류 전동기의 회로 결선구조.
(a)타여자 전동기, (b) 직권전동기, (c) 분권전동기. (d) 복권전동기

5.5.2. 직류 전동기의 특성

타여자 전동기는 계자권선에 공급되는 전류가 전기자 전류와 다른 전원을 사용하므로 계자권선의 저항에 의하지 않고 전기자에 가하는 전압을 변화시켜 속도를 바꿀 수 있어 자속이 일정하여 정속도 특성을 가지므로 산업용을 많이 사용된다.

직권전동기의 경우 계자권선과 전기자 권선이 전원에 직렬 연결되어 있으므로 계자 권선과 전기자 권선에 흐르는 전류 및 부하 전류가 모두 같다. 처음 회전을 시작할 때 흐르는 전류의 크기를 작게 해도 큰 힘을 내는 성질이 있기 때문에 전기철도용 전동기로 널리 사용된다. 직권전동기에서 속도의 변화는 전기자에 인가하는 전압 또는 계자권선의 저항을 변화시켜 조절한다. 초기 기동 시에 전기자 전류와 자속이 동시에 증가하므로 기동 토크가 크고, 가속이 빠르며 효율이 좋은 장점이 있다. 이러한

직권전동기는 직접연결 또는 기어결합을 하여 사용한다. 따라서 기동이 많고 토크의 변동이 심한 전동차, 크레인 등에 많이 사용된다.

분권전동기는 계자 권선과 전기자 권선이 병렬로 전원에 연결되어 있기 때문에 단자 전압이 일정하면 계자 전류도 일정하여 계자에서 발생하는 자계도 일정하다. 따라서 부하의 저항 값에 따라 속도의 변화가 일어나지 않게 할 수 있다. 즉, 무부하에서부터 정격부하에 이르기까지 속도의 변동이 거의 없다. 그래서 분권전동기를 정속도 전동기라고 한다. 기동 토크는 직권전동기보다 낮으나 속도 조절이 용이하다.

복권전동기의 속도와 토크는 직권전동기와 분권전동기의 중간 특성을 가지며, 분권전동기와 같이 계자 전류를 변화시켜 속도를 제어할 수 있다.

직류 전동기의 속도를 제어하는 방법으로는 저항 제어방식, 계자 제어방식, 전압 제어방식 등이 있다. 저항 제어방식은 전기자 권선의 저항을 변화시키는 것으로 정토크 특성을 나타내지만 속도의 변동이 크고 효율이 나쁘다. 주로 직권전동기에서 사용한다. 계자 제어방식은 계자의 전류 크기를 변화시키면 자속이 변하게 되어 속도를 제어하는 것이다. 정출력, 정속도 특성을 가지지만 응답특성이 좋지 않다. 주로 복권이나 분권전동기에서 사용한다. 전압 제어방식은 전기자에 가해주는 전압을 변화시키는 것으로 정토크와 정속도 특성을 가지며 응답성도 양호하다. 이 방식은 주로 타여자 전동기에서 사용한다.

5.5.3. 교류 전동기

직권전동기의 경우 전기자 및 계자 권선에 동일한 전압이 인가되기 때문에 전기자에 의한 전류의 방향과 계자 권선에서 유도되는 자계의 극성이 동일한 주기로 변화하므로 회전력인 항상 같은 방향으로 작용한다. 따라서 전압의 극성 변화가 전동기의 회전 방향에 영향이 없다. 그러므로 직류 대신에 교류가 단자에 인가된다. 계자 권선에서 발생하는 자계와 전기자가 직렬이기 때문에 자속과 전기자 전류는 동위상이 된다. 따라서 직권전동기에서는 직류와 같이 교류 인가 시에도 거의 같은 토크를 나타낸다. 그러나 분권전동기에서는 자속과 전기자 전류의 위상이 90° 차이가 나므로 교류를 인가하기에 부적합하다.

교류 전동기로는 대표적으로 유도전동기(induction motor)와 동기전동기(synchronous motor)가 있다. 유도전동기는 튼튼하며 간단하기 때문에 가장 널리 사용되고 있다. 유도전동기는 고정자(stator)와 회전자(rotor)로 구성되어 있으며, 유도전동기는 교류 전원을 바로 연결하여 사용가능하므로 브러시가 필요 없다. 따라서 구조가 간단하며, 취급이 용이하다. 유도전동기의 고정자 권선에 전류를 흘려 회전자기장을 발생하고, 회전자기장 내에 위치하고 있는 전기자에 유도전류를 흐르게 한다. 이 전류에 의해 자기장이 발생하는데 회전 자기장과 반응하여 토크를 발생시킨다. 토크는 자기장이 회전하는 방향으로 전기자를 회전시킨다. 보통의 일반 유도전동기에서는 회전자가 회전 자기장만큼 빠르게 회전하지 못한다. 회전 자기장의 속도를 전동기의 동기속도라고 하며, 회전자계와 전동기 속도 사이의 속도 차이를 회전슬립(revolution slip)이라고 한다. 슬립은 동기속도의 백분율로 식 (5-14)와 같이 주어진다.

$$\text{회전슬립} = \frac{\text{동기속도} - \text{회전속도}}{\text{동기속도}} \times 100\% \qquad (5\text{-}14)$$

동기전동기는 동기발전기에 적용되는 식 (5-9)와 같이 동기 속도로 운전하는 교류 전동기로 회전 속도와 전원 주파수에 비례하고, 유도전동기와 같이 고정자와 회전자로 구성되어 있다. 다만 회전자는 자극(poles)과 여자권선(exciting winding)으로 되어 있다. 동기전동기는 부하에 관계없이 일정한 속도로 회전하는 전동기이며, 부하 토크가 전동기의 최대 발생 토크를 초과하면 운전이 불가능해진다. 전원 주파수가 일정하면 회전속도가 일정하고, 역률 100%로 운전이 가능하며 저속도일 경우에는 유도전동기보다 효율이 높은 이점이 있으므로 시멘트 공장의 분쇄기, 제지공장의 쇄목기, 대형 공기압축기, 송풍기 등에 이용한다.

예제 5. 3 전동기의 동기속도가 3000 rpm, 전동기의 속도가 2925 rpm이다. 회전슬립을 구하라.

[풀 이] 슬립은 동기속도의 백분율이므로

$$\text{슬립} = \frac{3000 - 2925}{3000} \times 100\% = 2.5\%$$

예제 5. 4 220 V 60 Hz의 전압이 인가된 4극 동기전동기의 속도를 구하라.
주파수가 50 Hz로 바뀌게 되면 어떻게 되는가?

[풀 이] 식 (5-9)로부터 $N = \frac{120f}{P} = \frac{120 \times 60\,Hz}{4} = 1800\,[rpm]$

만일 인가전압의 주파수가 50 Hz이면

$$N = \frac{120f}{P} = \frac{120 \times 50\,Hz}{4} = 1500\,[rpm]$$

5.6. 변압기

변압기(transformer)는 전자유도 현상을 이용하여 교류 신호의 전압 및 전류의 크기를 변환하는 장치로 송전 및 배전선로에서 전압의 승압 및 강압에 주로 사용한다.

변압기는 일반적으로 2 개의 코일을 가지고 있으며 전기적으로 서로 절연되어 있다. 교류 전압이 인가되는 코일을 1차 권선(primary winding), 전압이 유도되는 코일을 2차 권선(secondary winding)이라고 한다. 두 코일이 서로 인접해 있을 때 하나의 코일에 교류 전압을 인가하게 되면 인접한 코일에 자계의 변화가 발생하게 되며, 전자유도 현상에 의해 전류가 유도된다. 이때 유도되는 전압 또는 전류의 크기는 두 코일 사이의 상호 유도에 의해 결정되며 상호 결합계수(coupling coefficient)는 '0'과 '1' 사이의 값을 가진다.

모든 1차 권선의 자속선이 2차 권선과 쇄교할 때 상호 결합계수는 ‘1’이다. 이러한 결합계수는 값이 클수록 효율이 좋아지는 것이지만 변압기의 응용분야에 따라 다른 재질을 사용한다. 상용주파수를 사용하는 저주파 응용에서는 철심을 이용하며, 라디오와 같은 고주파에서는 공심이 이용된다. 공심은 높은 주파수에서 사용할 경우 발생할 수 있는 손실을 줄이기 위하여 비금속 코어를 사용한다.

변압기의 회로 기호는 그림 5-25와 같다. 그림 (a)는 공심을 나타내고, 그림 (b)는 페라이트심을 그리고 그림 (c)는 철심을 표시하고 있다.

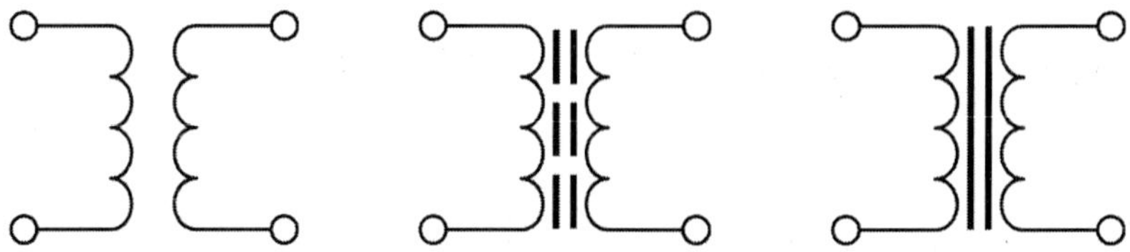
(a) 공심　(b) 페라이트심　(c) 철심

그림 5-25. 변압기의 회로 기호

코어는 권선의 고정을 위한 물리적 구조와 자속선이 코일에 집중될 수 있도록 자기통로를 제공한다. 코어의 재료는 공기, 페라이트, 철 등 3 가지로 분류 가능하다. 공기와 페라이트는 고주파용으로 주로 사용된다. 철심 변압기는 가청주파수와 전력응용에서 사용되고 있다. 자속선의 통로를 쉽게 만들고, 권선 사이의 결합을 증가한다.

그림 5-26과 같이 변압기의 1차 측의 전압 및 전류를 v_P 및 I_P라고 하고, 2차 측의 전압 및 전류를 각각 v_S 및 I_S라고 하면 변압기에서 1차 권선과 2차 권선의 권선수에 의해 유도되는 전압이 달라진다. 승압, 강압 또는 1:1 전달에 따라 두 권선수의 비가 달라지며, 일반적으로 권선비(turns ratio, T_r)는 1차 권선수를 2차 권선수로 나눈 값으로 식 (5-15)와 같이 정의한다. 여기서 N_P 및 N_S는 각각 1차 권선수와 2차 권선수이다.

$$T_r = \frac{N_P}{N_S} = \frac{v_P}{v_S} \tag{5-15}$$

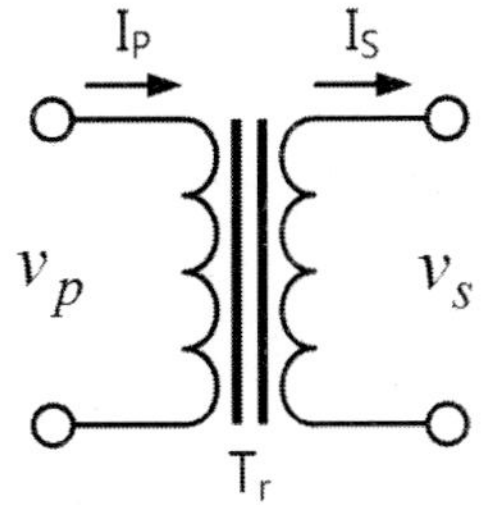

그림 5-26. 변압기의 전류와 전압

즉, 식 (5-15)로부터 권선비는 전압비와 같다. 따라서 승압을 하기 위해서는 1차 권선수보다 2차 권선수가 더 커야 한다. 즉, 권선비가 1보다 작다.

변압기에서는 전력의 단위로 와트(W) 대신에 볼트-암페어(VA)를 사용한다.

변압기에서 전력의 손실이 없다고 한다면 식 (5-16)과 같이 1차 권선 전력과 2차 권선 전력은 같아야 할 것이다.

$$\mathrm{P_P} = \mathrm{I_P}\, v_P = \mathrm{P_S} = \mathrm{I_S}\, v_S \tag{5-16}$$

따라서 1차보다 2차에서 전압을 승압하게 되면 전류의 크기는 작아져야 한다. 즉, 전압과 전류의 크기는 식 (5-17)에 의해 결정된다.

$$\frac{I_P}{I_S} = \frac{v_S}{v_P} \tag{5-17}$$

변압기에서의 또 하나의 요소는 코어 주위의 권선의 방향이다. 권선의 방향은 1차 측의 전압에 대한 2차 측의 전압의 극성을 결정한다. 따라서 그림 5-16과 같이 극성을 회로 상에서 표시하여 전압의 극성을 나타낸다.

그림 5-27 (a)는 같은 위상이 나타나는 것을 보이며, 그림 (b)는 위상이 180° 달라져 극성이 바뀌어 나타남을 표시한다. 동위상인 그림 (a)와 같은 대개의 경우는 점을 생략하기도 한다.

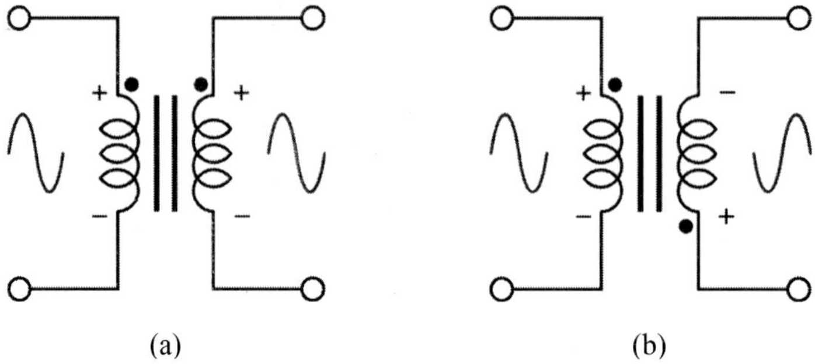

그림 5-27. 변압기의 1, 2차측 전압의 극성

예제 5. 5 220 V, 60 Hz 전원에 변압기를 사용하여 10 V 전구를 연결하였다. 변압기의 권선비는 얼마로 해야 하는가?
또 1차 측의 권선수가 440이면 2차 측에 필요한 권선수는 얼마인가?

[풀 이] 권선비는 $T_r = \frac{N_P}{N_S} = \frac{220}{10} = 22$ 이다.

1차 측의 권선수가 440이면 2차 측의 권선수는 $N_S = 20$ 이다.

예제 5. 6 예제 5.5에서 10 V의 전구에 0.25 A의 전류가 흐른다. 1차 측에는 얼마의 전류가 흐르는가?

[풀 이] 전력손실을 무시하면 1차 측과 2차 측의 전력은 같으므로

$V_P I_P = V_S I_S$ 에서

$220\,V \times I_P = 10\,V \times 0.25\,A$,

따라서 $I_P = \frac{10\,V \times 0.25\,A}{220\,V} = 11.36\,mA$

5.6.1. 변압기의 임피던스 정합

1차 측의 회로에서 보면 변압기의 2차 권선에 연결된 부하는 크기가 다르게 보이게 된다. 실제의 부하는 권선비에 의하여 크기가 바뀌어 1차 측의 회로에 반사된다. 이러한 반사부하(reflected resistance)의 크기에 의해 1차 측의 회로에서 전류의 크기가 결정된다. 반사부하의 개념은 그림 5-28에 나타내었다.

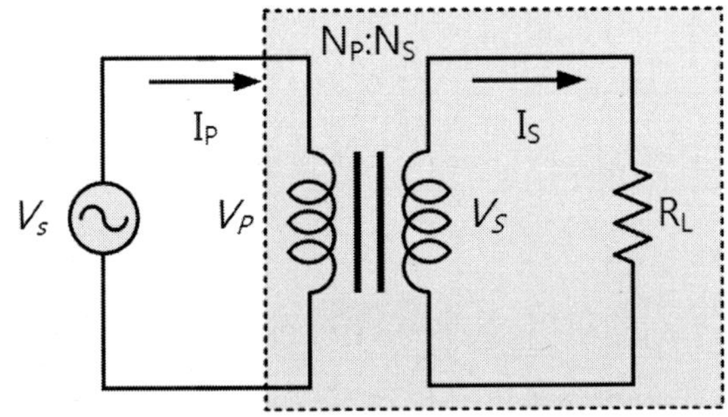

(a)

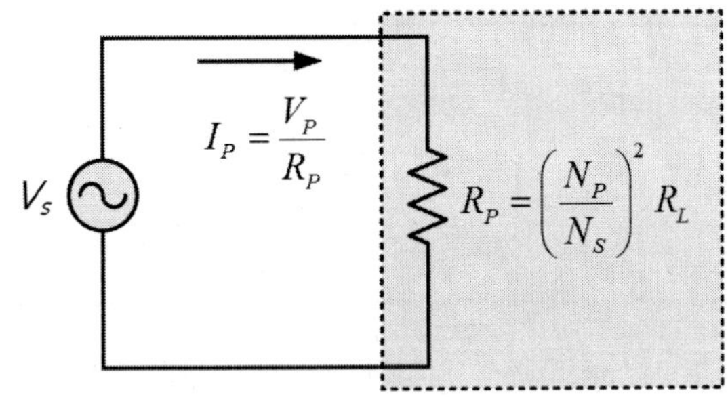

(b)

그림 5-28. 반사부하

그림 (a)에서 2차 측의 부하 R_L은 변압기의 동작에 의해 1차 측으로 반사된다. 변압기의 권선비와 부하저항의 실제 값으로 결정되는 값을 갖는 저항 R_P로 보인다. 이 저항 R_P를 반사저항이라고 한다.

1차 측과 2차 측의 회로에서 저항은 각각

$$R_P = \frac{V_P}{I_P}\ , \qquad R_L = \frac{V_S}{I_S}$$

이다. 식 (5-11)과 (5-13)로부터 R_P를 구하면 식 (5-18)과 같다.

$$R_P = \frac{V_P}{I_P} = \frac{\left(\frac{N_P}{N_S}\right)V_S}{\left(\frac{N_S}{N_P}\right)I_S} = \left(\frac{N_P}{N_S}\right)^2 R_L \tag{5-18}$$

승압변압기에서는 반사저항이 실제의 부하저항보다 작아지며, 강압변압기에서는 반사 저항이 실제의 부하저항보다 더 큰 값으로 된다.

실제 대개의 다양한 형식의 전원에서는 고정된 내부저항을 가지고 있다. 또한 부하로 동작하는 장치들도 저항이 고정되어 있다. 만일 전원의 내부저항과 장치의 부하저항이 서로 다르게 되면 최대 전력전달이 이루어지지 않게 된다. 따라서 변압기를 사용하여 부하저항이 전원의 내부저항과 같이 보일 수 있도록 변압기의 반사저항 개념을 이용할 수 있다. 이런 과정을 임피던스 정합이라고 한다.

예제 5. 7 안테나시스템의 특성 임피던스는 75 Ω이다. TV 수신기의 입력저항은 대개 300 Ω이다. 임피던스 정합을 위해 변압기를 사용하려면 권선 비를 어떻게 만들어야 하는가? 또한 임피던스 정합을 시키지 않았을 때에는 어떤 효과가 나는가?

[풀 이] 안테나로부터 들어오는 신호를 TV로 전달하는 것이므로 부하저항은 안테나의 입력저항이 되고, 1차측의 내부저항이 안테나의 특성 임피던스가 된다.

[풀 이] 그러므로 식 (5-12)에서

$$75\,\Omega = \left(\frac{N_p}{N_S}\right)^2 300\,\Omega \text{ 로부터 } \left(\frac{N_p}{N_S}\right)^2 = \frac{75\,\Omega}{300\,\Omega} = \frac{1}{4}$$

따라서 권선비는 0.5이다.

임피던스 정합을 시키지 않으면 최대전력전달이 일어나지 않으므로 안테나로부터 들어오는 신호가 약해지는 결과가 된다.

5.6.2. 배전(Distribution)

실제 발전소들은 하천이나 바다 또는 도심에서 멀리 떨어져 위치하고 있다. 따라서 장거리 송전을 통해 사용할 수 있다. 그런데 송전선로는 저항을 가지고 있으므로 송전에서 전력손실이 발생하게 된다. 일반적으로 발전소에서 발생되는 전압은 보통 3,300 ~ 33,000 V 정도인데 그대로 전송하게 되면 많은 전력의 손실이 있다. 따라서 이러한 송전손실을 줄이기 위해서 발전소에서는 154 kV, 345 kV, 765 kV로 승압하여 전송하며, 1차 변전소에서 66 kV, 154 kV로 강압하여 대규모 공장으로 보내며, 다시 2차 변전소에서 6.6 kV, 11.4 kV, 22.9 kV 등으로 강압하여 대형빌딩, 전철 등에 공급한다. 마지막으로 주상 변압기에 의해 220 V와 380 V로 강압하여 일반 가정과 소규모 공장, 학교 등에서 사용한다.

전력은 전압과 전류의 곱으로 나타내므로 전압이 승압을 하게 되면 전류의 크기는 줄어든다. 전력 손실은 저항과 전류에 의해 결정되므로 송전손실이 줄어든다. 그림 5-29는 예로 든 배전 계통도이다.

예제 5. 8 그림 5-29 배전 계통도에서 변압기가 있을 때와 없을 때의 전송선로 상의 전력손실을 구하라.

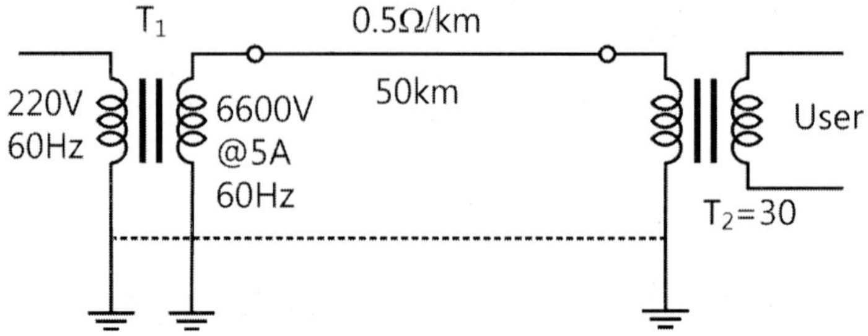

그림 5-29. 배전 계통도

[풀 이] 전송선로의 총저항은 0.5 Ω/km × 50 km = 25 [Ω] 이다.

따라서 변압기가 있는 경우 전력손실은

$P = i^2R = (5A)^2 \times 25\,\Omega = 625[W]$ 이다.

만일 변압기가 없다면 1차권선의 전류는 식 (5-9)로부터

$I_p v_p = I_s v_s$ 이므로,

$I_p \times 220\,V = 5\,A \times 6600\,V$ 에서

$I_p = 150[A]$ 가 된다.

따라서 전력손실은 $P = (150\,A)^2 \times 25\,\Omega = 562.5[kW]$ 이다.

예제 5.8에서 높은 전압으로 승압하여 전송하는 것이 훨씬 전력손실을 줄일 수 있음을 알 수 있다. 변전소에서는 허용범위 내에서 변압하고 전선의 굵기 등 여러 가지를 고려하여 가장 경제적인 전압으로 송전을 한다.

자기 부상 열차 : 자기력을 이용하는데, 천연자석은 열차를 공중에 띄울 만큼 자기력이 강하지 않기 때문에 전류의 자기 작용을 이용한 전자석을 사용한다. 전자석에 아주강한 전류를 흘려주면 강한 자기력을 얻을 수 있는데, 전기 저항이 작은 초전도체를 사용하면 쉽게 해결된다. 따라서 고온 초전도체의 개발이 가장 핵심적인 기술이며, 이에 대한 연구가 활발하게 진행되고 있다.

연습문제

1. 전압 파형이 $v(t) = 15\cos(10\pi t)$ 이라고 할 때, 이 전압의 실효값과 주파수를 구하라.

2. 가정용 전압은 220 V, 60 Hz이다. 이 전압의 실효값과 최대값을 구하라.

3. 그림 p5-3의 각 정현파 파형 v_1, v_2, v_3에 대하여 수평축의 90°에서의 순시값을 구하라.

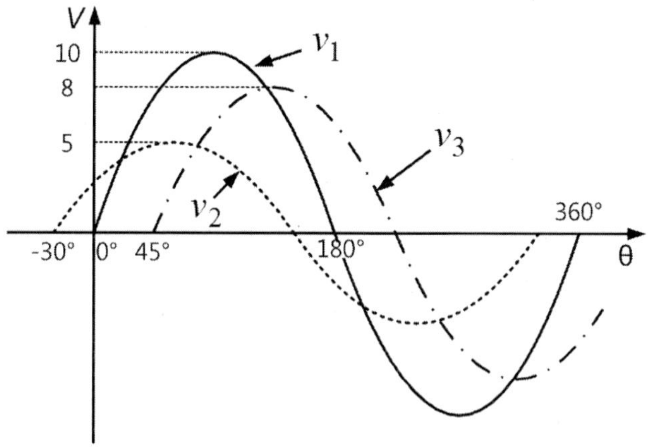

그림 p5-3.

4. 자기장의 세기가 5×10^{-2} T인 균일한 자기장 속에 놓인 직선 도선이 자기장과 수직을 이루고 있다. 이 도선에 전류를 흐르게 하였더니 도선이 단위길이 당 5×10^{-3} N의 힘을 받았다. 도선에 흐르는 전류의 세기를 구하라.

5. 자기장의 세기가 4×10^{-3} T 이고, 직선 도선이 자기장의 방향과 30°를 이루고 있다. 이 도선에 2 A의 전류가 흐를 때 길이 50 cm인 도선이 받는 힘은 얼마인가?

6. 직류발전기에서 정류자의 정류자편이 4개가 되면 출력 파형은 어떻게 나타나는가? 유도되는 전압의 파형을 그려라.

7. 그림 p5-7의 회로에서 2차 측의 전류를 구하라.

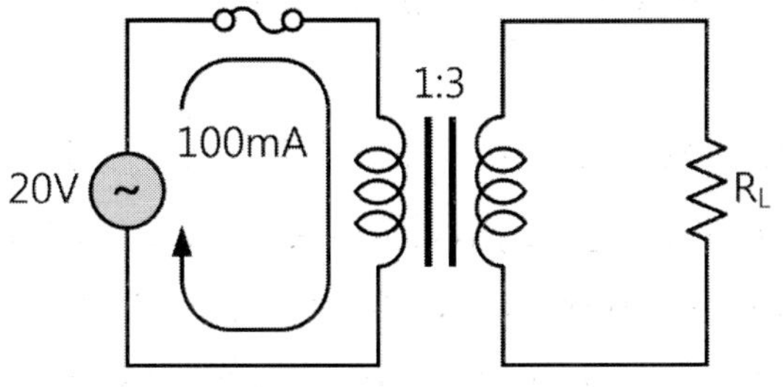

그림 p5-7.

8. 그림 p5-8의 회로에서 2차 측의 전압과 전류를 구하라.

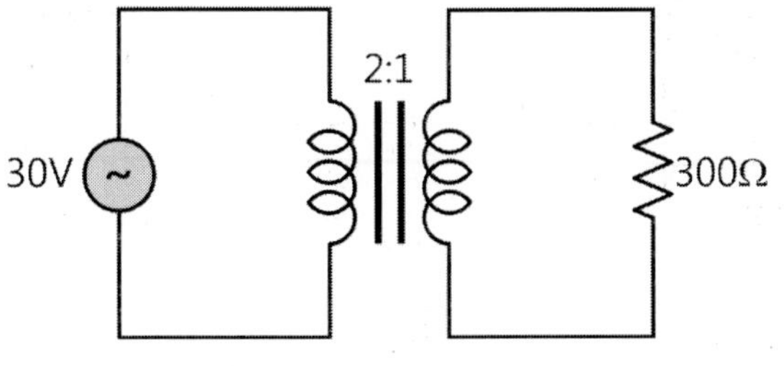

그림 p5-8.

9. 변압기의 권선비가 각각 1:10인 변압기와 3:1인 변압기가 있다. 1차 측의 전류가 100 mA일 때, 2차 측의 부하에 흐르는 전류는 각각 얼마인가?

10. 회전속도가 1000 rpm인 8극 동기발전기가 있다.

(1) 발생하는 전압의 주파수를 구하라.

(2) 만일 회전속도가 500 rpm으로 줄어들면 주파수는 어떻게 변하는가?

(3) 8극에서 4극으로 줄어들면 어떻게 되는가?

11. 내부저항이 800 Ω인 증폭기가 있다. 8 Ω의 스피커에 최대 전력이 공급되기 위해 결합변압기의 권선비는 얼마로 하여야 하는가?

12. 발전소에서 3,300 V~33,000 V 정도의 전기를 발전시킨 후 300 KV 이상의 높은 전압으로 승압하여 전송하는 이유를 설명하라.

13. 그림 p5-13과 같이 배전소에서 전력을 수용가로 공급을 하고 있다. 배전소에서 120 V 60 Hz 전압, 40 A 전류 공급하고 수용가에 220 V 60 Hz 전압, 10 A공급이 필요하다. 전력손실은 전압에만 영향을 미친다고 할 때, 배전소에서 수용가까지의 거리와 T_2의 권수비는 얼마인가? (단, 케이블 저항 2 Ω/km 이고 T1의 권수비 ($Nr = N_1/N_2$)는 1/8이다.)

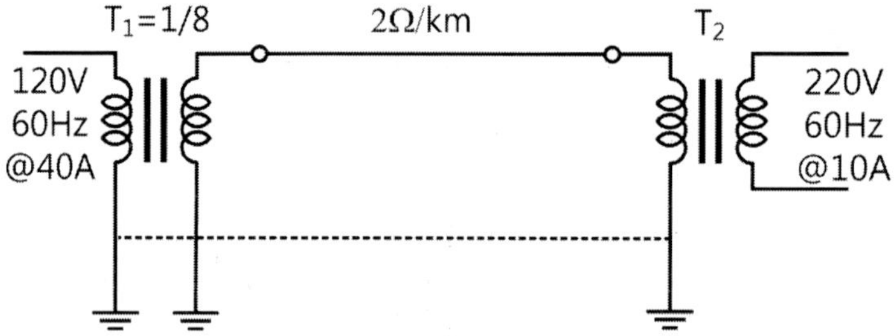

그림 p5-13.

6. RC 및 RL 회로의 교류 특성

커패시터와 인덕턴스에 대한 직류특성에 대해 3장에서 살펴보았다. 커패시터의 경우 직류에서는 아주 짧은 시간에 충전이 되어 더 이상 전류가 흐르지 못하게 되어 회로는 개방된 것과 같은 효과가 있으며, 인덕터의 경우에도 전류의 흐름이 최대가 되어 단락된 것과 같은 결과를 가져온다.

그러나 커패시터와 인덕터에 교류 신호가 인가되면 여러 가지 특성이 나타나는데 이 장에서는 먼저 커패시터와 인덕터의 교류 특성을 살펴보고, RC 회로와 RL 회로의 교류(정현파) 입력 신호에 대한 응답 특성을 다룬다. 특히 RC 회로를 용량성 회로라고 하며, RL 회로를 유도성 회로라고 한다.

6.1. 임피던스

6.1.1. 커패시터에서의 전압-전류 관계

커패시터는 다른 수동소자인 저항과 달리 동적특성을 보이며, 전류-전압의 관계식은 식 (6-1)과 같다.

$$i = \mathrm{C}\frac{dv}{dt} \tag{6-1}$$

여기서 C는 커패시터의 용량 즉, 정전용량이다. 커패시터에 흐르는 전류는 커패시터 양단에 걸리는 전압의 변화에 대한 미분이므로 전류가 전압보다 위상이 90° 앞서게 된다.

커패시터의 경우 3장에서 살펴본 바와 같이 아주 짧은 시간이지만 두 극판에 전하들이 한꺼번에 충전되는 것이 아니라 하나씩 충전되는 것을 보았다. 결국 커패시터 양단에 충전되는 전압이 시간에 따라 점차 증가한다는 것을 알 수 있으며, 이는 시간적으로 연속적인 값을 가진다. 따라서 미분형태로 표시할 수 있다는 것을 의미한다. 또한 전류는 초기에 급격하게 흐르다가 시간이 지남에 따라 작아진다. 따라서 이 전압의 시간에 대한 미분 형태가 전류가 된다.

그림 6-1은 커패시터 양단의 전압과 전류에 대한 파형이다. 전류는 전압에 대한 미분 형태이므로 위상이 90° 빠름을 알 수 있다. 또한 전류의 크기는 다음에 설명할 임피던스의 영향으로 크기가 줄어든 것을 알 수 있다.

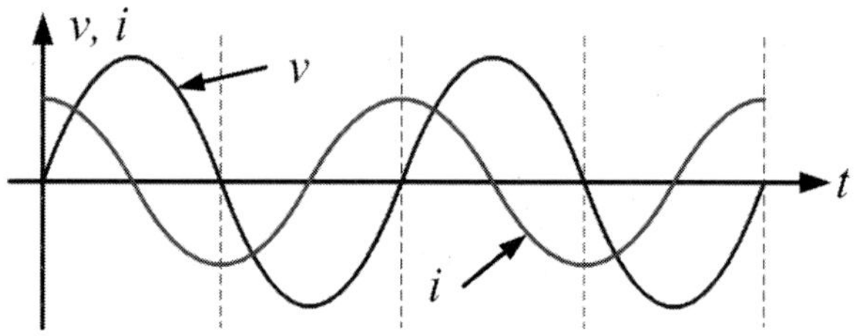

그림 6-1. 커패시터의 전압 및 전류 파형

6.1.2. 인덕터에서의 전압-전류 관계

인덕터의 경우에도 저항과 달리 동적 특성을 보이며, 전류-전압의 관계식은 식(6-2)와 같다.

$$v = \mathrm{L}\frac{di}{dt} \tag{6-2}$$

여기서 L은 인덕터의 용량을 나타내는 인덕턴스이다. 전압은 전류의 미분형으로 나타나며, 따라서 전압과 전류의 위상은 전압이 전류보다 90° 빠른 형태를 보인다.

인덕터의 경우 코일에 전류가 흐르기 시작하면 Faraday 법칙에 의해 자장이 발생하게 되는데 이 자속이 Lenz의 법칙에 의해 전류의 흐름을 방해하는 방향으로 유도기전력이 발생하게 된다. 이를 역기전력(counter-electromotive force)이라고 한다. 역기전력은 인가되는 전압과 반대극성을 가지므로 위상이 180° 차이가 난다. 따라서 전류의 흐름은 갑자기 최대 전류가 되는 것이 아니라 점차적으로 증가하게 된다. 결국 전류의 흐름이 시간적으로 연속적인 값을 가지며 미분형태로 표시할 수 있다. 인덕터에서는 전류의 시간에 대한 미분 형태가 전압이 된다.

그림 6-2는 인덕터에 흐르는 전류와 양단의 전압에 대한 파형이다. 전압은 전류에 대한 미분 형태이므로 위상이 90° 빠름을 알 수 있다.

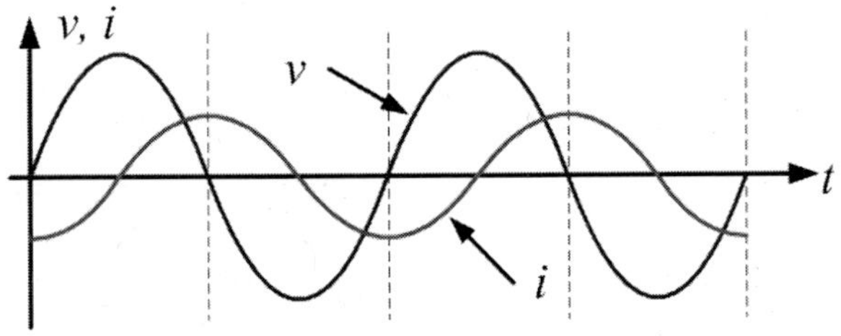

그림 6-2. 인덕터의 전압 및 전류 파형

6.1.3. 임피던스

초전도체를 제외하면 도체 내에 전류의 흐름을 방해하는 성분이 존재하는데, 이를 임피던스(impedance, Z)라 하며 식 (6-3)과 같이 표현한다. 단위는 [Ω]이다.

$$Z = \frac{V}{I} \ [\Omega] \tag{6-3}$$

임피던스(Z)는 실수부분의 저항(R)과 허수부분의 리액턴스(reactance, X)로 구성되는데, 커패시터에 의한 리액턴스를 용량성 리액턴스(X_C)라 하고, 인덕터에 의한 리액턴스를 유도성 리액턴스(X_L)라 한다.

실수 부분의 저항은 전기에너지가 열 또는 빛 등의 형태로 변환되어 전력 전달의 손실을 발생시키는 요소이고, 허수부분의 리액턴스는 전기에너지가 전계 또는 자계의 형태로 소자 내에 저장됨으로써 전류의 흐름을 방해하게 되는 무손실 요소이다.

저항의 경우 전압과 전류의 위상이 같으므로 같은 실수축에 있게 되어 저항으로 나타나지만 커패시터의 경우 전압과 전류의 관계는 식 (6-1)과 같이 전압이 시간에 따라 변하게 되면 전류가 발생한다. 즉, 전류가 전압보다 위상이 90° 빠르게 되므로 허수축에 나타나게 되어 리액턴스라고 한다. 커패시터의 용량성 리액턴스와 인덕터의 유도성 리액턴스는 각각 식 (6-4), (6-5)와 같이 구할 수 있다.

$$X_C = \frac{1}{2\pi f C} \ [\Omega] \tag{6-4}$$

$$X_L = 2\pi f L \ [\Omega] \tag{6-5}$$

여기서 f는 교류 전압의 주파수이다. 즉, 커패시터의 용량성 리액턴스는 주파수에 반비례하며, 커패시턴스의 크기에 반비례한다. 따라서 직류전압(DC)의 경우 주파수 f 가 '0'이므로 용량성 리액턴스는 무한대가 되며 전류가 흐르지 않고, 유도성 리액턴스는 '0'이 된다. 반대로 주파수가 매우 높아 큰 값을 가지면 유도성 리액턴스는 무한대가 되어 전류가 흐르지 않으며, 용량성 리액턴스는 '0'으로 된다.

그림 6-3와 같은 R-L-C회로에 대한 임피던스의 값은 식 (6-6)과 같이 구할 수 있다.

$$Z = R + jX = R + j\,(X_L - X_C) \ [\Omega] \tag{6-6}$$

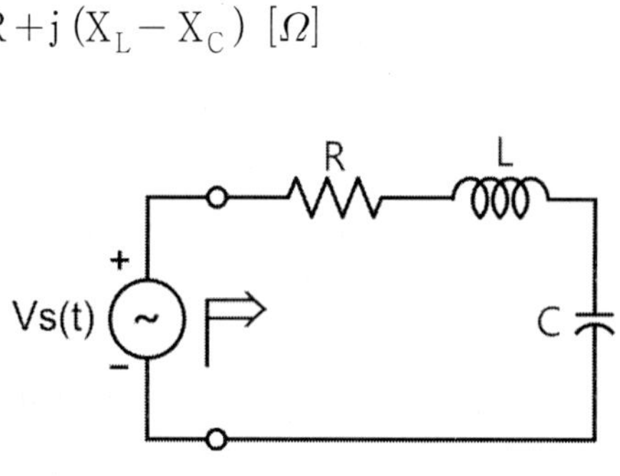

그림 6-3. R-L-C 회로

복소수 형태인 임피던스의 크기는 절댓값과 같으므로 식 (6-7)과 같다.

$$|Z| = \sqrt{R^2 + X^2} = \sqrt{R^2 + (X_L - X_C)^2}\ [\Omega] \tag{6-7}$$

식 (6-7)에서 리액턴스 중 유도성 리액턴스는 양의 값으로 용량성 리액턴스는 음의 값으로 허수에 반영된 것은 위상차이 때문이다. 즉, 인덕터에서는 전압과 전류의 위상차이가 전압이 90° 빠르고, 커패시터에서는 전류가 전압보다 90° 빠르기 때문에 R-L-C 직렬회로에서 각 소자에 공통으로 흐르는 전류를 기준으로 볼 때, 인덕터는 90° 빠른 전압을 가지고, 커패시터는 90° 늦은 전압을 가진다.

먼저 커패시터만으로 이루어진 회로는 식 (6-1)에 의해 커패시터 양단 전압의 위상이 전류의 위상보다 90° 늦고, 저항에서는 전압과 전류의 위상이 동일하다. 그러므로 저항과 커패시터로 이루어진 그림 6-4의 회로의 경우 임의의 주파수에서 커패시터의 리액턴스가 어떤 값을 가지게 될 것이므로 이 리액턴스 값의 크기에 의해 전압의 위상이 전류의 위상보다 늦은 형태로 0°~90° 사이에서 결정되며, 그림 6-5와 같이 나타난다. 그림에서 임피던스는 실수축인 저항(R)과 허수축인 리액턴스(X)의 벡터 합과 같다.

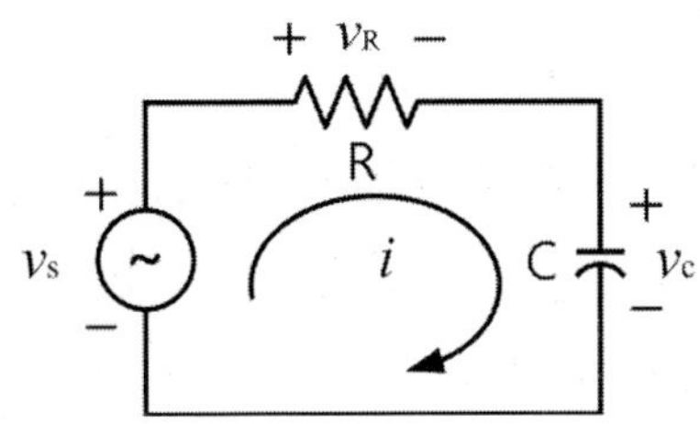

그림 6-4. RC 회로

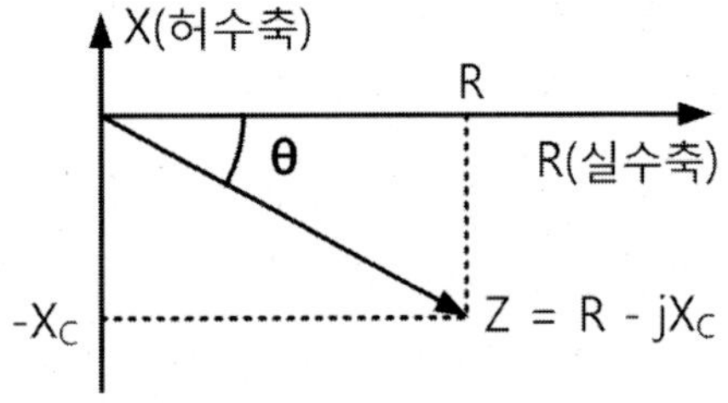

그림 6-5. RC 회로의 임피던스

정확한 위상은 삼각함수에 의해 구할 수 있다. 전압과 전류의 위상차 θ는 식 (6-8)과 같이 구할 수 있다.

$$\theta = \tan^{-1}(\frac{X}{R}) \tag{6-8}$$

그림 6-4와 같은 RC 회로에서 전압과 전류의 파형을 동시에 측정할 수 없으므로 위상차를 측정하기 위해서는 공급전압과 커패시터의 전압을 측정하여 구할 수 있다. 공급전압과 커패시터의 전압의 위상 관계는 그림 6-6과 같이 나타난다.

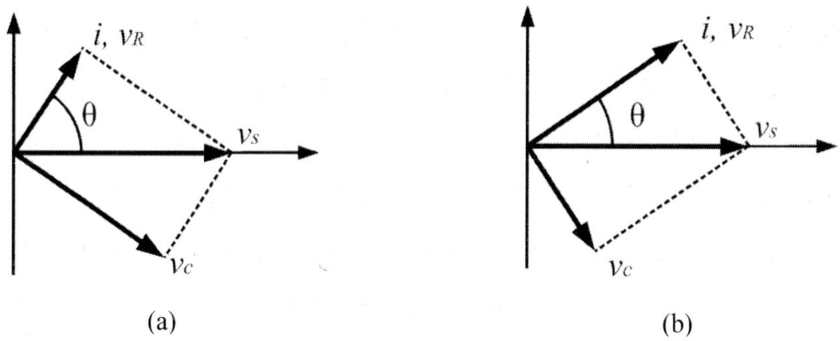

그림 6-6. RC 회로에서 전압-전류의 위상관계

측정한 공급전압과 커패시터의 전압의 위상차를 비교하면 그림 6-6의 위상차 관계에서 90° – θ가 된다. 한편 그림 (a)에서 공급전원의 주파수가 증가하면 커패시터의 리액턴스 값이 작아지게 되고, 따라서 흐르는 전류의 값은 증가한다. 또한, 커패시터의 리액턴스 값이 작아지면 저항값이 상대적으로 커지게 되기 때문에 회로에 흐르는 전류의 위상은 그림 (a)에서 보다 작아지게 된다. 따라서 그림 (b)와 같이 전압과 전류의 위상 관계는 변하게 된다. 여기에서 공급된 전압은 저항과 커패시터에 나누어져 걸리게 되므로 항상 벡터 합성과 같이 나타나야 한다. 다만 저항의 전압과 전류는 같은 위상을 가지고 있으며, 커패시터의 전압은 전류보다 90° 위상이 늦게 나타난다는 것에 주의 하여야 한다.

반면에 인덕터만으로 구성된 회로는 식 (6-2)에 의해 전압과 전류의 위상차는 +90°, 즉 전압이 전류보다 90° 앞서고, 저항과 인덕터로 구성된 그림 6-7과 같은 회로에서는 커패시터와 유사하게 0° ~ 90° 사이에서 결정되며, 그림 6-8과 같이 나타난다.

유도성 리액턴스는 양의 값을 가지고 있으므로 전압이 전류보다 위상이 빠르게 나타난다. 그림으로부터 RL 회로에서도 전압과 전류의 위상차 θ는 식 (6-8)으로부터 구할 수 있음을 알 수 있다.

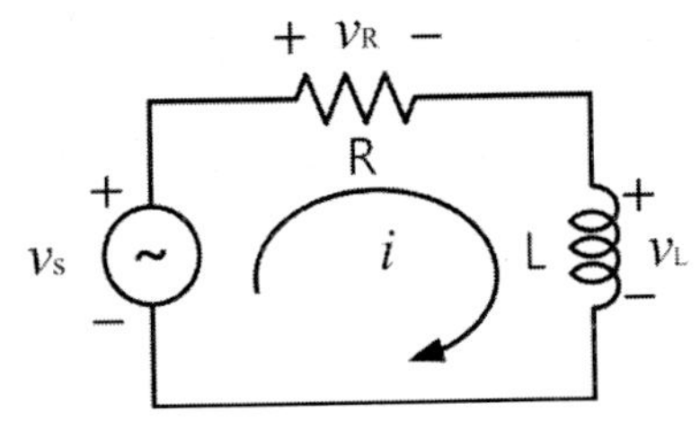

그림 6-7. RL 회로

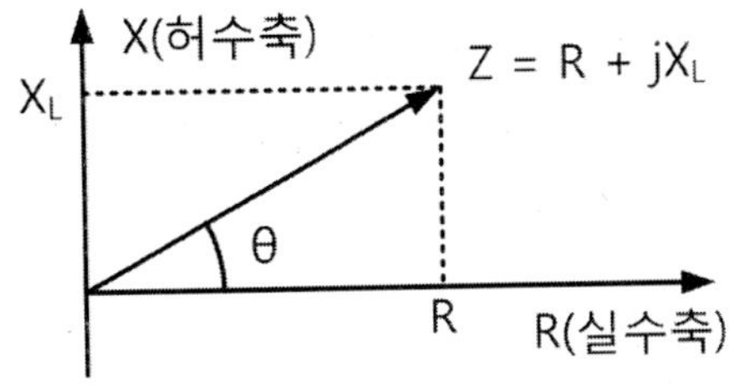

그림 6-8. RL 회로의 임피던스

따라서 RL 회로에서의 전압과 전류의 위상 관계는 그림 6-9와 같이 표현할 수 있다.

인덕터의 경우에도 전압과 전류에 대한 직접적인 측정이 불가능 하므로 공급전압과 인덕터의 전압의 위상차를 비교하면 위상차 관계에서 θ – 90°가 된다.

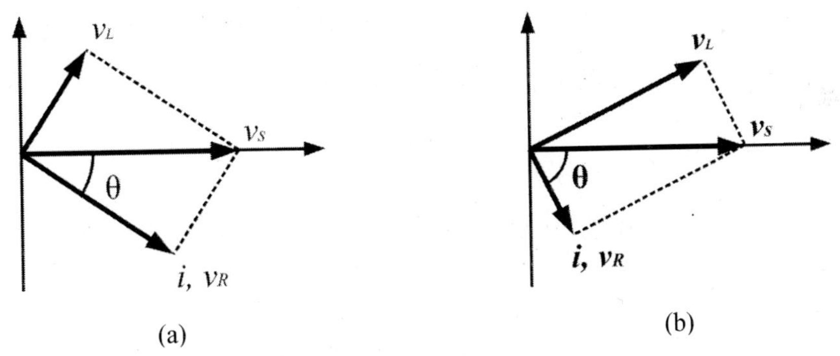

그림 6-9. RL 회로에서 전압-전류의 위상관계

그림 6-9 (a)에서 공급전원의 주파수가 증가하면 인덕터의 리액턴스 값이 증가하게 되고, 따라서 흐르는 전류의 값은 감소한다. 또한, 인덕터의 리액턴스 값이 커지면 저항값이 상대적으로 작아지게 되어 회로에 흐르는 전류의 위상은 그림 (b)와 같이

보다 더 커지게 된다. 여기에서도 공급된 전압은 저항과 인덕터에 나누어져 걸리게 되므로 항상 벡터 합성과 같이 나타나야 한다. 다만 저항에서는 전압과 전류의 위상을 같게 나타나며, 인덕터의 전압은 전류보다 90° 위상이 빠르게 나타난다는 것을 주의해야 한다.

이상과 같이 교류전압이 인가된 상태에서 저항에 걸리는 전압과 커패시터와 인덕터에 걸리는 전압을 측정하게 되면 커패시턴스와 인덕턴스의 값을 식 (6-9), (6-10)에 의해 계산할 수 있다.

$$C = \frac{1}{2\pi fR}\frac{V_R}{V_C}\ [F] \tag{6-9}$$

$$L = \frac{R}{2\pi f}\frac{V_L}{V_R}\ [H] \tag{6-10}$$

여기서, f 는 교류전원의 주파수(Hz), R은 RC 회로의 저항값(Ω), V_R은 저항에 걸리는 전압(V), V_C는 커패시터에 걸리는 전압(V), V_L는 인덕터에 걸리는 전압(V)이다.

예제 6. 1

그림 6-10 회로에서 공급전압의 신호 주파수가 100 Hz일 때 다음을 구하라.

(1) 커패시터의 리액턴스

(2) 전체 임피던스

(3) 커패시터의 전압과 회로에 흐르는 전류의 위상차

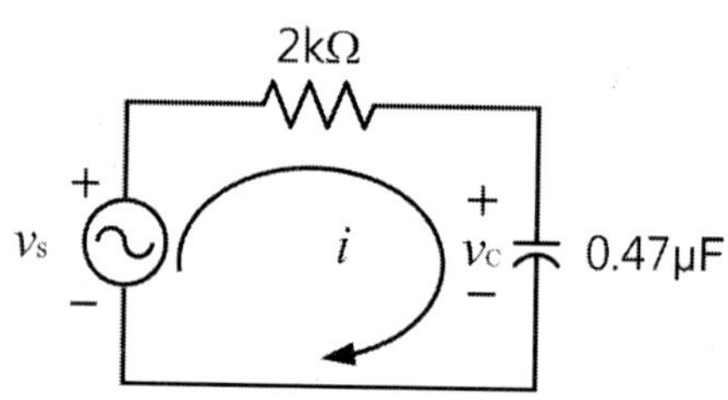

그림 6-10. 예제 6.1

[풀 이] (1) 커패시터의 리액턴스는

$$X_c = \frac{1}{2\pi fC} = \frac{1}{2\pi \times 100 \times 0.47 \times 10^{-6}} = 3.386\,[k\Omega]$$

(2) 전체 임피던스는

$$Z = \sqrt{R^2 + X_c^2} = \sqrt{(2\,k\Omega)^2 + (3.386\,k\Omega)^2} = 3.933\,[k\Omega]$$

(3) 위상차는

$$\phi = \tan^{-1}\left(\frac{X_c}{R}\right) = \tan^{-2}\left(\frac{3.386}{2}\right) = 59.43^{\circ}$$

6.2. RC 여파기

RC 회로에서는 주파수에 따라 커패시터의 리액턴스가 달라져 전체의 임피던스가 결정된다. 저항에 걸리는 전압이나 커패시터 양단의 전압을 출력으로 할 때, 회로의 신호 주파수에 따라 임피던스 값이 변하게 되며 이에 따라 출력의 크기가 변하게 된다. 이와 같이 주파수에 따라 출력이 변하는 기능을 여파기(filter)라고 한다.

6.2.1. 저역통과 여파기

저역통과 여파기(Low Pass Filter, LPF)란 낮은 주파수에서는 신호가 전달되지만 높은 주파수가 되면 신호가 차단되는 것을 말한다. 그림 6-11의 회로에서 커패시터 양단의 전압을 출력전압으로 하면 출력전압은 식 (6-11)과 같이 구할 수 있다.

$$v_{out} = \frac{X_C}{Z} v_s = \frac{\frac{1}{2\pi fC}}{\sqrt{R^2 + (\frac{1}{2\pi fC})^2}} v_s = \frac{1}{\sqrt{1 + (2\pi fRC)^2}} v_s \qquad (6\text{-}11)$$

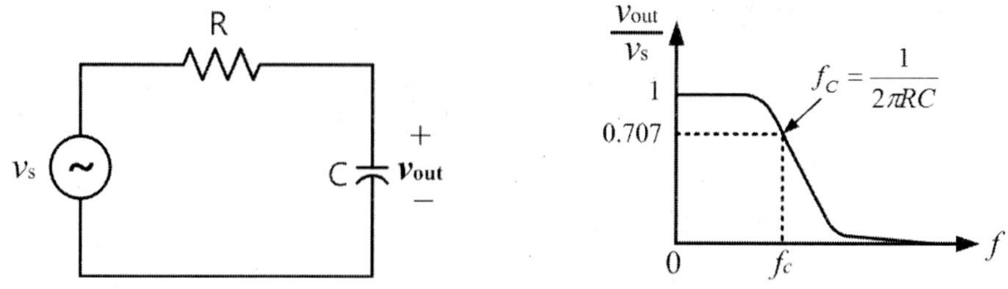

(a) (b)

그림 6-11. 저역통과 여파기

식 (6-11)에서 주파수 f 가 0일 때(직류), 출력 $v_{out} = v_s$가 되고, $v_{out} / v_s = 1$이 된다. 주파수가 증가하게 되면 출력 전압은 점점 작아지며, 더욱 높은 주파수가 되면 0이 된다. 따라서 그림 6-11 (b)와 같은 결과를 얻게 된다. 따라서 낮은 주파수에서는 입력이 출력으로 통과하는데 반해 높은 주파수가 되면 차단하게 된다. 이런 이유로 저역통과여파기(Low Pass Filter, LPF)라고 한다.

저역통과 여파기에서 어느 주파수까지는 출력으로 나타나고, 그 이상의 주파수에서는 출력이 작아져서 나타나지 않는 것으로 판단하여야 하는데 이 임계 주파수를 차단 주파수(cut-off frequency)라고 부른다. 이러한 차단주파수는 커패시터의 리액턴스와 저항의 값이 같을 경우($R = X_C$)의 주파수이며, 이때에는 각 소자에서 소비되는 전력은 공급전력의 반이 되며, 전압은 전력의 제곱근이므로 전압의 크기가 0.707(=1/$\sqrt{2}$)이 될 경우를 말한다. 따라서 커패시터의 리액턴스와 저항이 같을 경우

$$R = X_C = \frac{1}{2\pi f_c C}$$

로부터 차단주파수는 식 (6-12)와 같이 된다.

$$f_c = \frac{1}{2\pi RC} \tag{6-12}$$

또한 차단주파수에서는 전력이 반이 되므로 출력전압에 관한 식 (6-11)에서도 유도할 수 있다. 식 (6-11)는 출력 전압에 관한 식이므로 식 (6-13)과 같이 계산하면 된다.

$$\frac{1}{\sqrt{1+(2\pi fRC)^2}} = \frac{1}{\sqrt{2}} \tag{6-13}$$

식 (6-13)은 차단주파수에서의 값이므로 주파수를 차단주파수로 고치면

$$2\pi f_c RC = 1$$

이 되며, 식 (6-12)와 같다. 결국 차단주파수는 회로에서 R과 C의 값에 의존하는 것을 알 수 있다. 이러한 여파기는 음향조절기에서 톤 조절기(tone control)에서 사용된다.

6.2.2. 고역통과 여파기

고역통과 여파기(High Pass Filter, HPF)는 저역통과 여파기와 반대로 높은 주파수에서 신호가 전달되고, 낮은 주파수에서 차단하는 여파기이다.

그림 6-12에서 저항 양단의 전압을 출력전압으로 하면 출력전압은 식 (6-14)와 같다.

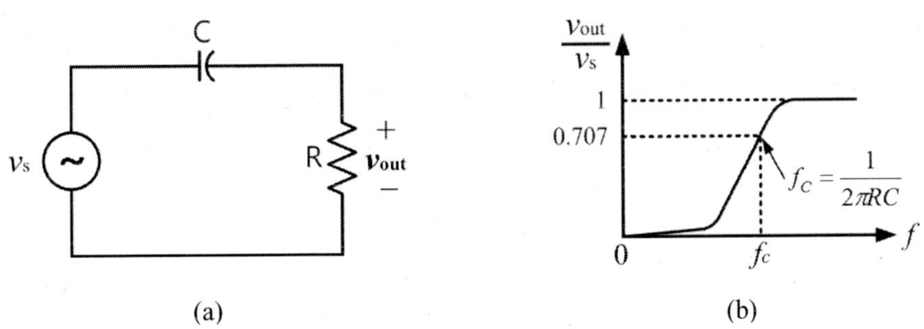

그림 6-12. 고역통과 여파기

$$v_{out} = \frac{R}{Z}v_s = \frac{R}{\sqrt{R^2 + (\frac{1}{2\pi fC})^2}}v_s = \frac{2\pi fRC}{\sqrt{1+(2\pi fRC)^2}}v_s \tag{6-14}$$

식 (6-14)에서 주파수 f 가 0일 때(직류), 출력 $v_{out} = 0$이 되므로, $v_{out}/v_s = 0$이 된다. 주파수가 증가하게 되면 출력 전압은 점점 커지게 되며, 더욱 높은 주파수가 되면 $v_{out}/v_s = 1$이 된다.

고역통과 여파기에서도 일정 주파수 이하의 신호는 차단하고 그 이상의 신호만 통과하는 것으로 판단할 필요가 있으며, 회로에서 R과 C의 값에 의해 결정된다. 저역통과여파기와 마찬가지로 차단주파수는 동일하다. 즉 한 신호가 입력되면 동일한 RC 회로에서 커패시터의 양단에는 저역통과가 일어나며 저항의 양단에는 고역통과가 일어난다는 것을 알 수 있다. 교류 공급 전압이 낮은 주파수 대역의 신호일 경우 커패시터에 거의 걸리게 되며, 높은 주파수가 되면 저항에서 소비하게 된다는 것을 의미한다.

6.2.3. 대역통과 여파기

저역통과 여파기와 고역통과 여파기를 결합하면 대역통과 여파기(Band Pass Filter, BPF)를 구성할 수 있다.

그림 6-13의 회로는 저항 R_1과 커패시터 C_1의 연결에 의해 저역통과 여파가 발생하고, 다시 커패시터 C_2와 저항 R_2에 의해 고역통과 여파가 일어나는 방법에 의해 대역통과 여파가 일어나는 것을 보인다. 다만 저항 R_1과 R_2를 조절하여 저역통과 여파기의 차단주파수($f_{C,H}$)가 고역통과 여파기의 차단주파수($f_{C,L}$)보다 높아야 한다. 저역 차단 주파수와 고역 차단주파수는 식 (6-15)와 같다.

$$f_{C,H} = \frac{1}{2\pi R_1 C_1} \tag{6-15a}$$

$$f_{C,L} = \frac{1}{2\pi R_2 C_2} \tag{6-15b}$$

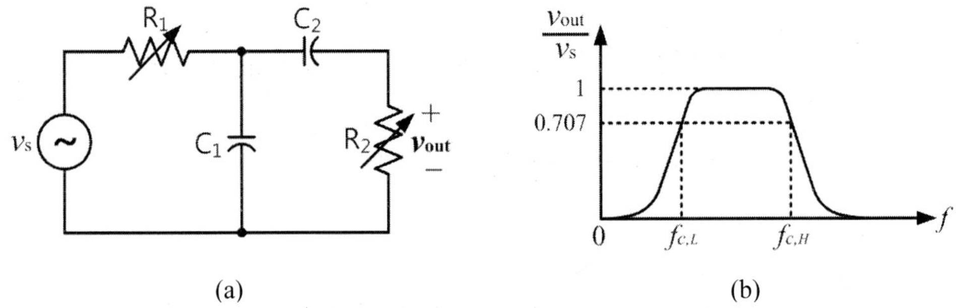

그림 6-13. 대역통과 여파기

일반적으로 대역통과 여파기는 저항 R_1과 R_2를 가변할 수 있도록 하여 사용한다. 또한, 대역통과 여파기의 회로에서 저역통과 여파기와 고역통과 여파기의 순서를 바꾸어도 기능을 잃지 않는다. 그러나 각 여파기의 차단주파수가 역전이 되어 $f_{C,H}$가 $f_{C,L}$보다 낮아지게 되면 앞단에 설치된 여파기만 기능을 나타내게 된다. 그림 6-12의 회로에서는 저역통과 여파기 특성만 나타나게 된다. 따라서 $f_{C,H} > f_{C,L}$인 조건이 만족하기 위해서 $R_1C_1 < R_2C_2$가 되도록 저항과 커패시터의 값을 사용하면 대역통과 필터를 구성할 수 있으며, 대역폭을 넓히기 위해서는 R_2C_2가 R_1C_1보다 훨씬 큰 값을 사용하면 된다.

예제 6. 2

그림 6-11 회로에서 R = 2 kΩ, C = 0.47 μF이다.
공급전압의 신호 주파수가 100 Hz일 때 다음을 구하라.
(1) 차단주파수
(2) 입력전압에 대한 출력 전압의 크기

[풀 이] (1) 차단주파수는

$$f_c = \frac{1}{2\pi RC} = \frac{1}{2\pi \times 2 \times 10^3 \times 0.47 \times 10^{-6}} = 169.314\,\text{Hz}$$ 이다.

(2) 커패시터의 리액턴스는 $X_c = \frac{1}{2\pi fC} = 3.386\,[k\Omega]$ 이므로

전체 임피던스는 $Z = \sqrt{R^2 + X_c^2} = 3.933\,[k\Omega]$가 된다.

따라서, 입력에 대한 출력 전압은

$\frac{v_{out}}{v_s} = \frac{X_C}{Z} = \frac{3.386\,k\Omega}{3.933\,k\Omega} = 0.861$ 이다.

저역통과 여파기이므로 차단 주파수 169 Hz보다 낮은 주파수에서 출력전압은 0.707보다 큰 것을 알 수 있다.

예제 6. 3 그림 6-14 회로에서 공급전압의 신호 주파수가 100 Hz일 때, 입력전압에 대한 출력 전압의 크기를 구하라.

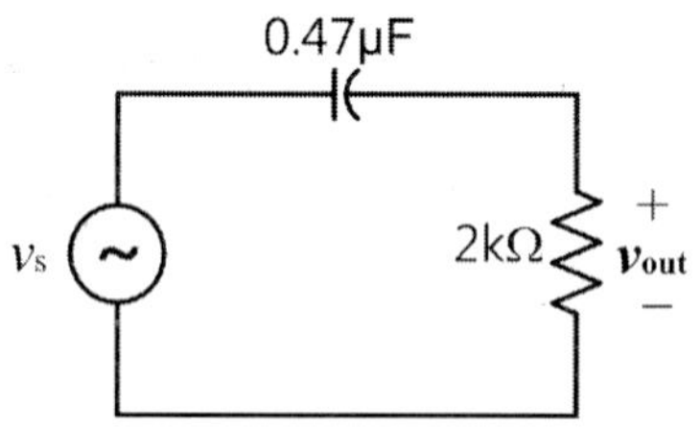

그림 6-14. 예제 6.3

[풀 이] 앞의 예제로부터 전체 임피던스는 $Z = 3.933\,[k\Omega]$ 이므로

입력에 대한 출력 전압은 $\frac{v_{out}}{v_s} = \frac{R}{Z} = \frac{2\,k\Omega}{3.933\,k\Omega} = 0.509$ 이다.

고역통과 여파기이므로 차단 주파수 169 Hz보다 낮은 주파수에서 출력전압은 0.707보다 작은 것을 알 수 있다.

6.3. RL 여파기

커패시터는 충전이 완료되어 최종 정상상태에 이르면 직류에 대하여 개방회로처럼 취급되지만 인덕터의 경우 단락회로와 같다. 커패시터가 전압의 변화에 저항하는 소자인데 반해 인덕터는 전류의 변화에 저항하는 소자이다. 따라서 인덕터는 전류의 변화를 억제하는 기능 때문에 초크(choke)라고도 부른다. 교류 신호에 대하여 인덕터는 유도성 리액턴스 X_L을 가지며, 유도성 리액턴스는 식 (6-5)와 같으며 주파수에 비례하여 커진다. 인덕터의 경우에도 여파기를 구성할 수 있으며, RC 회로와 유사한 해석을 통하여 사용된다. 다만 RL 여파기에서의 차단 주파수는 저항 R과 리액턴스 X_L의 크기가 같을 때이므로

$$R = X_L = 2\pi f_c L$$

가 되며, 이로부터 차단 주파수는

$$f_C = \frac{1}{2\pi \frac{L}{R}} \tag{6-16}$$

차단 주파수의 경우에도 RC 및 RL 회로의 시정수 차이와 유사하게 나타남을 알 수 있다.

구 분	시정수	차단주파수
RC 회로	$\tau = RC$	$f_C = \frac{1}{2\pi RC}$
RL 회로	$\tau = \frac{L}{R}$	$f_C = \frac{1}{2\pi \frac{L}{R}}$

예제 6. 4 그림 6-15 회로의 전압 신호 주파수가 500 Hz일 때 다음을 구하라.

(1) 유도성 리액턴스와 전체 임피던스

(2) 입력전압에 대한 출력 전압의 크기

(3) 여파기의 종류

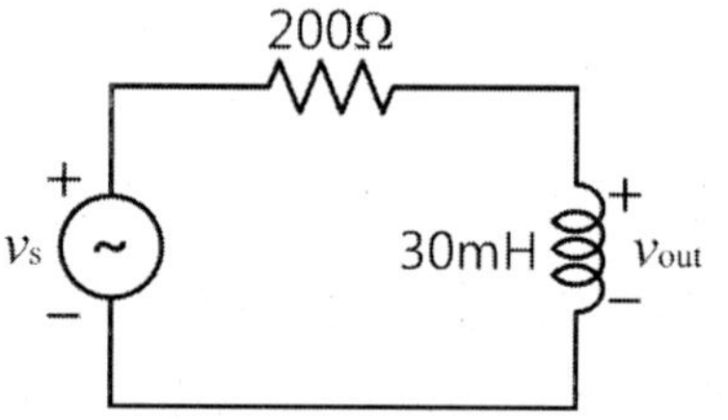

그림 6-15. 예제 6.4

[풀 이] (1) 인덕터의 리액턴스는

$X_L = 2\pi fL = 2\pi \times 500\,\text{Hz} \times 30 \times 10^{-3} = 94.248\,[\Omega]$ 이므로,

전체 임피던스는

$Z = \sqrt{R^2 + X_L^2} = \sqrt{200^2 + 94.248^2} = 221.094\,[\Omega]$

(2) 출력전압은

$$v_{out} = \frac{X_L}{Z} v_s = \frac{2\pi fL}{\sqrt{R^2 + (2\pi fL)^2}} v_s$$ 이므로

$$\frac{v_{out}}{v_s} = \frac{X_L}{Z} = \frac{94.248\,\Omega}{221.094\,\Omega} = 0.426$$

(3) 차단 주파수는 식 (5-24)로부터

$$f_C = \frac{1}{2\pi \frac{30 \times 10^{-3}}{200}} = 1.061\,[\text{kHz}]$$ 이고

차단 주파수보다 낮은 주파수 500 Hz에서 출력이 0.426배이므로 고역통과 여파기이다.

6.4. 공진

앞 절에서 RC 또는 RL 회로의 여파기 효과를 나타내는 것을 보았다. 그러나 RLC가 함께 회로 내에 있게 될 경우에는 좀 더 복잡한 특성을 나타낸다. 그림 6-16과 같은 RLC 직렬회로에서 전체 임피던스는 식 (6-17)와 같이 나타남을 앞서 설명하였다.

$$Z = R + jX = R + j(X_L - X_C)\ [\Omega] \tag{6-17}$$

여기서 커패시터의 리액턴스와 인덕터의 리액턴스는 서로 위상이 180° 차이가 있어 식에서 부호가 다르게 표현되고 있다.

또한 임피던스의 크기는 식 (6-18)과 같이 나타난다.

$$|Z| = \sqrt{R^2 + (X_L - X_C)^2}\ [\Omega] \tag{6-18}$$

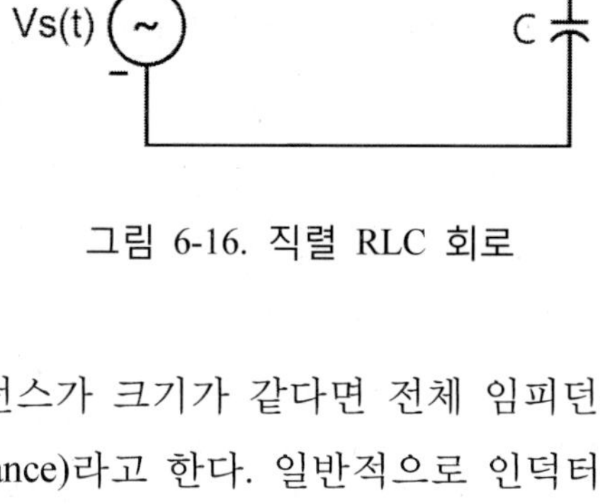

그림 6-16. 직렬 RLC 회로

따라서 만일 두 리액턴스가 크기가 같다면 전체 임피던스는 저항만으로 나타날 것이다. 이를 공진(resonance)라고 한다. 일반적으로 인덕터에는 권선저항이 포함되며 이 권선저항이 저항값에 포함될 수 있다. 커패시터와 인덕터의 리액턴스가 같아지는 주파수를 공진 주파수(f_r, resonance frequency)라고 한다. 즉

$$X_L = 2\pi fL = X_C = \frac{1}{2\pi fC}$$

로부터 공진 주파수는

$$f_r = \frac{1}{2\pi\sqrt{LC}} \text{ [Hz]} \tag{6-18}$$

직렬 RLC 회로에서는 공진 주파수에서 임피던스가 최소가 되며, 주파수에 따른 임피던스의 변화는 그림 6-17과 같이 나타난다.

낮은 주파수에서는 용량성 리액턴스 X_C가 더 크게 나타나 임피던스도 크게 되며, 높은 주파수에서는 유도성 리액턴스 X_L의 값이 크게 나타나 임피던스가 커지게 된다. 따라서 공진 주파수에서 임피던스는 저항과 같은 R로 나타나며 최소값을 가진다.

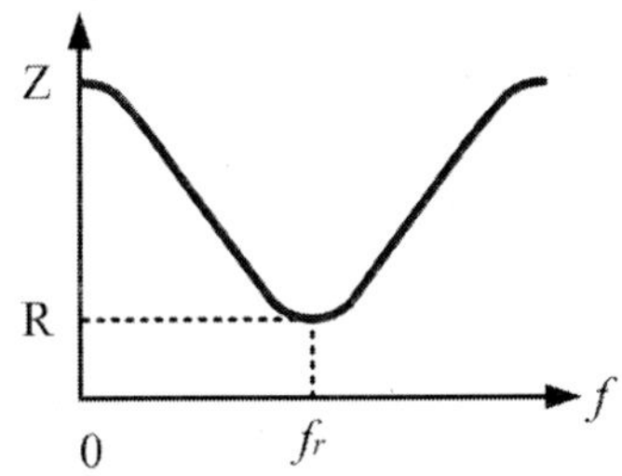

그림 6-17. 직렬 RLC 회로의 임피던스 변화

예제 6. 5

그림 6-18 회로에서 물음에 답하라.

(1) 공진주파수를 구하라.

(2) 공급전압의 주파수가 5 kHz 및 10 kHz일 때 임피던스를 구하라.

(3) 각 주파수에 따라 용량성 회로인가 유도성 회로인가 판단하라.

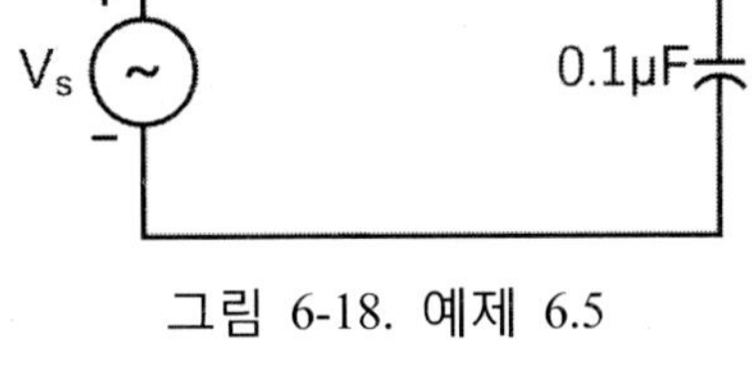

그림 6-18. 예제 6.5

[풀 이] (1) 공진주파수는

$$f_r = \frac{1}{2\pi\sqrt{LC}} = \frac{1}{2\pi\sqrt{4\times10^{-3}\times0.1\times10^{-6}}}$$
$$= \frac{1}{4\pi\times10^{-5}} = 7.958\,[kHz]$$

(2) 5 kHz 일 때 임피던스는

$$X_L = 2\pi fL = 2\pi\times5\times10^3\times4\times10^{-3} = 125.66\,[\Omega]$$

$$X_C = \frac{1}{2\pi fC} = \frac{1}{2\pi\times5\times10^3\times0.1\times10^{-6}} = 318.31\,[\Omega]$$

따라서 전체 임피던스는

$$Z = \sqrt{R^2 + (X_L - X_C)^2}$$
$$= \sqrt{50^2 + (125.66 - 318.31)^2} = 199.03\,[\Omega]$$

10 kHz 일 때 임피던스는

$$X_L = 2\pi fL = 2\pi\times10\times10^3\times4\times10^{-3} = 251.33\,[\Omega]$$

$$X_C = \frac{1}{2\pi fC} = \frac{1}{2\pi\times10\times10^3\times0.1\times10^{-6}} = 159.15\,[\Omega]$$

따라서 전체 임피던스는

$$Z = \sqrt{R^2 + (X_L - X_C)^2}$$
$$= \sqrt{50^2 + (251.33 - 159.15)^2} = 104.87\,[\Omega]$$

(3) 5 kHz에서는 용량성 리액턴스가 더 크므로 용량성 회로이며, 10 kHz에서는 유도성 리액턴스가 더 크므로 유도성 회로이다. 공진주파수보다 낮은 주파수에서는 용량성 회로로 더 높은 주파수에서는 유도성 회로가 된다.

6.5. LC 대역통과 여파기

6.2 절의 RC 대역통과 여파기와 유사하게 LC를 이용하여 대역통과 여파기를 실현할 수 있다. 이때 LC의 연결 상태에 따라 직렬 LC 회로를 이용하거나 병렬 LC 회로를 이용할 수 있다. 앞 절의 RC 만을 이용하는 대역통과 여파기에서 정의한 고역 차단 주파수($f_{C,H}$)와 저역 차단주파수($f_{C,L}$)는 출력이 최대값의 0.707 배 되는 주파수로 정의 하였다. 대역통과 여파기에서 고역 차단주파수와 저역 차단주파수 사이의 주파수 범위를 여파기의 대역폭(bandwidth, BW)라고 한다.

6.5.1. 직렬 LC 회로

그림 6-19 (a)의 회로에서 저항 R에 걸리는 전압을 주파수에 따라 측정하면 그림 (b)와 같이 나타난다.

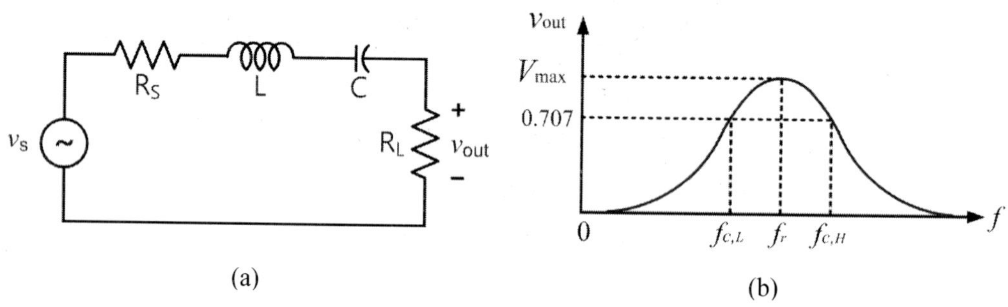

그림 6-19. 직렬 RLC 회로

회로에서 저항 Rs는 인덕터의 권선저항일 수도 있으며, 회로에 포함된 다른 저항일 수도 있다. 그림 (b)에서 대역폭(BW)은 $f_{C,H} - f_{C,L}$ 와 같으며, 식 (6-19)와 같다.

$$BW = \frac{R}{2\pi L}\ [Hz] \tag{6-19}$$

여기서, R은 회로 전체의 저항이며, L은 회로의 인덕턴스이다.

대역폭이 작다는 것은 대역폭의 중심주파수(f_r) 부근의 신호만 필터링할 수 있다는 것을 의미하며, 따라서 대역폭이 작으면 작을수록 여파기의 성능이 우수하다고 할 수 있다. 여파기의 성능을 나타내는 지수인 선택도(selectivity) Q는 통과대역이 그 중심 주파수에 비하여 얼마나 좁게 선택되는가를 나타내며 식 (6-20)과 같다.

$$Q = \frac{f_r}{\mathrm{BW}} \tag{6-20}$$

또한 식 (6-20)에 식 (6-19)를 대입하면 식 (6-21)과 같이 표현할 수도 있다.

$$Q = \frac{X_L}{R} \tag{6-21}$$

여기서, X_L은 공진시의 유도성 리액턴스이다. Q 값이 증가하면 여파기의 선택도는 높아진다는 것을 의미한다. 즉 통과대역이 작아진다. 식 (6-19)에 의하면 대역폭이 좁아지기 위해서는 저항값이 작아야 함을 알 수 있다. 또한 대역폭이 좁아진다는 것은 선택도가 높아진다는 것을 의미하며, 식 (6-21)에 따라 저항값이 작아지면 선택도의 값이 크게 된다. 많은 경우에 인덕터 자체의 권선저항이 선택도의 제한 요인이 된다.

예제 6. 6

그림 6-20은 직렬 LC 회로 여파기의 주파수 응답 특성이다.
커패시터 C의 값이 0.047 μF 인 경우 다음을 구하라.

(1) 대역폭
(2) 선택도 Q
(3) 인덕턴스
(4) 회로 전체의 저항

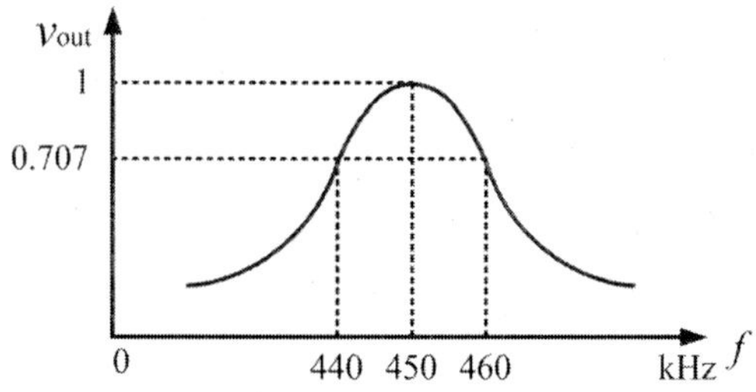

그림 6-20. 예제 6.6

[풀 이] (1) 대역폭 BW은 $f_{C,H} - f_{C,L}$이므로

BW = 460 - 440 = 20 kHz 이다.

(2) 선택도 Q는

$$Q = \frac{f_r}{BW} = \frac{450\,kHz}{20\,kHz} = 22.5$$

(3) 인덕턴스는 공진주파수로부터 구할 수 있다.

$f_c = \dfrac{1}{2\pi\sqrt{LC}} = 450$ 이고, 회로의 커패시터는 0.047 μF이므로

$$L = \frac{1}{C(2\pi f_c)^2} = \frac{1}{0.047\times10^{-6}\times(2\pi\times450\times10^3)^2} = 2.66\,\mu H$$ 이다.

(4) 대역폭은 $BW = \dfrac{R}{2\pi L}\,[Hz]$ 이므로

$$R = 2\pi\times2.66\times10^{-6}\times450\times10^3 = 7.52\,[\Omega]$$

6.5.2. 병렬 LC 회로

L과 C의 병렬 회로에서도 공진 현상이 발생한다. 그림 6-21 (a)의 병렬 LC 회로에서 주파수에 따른 임피던스를 그림 (b)에 나타내었다.

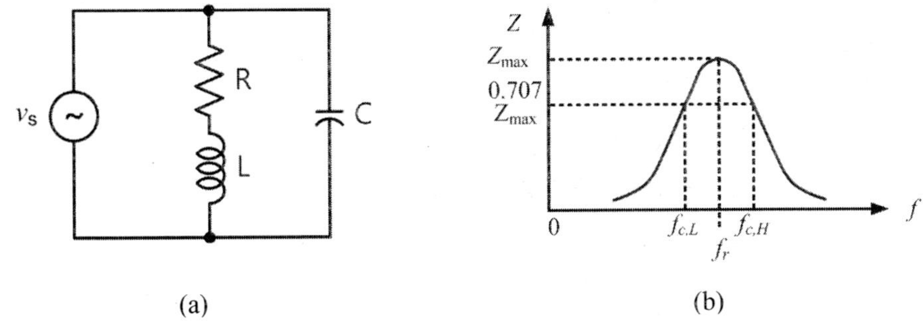

그림 6-21. 병렬 RLC 회로

회로에 나타난 인덕터와 직렬로 연결된 저항은 인덕터의 권선저항을 뜻한다. 병렬 LC회로에서 임피던스는 공진주파수에서 최대가 되며, 그 외의 주파수에서는 작아짐을 알 수 있다.

병렬 LC 회로에서 임피던스의 최대값은 식 (6-22)와 같이 나타난다.

$$Z_{max} = Q^2 \times R \tag{6-22}$$

일반적으로 병렬 LC 회로를 탱크회로(tank circuit)라고 한다.

Q의 값이 10보다 큰 경우에는 직렬 LC 회로에 대한 식 (6-19) ~ (6-21)까지 수식을 그대로 적용할 수 있다. LC 탱크회로에서의 에너지는 인덕터와 커패시터의 각 리액턴스 내에 한번은 인덕터에 다음에는 커패시터에(또는 그 반대로) 번갈아 가면서 저장된다. 한편 두 소자간의 에너지 전송은 공진주파수와 같은 속도로 발생하며 정현파의 형태를 가진다. 따라서 이러한 병렬 LC 탱크회로를 이용하여 정현파를 발생시키는 발진기 회로에 많이 사용한다. 그러나 인덕터의 권선저항으로 인해 발진된 정현파는 점점 감쇠하게 되기 때문에 감쇠정현파라고 부른다. 실제의 발진기 회로에서는 이러한 감쇠부분을 보상하기 위하여 증폭회로를 포함하고 있다.

예제 6. 7 병렬 LC 탱크회로에서 5 mH 인덕터의 권선저항이 2 Ω이다. 0.47 μF의 커패시터가 연결되었을 때, 다음을 구하라.

(1) 공진주파수
(2) 선택도 Q
(3) 최대 임피던스 Z_{max}
(4) 차단주파수

[풀 이] (1) 공진주파수 f_r 은

$$f_r = \frac{1}{2\pi\sqrt{LC}} = \frac{1}{2\pi\sqrt{5\times10^{-3}\times0.47\times10^{-6}}} = 3.28\,[\mathrm{kHz}]$$

(2) 인덕터의 리액턴스는

$X_L = 2\pi fL = 2\pi\times3.28\times10^3\times5\times10^{-3} = 103\,[\Omega]$ 이므로

따라서 선택도 Q는

$Q = \frac{X_L}{R} = \frac{103}{2} = 51.51$ 이다.

(3) 최대 임피던스 Zmax 는

$$Z_{max} = Q^2\times R = (51.51)^2\times2 = 5.31\,[k\Omega]$$

(4) BW는

$BW = \frac{R}{2\pi L} = \frac{2\,\Omega}{2\pi\times3\,\mathrm{mH}} = 106\,[\mathrm{Hz}]$ 이므로,

차단주파수는 중심주파수에서 BW의 반만큼 떨어져 있으므로

$$f_{c,L} = f_c - \frac{BW}{2} = 3.28\,\mathrm{kHz} - 53\,\mathrm{Hz} = 3{,}227\,\mathrm{Hz}$$

$$f_{c,H} = f_c + \frac{BW}{2} = 3.28\,\mathrm{kHz} + 53\,\mathrm{Hz} = 3{,}333\,\mathrm{Hz}$$

연습문제

1. 0.47 μF인 커패시터에 직렬로 연결된 저항이 1 kΩ이다. 이 회로에 10 V, 500 Hz의 전압이 인가되었다면 용량성 리액턴스 X_C와 전체 임피던스 Z를 구하고, 흐르는 전류는 얼마인가?

2. RC 직렬회로의 전체 임피던스가 1.25 kΩ 이었다. 저항은 500 Ω이고, 사용한 교류 신호의 주파수는 2 kHz이라고 한다면 커패시터의 용량 C와 리액턴스 X_C는 얼마인가? 또 커패시터의 전압과 흐르는 전류 사이의 위상차는 얼마인가?

3. 그림 p6-3의 RC 직렬회로에서 전원전압의 주파수는 1 kHz이고, 회로에 흐르는 전류는 0.2 mA이다. 전원전압과 전류의 위상차를 구하라.

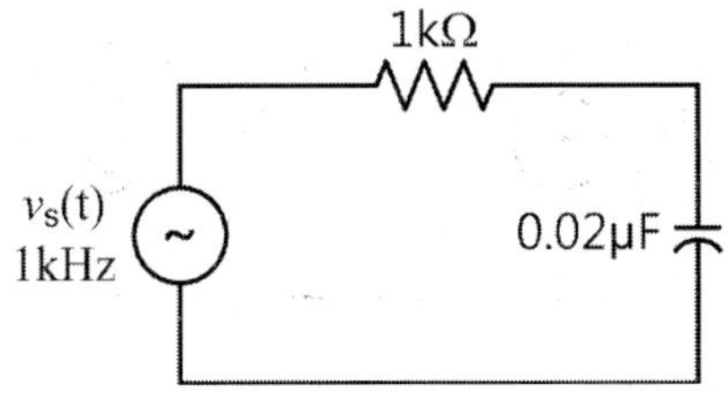

그림 p6-3.

4. RLC 직렬회로에서 저항 R은 1 kΩ이고, 커패시터는 0.047 μF, 인덕터는 2 mH이다. 주파수가 500 Hz가 인가되었을 때, 유도성 리액턴스 X_L, 용량성 리액턴스 X_C 및 전체 임피던스 Z를 구하라.

5. 10 kΩ의 저항을 사용하고, 차단주파수가 1 kHz인 저역통과 RC 여파기가 있다. 필요한 커패시터의 용량은 얼마인가?

6. 그림 p6-6은 RC를 이용한 여파기이다. 저항 R은 1 kΩ, 커패시터 C는 0.02 μF 이고, 신호의 주파수가 200 Hz일 때, 여파기의 종류와 차단주파수를 구하라.

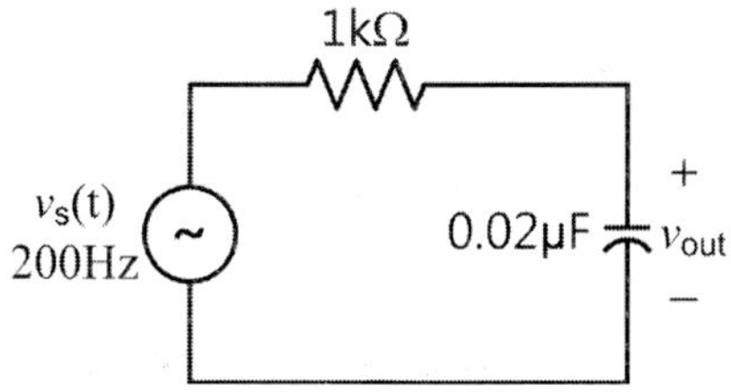

그림 p6-6.

7. 그림 p6-7 회로에서 공급전압의 신호 주파수가 10 kHz로 변하였을 때, 입력전압에 대한 출력 전압의 크기를 구하라.

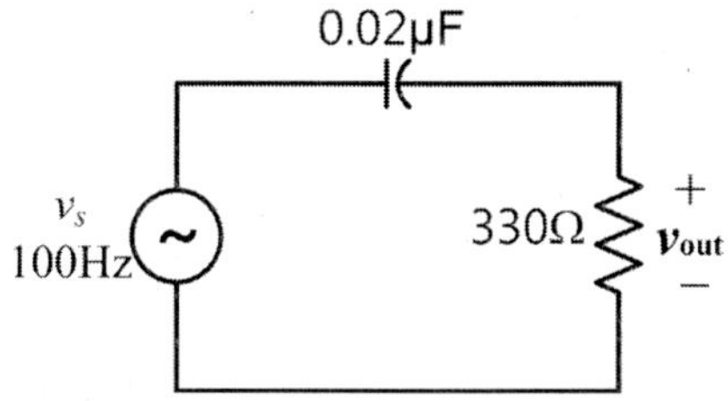

그림 p6-7.

8. 그림 p6-8 회로에서 전압 파형의 주파수가 2.5 kHz일 때 다음을 구하라.
   (1) 회로에서 유도성 리액턴스의 값을 구하라.
   (2) 회로에서 용량성 리액턴스의 값을 구하라.
   (3) 회로 전체의 임피던스를 구하라.
   (4) 이 회로의 공진주파수를 구하라.
   (5) 전압 파형의 주파수가 1 kHz로 증가하면 임피던스의 값은 어떻게 되는가?
   (6) 전압 파형의 주파수가 10 kHz로 증가하면 임피던스의 값은 어떻게 되는가?
   (7) (5), (6)번에서 회로는 용량성 회로인가 유도성 회로인가 판단하라.

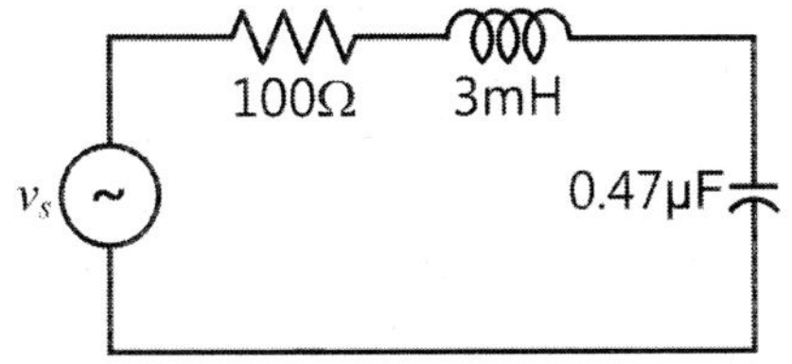

그림 p6-8.

9. 그림 p6-9 회로는 직렬 LC 회로 여파기의 주파수 응답 특성이다. 커패시터 C의 값이 0.047 μF 인 경우 다음을 구하라.
   (1) 대역폭
   (2) 선택도 Q
   (3) 인덕턴스
   (4) 회로 전체의 저항

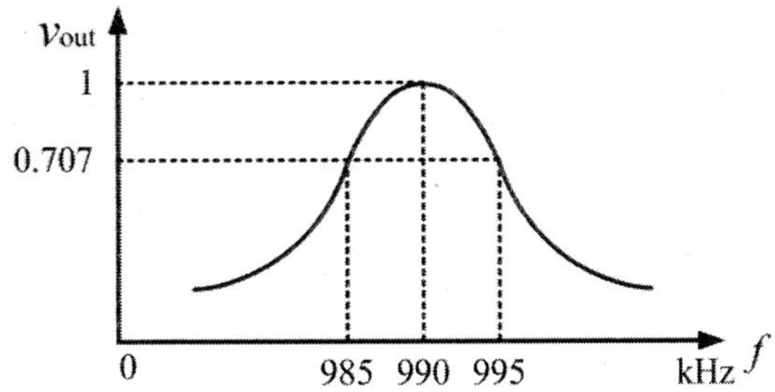

그림 p6-9.

10. 병렬 LC 탱크회로에서 20 mH 인덕터의 권선저항이 3 Ω이다. 0.47 μF의 커패시터가 연결되었을 때, 다음을 구하라.
    (1) 공진주파수
    (2) 선택도 Q
    (3) 최대 임피던스 Z_{max}
    (4) 대역폭 BW과 상하한 차단주파수

PART III

반도체 소자와 응용
(Semiconductor Device & Applications)

7. 반도체 소자

반도체는 전자장비의 가장 기본적인 재료로 다이오드(diode), 트랜지스터(transistor), 집적회로(integrated circuits) 등에 사용되고 있다. 이들 반도체 소자들은 전류와 전압을 제어함으로써 회로에서 유용하게 사용된다. 일반적인 반도체 소자들의 장점은 소형이며, 경량이라는 점과 효율이 높으며, 신뢰성이 높다는 것이다. 또한 대량생산이 가능하다. 그러나 온도 변화에 민감한 편이며, 안정화를 위해 또 다른 소자들이 필요하며, 정격전력의 초과, 역방향 전압, 과도한 열 등으로 인해 쉽게 손상이 발생할 수도 있는 단점이 있다.

반도체(semiconductor)는 도체(conductor)와 부도체(insulator)의 중간 정도의 전기적 특성을 가지는 물질로서, 이러한 특징은 물질을 에너지 대역으로 볼 때 가전자대(valence band)와 전도대(conduction band) 사이의 에너지 차이(energy gap, E_G)가 크고 작음에 의해 결정된다. 현재 가장 많이 사용되는 반도체 소자의 대표적인 재료인 실리콘(silicon, Si)의 경우 E_G가 대략 1.1 eV정도인데 비해 부도체의 E_G는 대개 10 eV 이상이다. 또한 도체의 경우에는 그림 7-1과 같이 E_G가 매우 작거나 또는 가전자대와 전도대가 겹쳐 있기도 하다.

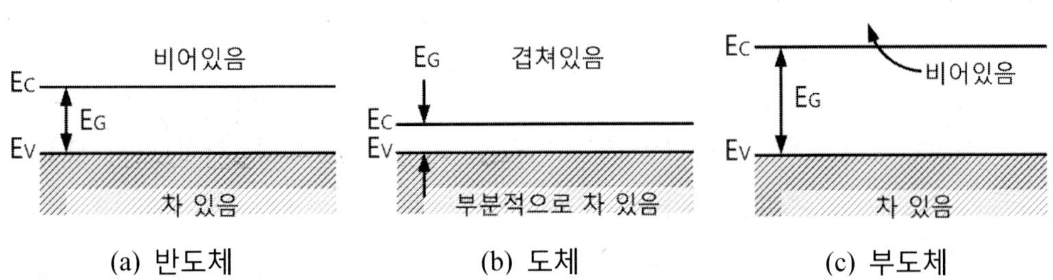

그림 7-1. 반도체, 부도체, 도체의 에너지대역 구조(0°K)

어떤 물질이 어떤 상황에서 전류를 통한다는 것은 그 상황에서 그 물질 내부의 전자들이 움직인다는 것을 뜻한다. 그런데 Pauli의 배타원리에 의하면 어느 한 에너지 상태에 둘 이상의 전자가 동시에 존재할 수 없으므로, 전자들이 움직이기 위해서는 자신들이 움직여 갈 비어 있는 에너지 상태가 존재해야 한다. 온도가 아주 낮은 경우에는 가전자대의 전자들이 E_G를 뛰어넘어 전도대로 올라갈 만한 에너지를 갖고 있지 못하기 때문에 전도대는 텅 비어 있는 반면, 가전자대는 명절 때의 고속도로 톨게이트 앞처럼 꽉 차 있어서 전자들이 다른 상태로 움직일 수가 없고, 따라서 전기전도도는 매우 낮다. 온도가 점차로 올라가면, 가전자대의 전자들 중에서 전도대로 올라갈 수 있는 에너지를 가진 것들이 점점 많이 생기게 된다.

일단 전도대로 올라간 전자는 넓은 전도대를 자유로이 움직일 수 있으므로 반도체의 전기 전도도에 기여하게 되고, 그들이 올라가면서 가전자대에 남겨 놓고 간 빈 공간도 가전자대내에서의 전자 이동을 가능하게 하여 역시 전기전도도 향상에 기여한다. 이와 같이 가전자대에 있는 전자의 빈 공간에 의한 전기전도현상은 빈 공간이 다른 에너지 상태로 옮겨 다니는 것과 같이 생각할 수 있으며, 이러한 이동하는 빈공간을 양전하를 띤 입자로 생각해도 설명이 가능하며, 이것이 더 편리하다. 이러한 가전자대의 개념적인 양전하를 정공이라 한다. 결국 전도대의 전자와 가전자대의 정공이 반도체의 전기전도에 기여하는 것이고, 그 정도는 순수한 반도체의 경우에는 얼마나 많은 정공과 전도대의 전자가 생기느냐, 즉 전자들이 주변 온도라든지 또는 그 밖의 다른 방법으로 얼마나 많은 에너지를 얻게 되느냐에 의해서만 결정된다.

7.1. 진성 반도체

반도체는 절연체와 도체 중간적인 전기적 성질을 가지고 있으며, IV족 원소들로 탄소(C, 6번), 실리콘(Si, 14번), 게르마늄(Ge, 32번) 등이 있으나, 가장 널리 사용되는 재료로는 실리콘과 게르마늄이다.

실리콘은 1823년 발견되었으며, 지구상에 풍부한 모래, 석영, 부싯돌 등의 재료에서 발견되는 백색 또는 무색의 화합물인 실리콘 이산화물이다. 화학적 방법에 의해 쉽게 고체 상태의 순수한 실리콘으로 변환시킬 수 있다.

게르마늄(germanium)은 1886년 발견된 것으로 부서지기 쉬운 회백색의 원소로 분말 게르마늄은 석탄의 재에서 쉽게 추출할 수 있다.

반도체 재료로 사용되는 IV족 원소들은 그림 7-2와 같이 4 개의 가전자를 가지고 있으며, 주변의 네 원자와의 강한 공유결합을 통해 안정한 고체를 이루고 있다. 순수한 원소들로 이루어진 반도체를 진성(intrinsic) 반도체라고 한다.

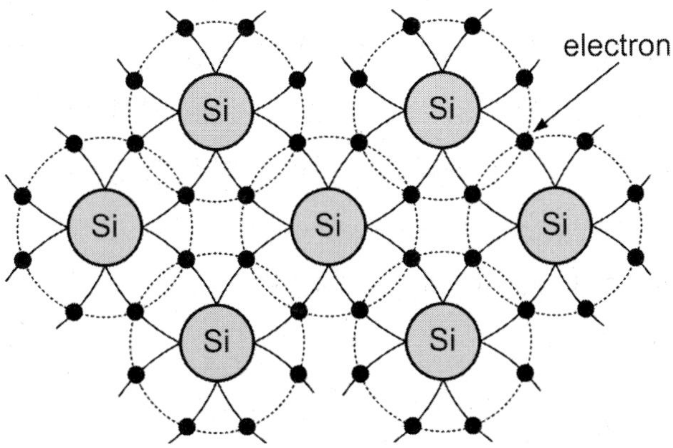

그림 7-2. 진성 반도체의 공유결합

진성 반도체에서는 실리콘 원자들이 인접한 4 개의 원자와 전자를 공유함으로써 마치 8 개의 전자를 가진 것으로 보이게 되어 안정된 구조를 얻는다. 이러한 안전성으로 인해 전기적으로 매우 안정되어 있다. 따라서 순수 진성 반도체는 상온에서 절연체처럼 동작하게 된다. 만일 외부로부터 열에너지가 전달되면 전자들의 일부는 에너지를 흡수하여 더 외각궤도로 이동하게 되고, 공유결합이 깨뜨려져 전류를 흐르게 할 수 있다. 전류가 더 잘 흐른다는 것은 저항이 줄어든다는 것을 의미한다. 실리콘과 같은 반도체 물질들은 온도가 증가하면 열에너지로 인해 전류가 더 잘 흐르게 되고 따라서 저항이 감소하기 때문에 부성 온도계수(negative temperature coefficient)를 가진다. 일반적으로 실리콘의 저항은 매 6°C 증가할 때마다 반으로 줄어들며, 게르마늄의 경우 매 10°C 증가할 때마다 반으로 줄어든다. 실리콘보다 게르마늄의 원자번호가 더 크므로 최외각의 전자는 원자핵으로부터 더 멀기 때문에 더 작은 열에너지에 의해 전자들이 이탈 가능하다. 따라서 게르마늄의 저항이 훨씬 더 작다. 초기에는 게르마늄으로 트랜지스터가 제작되었으나, 1954년에 실리콘을 이용한 소자들이 만들어 지면서부터 현재 거의 대부분 고체 반도체 소자들은 실리콘이 사용되고 있다.

반도체 물질의 전기적 특성은 온도에 크게 의존하는 것을 알 수 있으며, 아주 낮은 온도에서 가전자들은 공유결합으로 인해 전류가 흐르지 못한다. 온도가 올라가면 가전자들은 활성화되어 일부 전자들이 공유결합을 깨뜨리고 자유전자가 되어 원자들 사이를 불규칙적으로 이동하게 되며 만일 외부로부터 전압이 인가되면 자유전자는 한 방향으로 이동하게 된다. 이러한 이동이 전류를 형성하게 되는데 온도가 아주 많이 올라가면 도체의 성질을 가질 정도로 많은 자유전자가 발생한다. 그러나 일반적으로 반도체의 경우 정상적인 상태에서는 이러한 아주 높은 온도는 일어나기 어렵다.

또한 자유전자가 발생한다는 것은 동일한 수의 정공이 발생한다는 것을 의미하며 전자-정공 쌍(electron-hole pair)이 되는 것이다.

7.2. 불순물 반도체

반도체에서 많은 전류를 흘리기 위해서는 아주 높은 온도가 필요하고, 상온에서는 거의 미세한 양의 전류만 흐르게 된다. 따라서 순수 반도체로서의 전기적 성질을 이용하기에 너무 미세하여 반도체의 용도는 별로 없다. 그러나 실리콘이나 게르마늄과 같은 순수 반도체에 불순물을 첨가하게 되면 아주 전기적 특성이 좋아지게 된다. 순수 반도체에 불순물을 첨가하는 과정을 도핑(doping)이라고 한다. 도핑에 의해 전기적 성질, 즉 전도율이 증가한다. 도핑하는 불순물로는 4가 원소가 아닌 5가 원소나 3가 원소를 사용한다.

5가의 불순물은 15번 인(P, phosphorus), 33번 비소(As, arsenic), 51번 안티몬(Sb, antimony) 등이 있다. 5가 불순물 원자들을 4가의 순수 반도체 결정에 도핑하면 그림 7-3과 같이 공유결합을 대체하게 되는데 최외각 전자의 수가 5 개이므로 인접한 4 개의 실리콘 원자들과 공유결합을 하고서도 전자가 한 개 남게 된다.

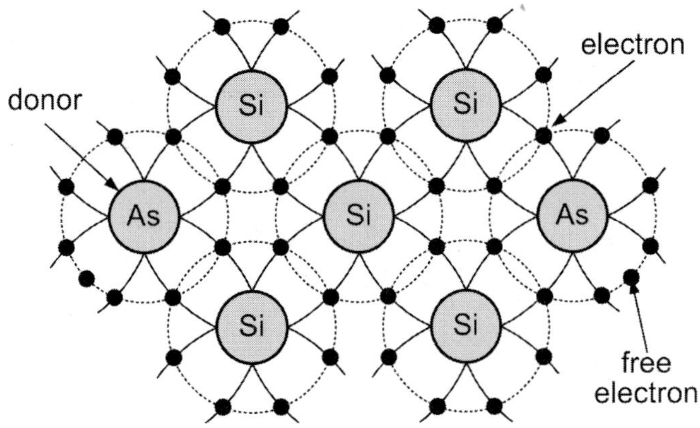

그림 7-3. 5가 불순물 반도체의 공유결합

이 여분의 전자는 결합으로부터 비교적 자유롭고 외부로부터의 작은 에너지에 의해 쉽게 원자로부터 떨어져 나와 자유전자(free electron)이 된다. 이와 같이 여분의 전자를 제공해 주기 때문에 5가의 불순물을 도너(donor) 불순물이라고 한다. 이러한 5가 불순물이 도핑된 반도체를 N형 반도체라고 한다. N형 반도체에서는 상온에서 주어진 자유전자의 수는 전자-정공 쌍을 초과하게 되며, 따라서 자유전자는 정공보다 훨씬 많게 된다. 따라서 전자들을 다수 캐리어(major carrier)라고 부르며, 정공은 소수 캐리어(minor carrier)라고 한다.

반면에 3가 불순물로는 13번 알루미늄(Al, aluminum), 31번 갈륨(Ga, gallium), 49번 인디움(In, indium) 등이 있다. 이들 불순물이 도핑되면 그림 7-4와 같이 최외각 전자가 3 개뿐이므로 인접한 4 개의 실리콘들과 공유결합을 하는데 있어 전자 한 개가 부족하게 된다. 전자의 빈자리는 다른 전자에 의해 쉽게 채워질 수 있으며, 다른 전자는 결국 반도체 내의 원자들에서 공급되므로 또 다른 전자의 빈자리를 만들게 된다. 즉, 정공 한 개가 생성되는 것과 같은 효과이다. 5가 불순물의 도핑에 의해 여분의 전자가 자유전자가 되었던 것과 유사하게 3가 불순물의 도핑으로 인해 외부로부터의 작은 에너지에도 자유정공(free hole)이 생성된다. 이와 같이 여분의 정공을 제공해 주기 때문에 3가 불순물을 억셉터(acceptor) 불순물이라고 한다. 이러한 3가 불순물이 도핑된 반도체를 P형 반도체라고 한다. P형 반도체에서는 상온에서 주어진 자유정공의 수는 전자-정공 쌍을 초과하게 되며, 따라서 정공의 수가 전자보다 월등히 많기 때문에 정공이 다수 캐리어가 되고, 전자는 소수 캐리어가 된다.

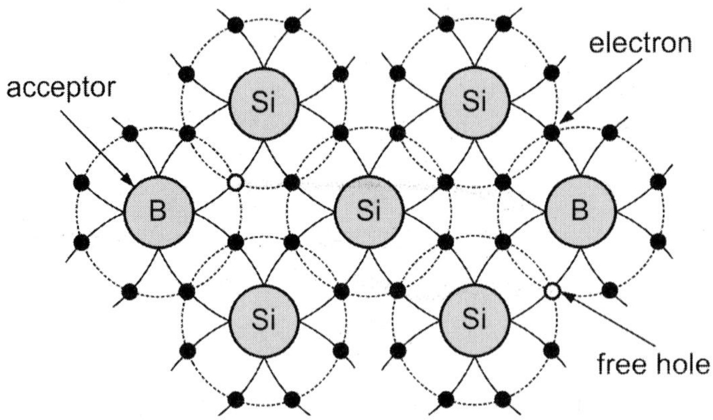

그림 7-4. 3가 불순물 반도체의 공유결합

또한 N형 반도체의 도너 불순물의 에너지 준위는 그림 7-5 (a)와 같이 전도대(conduction band) 근처에 위치하기 때문에 외부로부터 작은 온도 에너지를 받아도 쉽게 전도대로 여기될 수 있다. 전도대로 여기된 전자들은 자유전자(free electron)가 되어 쉽게 이동할 수 있으며, P형 반도체의 억셉터 불순물의 에너지 준위는 그림 7-5 (b)와 같이 에너지대가 가전자대(valence band) 근처에 위치하게 되어 가전자대에 있는 전자가 작은 에너지에 의해 쉽게 여기되어 가전자대에 정공을 남기고 억셉터 불순물 준위를 채울 수 있게 된다.

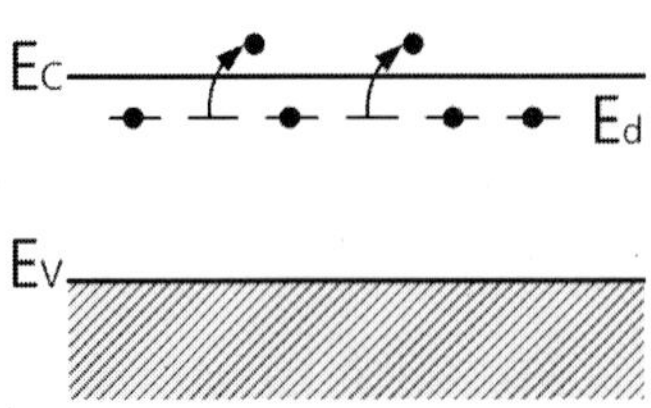

(a) 도너 불순물

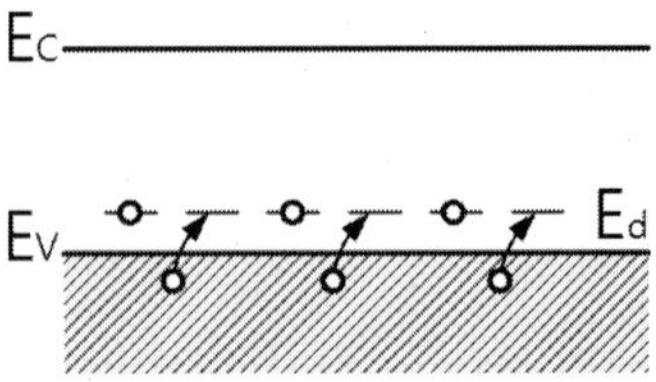

(b) 억셉터 불순물

그림 7-5. 불순물 에너지 준위

N형 반도체의 경우 외부로부터 전압이 인가되면 도너 원자에 의한 자유전자들은 (+)극 단자로 이동하게 된다. 또한 일부 전자들은 공유결합을 깨뜨리고 (+)극으로 이동하게 되며 전자-정공 쌍으로 발생하므로 정공들은 음극단자로 이동 한다.

P형 반도체의 경우 N형 반도체와는 반대의 극성을 가진 정공이 다수 캐리어이므로 외부의 인가전압에 대해 정공은 여전히 음극방향으로 이동한다. 다만 다수 캐리어가 전자와 정공으로 다를 뿐이다. 이러한 불순물에 의해 진성반도체의 경우보다 불순물 반도체의 경우 전도율이 훨씬 높아지며, 불순물의 양에 따라 전도율은 달라진다. 그러나 불순물을 작게 도핑하면 저항으로서 기능을 나타낸다.

예제 7. 1 상온에서 실리콘의 진성 캐리어 농도는 $n_i = 1.5 \times 10^{10}$ 개/cm^3 이다.

(1) 전자와 정공의 농도는 얼마인가?

(2) 5가 불순물 비소(As)를 2×10^{15} 개/cm^3 첨가하고 난 후의 전자와 정공의 농도는 얼마인가?

[풀 이] (1) 진성 반도체에서의 전자와 정공의 농도는 서로 같다.
따라서 전자와 정공의 농도는 모두 1.5×10^{10} 개/cm^3 이다.

(2) 5가 불순물이 첨가로 N형 반도체가 되며, 다수 캐리어인 전자의 농도는 불순물 농도와 같다. 따라서 전자의 농도는 2×10^{15} 이다.
반도체에서 전자와 정공의 농도의 곱은 진성 반도체 농도의 제곱과 같다.
즉, $pn = n_i^2$ 에서 전자의 농도는 2×10^{15} 이므로,
따라서 정공의 농도는

$$p = \frac{n_i^2}{n} = \frac{(1.5\times10^{10})^2}{2\times10^{15}} = 1.125\times10^5$$ 이다.

7.3. PN 접합 다이오드

PN 접합 다이오드(junction diode)는 개념적으로는 P형 반도체 덩어리와 N형 반도체 덩어리를 붙여 놓은 구조를 가진 것으로서, P형, N형 반도체의 근본적인 특성에 기인한 매우 유용한 특성을 가지고 있다.

P형 반도체의 경우 다수 캐리어로 정공이 많이 존재하며, N형 반도체는 다수 캐리어가 전자이므로 전자들이 더 많다. 따라서 PN 접합을 하게 되면 접합면 근처에서 P형 반도체에 있는 많은 정공은 N형 반도체로 확산되고, N형 반도체에 있는 많은 전자들은 P형 반도체로 확산하게 된다. 전자들이 확산에 의해 N형 반도체의 접합면 근처의 V족 원소(도너불순물)들은 전자를 하나 잃어 양전하를 띠게 되고, 반면에 P형 반도체에서는 정공들이 떠나버리면, 다시 말해 가전자대의 전자들이 III족 원소인 억셉터 불순물에 채워져 완전한 공유결합을 하게 되면 P형 반도체의 접합면 근처의 III족 원소(억셉터불순물)들은 음전하를 띠게 된다. 따라서 그림 7-6과 같이 캐리어들이 없어진 후에 생기는 접합면 근처의 전하를 띤 영역을 공핍영역이라 한다.

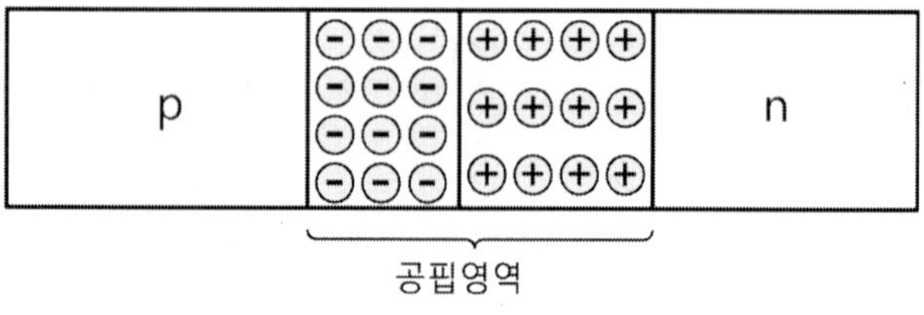

(a) 개념도

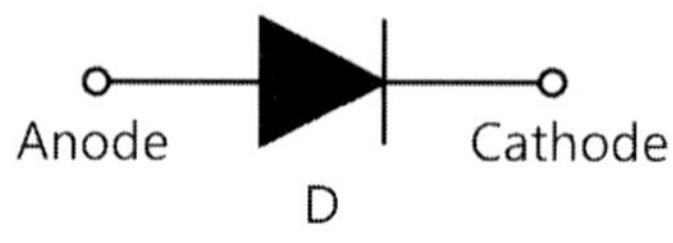

(b) 기호

그림 7-6. p-n 접합 다이오드

확산에 의해 다수 캐리어가 반대 영역으로 넘어가게 되면 공핍영역이 발생하고 이 영역 내에 있는 도너 및 억셉터 원자는 전자를 하나 잃거나 얻게 되어 (+) 및 (−) 극성을 띠게 된다. 이 극성을 띈 원자들은 확산하려는 전자나 정공을 넘어오지 못하게 하는 전계를 발생하게 된다.

점차 많은 양의 전자와 정공이 확산함에 따라 공핍영역에서 발생하는 전계의 크기도 같이 커져 넘어오지 못하게 하는 힘이 커지게 된다. 결국 확산에 의한 힘과 전계에 의한 힘이 평형을 이룰 때까지 확산이 계속되고 평형을 이루게 되면 더 이상 아무런 동작도 없게 된다. 이를 평형상태라고 하며, 이때 공핍영역에서 발생하는 전위를 접촉전위차(built-in potential) 또는 전위장벽(potential wall)이라고 한다.

전위장벽의 크기는 실리콘의 경우 0.6 ~ 0.7 V(약 0.65 V) 정도이며, 게르마늄의 경우 0.2 ~ 0.3 V(약 0.25 V) 정도이다. 따라서 전위장벽에 의해 P형에서 N형으로 정공이 넘어갈 수 없게 되며, 마찬가지로 N형에서 P형으로 전자가 넘어오지 못하게 된다.

7.3.1. 다이오드의 바이어스

PN 접합 다이오드에서 전류가 흐른다는 것은 P형과 N형이 만나는 접합면을 넘어서는 캐리어가 존재한다는 것을 의미한다. 다시 말해 외부에서 인가한 전압에 의해 각 영역에 있는 다수 캐리어가 반대영역으로 넘어가야 한다. 평형상태에 도달한 PN 접합은 아무런 작용도 하지 않는다. 따라서 캐리어의 이동을 발생하기 위해서 외부에서 전압을 인가하여야 하며, 인가하는 전압을 바이어스(bias)라고 한다.

만일 그림 7-7 (a)와 같이 N형보다 P형의 전위를 더 높게 인가한다면, 즉 P형에 (+) 전압을 N형에 (–) 전압을 인가한다면, P형 영역으로 강한 전자의 흡인력이 발생하여 N형 영역의 자유전자들이 접합면을 넘어서 (+) 극으로 오게 될 것이다. 또한 P형 영역의 정공들은 (–) 극을 향해 접합면을 넘어 가게 될 것이다.

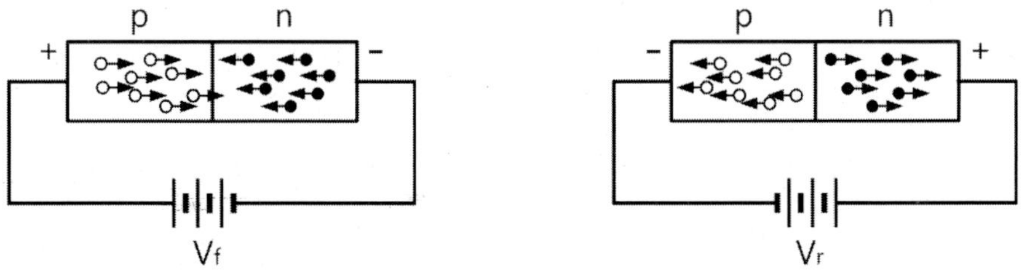

(a) 순방향 바이어스　　(b) 역방향 바이어스

그림 7-7. 다이오드의 바이어스

따라서 전류가 흐르게 된다. 이러한 바이어스 상태를 순방향 바이어스(forward bias)라고 한다. 다만 인가한 외부 전압이 내부 전위장벽보다 낮을 경우 접합면을 넘어가는 캐리어는 발생하지 않을 것이다.

그림 7-7 (b)와 같이 반대로 외부 인가 접압이 걸리게 되면 P형 영역의 정공은 (–) 극으로 끌리게 되며, N형 영역의 전자는 (+) 극으로 끌리게 되어 접합면을 넘어서는 캐리어가 발생하지 않는다. 따라서 전류의 흐름은 없게 된다. 이러한 바이어스 상태를 역방향 바이어스(reverse bias)라고 한다.

다수 캐리어는 소수 캐리어에 비해 매우 큰 값을 가지므로 순방향 바이어스 상태에서는 소수 캐리어에 의한 전류는 무시된다. 그러나 역방향 바이어스 상태에서는 다수 캐리어에 의한 전류가 없기 때문에 소수 캐리어에 의한 전류를 생각할 수 있다. 또한 소수 캐리어가 접합면을 넘어갈 수 있는 바이어스 상태이므로 μA나 nA 정도의 아주 작은 크기의 전류가 흐르게 된다. 이 전류를 역방향 포화전류(reverse saturated current) 또는 누설전류라고 부르며, 반도체의 종류나 온도 등의 영향을 받는다.

일반적으로 p-n 접합 다이오드에 흐르는 전류 i는 식 (7-1)과 같이 표시된다.

$$i = I_s(e^{qV/kT} - 1) \quad (7\text{-}1)$$

여기서 I_s는 역방향 포화전류, V는 다이오드 양단의 바이어스전압, q는 전자의 전하량, k는 볼츠만상수, T는 절대온도를 의미한다.

식 (7-1)에 의하면 다이오드의 양단의 전압이 순방향 바이어스일 때에는 전류가 전압에 대해 지수 함수적으로 증가함을 알 수 있다. 그러나 역방향 바이어스일 때에는 지수함수 부분은 무시되고 일정한 전류가 흐르게 된다. 이 일정한 역방향 포화전류를 누설전류 또는 암전류라고 하며, $-I_s$로 표시한다.

다이오드의 전압-전류 특성은 그림 7-5와 같으며, 순방향일 때와 역방향일 때의 눈금은 다르게 표시하였다. 순방향 바이어스는 공핍영역의 전기적 장벽을 낮추게 되는데 이 장벽의 크기는 물질에 따라 크기가 다르며, 실리콘(Si)인 경우에는 약 0.7 V 정도이며, 게르마늄(Ge)의 경우에는 약 0.25 V 정도이다.

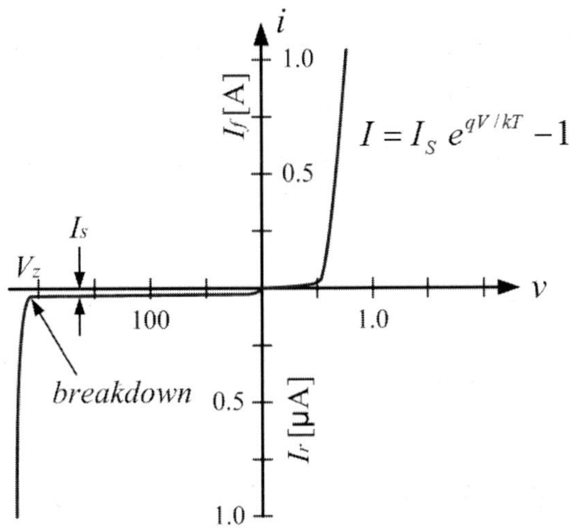

그림 7-8. 다이오드 전압-전류 특성

순방향 바이어스가 0 V에서부터 증가하여 약 0.7 V가 되면 장벽이 거의 없어져서 다이오드는 거의 단락된 것처럼 전류를 흘리게 된다. 또한, 역방향 바이어스에서도 역방향 누설전류가 항상 일정하게 흐르는 것은 아니다. 일정 크기 이상의 전압이 가해지면 대단히 큰 전류가 역방향으로 흐르는데 이러한 현상을 항복현상(break down)이라고 한다. 항복현상이 일어나게 되면 대개의 경우 다이오드는 소손되어 못 쓰게 된다는 것을 의미한다.

7.3.2. 다이오드의 저항

그림 7-8의 다이오드 전압-전류 특성곡선에서 전압과 전류의 비는 기울기로 나타나며 이 기울기가 저항의 역수에 해당된다. 또한 다이오드의 양단에 가해진 바이어스가 변함에 따라 다이오드의 저항값은 계속 변하는 것을 알 수 있다. 따라서 다이오드는 가변(variable) 저항 또는 비선형(nonlinear) 저항으로 취급되기도 한다.

다이오드 저항은 정저항(static resistance)과 동저항(dynamic resistance)으로 구분할 수 있으며, 그림 7-9에서와 같이 정저항은 특성곡선의 동작점에 있어서 전압과 전류의 비로서 정의되고, 동저항은 특성 곡선의 동작점에서의 전압변화율과 전류변화율의 비로서 정의된다. 이를테면, 그림 7-9 (a)의 A점에서 동작하는 다이오드의 정저항 R_S와 동저항 R_D는 각각 식 (7-2)와 (7-3)과 같다. 그림 7-9 (a)와 (b)를 비교하면, 같은 동작점에 대해서도 정저항과 동저항이 서로 다름을 알 수 있다.

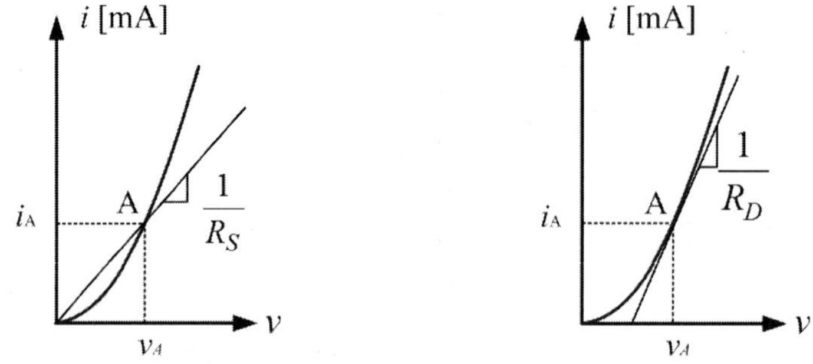

(a) 정저항 (b) 동저항

그림 7-9. 다이오드의 저항

$$R_s = \frac{v_A}{i_A} \tag{7-2}$$

$$R_d = \frac{\Delta v_A}{\Delta i_A} = \frac{dv_A}{di_A} \tag{7-3}$$

7.3.3. 다이오드의 모델

다이오드는 전류가 단방향으로만 흐르는 특성을 가지고 있고, 저항을 가지고 있으므로 스위치와 저항으로 등가모델을 그릴 수 있다. 다이오드는 순방향 바이어스가 걸릴 경우와 역방향 바이어스가 걸릴 경우 특성이 완전히 다르므로 각 경우에 대하여 그림 7-10과 같이 등가모델로 대체할 수 있다.

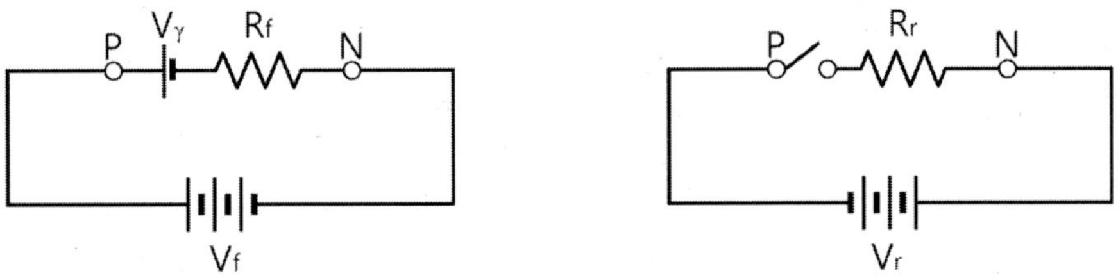

(a) 순방향 모델　　　　(b) 역방향 모델

그림 7-10. 다이오드의 등가모델

여기서 V_γ은 다이오드의 문턱전압을 나타내며, R_f와 R_r은 각각 순방향 저항과 역방향 저항을 말한다. 또한 역방향 저항은 아주 크기 때문에 개방회로로 취급하여도 무방하며, 순방향 저항은 아주 작은 값을 가지기 때문에 때때로 무시하기도 한다.

즉, 다이오드의 전압-전류 특성을 그림 7-11과 같이 근사 모델을 이용하여 해석한다.

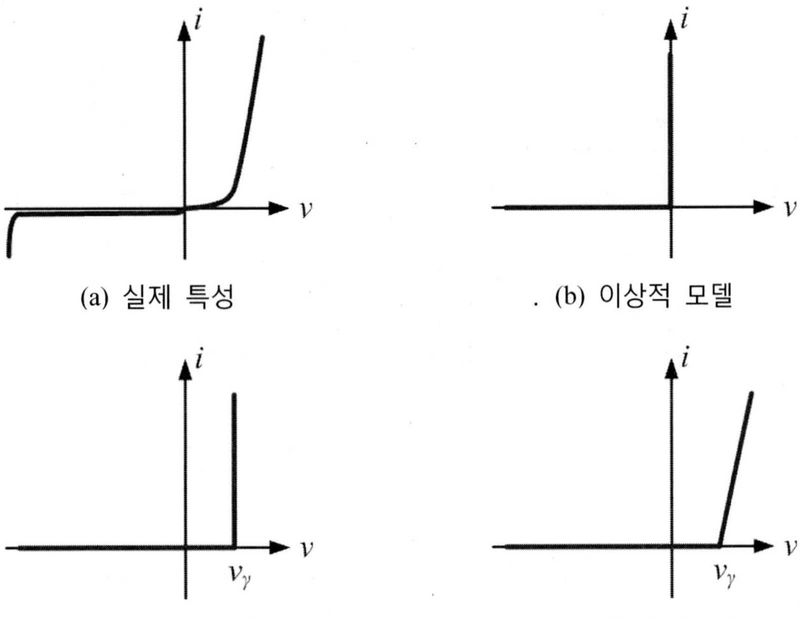

(a) 실제 특성　　　　. (b) 이상적 모델

(c) 1차 근사모델　　　　(d) 2차 근사모델

그림 7-11. 다이오드의 근사모델

그림 7-11 (a)는 실제 다이오드의 전압전류 특성이며, 실리콘의 경우 문턱전압은 약 0.7 V이다. 따라서 상대적으로 큰 전압을 다루는 경우에는 이 문턱전압의 값은 아주 작기 때문에 무시할 수도 있다. 이렇게 되면 다이오드는 양단에 걸리는 전압의 극성에 따라 단락된 것(ON 상태)으로 보거나, 개방된 것(OFF 상태)으로 볼 수 있다. 이러한 경우에는 다이오드를 그림 7-11 (b)와 같이 이상적인 모델을 적용하여 해석한다. 이상적으로 해석할 때에는 다이오드의 순방향 저항은 '0'으로 취급하고 문턱전압도 '0'V로 해석한다.

입력 신호의 크기가 그다지 크지 않을 경우에는 문턱전압의 강하가 영향을 미칠 수 있으며, 그림 (c)와 같이 문턱전압만 고려하여 해석하는 1차 근사모델을 사용한다. 이 경우 문턱전압보다 큰 입력 신호에 대해 다이오드는 ON 상태가 되며, 작은 신호에 대해서는 OFF 상태가 된다. 또한, 보다 정밀한 회로해석에서는 순방향 저항을 고려하여 (d)와 같이 2차 근사모델을 사용하는데 대개의 회로에서는 다이오드를 보호하기 위해 직렬 저항을 연결하여 사용하기 때문에 순방향 저항값은 아주 작아서 무시할 수 있다. 따라서 일반적으로 1차 근사모델을 많이 사용하며, 또한 대략적인 값을 파악하고자 할 때에는 이상적인 모델을 사용하여 해석하기도 한다.

예제 7. 2

다이오드에서 전압-전류 특성 곡선이 그림 7-12와 같이 나타났다. 단, 1.5 V와 2.0 V에서의 접선의 기울기는 같다고 본다.

(1) 전압 1.5 V에서 정저항과 동저항은 얼마인가?

(2) 전압 2.0 V에서 정저항과 동저항은 얼마인가?

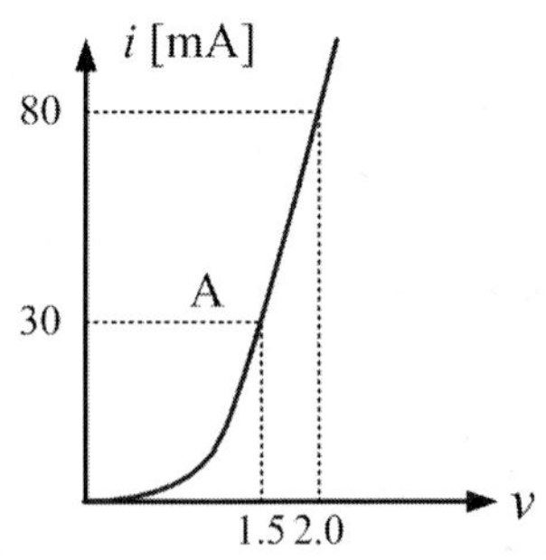

그림 7-12. 예제 7.2

[풀 이] (1) 1.5 V에서의 정저항은 R_S = 1.5 V / 30 mA = 50 Ω이며, 동저항은 1.5 V에서의 접선의 기울기이다. 문제에서 1.5 V와 2.0 V에서 접선의 기울기가 같다고 하였으므로 구간에서의 기울기와 같다. 따라서 R_D = 0.5 V / 50 mA = 10 Ω 이다.

(2) 2.0 V에서의 정저항은 R_S = 2.0 V / 80 mA = 25 Ω이며, 동저항은 1.5 V에서와 같은 10 Ω이다.

7.4. 제너 다이오드

앞 절에서는 다이오드의 순방향 바이어스에 대한 특성을 중심으로 해석하였다. 그러나 다이오드에 역방향 바이어스를 가하게 될 경우 항복현상이라는 아주 독특한 현상이 발생하게 된다. 항복현상이 발생하게 되면 다이오드 양단에 걸리는 전압은 더 이상 증가하지 않고 전류만 증가한다.

7.4.1. 항복 현상

다이오드는 최대 정격 전압이 있다. 이것은 다이오드가 파괴되기 직전까지 얼마나 큰 역방향 전압을 견딜 수 있는가 하는 한계를 나타낸다. 역방향 전압을 계속적으로 증가하면 결국 항복(breakdown) 전압에 도달하게 된다. 항복전압에 도달하면 소수 캐리어들이 공핍층에 나타나 다이오드가 잘 도전하게 된다.

항복이 발생하는 메커니즘은 크게 애벌란치(avalanche) 항복과 제너(zener) 항복의 두 가지로 구분한다. 애벌런치 항복은 큰 역 바이어스 전압에 의해 소수 캐리어인 전자가 (+) 극으로 빠르게 이동하면서 원자들과 충돌하게 된다. 전자들의 운동 에너지가 충분히 커지게 되면 원자와의 충돌에서 가전자들에게 에너지를 전달하게 되고, 자유전자가 생성하게 된다. 이때 자유전자가 생성되면 동시에 정공이 생성되므로 전자-정공 쌍이 생성되었다고 한다. 생성된 새로운 소수 캐리어들은 기존 소수 캐리어와 함께 다시 외부의 바이어스에 의해 빠른 속도로 이동하면서 다른 원자와 충돌을 반복하게 된다. 이를 반복하면 순식간에 엄청난 양의 전자와 정공들이 발생하게 되는 눈사태(avalanche) 현상이 일어난다. 일반적인 PN 접합 다이오드는 아주 큰 역방향 바이어스에서 애벌런치 항복현상이 발생한다.

제너 항복은 의도적으로 낮은 전압에서 항복현상이 발생할 수 있도록 제조과정에서 많은 양의 불순물을 도핑하여 제작한다. 도핑을 많이 하게 되면 공핍층이 매우 작아지게 되어 전계(전기장)가 매우 높아진다. 높은 전계로 인해 가전자가 분리되어지는 효과를 이용한 것이 전기장 방출효과로 알려져 있는 제너 항복이다.

제너 항복 현상에 의해 소자 양단에 걸리는 전압을 일정하게 만들 수 있는 특성을 이용하고자 낮은 바이어스 전압에서 항복이 일어나도록 한 다이오드가 제너(zener) 다이오드이다. 제너 다이오드는 대개 2 V ~ 20 V의 낮은 역방향 바이어스를 가지고 있으며, 정격 제너전류를 가지고 있다.

제너 다이오드에 대한 회로 기호는 그림 7-13과 같다. 일반 PN 접합 다이오드와는 다르게 앞의 선이 Z 모양을 하고 있음을 알 수 있다.

그림 7-13. 제너 다이오드 기호

그림 7-14의 제너 다이오드의 전압-전류 특성도 일반 다이오드와 유사하다. 역전압 V_R이 증가할수록 역전류 I_R은 항복현상이 발생할 때까지는 거의 변화가 없다. 항복이 발생하면 제너저항은 급격하게 감소하여 역전류가 증가하고 전압변동은 V_Z에서 일정한 값을 유지한다. 제너 다이오드의 조절 기능을 위해서는 역전류 최소값 I_{ZK}가 유지되어야 하며, 최대값 I_{ZM}보다 커지게 되면 다이오드는 정격을 넘어 파괴된다.

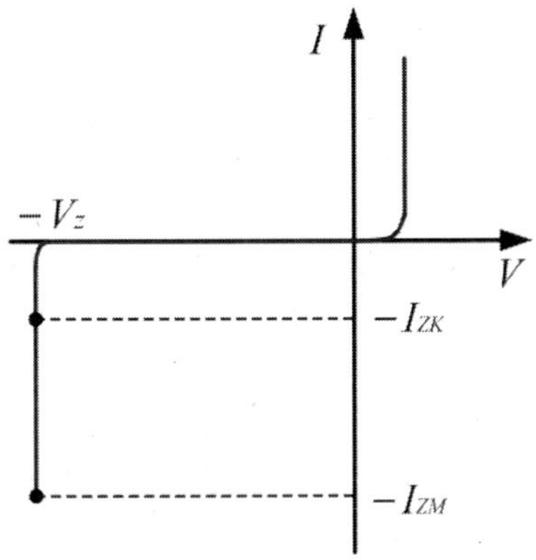

그림 7-14. 제너 다이오드의 전압-전류 특성

따라서 제너 다이오드는 이 전류 사이에서 일정한 전압을 유지하여야 전압조절기 (voltage regulator) 기능을 수행할 수 있다. 즉, 전원 전압의 변동이나 부하저항의 변동에 대하여 항상 일정한 전압을 유지할 수 있도록 하는데 사용된다.

제너 다이오드는 역방향 특성을 이용하는 다이오드이며, 따라서 회로에 연결될 때 역방향으로 연결되어 전압 조정이나 안정화에 이용된다. 이에 관한 자세한 해석은 다음 장에서 설명한다.

예제 7. 3 어느 제너 다이오드는 2 mA의 전류 변화에 50 mV의 전압이 변한다. 제너 다이오드의 저항은 얼마인가?

[풀 이] 제너 다이오드의 저항은

$$R_Z = \frac{\Delta V_Z}{\Delta I_Z} = \frac{50\,\mathrm{mV}}{2\,\mathrm{mA}} = 25\,\Omega$$

7.5. 기타 다이오드

7.5.1. 발광 다이오드(LED)

보통의 실리콘이나 게르마늄 다이오드는 순방향 바이어스에 의해 전류를 흘리며 열을 방출한다. 그러나 일부 반도체 물질에서는 순방향 바이어스에 의해 N형 영역의 전자들이 PN 접합면을 지나 P형 영역 내의 정공들과 재결합을 하게 되는데 이 때 전도대에 있는 자유전자들은 가전자대의 정공들 보다 높은 에너지를 가지고 있기 때문에 재결합을 하면서 에너지를 빛을 방출한다. 복합 화합물 반도체 중 적외선을 방출하는 갈륨비소화물(GaAs), 붉은색이나 녹색 계통의 빛을 방출하는 갈륨인화물(GaP), 붉은색이나 황색계열의 빛을 방출하는 갈륨비소인화물(GaAsP) 등의 반도체가 이에 해당하며 이러한 다이오드를 발광 다이오드(Light Emitting Diode, LED)라고 한다. 화합 성분을 달리하거나 도핑 레벨을 바꾸면 다른 파장의 빛을 방출할 수 있다.

LED의 회로상의 기호는 그림 8-15와 같다.

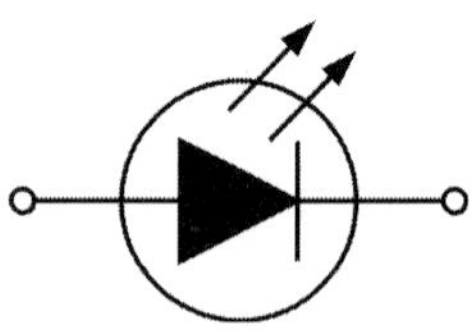

그림 7-15. 발광 다이오드(LED) 기호

LED에 의하여 발생하는 빛의 밝기는 LED 내부의 전하들이 재결합할 때 방출되는 에너지 차이에 해당하는 광자(photon)의 수에 비례한다. 따라서 순방향 바이어스가 더 커지면 빛의 밝기도 더 밝아지게 된다. LED의 대표적 최대 정격전압은 1 ~ 2 V이며, 최대 전류는 50 mA ~ 100 mA 정도이다. 빛의 세기는 순방향 전류의 크기에 거의 선형적으로 비례한다. 일반적인 LED는 계산기, 계기에서 숫자 또는 문자를 표시하는 데 다양하게 사용된다. 적외선 발광 다이오드는 광통신에 이용되는 광케이블에 빛을 전송할 때 사용하거나 도난 경보 시스템과 기타 보이지 않는 빛이 필요로 하는 응용

분야에 사용된다.

LED는 최대 정격전류를 넘기지 않게 하기 위해 전류제한 저항과 함께 연결하여 사용된다. 그림 7-16에서 직렬로 연결된 저항 R_S에 걸리는 전압은 전원장치로부터 공급되는 전압과 LED에서 전압강하의 차에 해당한다. 따라서 옴의 법칙에 의해 저항에 흐르는 전류는 식 (7-4)와 같다.

$$I_S = \frac{V_S - V_D}{R_S} \tag{7-4}$$

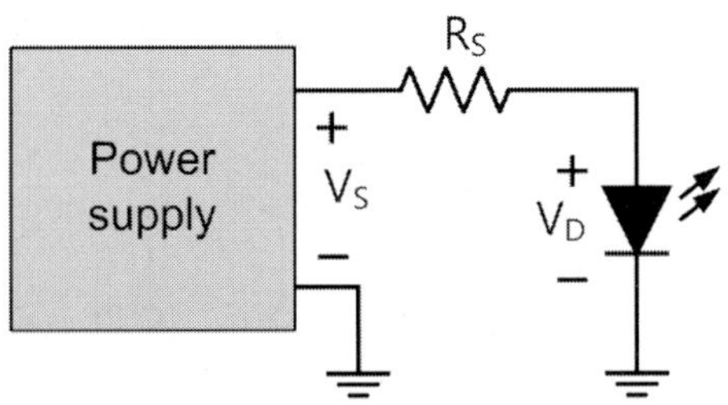

그림 7-16. LED 회로

대개의 상업용 LED는 전류 10 mA에서 50 mA 사이에 있을 때, 1.5 ~ 2 V의 전압강하가 발생한다. LED는 다른 광원에 비하여 예상 수명이 길고, 아주 낮은 전압에서 동작하며, 응답시간이 빠르고 가격이 싼 장점이 있어 1970년대 이후로 현재 LED가 백열전구, 형광등, 네온전구 등의 표준광원과 교체되어 광범위하게 사용되고 있다.

전기신호를 LED에 의해 광출력으로 발생하고 이를 광섬유를 통하여 전송가능하므로 통신에서도 이용되고 있으며, 다음 절이 광 다이오드를 통하여 검출하여 다시 전기신호로 변환이 가능하다. 또한 LED에서 방출되는 녹색, 적색, 청색의 빛을 이용한 고체칼라TV나 디지털 디스플레이 장치로서도 각광받고 있다.

7-세그먼트 표시기는 7 개의 LED가 들어가 있는 것으로 그림 7-17과 같이 수나 문자 등을 표현하는데 사용되고 있다. 7 개의 LED가 들어가 있어 7-세그먼트라고 부른다. 외부의 직렬저항은 전류를 안전하게 제한하기 위해서 사용하며, 그림은 양극을 공통으로 사용하고 있으므로 공통양극(common-anode) 형태이며, 음극을 공통

으로 하고 있는 공통음극(common-cathode)형이 있다. 공통양극형태에서는 숫자 3을 표시하기 위해서는 A, B, C, D, G가 ON 되어야 하므로 저항의 아래 단자를 접지시켜 주면 전류가 흐르고 LED에 불이 들어온다. 공통음극 형태의 경우는 이와 반대로 한쪽 단자가 접지되어 있으므로 필요한 소자에 (+) 전압을 인가하면 된다.

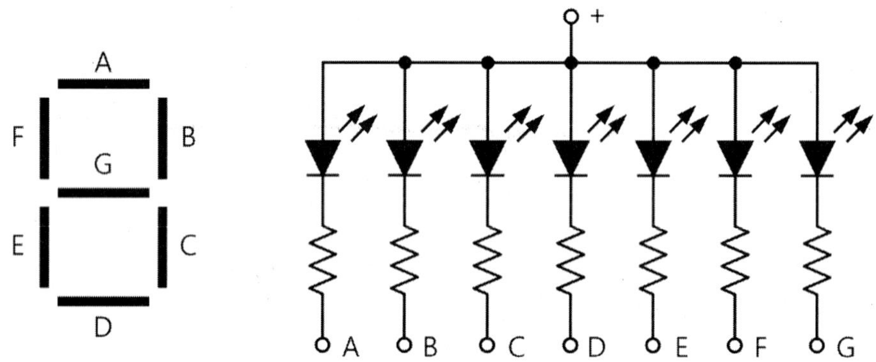

(a) 지시기 (b) 구조

그림 7-17. 7-세그먼트 표시기

7.5.2. 광 다이오드

광 다이오드(photo diode)는 발광 다이오드와는 달리 역방향 바이어스에 의해 동작하는 다이오드이다. 동작 원리는 역방향 바이어스에서 정류 다이오드는 역방향 포화 전류(누설전류)가 흐르고 있는데 정류 다이오드에서는 전자와 정공 수를 증가시키므로 온도를 높이게 된다. 그러나 광 다이오드에서는 빛의 세기를 증가하게 된다. 들어오는 빛이 없으면 역전류는 거의 존재하지 않고 빛이 들어오면 역전류가 증가하게 된다. 빛이 없더라도 아주 미세한 전류가 흐를 수 있는데 빛이 없기 때문에 이러한 전류를 암전류(dark current)라고 부른다. 빛이 광 다이오드의 접합부에 비치게 되면 빛의 양에 비례하는 수십 μA의 역전류가 흐르게 된다. 이러한 광 다이오드의 기호는 그림 7-18과 같다. 광 다이오드의 응용 분야는 아주 다양하다. 광 검출기로 많이 사용되고 있으며, 광통신 분야에서는 필수적인 소자로 사용된다.

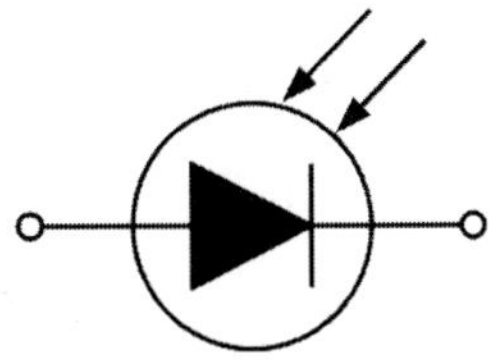

그림 7-18. 광 다이오드 기호

7.5.3. 쇼트키 다이오드

주파수가 낮으면 바이어스가 순방향에서 역방향으로 바뀌는 순간 보통 다이오드는 쉽게 차단된다. 그러나 주파수가 높아지면 역방향 반 사이클의 일부 구간동안 다이오드가 빨리 차단하지 못하여 상당량의 전류가 흐르게 된다. 이것은 접합면 부근의 공핍층에 존재하는 캐리어의 전하축적(charge storage) 때문에 발생한다. 이 효과 때문에 일반 정류 다이오드는 주파수의 사용범위가 제한된다.

순방향으로 바이어스된 다이오드를 차단하는데 걸리는 시간을 역방향 회복시간(reverse recovery time)이라고 한다. 역방향 회복시간은 소신호 다이오드의 경우 매우 짧기 때문에 10MHz 미만의 주파수에서는 그 영향을 고려하지 않아도 된다. 이러한 문제를 해결하기 위한 다이오드가 쇼트키 다이오드(shottky diode)이다. 이 종류의 다이오드는 공핍층이 존재하지 않아 접합부근에 축적전하가 없다. 따라서 빨리 차단될 수 있다. 실제의 쇼트키 다이오드는 300 MHz 이상의 주파수에서도 쉽게 정류가 가능하다. 또한 쇼트키 다이오드의 경우 단지 0.25 V의 전위장벽만을 가지고 있기 때문에 저전압 브리지 회로에 사용할 경우 다이오드에 통상 적용하는 0.7 V의 문턱전압 대신에 0.25 V를 적용하여야 한다.

7.5.4. 터널 다이오드

다이오드의 도핑준위를 계속하여 증가시키면 항복현상이 일어나는 전압이 낮아지는데 터널 다이오드(tunnel diode)는 0 V에서 항복이 일어나도록 만든 다이오드이다. 터널 다이오드의 경우 순방향 특성 곡선의 낮은 순방향 전압부분에서 흐르는 전류가 증가하다가 다시 감소하고 더 높은 전압에서 정상적으로 증가하는 특성을 보인다. 전류가 감소하는 특성을 부성저항(negative resistance)라고 하며, 이러한 특성은 발진기(oscillator)와 같은 고주파 회로에서 유용하게 사용된다.

7.5.5. 정전류 다이오드

정전류 다이오드(constant current diode)는 제너 다이오드와 반대로 동작하는 다이오드이다. 제너 다이오드는 전압을 일정하게 유지하지만 이 다이오드는 전압이 변할 때 흐르는 전류를 일정하게 유지한다. 1N5305 다이오드는 2 V ~ 100 V의 전압 범위에서 2 mA의 표준 전류를 흘리는 정전류 다이오드이다.

유기발광다이오드(OLED, organic LED) : 유기 EL 또는 OLED라고 부르며, 빛을 내는 층이 유기 화합물로 되어 있는 박막 발광다이오드이다. LCD를 대체할 꿈의 디스플레이라고 각광받고 있다. LCD보다 제작비용이 비싸기 때문에 활성화 되어 있지 않으나 현재 소형 DMB폰 디스플레이 등에는 적용되고 있다. OLED는 직접 빛을 내기 때문에 빛의 표현 범위가 LCD보다 더 크며, 응답속도도 빠르다.

액정표시장치(LCD, Liquid Cristal Display) : 2 개의 유리판 사이에 액정을 주입하여 배열을 한다. 여기에 전기적 압력을 가하면 각 액정 분자는 인가된 전기 신호에 의해 배열이 변하게 되고, 이러한 변화로 인해 광학적 굴절율이 변하게 되는데 이를 이용하여 문자, 영상 등을 나타내는 표시장치이다. 1.5~2 V의 전원을 사용하기 때문에 LED에 비하여 전력소모가 아주 적다. 따라서 전지의 수명이 문제가 되는 디지털 손목시계, 계산기, 컴퓨터 모니터, HD-TV 등에 적합하다. LCD는 다이오드를 사용하는 것이 아니라 결정의 구조에서 전기적 여기(excitation) 현상을 이용하는 것이다. LCD는 기술 수준에 따라 STN-LCD, TFT-LCD 등으로 구분한다. STN(Super Twisted Nematic)형은 화질이 조금 덜어지기 때문에 보급형에서 사용하고 있으며, TFT(Thin-Film Transistor)형은 속도가 빠르고 화질이 정밀하기 때문에 고가의 노트북 모니터 등에 사용된다. 최근에는 이 두 가지 장점을 모두 갖춘 UFB(Ultra-Fine & Bright) LCD가 각광받고 있다.

연습문제

1. 상온에서 진성 실리콘반도체가 있다.
   (1) 3가 불순물을 10^{16} 개 첨가하였을 때, 자유정공과 자유전자의 수를 계산하라.
   (2) 5가 불순물을 10^{18} 개 첨가하였을 때, 자유정공과 자유전자의 수를 계산하라.

2. 상온에서 진성 실리콘반도체에 먼저 3가 불순물을 5×10^{16} 개 첨가한 후 5가 불순물을 2×10^{18} 개 첨가하였다면 자유전자와 정공의 수는 어떻게 되는가?

3. 실리콘 다이오드가 정상동작을 하기 위해서 외부에서 인가해야 하는 바이어스 전압의 극성과 크기는 얼마 이상이어야 하는가?

4. 다이오드에 역방향 바이어스를 걸어주면 전류가 거의 흐르지 않는다. 이때 역방향 바이어스를 계속적으로 증가시키면 다이오드는 어떻게 되는가?

5. 다이오드의 역방향 포화전류값은 50 μA이다. 상온에서 다음의 전압을 가할 때 다이오드에 흐르는 전류값은 얼마인가? 단, kT/q 는 상온에서 26 mV이다.
   (1) 순방향 1 V
   (2) 역방향 50 V

6. 그림 p7-6에서 다음의 조건에서 부하저항에 흐르는 전류, 부하전압, 부하전력을 구하라. 단, 다이오드의 순방향 저항은 5 Ω이라고 가정한다.
   (1) 다이오드를 이상적이라고 할 때
   (2) 다이오드를 1차 근사모델로 할 때
   (3) 다이오드를 2차 근사모델로 할 때,

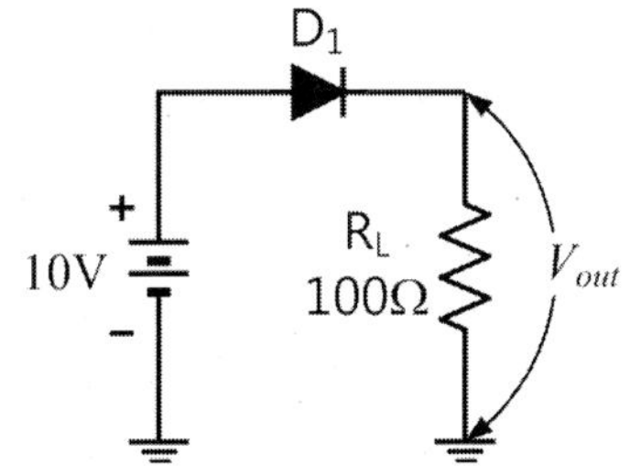

그림 p7-6.

7. 도난 경보기의 경우 주전원 전력이 차단되었을 때 백업전지를 사용하여 동작하도록 하고 있다. 그림 p7-7의 회로 동작을 설명하라.

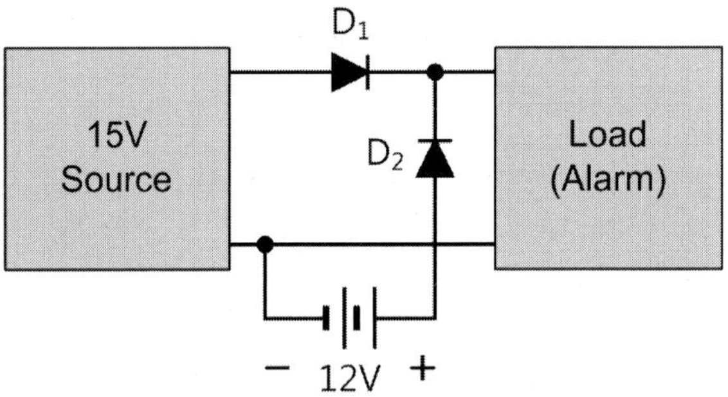

그림 p7-7.

8. 항복현상이 일어나는 메커니즘 두 가지를 설명하라.

9. 공통음극을 이용하는 7-세그먼트를 회로에 연결할 때, 주의해야 하는 사항은 무엇인가?

10. 그림 p7-10의 LED 회로에서 LED에 흐르는 전류는 얼마인가? 단, LED의 전압강하는 2 V로 한다. 또, 공급전압이 15 V로 증가하면 어떻게 되는가?

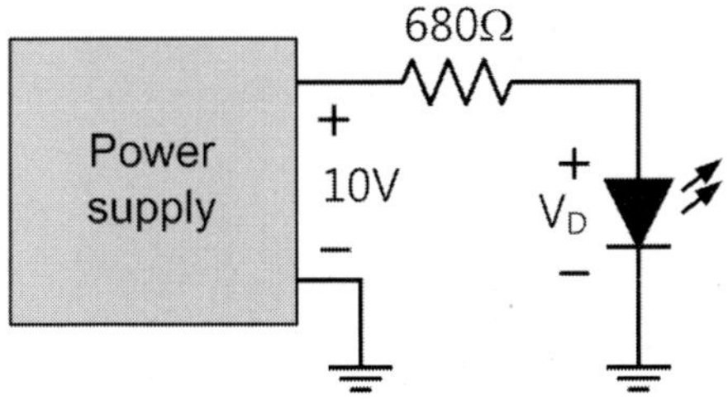

그림 p7-10.

11. 광다이오드와 LED의 차이점은 무엇인가?

12. 터널다이오드는 부성저항 특성이 나타난다. 발생하는 원리를 설명하라.

8. 다이오드 응용회로

다이오드의 전압 전류 특성은 바이어스의 상태에 따라 전류를 흐르게 하기도 하고 못 흐르게 할 수 있다. 다이오드의 대표적인 기능이 교류를 직류로 변환시키는 것으로 정류(rectification)라고 한다. 그 외에도 라디오의 고주파 신호를 검출하는 검파용, 전류의 ON/OFF를 제어하는 스위칭용 등 매우 광범위하게 사용된다. 또한 다이오드에 전류가 흐를 때 빛을 발광하는 발광 다이오드 등의 소자도 있다.

8.1. 반파 정류

대개의 공급전원은 교류전원이지만 전자제품을 구동하는데 있어서 직류전원이 필요하므로 전자제품 안에는 교류를 직류로 바꾸어 주는 정류회로가 들어 있다.

교류를 직류로 변환시키는 가장 간단한 방법이 반파 정류(half-wave rectification)이다. 반파 정류를 하기 위한 회로는 그림 8-1과 같다. 반파 정류회로는 트랜스포머(transformer, 변압기)와 다이오드로 구성되어 있다.

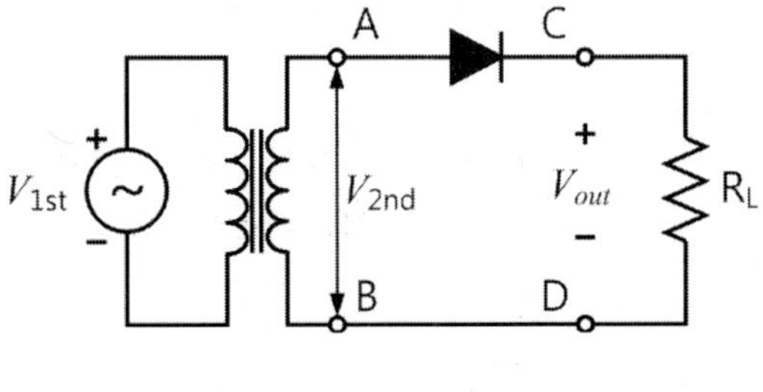

그림 8-1. 반파 정류회로

공급 전원으로부터 변압기에 입력되면 단자 AB 사이에 2차 전압이 유도된다. 2차 전압은 1차 전압과 변압기의 권선비에 의해 결정된다. 유도된 2차 교류 전압은 다이오드를 통해 정류되어 부하 측 단자 CD 사이에 직류전압으로 걸리게 된다.

다이오드의 양단 AC 사이에는 단자 AB 사이의 2차 교류 전압이 양의 범위에 있을 때에는 순방향 바이어스 상태가 되어 다이오드가 ON이 되고 전류가 흐르게 된다. 또한 2차 교류 전압이 음의 범위에 있을 때에는 역방향 바이어스가 되어 다이오드가 Off 되고 전류가 흐르지 않는다.

만일 다이오드를 이상적으로 해석하지 않고 1차 근사 모델을 사용한다면 2차 교류 전압이 문턱전압 이상일 때(실리콘의 경우 0.7 V) 다이오드에 전류가 흐르게 된다. 이와 같이 하여 반파 정류회로에 의한 출력 파형은 그림 8-2와 같이 나타난다.

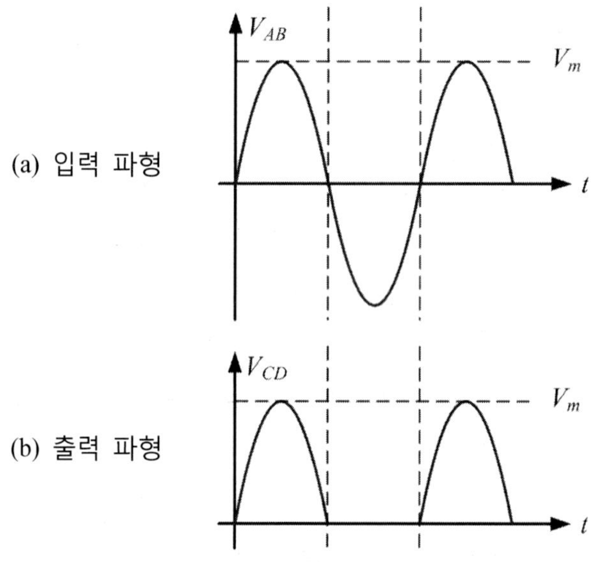

그림 8-2. 반파 정류회로의 출력 파형

그림 8-2에서 다이오드는 이상적인 모델을 사용하였다. 그러나 실제의 측정에서는 사용하는 입력 신호가 크지 않기 때문에 다이오드의 문턱전압이 나타나게 된다.

반파정류 회로에서 나타나는 출력 파형에 대한 직류 성분은 식 (8-1)과 같이 주어지며, 실효값은 식 (8-2)와 같다. 이들에 대한 유도는 5장을 참고하기 바란다.

$$V_{DC} = V_{avg} = \frac{1}{\pi}V_P = 0.318V_P \tag{8-1}$$

$$V_{rms} = 0.5V_P \tag{8-2}$$

예제 8. 1 반파정류회로에서 입력신호의 실효값이 2.5 V이었다면 출력신호의 직류 평균값과 실효값은 얼마인가?

[풀　이] 입력신호 실효값이 2.5 V이므로 최대 피크값은 $V_P = \sqrt{2}V_s = 3.536\,V$

따라서 반파정류 출력신호의 직류 평균값은

$V_{DC} = V_{avg} = 0.318\,V_P = 0.318 \times 3.536\,V = 1.124\,V$

반파정류된 출력파형의 실효값은

$V_{rms} = 0.5\,V_P = 0.5 \times 3.536\,V = 1.768\,V$ 이다.

8.2. 전파 정류

앞서 설명한 반파 정류의 경우 전압파형의 양 또는 음의 반주기만을 이용하기 때문에 비효율적이다. 양의 반주기를 사용한다고 할 때, 음의 반주기 동안은 아무런 동작도 하지 않게 된다. 따라서 이 나머지 반주기를 사용할 수 있다면 보다 더 효율적으로 전력을 사용할 수 있을 것이다. 이와 같이 파형의 모든 부분을 출력으로 이용하므로 전파 정류(full-wave rectification)라고 한다.

전파 정류를 구현하는 방법은 중간 탭이 있는 변압기를 사용하는 방법과 브리지 다이오드를 구성하여 실현하는 방법이 있다. 먼저 중간 탭이 있는 변압기를 사용하는 방법은 그림 8-3과 같이 구성할 수 있다.

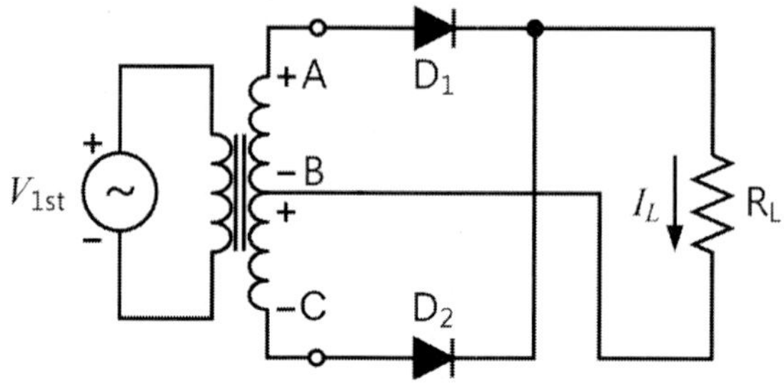

그림 8-3. 중간탭을 가진 전파 정류회로

그림 8-3에서 변압기는 중간 탭을 가지고 있으므로 입력 파형이 양의 반주기인 경우 변압기의 2차측 상단 A 점의 전위가 가장 높고, 그 다음이 중간인 B 점이며, C 점은 전압이 가장 낮게 나타난다. 결국 A 점이 B 점보다 전위가 높고, C 점은 B 점보다 전위가 낮다. 따라서 다이오드 D_1은 ON이 되고, D_2는 OFF 된다. 그러므로 양의 반주기 동안 전류는 다이오드 D_1을 통해 부하저항으로 흘러들어가고 중간 탭으로 되돌아 나온다. 음의 반주기 동안에는 위와 반대로 D_2가 ON 되고 D_1은 OFF 된다. 이 때 흐르는 전류는 점 C를 통해 다이오드 D_2, 부하저항을 거쳐 중간 탭으로 되돌아 나오게 된다. 따라서 부하저항에는 양의 반주기 및 음이 반주기에서도 항상 위에서 아래 방향으로 흐르게 되므로 부하저항에 나타나는 전압 파형은 그림 8-4와 같이 항상 같은 방향으로 나타난다.

전파 정류회로의 출력 파형은 입력 신호에 비해 주파수가 2배로 빨라졌음에 유의하기 바란다. 실리콘 반도체 다이오드가 나오기 전에 진공관 다이오드를 이용할 당시에는 중간 탭을 이용한 전파정류회로가 가장 보편적으로 사용되었다. 그러나 반도체의 발달로 인해 저렴한 가격과 높은 신뢰도 및 작은 크기 등으로 인해 실리콘 다이오드가 주로 사용되면서 브리지 회로를 이용한 전파정류회로가 주로 사용되고 있다.

그림 8-5는 브리지를 이용한 전파 정류회로이다. 브리지 회로의 동작은 입력되는 교류 신호의 각 반주기동안 2 개의 다이오드만 동작한다. 양의 반주기동안 A 점의 전위가 가장 높고 B 점의 전위가 가장 낮다. 따라서 다이오드 D_1과 D_2가 순방향 바이어스가 되어 ON 상태가 되고 D_3와 D_4는 역방향 바이어스에 의해 OFF 상태가 된다.

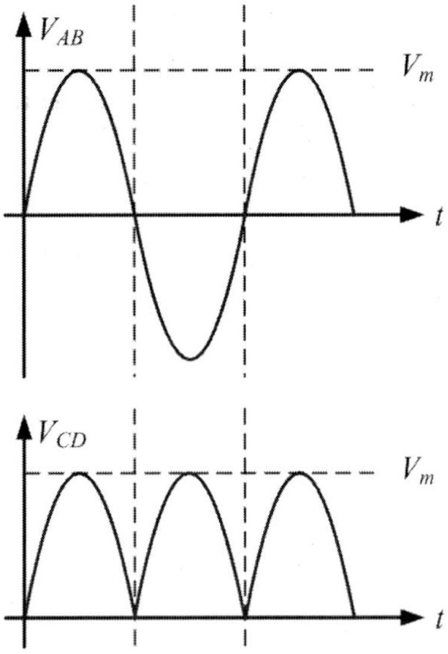

그림 8-4. 전파 정류회로의 출력 파형

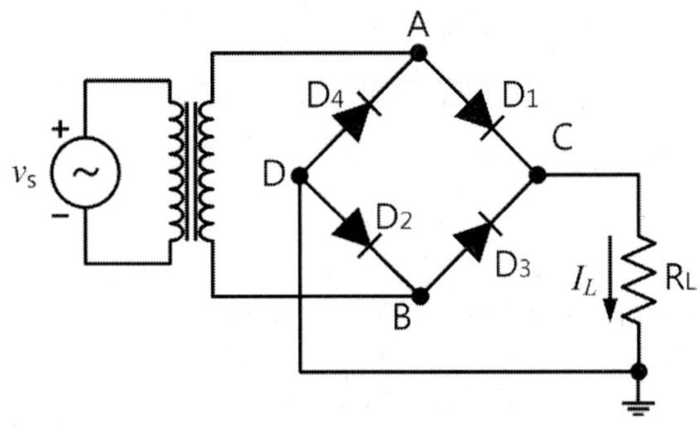

그림 8-5. 브리지 전파 정류회로

전류의 흐름은 점 A에서 D_1을 통해 부하저항으로 흘러 들어가고 다시 D_2를 통해 점 B로 흘러 나간다. 음의 반주기에서는 B 점의 전위가 가장 높고, A 점의 전위가 가장 낮게 된다. 따라서 앞과는 반대로 다이오드 D_1과 D_2는 OFF 상태가 되고, D_3와 D_4가 ON 상태가 되므로 전류의 흐름은 다이오드 D_3를 통해 저항으로 흘러 들어가고,

D_4를 통해 점 A로 돌아 나간다. 입력신호의 양의 반주기 동안이나 음의 반주기 동안이나 부하저항을 통해 흐르는 전류의 방향은 항상 위에서 아래 방향으로 일정하게 되어 출력파형은 양의 반주기 파형이 반복하여 나타난다. 그러므로 중간탭 전파정류에서와 같이 그림 8-4와 같은 출력 파형을 얻을 수 있다.

전파 정류회로의 출력 파형에 대한 등가의 직류 전압과 실효전압은 식 (8-3)과 (8-4)와 같이 계산할 수 있다.

$$V_{DC} = V_{av} = \frac{2}{\pi}V_P = 0.636V_P \tag{8-3}$$

$$V_{rms} = \frac{V_P}{\sqrt{2}} = 0.707V_P \tag{8-4}$$

예제 8. 2

전파 정류회로에서 24 Ω의 부하저항에 12 V의 최대 전압을 전달한다. 다음을 계산하라.

(1) 부하에 대한 직류 전압

(2) 부하에 대한 실효 전압

(3) 부하 소비 전력

[풀 이]

(1) 전파정류에 대한 직류전압은 $V_{DC} = \frac{2}{\pi}V_P$ 이므로,

$V_{DC} = 0.636\,V_P = 7.632\,[\mathrm{V}]$

(2) 실효전압은 $V_{rms} = \frac{V_P}{\sqrt{2}}$ 이므로

$V_{rms} = 0.707\,V_P = 8.484\,[\mathrm{V}]$

(3) 부하의 소비전력은 $P = \frac{V_{rms}^2}{R} = 2.999\,[\mathrm{W}]$ 이다.

8.3. 전원 여파기

반파 정류나 전파 정류를 통해 교류 파형을 직류로 변환할 수 있었다. 그러나 정류회로의 출력 파형은 직류 중에서도 맥류에 해당하기 때문에 출력 파형의 실효값이나 직류값은 공급전력에 비해 현저히 낮아진다. 이 현상은 직류 전동기 같은 장치를 구동하는 데는 큰 문제가 없지만 정밀한 전자회로에서 사용하기에는 부적합하다. 따라서 실제 전자회로에서는 보다 안정된 직류 출력이 요구되며 정류회로에 의해 얻어진 맥류를 보다 더 직류에 가깝게 하기 위해 여파기(filter) 회로를 사용한다.

여파기는 커패시터와 인덕터, 저항과 같은 소자들을 이용하여 다양한 조합에 의해 많은 종류가 설계되어 왔으나, 현대의 전원장치에서는 여파기를 커패시터만을 이용하여 제작하는 것이 보편화되어 있다.

직류 전원 장치의 출력에서 맥동 전체를 리플(ripple)이라고 하며, 여파기에서는 이러한 맥동 성분을 작게 만드는 것이다. 맥동률은 식 (8-5)와 같이 정의된다.

$$\text{맥동률}(\%\text{맥동}) = \frac{V_{rms}}{V_{DC}} \times 100\% \qquad (8\text{-}5)$$

그림 8-6과 같은 맥동 파형에 대하여 맥동의 크기는 2.8 $V_{P\text{-}P}$이므로, 맥동의 실효값은 식 (8-4)로부터 다음과 같이 계산된다.

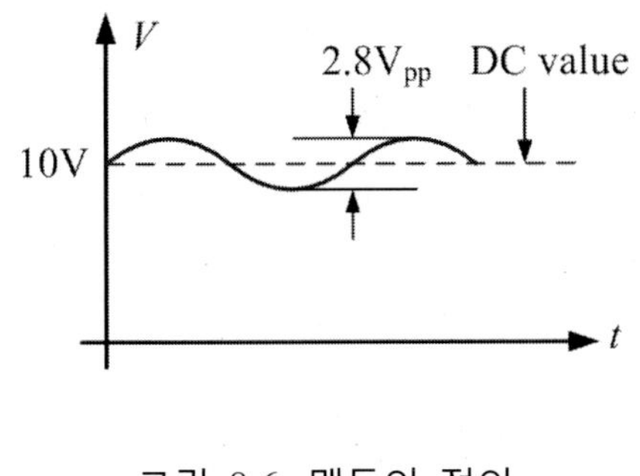

그림 8-6. 맥동의 정의

$$V_{rms} = \frac{V_P}{\sqrt{2}} = \frac{2.8\,V_{PP}}{2\sqrt{2}} = 1\,V_{rms}$$

또한 그림에서는 직류 10 V에 교류 성분이 얹혀 있는 형태이기 때문에 직류값은 10 V가 된다. 따라서 맥동률은 다음과 같이 계산된다.

$$\text{맥동률(\%맥동)} = \frac{1\,V_{rms}}{10\,V_{DC}} \times 100\% = 10\%$$

이와 같이 맥동 성분을 가진 교류 신호는 교류 성분의 첨두값, 교류 성분의 실효값 및 맥동률에 의해 정의된다.

앞 장에서 커패시터는 에너지를 저장할 수 있는 소자로 외부의 에너지가 클 때에는 충전하고 외부의 에너지가 작을 때에는 저장한 에너지를 방전하는 것을 알 수 있었다. 따라서 정류회로에서 사용하게 되면 정류회로의 출력 파형을 평탄하게 만들 수 있다. 반파 정류회로에 커패시터를 추가한 여파기 회로와 출력 파형을 그림 8-7에 나타내었고, 그림 8-8은 전파 정류회로에 대한 여파된 출력 파형을 보였다. 출력 파형의 여파를 위해서는 부하저항 R_L에 병렬로 커패시터를 연결한 것을 알 수 있다.

커패시터에 처음 충전할 때에는 맥동 출력과 동일한 파형을 가지고 있으나 최대값을 지나 작아지게 되면 커패시터에 충전된 전압은 방전을 하게 된다.

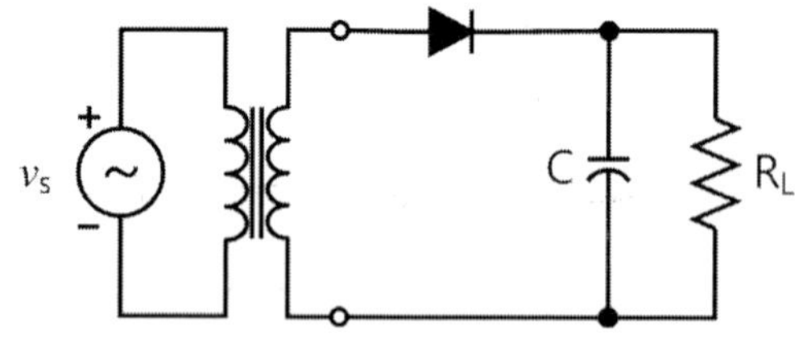

(a) 반파 여파기

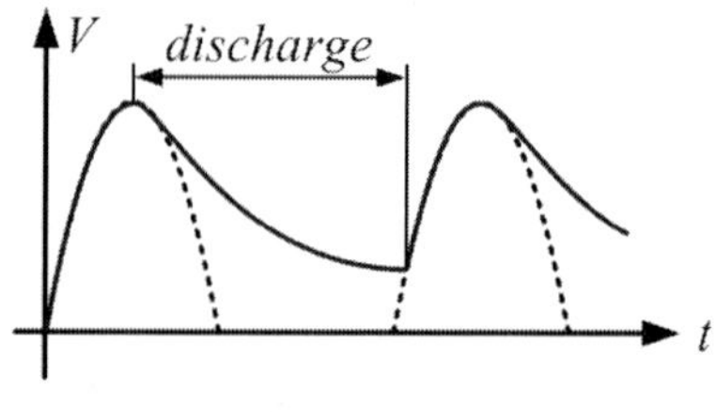

(b) 여파된 반파 출력

그림 8-7. 반파 여파기 회로와 출력 파형

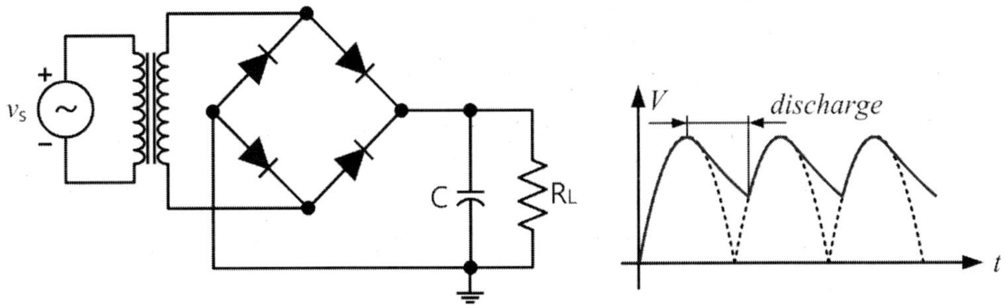

(a) 전파 여파기

(b) 여파된 전파 출력

그림 8-8. 전파 여파기 회로와 출력 파형

방전 하던 중에 공급 전압이 더 크게 되면 다시 충전을 한다. 방전을 할 때의 파형 곡선은 지수 함수적으로 감쇠하며 또한 방전하는 시간은 저항 R과 커패시터 C의 곱으로 나타나는 시정수와 관련이 있다. 그러므로 시정수가 더 커지게 되면 방전 곡선의 기울기는 더 작아지기 때문에 보다 이상적인 직류에 더 가깝게 되며 따라서 맥동율도 낮아지게 된다.

60 Hz의 전원 주파수를 가지는 여파기 회로에서 낮은 맥동율(≦5%)을 가지는 경우 맥동율은 식 (8-6)과 같은 근사식을 이용하여 저항과 커패시터의 값을 결정할 수 있다.

$$\text{맥동률(\%맥동)} \approx \frac{2.4\times10^{-3}}{R_L\,C}\times100\% \tag{8-6}$$

여파기를 통과하게 되면 맥동률이 아주 작아지고, 따라서 실효값과 평균값의 차이가 거의 없게 됨을 알 수 있다. 만일 맥동이 '0'이라면 당연히 실효값과 직류값은 정확히 일치한다.

예제 8. 3 3V 직류 MP3 플레이어를 동작시키기 위하여 220 V, 60 Hz 전원에서 전파 여파기를 설계한다.

MP3 플레이어는 0.1 A의 평균 전류가 흐르고, 출력으로부터 가청잡음이 들리기 전에 0.05 V_{rms}의 맥동을 허용한다.
이 전파 여파기에 필요한 여파기의 커패시터 용량을 결정하라.

[풀 이] MP3 플레이어의 실효 부하저항을 옴의 법칙에 의해 계산한다.

$$R_L = \frac{3\,V}{0.1\,A} = 30\,[\Omega]$$

또한 허용되는 맥동률은

$$\%\ 맥동 = \frac{V_{rms}}{V_{DC}} \times 100\% = \frac{0.05V_{rms}}{3V_{DC}} \times 100\% = 1.667\%$$

식 (8-6)으로부터 커패시터의 값을 계산하면

$$1.667\% = \frac{2.4 \times 10^{-3}}{30\,\Omega \times C} \times 100\%$$ 이므로 정리하면

$$C = \frac{2.4 \times 10^{-3}}{30\,\Omega \times 1.667} = 47.990\,[\mu F]$$

8.4. 다이오드 클리핑 회로

다이오드를 이용한 반파 정류회로에서는 신호의 양 또는 음의 부분을 잘라내는 역할을 한다고 볼 수 있다. 물론 문턱전압에 의해 정확하게 0 V에서 잘리는 것은 아니다. 때로는 어느 전압 이상 또는 이하의 전압을 잘라내는 기능이 필요하며, 이러한 기능을 하는 회로가 클리퍼(clipper) 또는 리미터(limiter)라고 한다.

그림 8-9는 다이오드의 클리핑(clipping) 회로와 부하저항에 나타나는 출력파형이다.

그림 (a)에서 다이오드에 대해 역방향으로 바이어스 전압이 가해지고 있다. 바이어스 전압이 없다면 점 A의 전위는 문턱전압보다만 크면 다이오드는 ON 상태가 된다. 다이오드가 ON이 되면 점 A의 전위는 문턱전압으로 나타나게 되어 0.7 V에서 파형은 잘리게 된다.

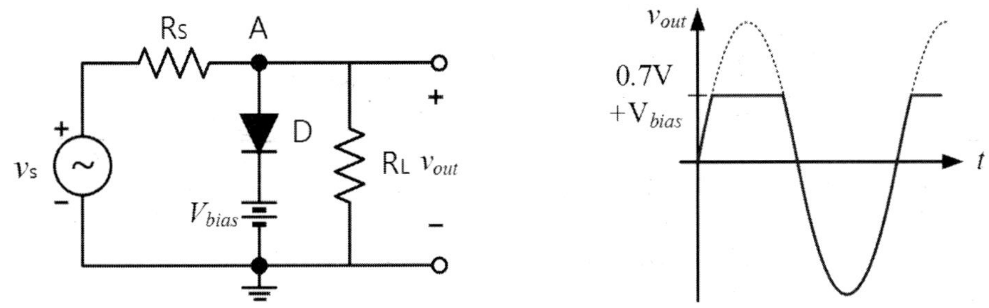

(a) (b)

그림 8-9. 클리핑 회로와 출력파형

그러나 바이어스 전압이 다이오드에 대해 역방향으로 걸리게 되면 다이오드가 ON 되기 위해서는 점 A에서의 전위가 다이오드의 문턱전압과 바이어스 전압의 합보다 더 커져야 한다. 또한 다이오드가 ON 상태가 되면 출력 파형은 바이어스 전압과 문턱전압의 합에 의해 잘리게 된다.

만일 바이어스 전압을 위 아래로 변화시키면 잘리는 부분은 바이어스 전압을 따라 위 아래로 따라서 이동하게 된다. 음의 부분을 자르기 위해서는 바이어스 전압을 반대 극성으로 하는 것이 아니라 다이오드를 반대로 연결해야 한다. 마찬가지로 다이오드에 대해 역방향으로 바이어스 전압을 가해주어야 하므로 바이어스 전압도 반대로 하여야 한다.

파형의 잘리는 부분은 다이오드와 저항의 연결 상태에 따라 결정되는데 4 가지의 경우가 가능하며, 그림 8-9와 다른 형태의 클리핑 회로는 예제에서 확인하기 바란다.

또한 신호 파형의 위와 아래 부분을 모두 자르기 위해서는 그림 8-10과 같은 회로를 구성한다. 그림 8-10 (a)에서 다이오드 D_1의 경우 파형 윗부분을 자르기 위한 것이며, 다이오드 D_2는 파형 아래 부분을 자르게 된다. 바이어스 전압은 다이오드 D_1과 D_2에 대해 역방향으로 바이어스 되어 있음을 알 수 있다. 이 회로의 출력 파형은 그림 (b)와 같이 나타난다. 출력 파형에서 파형의 윗부분에서 잘리는 전압은 다이오드 D_1의 문턱전압 0.7 V와 바이어스 전압 V_1의 합이 되며, 아랫부분은 다이오드 D_2의 문턱전압과 바이어스 전압 V_2의 합이 음으로 표현된다.

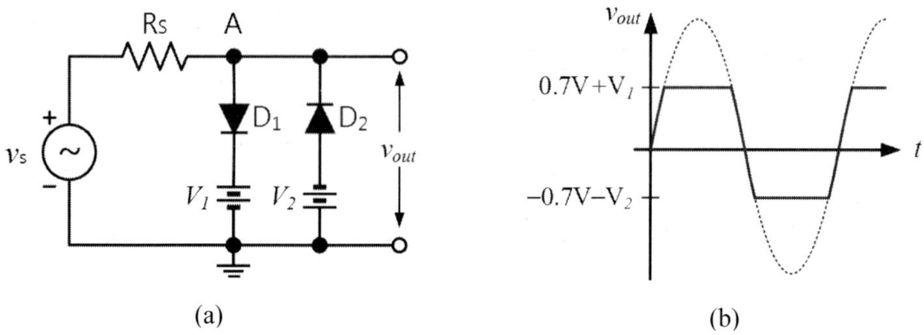

그림 8-10. 양방향 클리핑 회로와 출력파형

예제 8. 4 그림 8-11의 클리핑 회로에서 출력 파형은 어떻게 나타나는가? 단, 다이오드는 이상적이라고 가정한다.

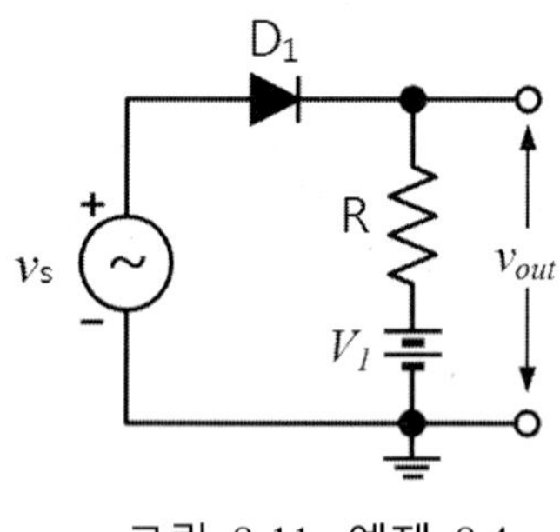

그림 8-11. 예제 8.4

[풀 이] 그림에서 다이오드가 ON 상태가 되기 위해서는 다이오드의 왼쪽의 전위가 오른쪽 전위보다 높아야 한다. 다이오드의 왼쪽 전위는 입력신호의 크기이며, 오른쪽의 전위는 바이어스 전압(V_1)으로 나타난다.

다이오드가 ON 이 되면 이상적 다이오드에서는 전압강하가 없으므로 출력은 입력과 동일하게 나타난다.

한편 다이오드가 OFF 상태가 될 경우에는 출력은 바이어스 전압으로 나타나게 된다. 따라서 출력 파형은 다음과 같다.

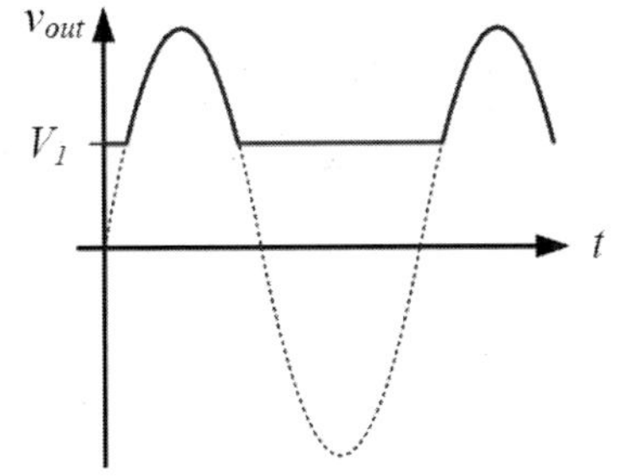

8.5. 다이오드 클램핑 회로

입력 파형의 형태는 변하지 않고 일정한 기준 전압으로 올라가게 할 수 있는데 이러한 회로를 클램핑(clamping) 회로라고 한다. 즉, 클램핑 회로는 입력 신호에 직류 성분을 더해주어 전압의 레벨을 조정하는 회로이다.

그림 8-12는 간단한 클램핑 회로와 출력 파형이다. 일반적으로 클램핑회로에서는 이상적 다이오드로 간주하여 파형을 고려한다.

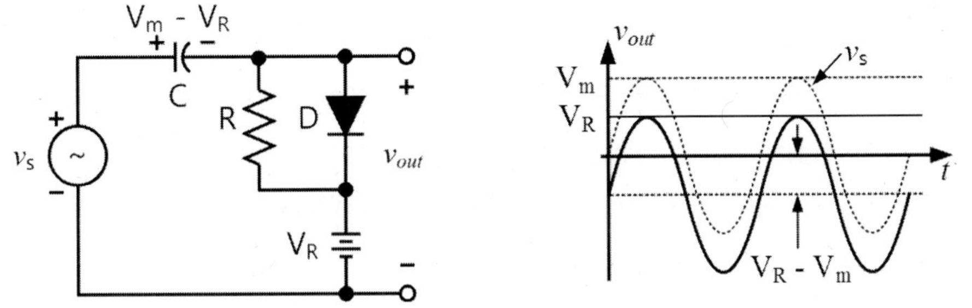

그림 8-12. 클램핑 회로

입력 신호의 최대값을 V_m이라고 할 때, 입력 신호가 V_R보다 크면 다이오드는 ON이 되므로 저항 R로는 전류가 흐르지 않는다. 따라서 커패시터에 충전되는 전압의 크기는 $V_m - V_R$이 된다. 만일 입력 신호가 V_R 보다 작아지게 되면 다이오드는 OFF되어 입력 신호는 커패시터에 충전된 전압만큼 기준이 내려간 형태의 파형이 나타나게 된다. 따라서 출력신호는 V_R 보다 더 커질 수 없고 이 수준으로 클램핑된다.

8.6. 변동률

전원장치는 안정화된 출력을 유지하는 것이 중요하다. 그러나 반파 정류나 전파 정류를 이용한 여파기는 안정화된 전원장치가 아니다. 전원장치들이 불안정화 되는 요인으로는 변압기의 교류 입력전압이 변하게 되어 회로에 공급되는 전원의 불안정이 있으며, 부하가 변하는 경우에도 출력전압이 변할 수 있다. 따라서 정전압 전원장치는 변압기, 정류기, 여파기 이외에도 다른 소자들을 포함한다.

전원장치에서 부하의 변화에 대한 편차의 정도를 나타내는 것을 부하변동률 (percentage load regulation 또는 간단히 load regulation)이라고 하며 식 (8-7)과 같이 정의한다.

$$\text{부하변동률} = \frac{(V_{NL} - V_{FL})}{V_{FL}} \times 100\% \tag{8-7}$$

여기서, V_{NL} 과 V_{FL} 은 각각 일정한 입력전압에 대한 정격 전부하(full load) 및 무부하 조건에서의 전원장치의 출력을 나타낸다. 이상적인 전원장치에서는 부하가 변하더라도 출력의 변화가 없다. 그러나 모든 실제의 전압원은 장치 내부에 약간의 내부저항(장치의 출력 저항)을 가지고 있다. 이 전원 장치의 내부저항 때문에 부하의 변화에 따른 출력의 변화가 발생한다.

전원의 입력 변화에 대한 전원장치 출력의 편차를 나타내는 것을 선로의 전압변동률 (percentage line regulation, 또는 간단히 line regulation)이라고 하며 식 (8-8)과 같다.

$$\text{선로 전압변동률} = \frac{(V_{high} - V_{low})}{V_{low}} \times 100\% \tag{8-8}$$

여기서, V_{high}는 전부하 정격전류에서 가장 높은 특정 입력전압에 대한 직류 출력전압을 나타내며, V_{low}는 가장 낮은 입력전압에 대한 직류 출력전압을 의미한다. 변압기를 통해 전송되는 입력 선로의 전압은 일정하지 않고 일정 범위 내에서 변한다.

만일 선전압이 220 V에서 10% 초과된 242 V까지 변화한다면 직류출력 역시 10%만큼 변화하게 된다. 즉 12 V의 직류 출력전원은 13.2 V까지 상승하게 된다. 이와 같이 부하 전압이 10% 변화하는 것은 상당히 큰 값이다. 따라서 대부분의 전자 장치들은 안정된 전압조정기가 필요하고 특히 정밀 계측 장비나 정밀 제어 장비 등에서는 필수적으로 안정화된 전원 공급 장치가 필요하다. 회로 시스템에서는 위 두 가지 경우가 별도로 발생하는 것이 아니라 함께 나타난다. 따라서 선로 및 부하의 변화에 대한 전원장치의 출력 변화를 나타내는 것을 변동률이라고 하며 식 (8-9)와 같이 정의한다.

$$\text{변동률} = \frac{(V_{max} - V_{min})}{V_{min}} \times 100\% \tag{8-9}$$

여기서, V_{max}는 선로 및 부하의 변화에 대한 최대 직류 출력전압이며, 정상적으로 교류 입력은 최대값일 때, 그리고 부하는 가장 클 때 나타난다. V_{min}은 최소 직류출력전압이며, 정상적으로 최소 입력전압과 가장 낮은 부하조건하에서 나타난다.

매우 작은 직류 출력의 변화만 있는 안정된 전원 장치에서는 보통 변동률과 달리 표현하여 사용한다. 1% 등과 같은 변동률 표현보다 ±0.2 mV 와 같이 표시하는 것이 편리하다. 따라서 변동률이 0.1%인 24 V 직류 전원장치는 24 mV의 변동폭을 가지며, 따라서 ±12 mV의 범위에서 변동률을 갖는다고 표현한다.

예제 8. 5

전원 장치의 전압이 205 V에서 230 V까지 변하고 있다. 부하 전류 1 A에서 직류 출력 전압을 측정한 결과 각각 9.75 V와 9.93 V로 측정되었고, 부하전류가 I = 0 A에서 측정하여 10.01 V와 10.05 V로 측정되었다.
선로, 부하 및 전체 변동률은 얼마인가?

[풀 이] 선로의 전압 변동률 $= \dfrac{9.93\text{V} - 9.75\text{V}}{9.75\text{V}} \times 100\% = 1.85\%$

부하 변동률 $= \dfrac{10.05\text{V} - 9.93\text{V}}{9.93\text{V}} \times 100\% = 1.21\%$

변동률 $= \dfrac{10.05\text{V} - 9.75\text{V}}{9.75\text{V}} \times 100\% = 3.08\%$

예제 8. 6 내부저항이 0.25 Ω인 전압원을 사용하여 무부하 상태에서 전압을 20 V로 설정하였다. 부하를 연결하고 전류를 측정하니 0.4 [A]이었다.

(1) 전원장치의 출력 전압

(2) 부하저항을 구하라.

[풀 이] 내부저항에 의한 전압강하는

$$V_{R,\,int} = I_L \times R_{int} = 0.4\,\text{A} \times 0.25\,\Omega = 0.1\,[\text{V}]$$

(1) 전원장치의 부하시 출력전압은 KVL에 의해

$$V_{R_L} = 20\,\text{V} - V_{R_{int}} = 20\,\text{V} - 0.1\,\text{V} = 19.9\,\text{V}$$

(2) 부하저항은

$$R_L = \frac{V_{R_L}}{I_L} = \frac{19.9\,\text{V}}{0.4\,\text{A}} = 49.75\,[\Omega]$$

8.7. 제너다이오드 조정기

공급전원의 변동이나 부하의 변동에 대하여도 일정한 출력을 가질 수 있도록 한 것이 조정기(regulator)이다. 정류기와 여파기를 통해 나타나는 출력은 맥동을 가지고 있기 때문에 변동률은 자연적인 것이다. 만일 커패시터를 무한대로 큰 것을 사용한다면 완전한 직류처럼 보일 수 있지만 실제로는 불가능한 것이다. 또한 공급되는 전원의 불안정성으로 인해 출력도 변할 수 있다. 따라서 어떤 시스템의 경우에는 정전압을 낼 수 있는 조정기가 필요하다.

제너 다이오드를 부하저항에 병렬로 연결하면 쉽게 출력전압을 안정화할 수 있다. 이러한 조정기를 병렬조정기라고 한다.

그림 8-13은 제너 다이오드가 사용된 조절기 회로이다. 그림에서 입력 전압 Vs는 안정화되지 않은 전압원으로 변동한다고 할 때, 제너 다이오드가 역방향으로 연결되어 항복 동작이 일어나기 위해서 전원 전압 Vs는 제너 전압 V_z 보다 훨씬 커야 하며, 안정된 제너 전압이 부하저항에 공급된다. 직렬 저항 Rs는 제너 다이오드에 흐르는 전류를 최대 정격 전류 이하로 제한하여 다이오드를 보호하기 위하여 사용한다.

직렬 저항 R_S 양단의 전압은 공급 전압에서 제너 전압을 뺀 값의 전압이 걸리게 된다. 따라서 저항을 통해 흐르는 전류는 식 (8-10)과 같다.

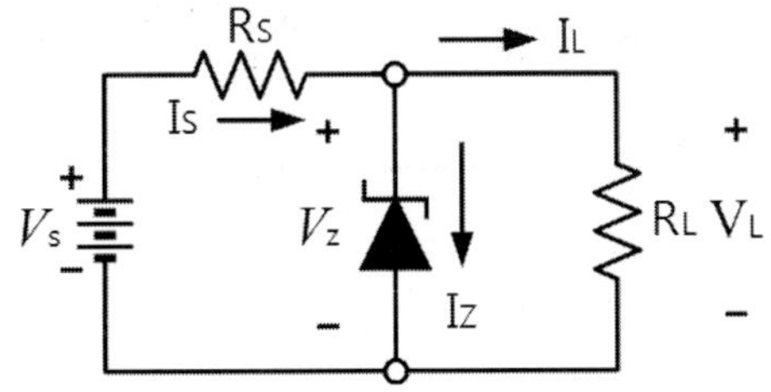

그림 8-13. 제너 다이오드 전압 조절기

$$I_S = \frac{V_S - V_Z}{R_S} \tag{8-10}$$

만일 부하저항 R_L이 연결되어 있지 않다고 한다면 저항에 흐르는 전류가 제너 다이오드로 모두 흐르게 되어 제너 전류도 바로 알 수 있다.

부하저항 R_L이 연결된 경우에는 제너 다이오드가 항복 영역에서 동작하기 때문에 부하 전압은 고정되어 제너 전압과 같다. 부하저항이 연결된 상태에서 제너 다이오드가 없는 경우 부하 전압은 전압분배법칙에 의하여 식 (8-10)과 같은 크기를 가지게 되며 이 전압이 제너 전압보다 큰 경우에만 항복현상이 일어난다.

$$V_L = \frac{R_L}{R_S + R_L} V_S > V_Z \tag{8-10}$$

제너 다이오드를 사용한 회로에서 특별한 이야기가 없는 한 항복영역에서 동작하는 것을 기본으로 한다. 따라서 이 경우에 직렬 저항으로 흐르는 전류는 식 (8-11)과 같다.

$$I_S = \frac{V_S - V_Z}{R_S} \tag{8-11}$$

이 전류값은 부하가 있을 때나 없을 때나 같은 값을 가짐을 알 수 있다. 부하저항 양단의 전압은 제너 전압과 같으므로 부하저항에 흐르는 전류값은 식 (8-12)와 같다.

$$I_L = \frac{V_Z}{R_L} \tag{8-12}$$

키르히호프 전류법칙에 의하면 식 (8-13)이 만족하여야 하므로 제너 전류는 직렬 저항에 흐르는 전류와 다르다는 것을 알 수 있다.

$$I_Z = I_S - I_L \tag{8-13}$$

부하 전류는 어떤 특정한 범위 내에서 변화하는데 필요한 역방향 제너 전류를 I_{ZK}이라고 표시한다. 직렬 저항 R_S는 제너 조정기를 유지하고 필요한 부하전류를 공급하기 위하여 충분히 작은 전류가 흐를 수 있도록 정확하게 선택하여야 한다. 따라서 식 (8-14)와 같이 직렬저항을 계산할 수 있다.

$$R_S = \frac{V_{R_S \min}}{I_{L,\max} + I_{ZK}} = \frac{V_{S,\min} - V_Z}{I_{S,\max}} \qquad (8\text{-}14)$$

예제 8. 7

그림 8-14의 회로에서 직렬저항 R_S와 제너 다이오드의 정격전력을 계산하라. 제너 다이오드의 정격전류는 10 mA이다.

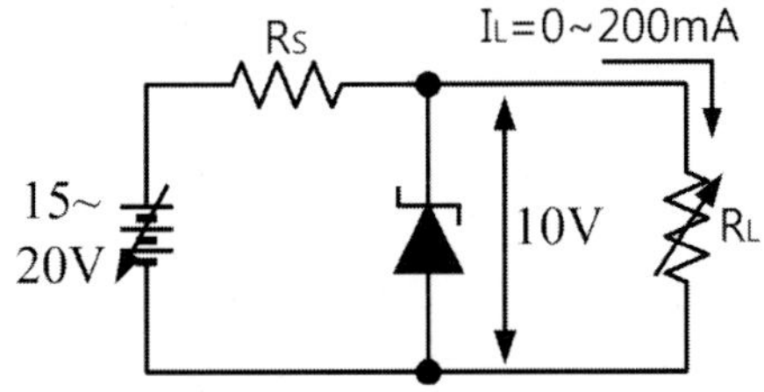

그림 8-14. 예제 8.7

[풀 이] 부하 전류가 0 ~ 200 mA까지 변하므로 직렬저항 Rs의 최대 허용값은

$$R_S = \frac{V_{S,\min} - V_Z}{I_{S,\max} + I_{ZK}} = \frac{15\,V - 10\,V}{200\,mA + 10\,mA} = 23.810\,[\Omega]$$

직렬저항은 계산한 값보다 약간 작은 22 Ω으로 선택하였다면,
제너 다이오드에 흐르는 최대 전류는 부하전류가 최소이고,
입력전압이 최대일 때 나타난다.

$$I_{Z,\max} = \frac{V_{R_S \max}}{R_S} - I_{L,\min}$$

$$= \frac{20\,V - 10\,V}{22\,\Omega} - 0\text{ mA} = 455.545\,[\text{mA}]$$

따라서 제너 다이오드의 정격전력은

$$P = V \times I = 10\text{V} \times 455\text{mA} = 4.55\,[\text{W}]$$

예제 8. 8 그림 8-15에서 제너 전류를 구하라.

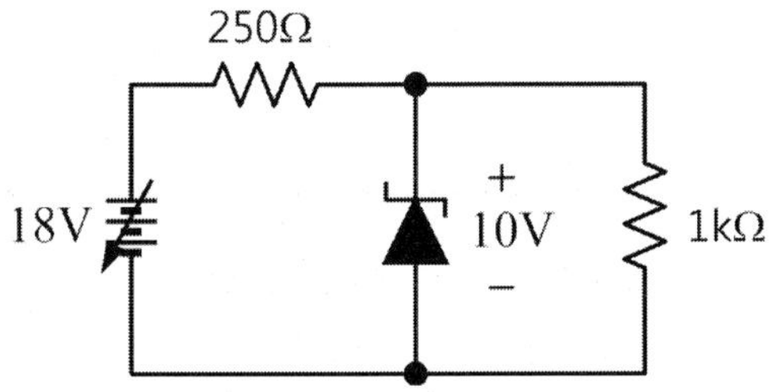

그림 8-15.

[풀 이] 회로에서 직렬저항 250 Ω 양단의 전압차는 8 V이다.

따라서 옴의 법칙에 의해

$$I_S = \frac{8\,V}{250\,\Omega} = 32\,mA$$ 이다.

부하저항이 10 V이므로 부하전류는

$$I_L = \frac{10\,V}{1\,k\Omega} = 10\,mA$$ 이다.

제너전류는 두 전류의 차이에 해당하므로

$$I_Z = 32\,mA - 10\,mA = 22\,mA$$ 이다.

예제 8. 9 자동차의 직류전원(11 V~15 V)으로부터 휴대용 CD 플레이어(9 V, $I_{L,max}$= 150 mA)를 동작하고자 한다. 제너 다이오드(V_Z = 9 V, I_{ZK} = 1 mA)를 이용하여 변환기를 만들 때 적절한 직렬저항 값과 다이오드와 저항에서 소비되는 전력을 구하라.

[풀 이] 직렬저항 R_S는

$$R_S = \frac{V_{R_S min}}{I_{R_L max} + I_{ZK}} = \frac{V_{S,min}}{I_{R_L max} + I_{ZK}} = \frac{11\,V - 9\,V}{150\,mA + 1\,mA} = 13.245\,[\Omega]$$

안전하게 12 Ω을 사용한다.

또한, $I_{Z,\max} = \dfrac{V_{R_S \max}}{R_S} - I_{L,\min} = \dfrac{15\,V - 9\,V}{12\,\Omega} - 0\,mA = 500\,[mA]$

따라서, $P_z = 9\,V \times 500\,mA = 4.5\,[W]$

$P_{R_S} = I^2 R_S = (500\,mA)^2 \times 12\,\Omega = 3\,[W]$

실제로 병렬 조정기에서는 전원 전압이나 부하가 변할 때 효율적으로 일정한 부하 전압을 유지할 수 있다. 그러나 직렬 저항에서 소비하는 전력이 상당히 크게 되어 전력 전달 면에서 그렇게 바람직하지 않다. 예제 8.9에서처럼 다이오드와 저항에서 소모하는 전력이 4.5 W와 3 W인데 비해 부하전력은 9 V × 150 mA = 1.35 W 정도가 된다.

이러한 전력의 비효율적인 면을 보완한 직렬 조정기가 있다. 직렬 조정기의 제어 소자는 부하와 직렬로 연결되어 있으며, 보통 트랜지스터로 구성되어 있다. 출력을 감지하여 오차 신호를 증폭기에 보내어 수정하는 방식이다. 일반적으로 IC로 제작되어 작고 가벼운 패키지로 제작할 수 있으며, 전원장치 내부에서 전력의 소비도 작고 스위칭 변화가 좋다.

정전압 공급장치 이외에 정전류 공급장치도 있다. 최근 많이 사용하는 재충전용 건전지의 충전기는 대표적인 정전류 공급장치이다. 이 이외에도 스위치형 조정기 (switching regulator)라는 조정기가 개발되어 있다.

연습문제

1. 그림 p8-1에서 정현파 입력 신호 v_S에 대한 출력 신호 v_{out}의 파형을 그려라. 단, 다이오드는 이상적이라고 가정한다.

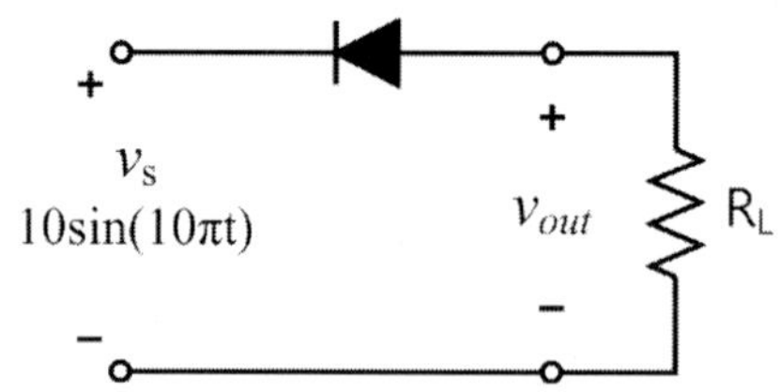

그림 p8-1.

2. 그림 p8-1에서 부하저항이 100 Ω일 때 흐르는 전류에 대한 파형을 그려라.

3. 문턱전압이 0.7 V인 다이오드를 이용하여 전파정류회로를 구성하였다. 전압 변환기를 통해 입력되는 신호의 크기는 10 V이라고 할 때, 다음의 물음에 답하라.
   (1) 중간탭을 이용할 경우 부하에 걸리는 전압과 소비되는 전력
   (2) 브리지 다이오드를 이용할 경우 부하에 걸리는 전압과 소비되는 전력

4. 그림 p8-4와 같이 직류전압 5 V에 0.5 V의 소신호 교류전압이 얹혀 있다면 맥동률은 얼마인가?

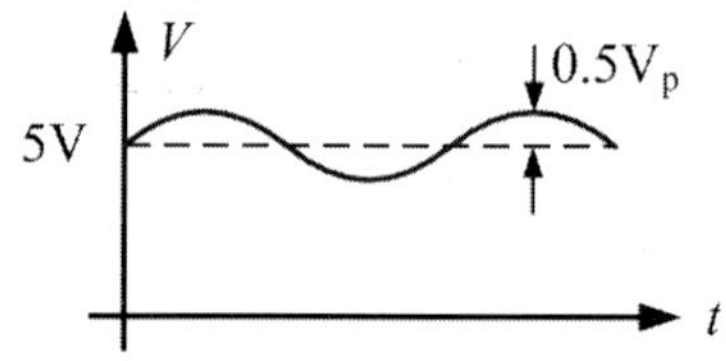

그림 p8-4.

5. 반파정류기에 의한 출력 파형과 전파정류기에 의한 출력 파형에서의 맥동률을 구하라.

6. 60 Hz 전압을 사용하는 전파정류기가 100 Ω의 부하를 구동하는데 사용되고 있다. 맥동률을 1%라고 한다면 여파기에 필요한 커패시터의 값은 얼마인가? 이때 부하저항이 200 Ω으로 증가하였다면 맥동률은 어떻게 변하는가?

7. 그림 p8-7의 브리지를 이용한 전파 여파기에서 커패시터의 값의 변화에 따른 부하저항 R_L의 양단에 나타나는 출력파형의 변화는 어떻게 나타나는가? 또한 커패시터의 값에 따라 맥동률은 어떻게 변하는가?

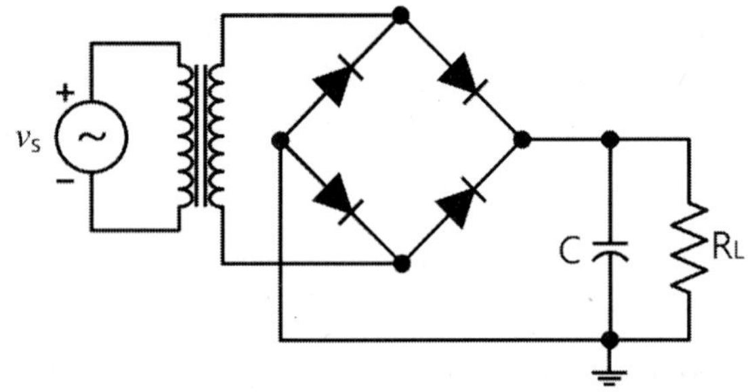

그림 p8-7.

8. 그림 p8-8의 클리핑 회로에서 입력에 대한 출력 전압의 파형을 그려라.

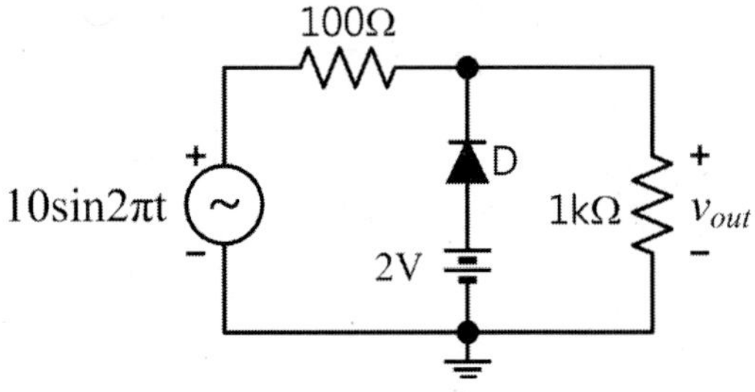

그림 p8-8.

9. 그림 p8-9의 클리핑 회로에서 입력에 대한 출력 파형을 그려라.

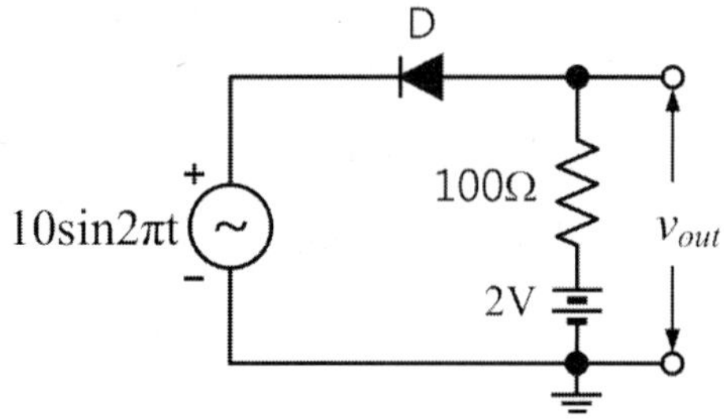

그림 p8-9.

10. 입력전압의 변화에 따라 정전압전원장치의 출력은 4.97 V에서 5.03 V까지 나타난다. 또한 정격부하의 변화에 따라 4,94 V에서 5.04 V까지 변한다고 하면 전로변동률, 부하변동률, 변동률을 구하라.

11. 제작회사에서 제공한 5 V 전압조정기인 LM309의 전기적 특성은 25°C에서 5.05 V의 대표값에 대하여 최소값 4.8 V, 최대값 5.2 V이다. 선로변동률은 입력이 7 V에서 25 V까지 변할 때 출력 변화는 50 mV이다. 선로변동률은 얼마인가?

12. 그림 p8-12의 회로에서 직렬저항 200 Ω에 흐르는 전류와 1 kΩ에 흐르는 전류를 계산하라.

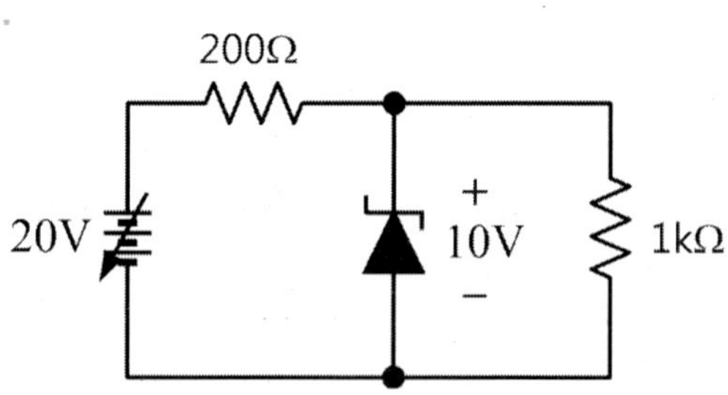

그림 p8-12.

9. 트랜지스터

9.1. 트랜지스터의 구조

트랜지스터는 기본적으로 전류를 증폭할 수 있는 반도체 소자이다. 1948년 미국의 벨연구소에서 처음 만든 트랜지스터의 구조는 PN 접합으로 구성된 다이오드 2개가 서로 마주 보고 있는 형태이다. 1960년대 들어서면서 트랜지스터가 발전하여 크기가 작고, 소모 전력도 낮아 진공관을 대체하게 되면서 전자혁명을 가져오게 되었다.

트랜지스터는 3개의 도핑된 영역으로 구성되고 이들 영역을 각각 이미터(emitter), 베이스(base), 콜렉터(collector)라고 부르며, PNP 형과 NPN 형 트랜지스터로 구분한다. 그림 9-1과 같이 이미터와 콜렉터는 같은 형태(P형 또는 N형)의 반도체로 되어 있으나 불순물의 첨가량이 다르므로 특성이 달라 반대로 연결할 수 없다. 또한 PNP 형과 NPN 형은 전자와 정공의 역할, 바이어스 전압의 극성, 전류의 방향이 반대라는 것 이외에는 동일한 소자이다. 트랜지스터는 NPN 형, PNP 형을 구분하여 표시하지 않으므로 트랜지스터의 데이터 시트나 매뉴얼에서 확인하여야 하며, 필요시 저항계를 이용하여 정상동작 여부 및 NPN 형 및 PNP 형을 구분할 수 있다.

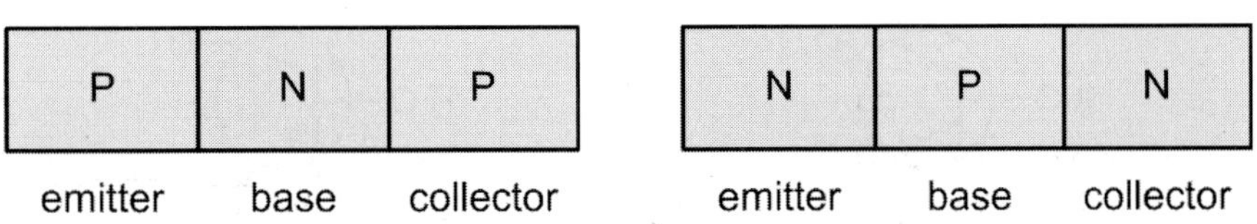

(b) PNP 형　　　(a) NPN 형

그림 9-1. 트랜지스터 구조

저항계의 눈금자를 적당히 낮은 값에 설정한 후, 베이스와 이미터 간의 저항을 측정하고, 극성을 반대로 연결하여 저항을 측정한다. 베이스와 이미터 간의 두 저항값 중 한 값이 다른 값에 비해 월등하게 높으면 베이스와 이미터 간의 다이오드 부분은 결함이 없이 좋은 상태임을 알 수 있다. 베이스와 콜렉터 간의 다이오드 부분을 시험하는 방법도 저항계를 양 단자에 연결하여 측정함으로써 확인할 수 있다. 이때, NPN 트랜지스터의 경우 B(+) – E(–) 간의 저항은 작은 값을 가지며, B(–) – E(+) 간의 저항은 ∞로 나타난다. 반면에 PNP 트랜지스터의 경우 위와 반대로 나타나게 된다. 또한, 외형 도표에서 트랜지스터의 크기, 모양 및 연결 정보 등을 확인하여야 한다. 일반적으로 트랜지스터의 밑에서 본 형태로 표시한 각 단자의 구분은 그림 9-2에서 보는 것과 같으며, 트랜지스터에 대한 전자회로에서 기호는 그림 9-3과 같다.

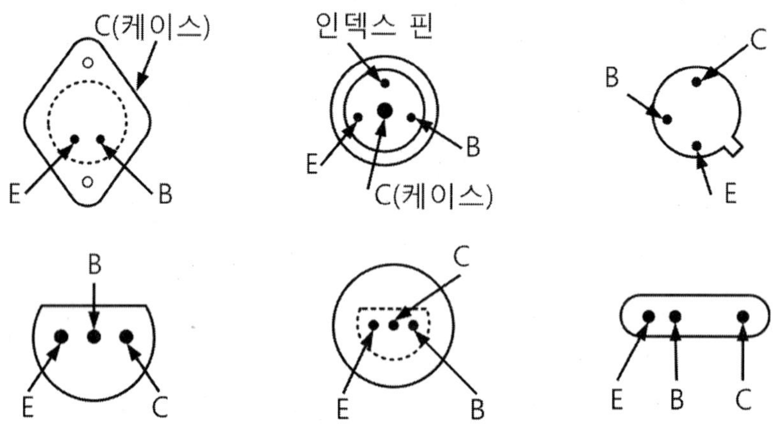

그림 9-2. 트랜지스터 단자

(a) NPN 형 (b) PNP 형

그림 9-3. 트랜지스터 기호

그림에서 화살표가 있는 단자가 이미터 단자이며, 화살표의 방향이 베이스와 이미터 간의 다이오드의 방향과 같이 나타나므로 그림 (a)는 베이스-이미터 사이의 다이오드가 PN 형을 표시하므로 전체적으로 NPN 형 트랜지스터가 되며, 그림 (b)는 베이스-이미터 사이의 다이오드가 NP 형을 나타내므로 트랜지스터는 PNP 형이 된다.

9.2. 트랜지스터의 결선과 바이어스

앞서 트랜지스터는 전류를 증폭할 수 있는 소자라고 하였다. 하지만 에너지 보존의 법칙에 따르면 아무 대가없이 전류를 증폭할 수는 없다. 즉 트랜지스터가 증폭을 할 수 있기 위해서는 다른 에너지의 소비가 필요하다. 트랜지스터가 여러 가지 기능을 수행하기 위해 외부에서 가해 주는 직류 전압을 바이어스 전압(bias voltage) 또는 간단히 바이어스라고 하며, 이러한 바이어스 전압이 다른 에너지원이 된다. 따라서 트랜지스터에 인가하는 바이어스 전압에 의해 트랜지스터는 증폭과 스위칭 기능을 수행한다.

트랜지스터의 결선은 단자가 3 개이므로 입력과 출력에 연결하기 위해서는 한 단자를 공통으로 사용하여야 하며, 어느 단자를 공통으로 사용하는가에 따라 그림 9-4와 같이 공통 이미터(CE, Common Emitter), 공통 베이스(CB, Common Base), 공통 콜렉터(CC, Common Collector)로 구분한다. 각 결합 방식에 따라 특징이 다르게 나타나며, 이들 중 높은 전압이득 및 전력이득을 얻을 수 있는 공통 이미터 증폭기가 가장 널리 사용된다.

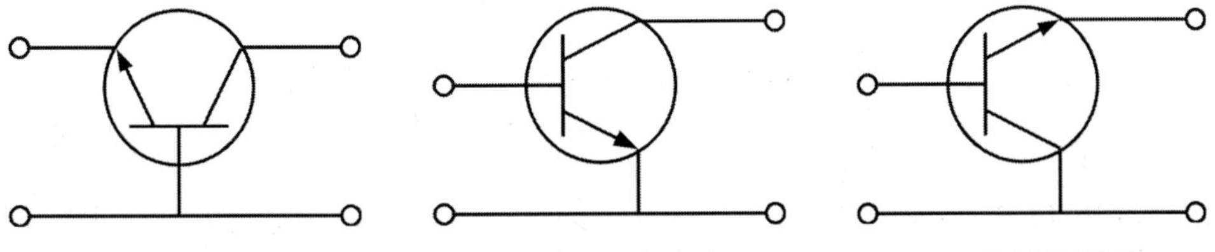

(a) 공통베이스 (b) 공통이미터 (c) 공통콜렉터

그림 9-4. 트랜지스터 결선방법

트랜지스터는 2개의 다이오드가 마주 보고 있는 형태이므로 증폭기로 동작시키기 위해서는 외부의 바이어스에 의해 이 다이오드들에 대한 순방향/역방향 바이어스의 상태를 바르게 가해주어야 한다. 트랜지스터가 증폭을 하기 위한 바이어스 상태는 그림 9-5와 같이 입력단의 베이스-이미터 접합 다이오드에 순방향 바이어스, 출력단의 베이스-콜렉터 접합다이오드에는 역방향 바이어스이다.

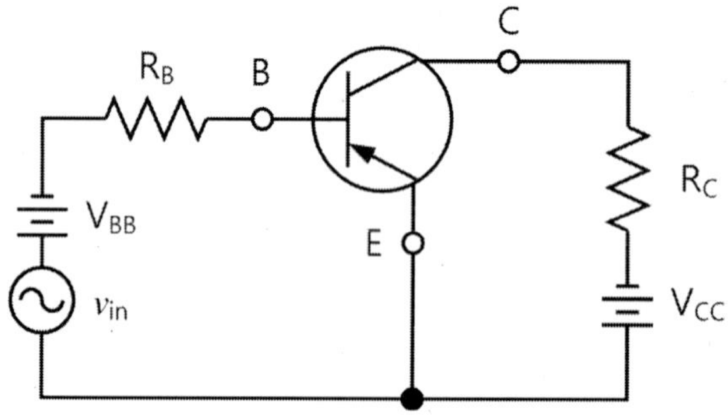

(a) PNP 형

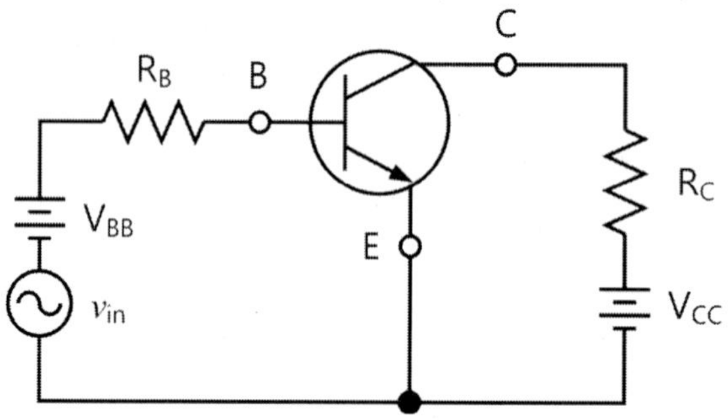

(b) NPN 형

그림 9-5. 트랜지스터의 증폭을 위한 바이어스

그림 (a)의 PNP 트랜지스터의 경우 이미터-베이스 간의 다이오드는 PN 접합이므로 이미터 단자에 (+) 극을 베이스 단자에 (−)극을 가하면 순방향 바이어스가 된다. 또한 콜렉터-이미터 간의 바이어스는 콜렉터-베이스 간의 다이오드가 역시 PN 접합이므로 역방향으로 전압을 걸어주기 위하여 콜렉터 쪽의 전압이 베이스보다 낮도록 하기 위해 (–)극을 가해주어야 한다. 따라서 이미터와 콜렉터 간의 전압도 역방향 바이어스가 될 수 있다.

이미터-베이스 간에 순방향 바이어스가 걸리게 되면 이미터로부터 정공이 베이스로 흘러 들어가게 되는데, 이미터로부터 베이스로 들어온 정공은 베이스 영역에서 전자와 일부 재결합을 하게 되고, 베이스-콜렉터 간의 역방향 바이어스에 의해 거의 대부분의 정공은 콜렉터 쪽으로 넘어가게 된다. 따라서 이미터의 전류는 거의 콜렉터 전류와 값이 같다.

그림 (b)와 같이 NPN 트랜지스터의 경우에는 PNP 형의 경우와 다이오드의 방향이 반대이며 따라서 바이어스 전압의 극성도 반대가 되어야 한다. 또한 정공 대신 전자가 역할을 하게 되며, 전류의 방향도 반대가 된다.

베이스 전류에 대한 콜렉터 전류의 관계는 그림 9-6과 같이 나타난다. 이 특성곡선에서 베이스 전류로 입력된 신호가 일그러짐(distortion)이나 왜곡현상이 없이 정상적인 콜렉터 전류로 나타나기 위해서는 선형구간에 동작점이 있어야 한다. 특성곡선의 한쪽 끝으로 동작점이 이동하게 되면 출력 콜렉터 전류파형이 일그러짐이 발생한다. 베이스 전류는 수 mA이며, 이에 대응하는 콜렉터 전류는 수십 mA인 것을 알 수 있으며, 이것은 작은 베이스 전류가 큰 콜렉터 전류로 증폭됨을 의미한다.

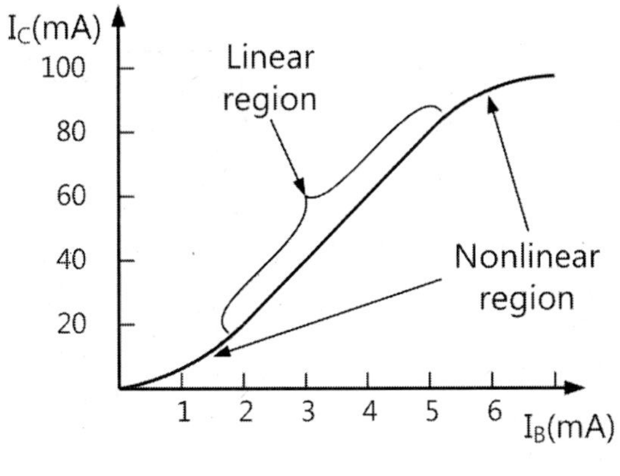

그림 9-6. 베이스 대 콜렉터 전류 특성곡선

이와 같이 작은 베이스 전류에 의해 큰 콜렉터 전류를 얻을 수 있는 것은 콜렉터에 인가되는 직류전압 V_{CC}에서 공급되는 에너지로 인한 것이다. 즉 콜렉터에 공급되는 직류전력을 소비하면서 베이스에 인가되는 작은 교류신호를 크게 증폭하는 것이다.

트랜지스터가 증폭을 할 수 있는 바이어스 상태 이외에도 입력단과 출력단의 바이어스 상태는 3 가지 조합이 더 있을 수 있다. 만일 입력단과 출력단 모두 순방향 바이어스가 된다면 트랜지스터는 포화상태(saturation)가 되며, 모두 역방향 바이어스가 된다면 차단상태(cutoff)가 된다. 이 두 상태를 이용하여 트랜지스터는 스위치 기능을 할 수 있다. 또한 증폭을 하기 위한 바이어스는 입력과 출력단에 각각 순방향-역방향 조합이었고 이를 활성상태(active)이라고 하며, 이와 반대되는 역방향-순방향 조합의 경우 역 활성상태(reverse active)이라고 한다.

9.3. 공통 이미터 회로

9.3.1. 직류 바이어스 해석

트랜지스터의 가장 큰 특성인 증폭이 일어나기 위해서 트랜지스터가 활성 영역이 되도록 바이어스 하여야 하며, 공통 이미터 결선에서는 그림 9-7과 같이 바이어스 한다. 이때 트랜지스터의 각 단자에 흐르는 전류의 관계는 식 (9-1)과 같다.

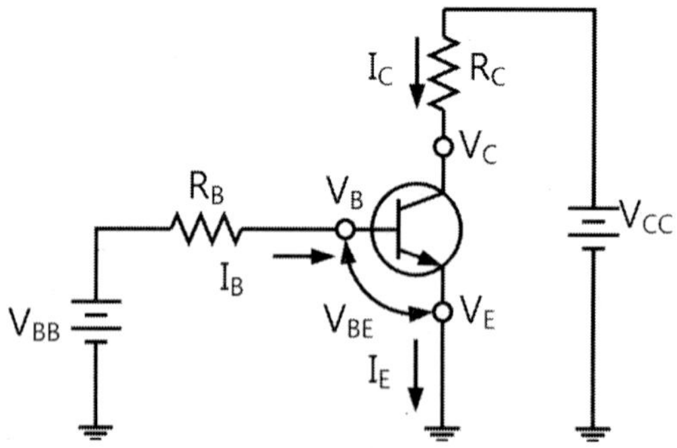

그림 9-7. 트랜지스터 바이어스 전압

$$I_E = I_B + I_C \tag{9-1}$$

여기서 이미터-베이스 간의 순방향 바이어스(V_{BB})에 의해 이미터에서 베이스로 흘러 들어가는 전류는 베이스에서 아주 미소량만 베이스의 전자와 재결합하며 베이스 전류를 형성하고 콜렉터-베이스 간의 높은 역방향 바이어스(V_{CC})에 의해 95%이상 콜렉터로 넘어간다. 따라서 베이스 전류는 이미터와 콜렉터 전류에 비해서 아주 작은 값을 가진다. 이미터 전류와 콜렉터 전류와의 비는 α_{DC}, 입력되는 베이스 전류에 대한 콜렉터 전류의 비는 β_{DC}라고 하며, α는 보통 0.95 ~ 0.99 사이의 값을 가지고, β는 보통 20 ~ 200 사이의 값을 가진다. β를 순방향 직류 전류이득(forward dc current gain)이라고 하며 트랜지스터의 규격표에서는 h_{FE}로 표시된다.

$$h_{FE} = \beta_{DC} = \frac{I_C}{I_B} \tag{9-2}$$

그림 9-7에서 트랜지스터의 3 단자에 대한 전압의 관계를 살펴보면 베이스 전압은 식 (9-3)과 같이 이미터 전압에 베이스-이미터 간의 다이오드의 문턱전압 값을 더한 것과 같아야 하며, 콜렉터전압은 식 (9-4)와 같이 직류전원 전압에서 콜렉터 저항에 걸리는 전압을 뺀 것과 같다. 즉,

$$V_B = V_E + V_{BE} \tag{9-3}$$

$$V_C = V_{CC} - R_C I_C \tag{9-4}$$

그림 9-7에서는 이미터가 접지되어 있으므로 $V_E = 0$이 된다.

결국 베이스 전압 값이 어떻게 되는가 하는 것이 중요하다. 직류전원 전압으로부터 베이스 전압값을 결정하는 방법은 여러 가지가 있으며, 이미터 공통 회로에서 가장 보편적으로 이용하는 바이어스 방법은 그림 9-8과 같이 전압분배 바이어스회로를 사용하는 것이다.

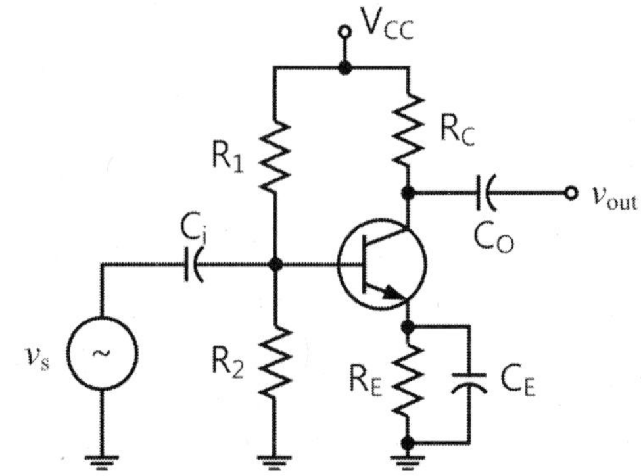

그림 9-8. 공통 이미터 회로의 전압분배 바이어스

전압분배 바이어스는 그림과 같이 공급전원 V_{CC} 전압이 저항 R_1과 R_2에 의해 전압이 분배되어 트랜지스터의 베이스 전압을 형성한다. 공급전압은 커패시터 C_i에 의해 입력신호 v_S가 있는 쪽으로는 전달되지 않는다. 이것은 커패시터의 임피던스는 직류에 대하여 무한대의 값을 가지므로 개방회로와 같이 취급하기 때문이다. 또한 이미터 단자에 연결되어 있는 커패시터 C_E도 직류에 대하여는 개방되어 있으므로 직류전압에 대한 바이어스를 결정하기 위한 직류 등가회로는 그림 9-9와 같이 표현할 수 있다.

만일 콜렉터 공급전압 V_{CC}를 15 V로 하였다면 베이스 전압은 근사적으로

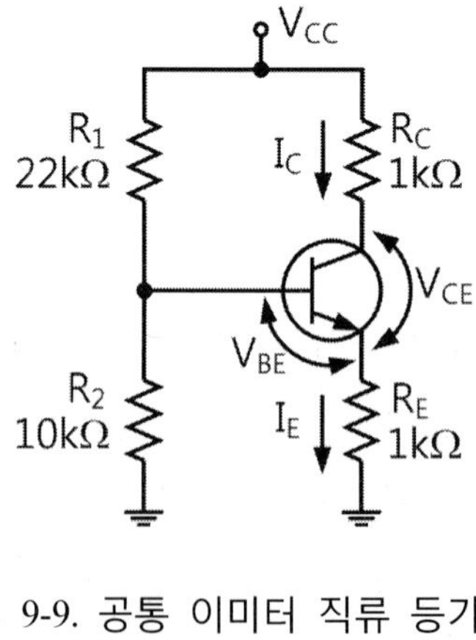

그림 9-9. 공통 이미터 직류 등가회로

$$V_B \cong \left(\frac{R_2}{R_1+R_2}\right)V_{CC} = \left(\frac{10k\Omega}{32k\Omega}\right)15V = 4.69V$$

가 된다. 실리콘 반도체라고 할 경우 다이오드 문턱전압은 V_{BE} = 0.7 V이므로 이미터 전압은 식 (9-3)으로부터 $V_E = V_B - 0.7 V = 3.99 V$가 된다. 따라서 이미터 전류는

$$I_E = \frac{V_E}{R_E} = \frac{3.99V}{1k\Omega} = 3.99mA$$

가 되고, $I_C \cong I_E$ 이므로, V_C는 식 (9-4)로부터 다음과 같이 구할 수 있다.

$$V_C = V_{CC} - R_C I_C$$
$$= 15\,V - (1\,k\Omega)(3.99\,mA) = 15\,V - 3.99\,V = 11.01\,V$$

이와 같이 하여 V_{CE}는 V_C와 V_E의 차 이므로 다음과 같다.

$$V_{CE} = V_C - V_E = 11.01V - 3.99V = 7.02V$$

9.3.2. 교류해석

직류전압에 의해 바이어스 상태가 증폭이 가능하도록 되면 트랜지스터의 베이스 단자에 들어오는 작은 크기의 교류 입력신호를 큰 신호로 바꾸어 준다는 의미이다. 즉, 트랜지스터는 공급되는 직류 바이어스 전압의 에너지를 이용하여 미세한 교류 신호를 큰 신호로 증폭하여 출력을 내는 것이다.

그림 9-8의 공통 이미터 증폭기의 경우 입력 임피던스가 작기 때문에 소신호(small signal) 결합을 위한 C_i의 값은 큰 값을 가진다. 결합 커패시터(coupling capacitor)의 역할은 직류적으로는 전원이 입력 소신호에 영향을 주는 것을 차단하므로 직류차단 커패시터(DC blocking capacitor)라고 부른다. 또한 출력측에서의 결합 커패시터 C_O도

출력에 영향을 미치지 않도록 하므로 직류전원을 차단하는 역할을 한다.

그러나 이미터 단자에 연결되어 있는 커패시터 C_E는 바이패스 커패시터(bypass capacitor)라고 부르며, 직류적으로는 개방되어 이미터 저항 R_E에 의해 동작점을 안정화 하는 역할을 한다. 또한 교류 소신호 신호에 대해 R_E에 비해 아주 작은 값을 가지므로 단락된 것으로 처리하여 접지된 것처럼 되며, 신호전압의 이득을 향상하는 역할을 한다. 따라서 교류 신호의 증폭을 알아보기 위한 교류등가회로는 그림 9-10과 같이 표현할 수 있다.

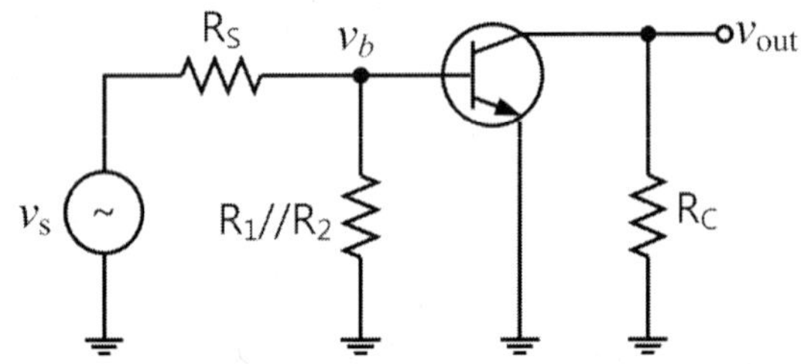

그림 9-10. 공통 이미터 교류 등가회로

그림 9-10에서 트랜지스터 증폭기의 전압이득(voltage gain)은 v_{out}/v_{in}이다. 출력 신호전압과 베이스에서의 신호전압은 식 (9-5)와 (9-6)으로 나타난다.

$$v_{out} = r_c i_c \tag{9-5}$$

$$v_b \cong v_{in} \cong r_e{}' i_e \tag{9-6}$$

여기서 r_c는 부하저항이 연결되었을 때의 콜렉터 저항으로 $r_c = (R_C // R_L)$ 이 된다. 또한 $r_e{}'$는 트랜지스터의 내부 이미터 저항이며, 증폭기의 전압이득을 결정하는 중요한 파라미터이다. $r_e{}'$를 추정하는 값은 식 (9-7)에 의해 결정된다.

$$r_e{}' \cong \frac{25\,\mathrm{mV}}{\mathrm{I_E}} \tag{9-7}$$

베이스 단자에서 보는 입력 임피던스는 식 (9-8)과 같이 내부 이미터 저항(r_e')에 전류이득(β)을 곱한 값으로 나타난다.

$$z_{in(base)} = \beta r_e' \tag{9-8}$$

β의 값에 따라 입력 임피던스의 값은 상당히 차이가 크게 나타난다.

순방향 전류이득은 직류에서 식 (9-2)와 같이 정의되었으므로 교류에 대한 순방향 전류이득도 유사하게 식 (9-9)와 같이 표현된다.

$$h_{fe} = \beta = \frac{\Delta I_C}{\Delta I_B} = \frac{i_c}{i_b} \tag{9-9}$$

그리고 $i_c \cong i_e$이므로 트랜지스터의 전압이득은 식 (9-10)과 같이 표현할 수 있다.

$$A = \frac{v_{out}}{v_{in}} = \frac{r_c}{r_e'} \tag{9-10}$$

전압이득을 데시벨(dB)로 표현하면 식 (9-11)과 같다.

$$A\,[dB] = 20\log(A) \tag{9-11}$$

또한 입력신호가 베이스에 걸리는 전압은 식 (9-12)에 의해 구할 수 있으므로 전체 전압이득은 식 (9-13)이 된다.

$$v_b = \frac{R_1 // R_2}{R_S + (R_1 // R_2)} v_S \tag{9-12}$$

$$A_v = \frac{v_{out}}{v_S} = \frac{r_c}{r_e'} \frac{R_1 // R_2}{R_S + (R_1 // R_2)} \tag{9-13}$$

공통 이미터 증폭기에서는 콜렉터의 출력전압은 베이스에서의 입력전압과 180°의 위상차가 있다. 입력과 출력 사이의 위상반전은 CE 증폭기의 중요한 특징이다.

예제 9. 1 트랜지스터에 1 mA의 직류 베이스 전류와 60 mA의 이미터 전류가 흐른다면 h_{FE}와 α_{DC}를 구하라.

[풀 이] $h_{FE} = I_C / I_B = 59\,mA / 1\,mA = 59$

$\alpha_{DC} = I_C / I_E = 59\,mA / 60\,mA = 0.983$

예제 9. 2 그림 9-11의 회로에 대하여 다음을 구하라.
단, 트랜지스터의 전류이득 β은 100이다.

(1) 베이스 바이어스 전압

(2) 이미터 전류

(3) 콜렉터 전압

(4) 베이스 입력임피던스

(5) 트랜지스터의 전압이득

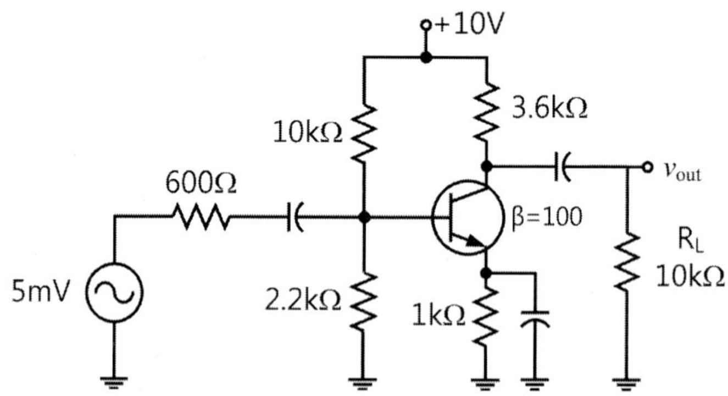

그림 9-11. 예제 9.2

[풀 이] (1) 베이스 전압은

$$\mathrm{V_B} \cong \left(\frac{2.2\,\mathrm{k}\Omega}{10\,\mathrm{k}\Omega + 2.2\,\mathrm{k}\Omega}\right)10\,\mathrm{V} = 1.803\,\mathrm{V}$$

(2) 실리콘의 경우 문턱전압은 0.7 V이므로 이미터 전압은

$\mathrm{V_E} = \mathrm{V_B} - 0.7\,\mathrm{V} = 1.103\,\mathrm{V}$ 가 된다.

따라서 이미터 전류는 $\mathrm{I_E} = \dfrac{\mathrm{V_E}}{\mathrm{R_E}} = \dfrac{1.103\,\mathrm{V}}{1\,\mathrm{k}\Omega} = 1.103\,\mathrm{mA}$

(3) $\mathrm{I_C} \cong \mathrm{I_E}$ 이므로, 콜렉터 전압 $\mathrm{V_C}$는

$$\mathrm{V_C} = \mathrm{V_{CC}} - \mathrm{R_C I_C} = 10\,\mathrm{V} - (3.6\,\mathrm{k}\Omega)(1.103\,\mathrm{mA}) = 6.029\,\mathrm{V}$$

(4) 트랜지스터 내부의 이미터 저항은

$$r_e' \cong \frac{25\,\mathrm{mV}}{I_E} = \frac{25\,mV}{1.103\,mA} = 22.665\,\Omega$$

이므로, 따라서 베이스 입력 임피던스는

$$\mathrm{z_{in\,(base)}} = \beta r_e' = 100(22.665\,\Omega) = 2.267\,k\Omega$$

(5) 교류등가회로에서 콜렉터 저항은

$$r_c = (R_C // R_L) = \frac{3.6\,k\Omega \times 10\,k\Omega}{3.6\,k\Omega + 10\,k\Omega} = 2.647\,k\Omega$$

따라서 트랜지스터의 전압이득은

$$\mathrm{A} = \frac{v_{out}}{v_{in}} = \frac{r_c}{r_e'} = \frac{2.647\,k\Omega}{22.665\,\Omega} \approx 117$$

※ 실제 공통 이미터 회로에서는 입력과 출력의 위상이 180° 차이가 난다. 따라서 입력에 대한 출력 전압은 (–)값을 가지는데 위 예제에서는 전압이득의 절대량만을 계산하였다.

9.4. 공통 콜렉터 회로

공통 이미터 회로 이외에도 공통 베이스(CB) 회로와 공통 콜렉터(CC) 회로가 있다. 공통 베이스회로는 거의 사용하지 않지만, 공통 콜렉터 회로는 그림 9-12의 회로와 같이 공통 이미터 회로와 유사하지만 출력이 콜렉터에 연결된 것이 아니라 이미터에 연결되어 있다.

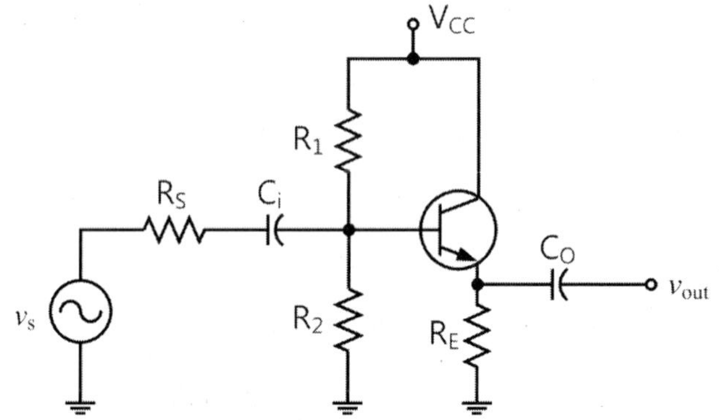

그림 9-12. 공통 콜렉터(이미터 폴로우)

이미터에서의 출력이 베이스에서의 입력에 따르기 때문에 이미터 폴로우(emitter follower)라고 부른다. 즉, CC 회로에서는 전압이득을 기대할 수 없다. 전압 이득은 거의 0.9~0.99 사이로 거의 '1'로 가정한다. 그러나 CC 회로의 경우 교류 신호원으로부터 부하에 전달하는 전압을 높일 수 있기 때문에 완충기로서 많이 사용하고 있다.

이미터 폴로우에서의 여러 파라미터들은 다음과 같이 결정된다.

전압이득 : $G_V \simeq 1$

베이스에서 입력 임피던스 : $R_{in} \simeq h_{fe} (R_E // R_L)$

전체 입력 임피던스 : $Z_{in} \simeq R_1 // R_2 // R_{in}$

베이스에서의 입력 임피던스는 트랜지스터의 순방향 전류이득의 값에 의해 영향을 받는다. 일반적으로 이미터 폴로우에서의 입력 임피던스는 매우 크기 때문에 증폭기로 들어오는 신호원의 값을 최대한 부하로 전달할 수 있게 된다.

예제 9. 3 내부저항이 500 Ω인 2 V_{P-P}의 신호원을 1 kΩ의 부하를 동작시키려고 한다. 이미터 폴로우를 통하지 않고 연결하였을 때의 부하전압을 구하라.

[풀 이] 직접 연결로 인한 부하전압은 전압분배법칙에 의해

$$V_{R_L} = 2\,V_{P-P} \times \frac{1\,k\Omega}{1\,k\Omega + 500\,\Omega} = 1.33\,V$$

순방향 전류이득이 100인 트랜지스터를 이용한 이미터 폴로우를 통해 연결하면 부하에 전달되는 전압은 신호원의 90%(1.8 V)이상이 될 수 있다. (단, 저항값에 의해 약간의 차이는 있다.)
이러한 효과는 부하저항이 내부저항에 비해 그다지 크지 않을 때 더 크게 나타난다.

9.5. 기타 트랜지스터

위에서 살펴본 바와 같이 트랜지스터에는 베이스에 가해지는 바이어스 전압에 의해 베이스-이미터 간의 다이오드를 ON할 수 있어야 하며, 이때 흐르는 베이스 전류가 존재함으로 인해 이미터에서 공급되는 전류가 콜렉터로 갈 수 있게 된다. 다시 말해 베이스 입력 전류가 형성되지 않으면 콜렉터 전류가 생기지 않게 되고, 출력은 증폭되지 못한다.

이와 같이 트랜지스터의 전류 성분이 전자와 정공의 흐름에 의해 결정되고 베이스 전류에 의해 콜렉터 전류가 제어되기 때문에 이러한 트랜지스터를 전류제어 소자라

고 하며, 쌍극성 접합 트랜지스터(Bipolar Junction Transistor; BJT)라고 한다. BJT와는 다른 특성을 가지는 트랜지스터 소자로 전계효과 트랜지스터(Field Effect Transistor; FET)가 있다. FET의 경우에는 전류를 형성하는 성분이 전자 또는 정공에 의해서만 형성되기 때문에 단극성 트랜지스터(unipolar transistor)라고 하며, 게이트의 전압이 흐르는 전류의 양을 제어하기 때문에 전압제어 소자라고 한다. 전계효과 트랜지스터에는 여러 종류가 있으며, 접합형 FET(junction FET, JFET), 금속산화물반도체 FET(metal oxide semiconductor FET, MOSFET) 등이 있다.

9.5.1. 접합형 전계효과 트랜지스터(Junction Field Effect Transistor)

접합형 FET는 N 형 반도체 막대에 위아래 부분에 전극을 접촉시키고 아랫부분을 소스(source), 윗부분을 드레인(drain)이라고 한다. 이 두 전극 사이에 전압을 인가하면 소스에서 드레인으로 자유전자가 이동한다. 소스와 드레인은 BJT의 이미터와 콜렉터에 대응한다. 그리고 반도체 옆부분에 P형을 도핑시켜 전극을 연결하는데 이 영역을 게이트(gate)라고 하며, BJT의 베이스와 같은 역할을 한다. 단일 게이트를 가지는 JFET를 그림 9-13에 보였다.

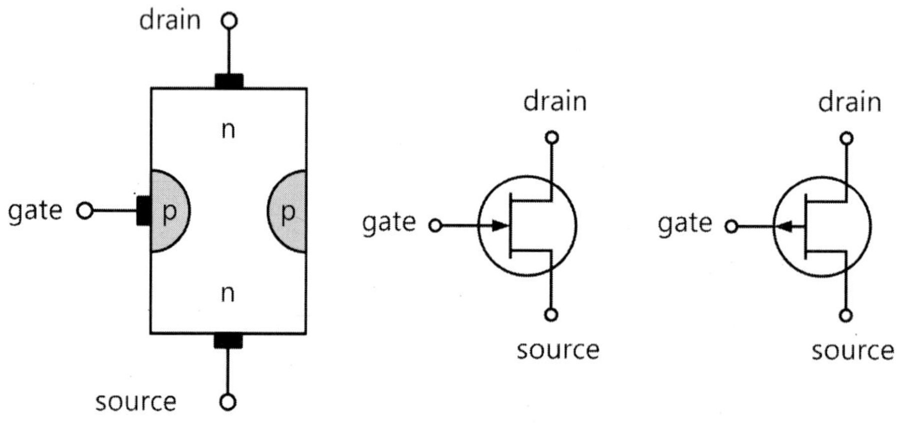

(a) (b) n-channel (c) p-channel

그림 9-13. 단일 게이트를 가진 JFET

JFET의 바이어스 방법은 BJT의 바이어스와는 완전히 다른 개념이다. 가장 큰 차이점은 BJT에서는 베이스-이미터 다이오드가 순방향 바이어스 되지만 JFET에서는 게이트-소스 사이가 항상 역방향 바이어스가 된다는 사실이다. 이 역방향 바이어스 때문에 JFET의 게이트 단자에는 아주 작은 역방향 전류만이 존재하게 된다. 보통 근사적으로 게이트전류는 '0'이 된다. 전류가 '0'이라는 것은 저항이 무한대 가까운 값을 가진다는 것을 의미하고 있으므로 일반적인 JFET에서는 게이트 입력저항은 무한대에 가까운 수백 MΩ이다. 이것은 BJT에 비해 큰 이점으로 나타나며, 높은 입력임피던스가 요구되는 응용에서는 BJT보다 JFET가 많이 사용되는 이유이다. 특히 소스 폴로우의 경우 저주파수에서 수백 MΩ 정도의 입력 임피던스를 가진다는 것 이외에는 이미터 폴로우와 유사하다.

JFET의 정상적인 바이어스 상태는 그림 9-14와 같다.

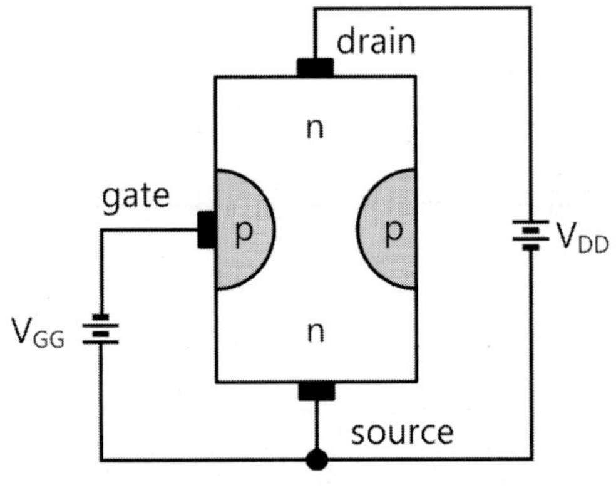

그림 9-14. JFET의 정상적인 바이어스

P형 영역과 N형 영역사이의 접합은 N형 영역에서 P형 영역으로 자유전자가 확산되어 공핍층을 형성한다. 소스에서 드레인 쪽으로 전자의 흐름은 두 개의 공핍층 사이의 좁은 채널(channel)을 통과하여 흐르게 되는데 게이트의 음의 전압이 증가하면 할수록 공핍층이 증가하게 되어 소스에서 드레인으로 흐르는 전류는 작아지게 된다. 즉, 게이트 전압으로 흐르는 전류를 제어할 수 있다. 따라서 JFET는 게이트가

순방향 바이어스가 아닌 역방향 바이어스로 되어 있기 때문에 전류제어 소자가 아니라 전압제어소자가 된다.

드레인으로 흐르는 전류는 대부분 채널을 통과한 소스전류이다. 따라서 식 (9-14)와 같이 표현한다.

$$I_D = I_S \tag{9-14}$$

그러나 JFET는 입력변화에 대하여 민감하지 못하며, 전압이득도 BJT에 비하여 훨씬 작다. 따라서 큰 전압을 얻기 위해서는 BJT를 사용하고, 큰 입력 임피던스를 얻기 위해서는 JFET를 사용한다. 이러한 것은 다단회로에서 특히 많이 사용되고 있다.

JFET의 채널의 반도체 형태에 따라 n-채널 JFET와 p-채널 JFET로 구분하며, 회로상에서의 도식적이 기호는 그림 9-13 (b), (c)와 같다. BJT와 달리 저주파 응용에서는 소스와 드레인의 역할을 서로 바꾸어도 큰 영향이 없지만 고주파로 가면 그 역할을 바꿀 수 없다.

9.5.2. 금속산화물반도체 트랜지스터(MOS Field Effect Transistor)

금속산화물반도체 FET(MOSFET)는 JFET와 같이 소스, 게이트, 드레인으로 구성되어 있다. 그러나 게이트가 채널로부터 전기적으로 절연되어 있는 것이 차이점이다. 따라서 게이트 전류는 게이트 전압이 (+) 또는 (–)이든 크기가 작다. MOSFET의 구조와 회로상의 기호는 그림 9-15와 같다. MOSFET은 게이트 바로 아래 절연체가 있고 그 아래 N형 반도체가 있으며, 반대쪽에는 기판(substrate)으로부터 P형 반도체를 도핑한 형태이다. 절연체는 보통 실리콘 산화막(SiO_2)으로 되어 있다.

MOSFET 역시 반도체의 N형과 P형 사이에 공핍층이 형성되며, 게이트 전압에 의해 공핍층의 크기가 달라지며 이에 따라 채널 폭이 달라진다. 이때 자유전자는 N형 반도체로 이루어진 채널을 통해 소스에서 드레인으로 흐른다. 따라서 n-채널 공핍형 MOSFET이라고 한다.

공핍형 MOSFET을 정상동작하기 위한 바이어스는 그림 9-16과 같다.

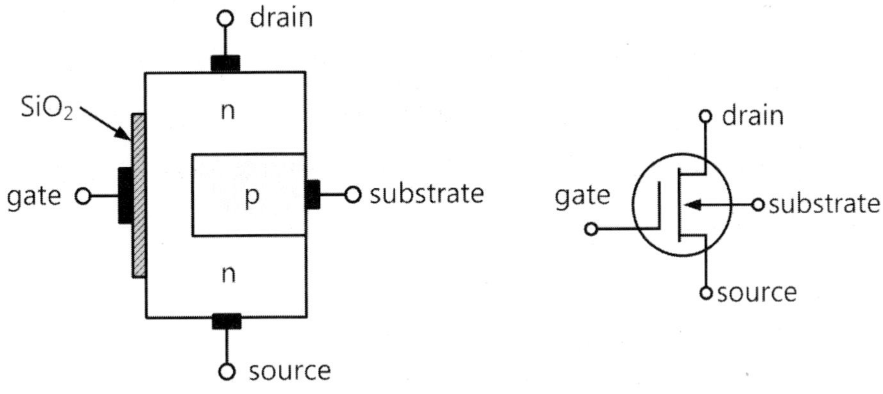

(a) (b) n-채널 MOSFET

그림 9-15. 공핍형 MOSFET 구조와 기호

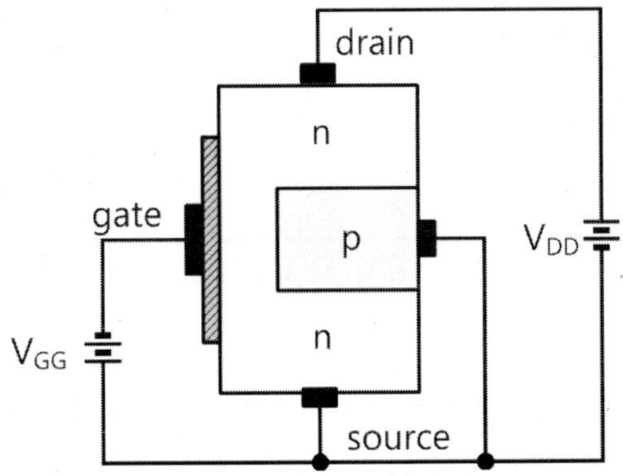

그림 9-16. 공핍형 MOSFET의 바이어스

게이트 전압은 (–)의 전압을 가하고 있지만 (+) 전압을 가하여도 게이트가 채널로부터 절연되어 있기 때문에 아주 작은 전류를 흘리게 되므로 양의 전압을 인가하는 것도 가능하다. 게이트에 양의 전압이 가해지면 소스에서 드레인으로 흐르는 전류의 양은 증가한다. MOSFET은 게이트에 양의 전압을 가할 수 있기 때문에 JFET와 구별된다.

9.5.3. 증가형 MOSFET

공핍형 MOSFET은 특수한 상황에서는 유용하지만 일반적으로 널리 사용되지 못한다. MOSFET의 또 다른 형태인 증가형 MOSFET은 디지털 전자공학 및 컴퓨터 분야의 발전을 가져온 중요시 되는 소자이다. n-채널 증가형 MOSFET의 구조와 기호는 그림 9-17과 같다.

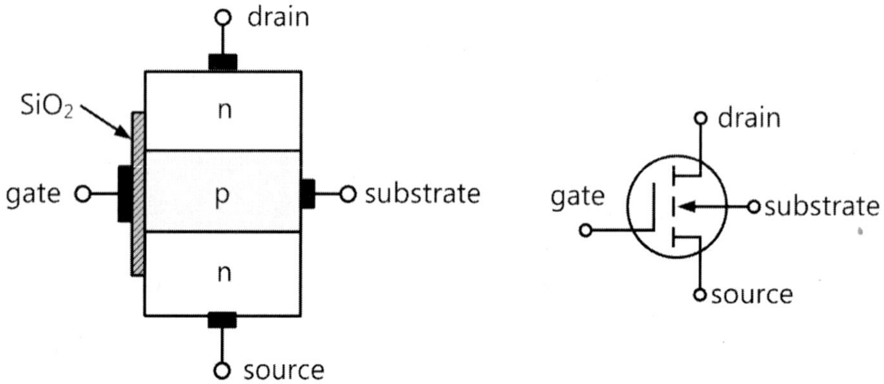

(a) (b) n-채널 증가형 MOSFET

그림 9-17. 증가형 MOSFET 구조와 기호

증가형 MOSFET의 경우 기판에서부터 산화막까지 확장되어 있는 구조이며, 따라서 소스와 드레인 사이에 채널이 존재하지 않는다. 증가형 MOSFET의 경우 바이어스를 그림 9-18과 같이 한다.

게이트 전압이 (–)의 전압을 가질 경우에는 소스에서 드레인으로 흐르는 전류는 '0'이다. 그러나 게이트 전압이 (+)로 되면 산화막 바로 아래 전자들이 모이게 되어 전자들은 P형 영역의 정공들과 재결합을 하게 된다. 게이트 전압이 충분히 (+)으로 되면 산화막 아래에는 자유전자들이 모이게 되어 소스에서 드레인으로 자유전자들이 흐르게 되는 채널을 형성한다. 이렇게 P형 영역 내에서 전자들이 더 많아지는 층이 생기게 되는데 이를 N형 반전층(n-type inversion layer)이라고 한다. N형 반전층을 형성하기 위한 게이트 전압의 최소값을 문턱전압(threshold voltage)라고 하고,

$V_{GS(th)}$로 표기한다. 사용하는 소자의 종류에 따라 게이트 전압의 문턱전압은 1 V에서 5 V 이상까지이다.

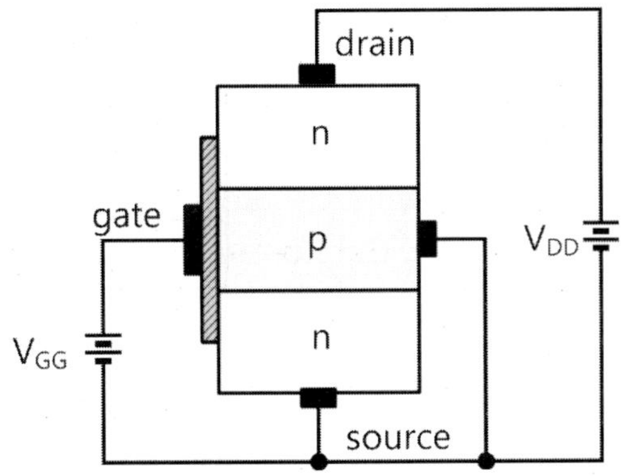

그림 9-18. 증가형 MOSFET의 바이어스

9.5.4. 실리콘 제어 정류기

실리콘 제어정류기(silicon-controlled rectifier, SCR)은 전기전도를 제어하는데 사용되는 또 다른 단자(게이트)를 가지는 정류기이다. SCR은 그림 9-19와 같이 NPN 형과 PNP 형 2 개의 트랜지스터를 접속한 형태이다. 따라서 SCR은 3 개의 PN 접합부를 가지고 있다. 양극으로부터 음극으로 전도는 게이트라고 부르는 단자에 인가된 신호에 의하여 제어된다.

SCR의 특징은 0.7 V 정도의 낮은 게이트 전압으로 부하로 흐르는 많은 양의 전력을 제어할 수 있다는 것이다. SCR의 트리거(trigger) 전압과 정격 전류는 자료표[4)]에 표시되어 있다. 2N4441의 경우 자료표에 0.75 V의 대표적인 트리거 전압과 10mA의 정격전류가 주어진다. 따라서 2N4441을 구동하기 위해서는 게이트 전압이 0.75 V에서 적어도 10 mA의 전류를 공급할 수 있어야 한다는 것을 의미한다.

또한 SCR을 개방하기 위해서는 유지전류(holding current)보다 낮은 저전류에 의해

4) SCR의 제조사에서 대표적인 값을 제공하고 있다.

서만 가능하다. 대부분의 SCR은 1 A 이하의 전류에서부터 1000 A 이상의 대전류까지 취급할 수 있는 산업용 소자이다.

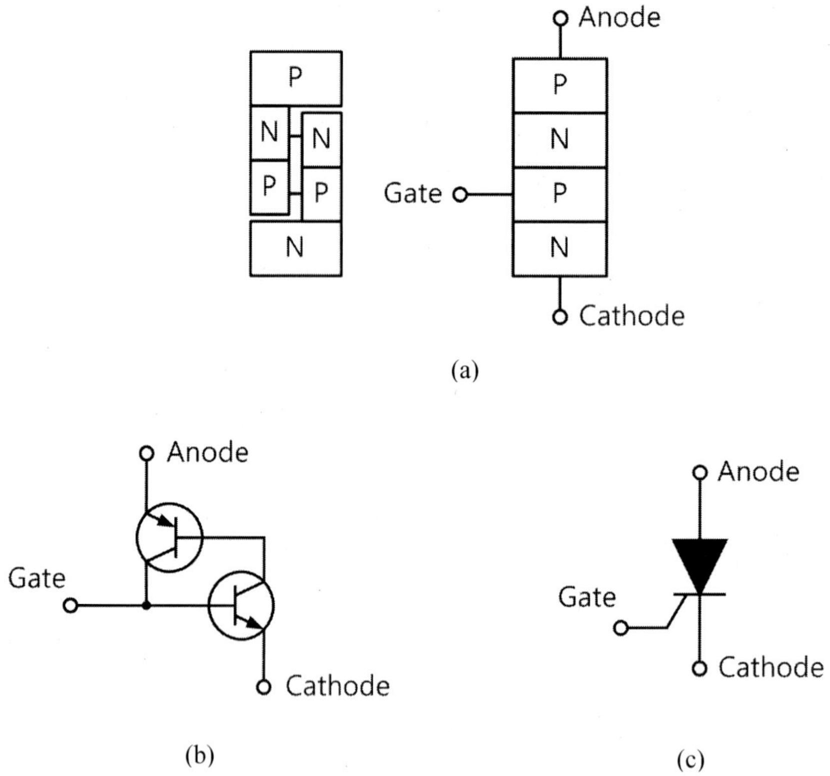

그림 9-19. 실리콘 제어정류기(SCR)과 기호

예제 9. 4 그림 9-20의 SCR에서 트리거 전압은 0.75 V이고, 정격전류는 7 mA, 유지전류는 6 mA이다. 다음을 구하라.

(1) SCR이 차단될 때의 출력전압

(2) SCR을 트리거하는 입력전압

(3) 만일 SCR을 개방할 때까지 감소한다면 V_{CC}를 얼마로 줄여야 하는가?

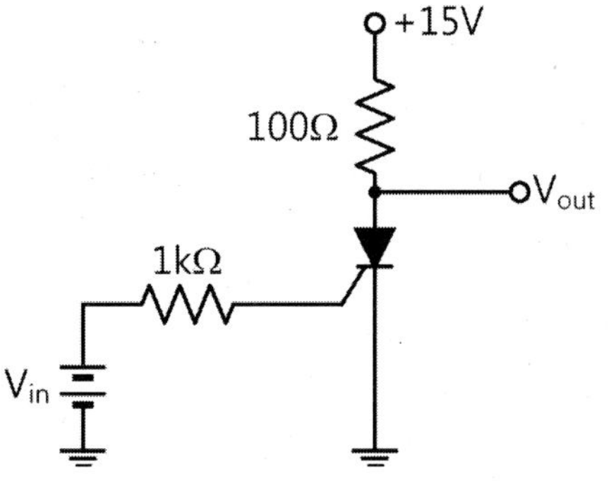

그림 9-20. 예제 9.4

[풀 이] (1) SCR이 전도되지 않고 차단될 때의 출력전압은 공급전압과 같다.

따라서 V_{out} = 15 V

(2) 트리거 전압이 0.75 V이고, 정격전류가 7 mA이므로 입력전압은

V_{in} = 0.75 V + (7 mA)(1 kΩ) = 7.75 V

(3) 유지전류가 6 mA이므로 100 Ω 양단의 전압은

V = (6 mA)(100 Ω) = 0.6 V 가 된다.

따라서 SCR을 차단하려면 0.6 V보다 낮은 전압으로 되어야 하고,

다이오드의 문턱전압 0.7 V를 고려하면

V_{CC} = 0.7 V + 0.6 V = 1.3 V보다 조금 작게 감소하면 된다.

연습문제

1. 트랜지스터의 3 개의 결선방법에 대하여 활성상태에서 정상 동작이 가능한 바이어스 상태를 표시하라.

2. 트랜지스터가 선형영역에서 동작하여야 하는 이유를 설명하라.

3. 그림 p9-3의 베이스-콜렉터 전류특성 곡선에서 선형구간의 베이스 전류 범위를 구하고, 직류 전류이득과 교류 전류이득을 구하라.

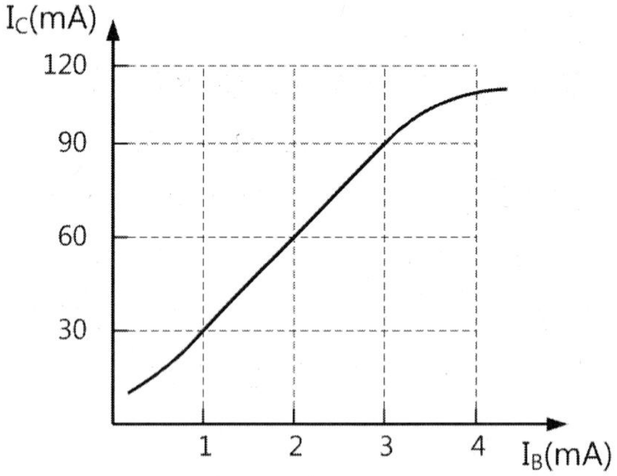

그림 p9-3.

4. 입력전압이 0.1 V_{rms}일 때, 증폭기 출력전압이 8 $V_{p\text{-}p}$이라면 전압이득은 얼마인가?

5. 전압이득이 거의 1인 이미터 폴로우를 사용하는 이유는 무엇인가?

6. 그림 p9-6의 회로에 대하여 전압이득을 구하라.

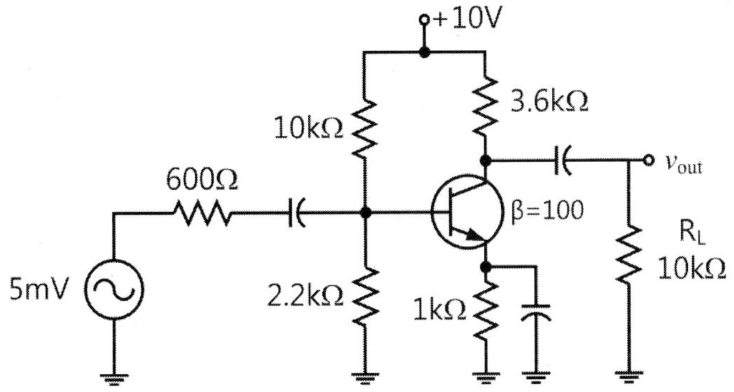

그림 p9-6.

7. 그림 p9-6에서 베이스, 이미터, 콜렉터에 연결되어 있는 각 커패시터의 역할은 무엇인가?

8. 공핍형 MOSFET과 증가형 MOSFET의 구조적 차이점과 동작에서의 차이점은 무엇인가?

9. 증가형 MOSFET에서 반전층이란 무엇이며, 게이트 전압과의 관계를 설명하라.

10. 실리콘 제어 정류기 SCR의 게이트 단자의 역할은 무엇인가?

10. 연산증폭기

10.1. 이상적 연산증폭기

연산증폭기(Operational Amplifier)는 가산, 감산, 적분 및 미분과 같은 수학적인 연산을 수행하는데 이용하기 때문에 연산 증폭기라고 부른다. 연산증폭기는 저항, 커패시터, 다이오드 등의 연산증폭기 외부에 연결되는 소자들을 바꿈으로써 선형 또는 비선형 동작을 안정되게 행할 수 있다. 연산 증폭기는 보통 2개의 입력전압을 필요로 하고 있으며, 한 단자는 양의 전압을 다른 한 단자는 음의 전압이므로 이를 반전(inverting) 입력 및 비반전(non-inverting) 입력이라고 한다. 회로에서 사용되는 기호는 그림 10-1과 같다.

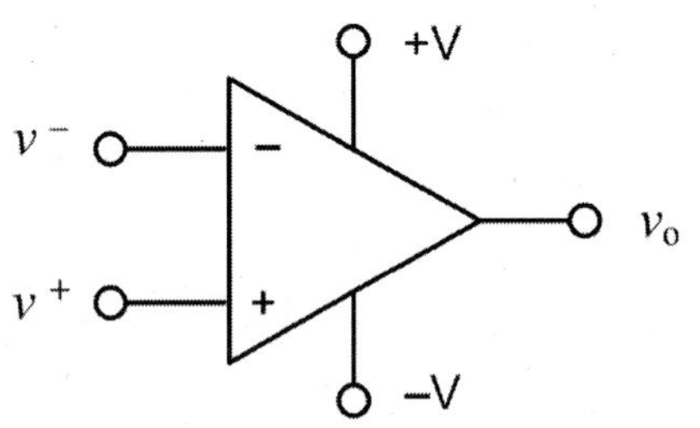

그림 10-1. 연산증폭기의 회로기호

연산증폭기는 대개 10^5 이상의 이득을 가지는데 이상적으로는 무한대의 전압이득을 가진다고 본다. 또한 무한대의 대역폭과 무한대의 입력 임피던스를 가지고 있으며, 출력임피던스는 '0'이다. 최근의 IC 연산증폭기의 경우 이상적인 연산증폭기에 가까운 여러 파라미터를 갖는 소자를 만들어지고 있으나, 실제로 이상적으로 만들 수는 없다. 즉, IC 연산 증폭기의 경우에도 소자의 제한을 가지고 있다. 그러나 회로의 해석을 위해서는 이상적인 연산증폭기의 개념을 도입하여 해석한다.

그림 10-2 (a)에 이상적인 연산증폭기의 내부 구조와 (b)에 실제의 연산증폭기의 내부 구조를 표현하고 있다. 실제의 연산증폭기에서는 높은 전압이득, 높은 입력임피던스와 낮은 출력임피던스, 그리고 넓은 대역폭을 가지고 있다.

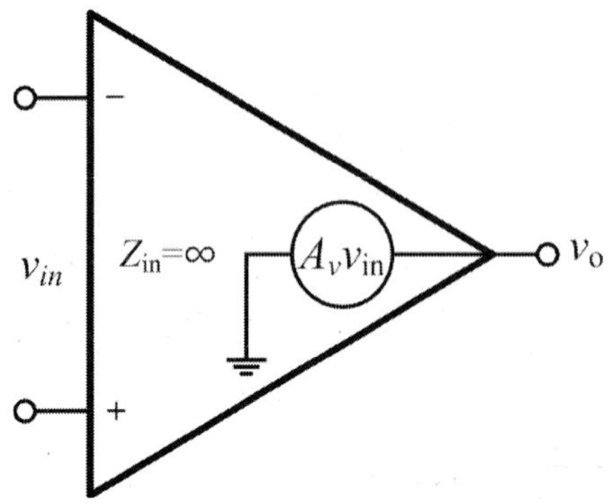

(a) 이상적인 모델

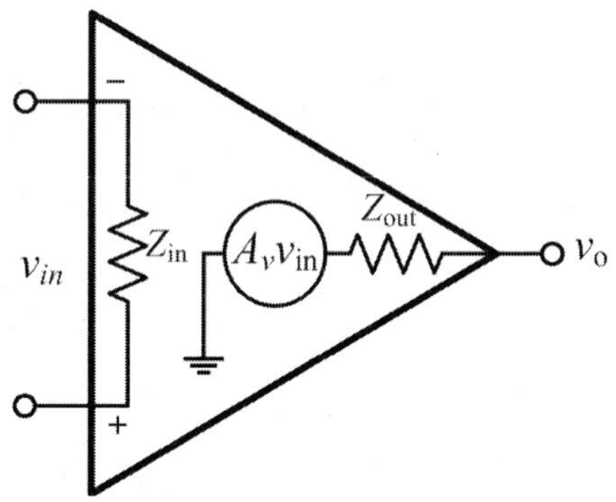

(b) 실제 모델

그림 10-2.연산증폭기의 내부 표현

10.2. 부궤환을 갖는 증폭기

부궤환(negative feedback)을 이용하면 연산증폭기의 이득을 안정화할 수 있으며, 주파수 응답을 증가시킨다. 연산증폭기의 개루프 이득(open-loop gain)은 불안정한 특성을 가지고 있으므로 아주 작은 잡음도 증폭기의 선형동작영역에서 벗어나게 만들 수 있고, 원하지 않는 발진도 일어나게 할 수 있다. 또한, 연산증폭기의 개루프 이득은 소자마다 다를 수 있기 때문에 부궤환을 통하여 출력의 일부를 입력에 다시 인가함으로써 이득을 효율적으로 낮출 수 있다.

10.2.1. 반전 증폭기

전압조절이 가능한 폐루프(closed-loop) 결선을 통한 반전 증폭기는 그림 10-3과 같다. 그림에서 입력신호는 비반전 입력단자에 인가되고, 출력 중 일부는 저항 R_f를 통하여 다시 반전입력으로 부궤환된다. 비반전 입력단자는 접지한다.

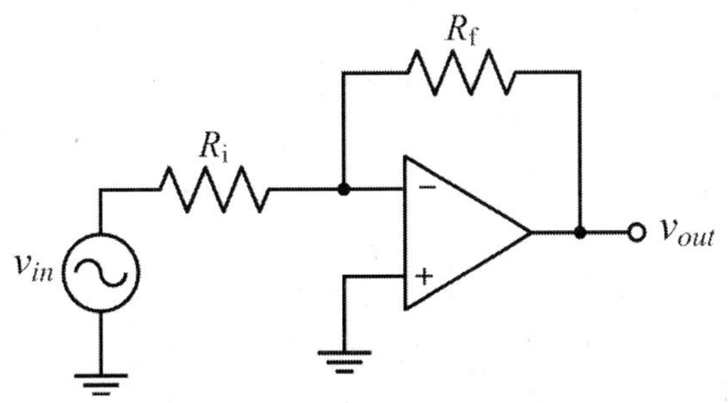

그림 10-3. 반전 증폭기

이상적인 연산증폭기의 개념을 적용하면 이 회로의 해석을 간단하게 할 수 있다. 즉, 연산증폭기가 이상적일 경우 입력 임피던스가 무한대이고 이 경우 개방된 것과 같다. 또한 실제의 경우에도 입력 임피던스는 아주 크기 때문에 공급전압원에서 흐르는 전류에서 보면 연산증폭기의 입력 임피던스와 출력 쪽으로 연결된 저항 R_f의 경로가 병렬로 보인다. 따라서 전류는 작은 저항 R_f쪽으로 거의 모두 흐르게 되므로, 반전입력단자로 들어가는 전류가 '0' 이라는 것을 의미한다. 전류가 흐르지 않으면 연산증폭기의 입력저항 양단의 전압강하는 없기 때문에 반전 입력단자와 비반전 입력단자 사이에서 전위차는 없는 것과 같다.

따라서 그림 10-4 (a)와 같이 비반전 입력단자가 접지 되어 있으므로 반전 단자의 전압도 '0' 이다. 실제의 접지는 아니지만 접지된 것과 같은 효과를 보이고 있으므로 이를 가상접지(virtual ground)라고 한다.

그림 10-4의 (b)와 같이 반전입력으로 흘러 들어가는 전류가 없기 때문에 저항 R_i를 통해 흐르는 전류는 저항 R_f를 통하여 흐르는 전류와 서로 같다.

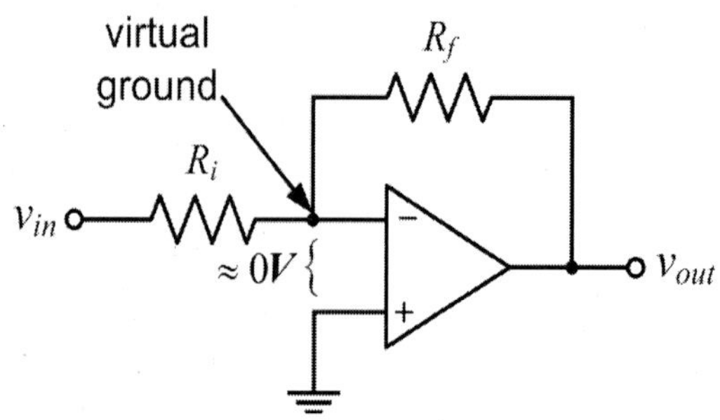

(a) 가상접지 개념

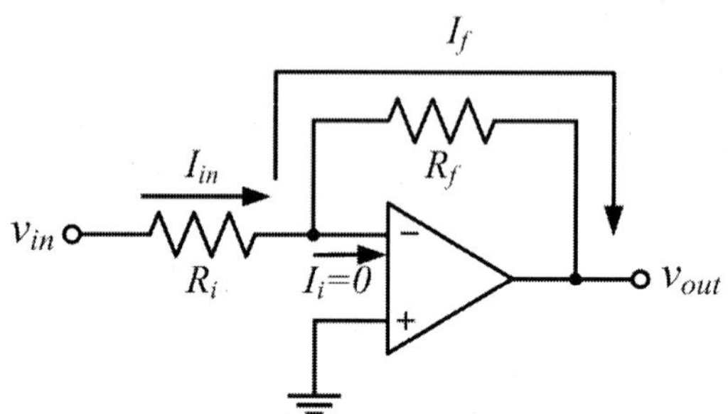

(b) 가상접지에서 전류흐름

그림 10-4. 가상접지 개념

$$I_{in} = I_f \tag{10-1}$$

저항 R_i는 한 쪽이 접지 되어 있으므로 R_i에 걸린 전압은 입력전압 v_{in}이 되고, 가상접지로 인해 저항 R_f에 걸리는 전압은 $-v_{out}$ 이다. 따라서 흐르는 전류는 식 (10-2)와 (10-3)으로 표현할 수 있다.

$$I_{in} = \frac{v_{in}}{R_i} \tag{10-2}$$

$$I_f = -\frac{v_{out}}{R_f} \tag{10-3}$$

$I_{in} = I_f$ 이므로, 출력전압은 식 (10-2)와 (10-3)으로부터

$$v_{out} = -\frac{R_f}{R_i}v_{in} \tag{10-4}$$

가 되며, 반전 증폭기의 폐루프 총이득 A_{CL}은 식 (10-5)와 같다.

$$A_{CL} = -\frac{R_f}{R_i} \tag{10-5}$$

이는 반전 증폭기의 폐루프 이득은 저항 R_i에 대한 궤환저항 R_f의 비율이라는 것을 뜻한다. 폐루프 이득은 연산증폭기의 내부 개루프 이득과는 무관하다. 부궤환은 전압이득을 안정시키며, 음의 부호는 출력전압이 반전됨을 의미하고 있다.

예제 10. 1 그림 10-5의 회로에서 입력 sin파(정현파)에 대한 출력을 구하라.

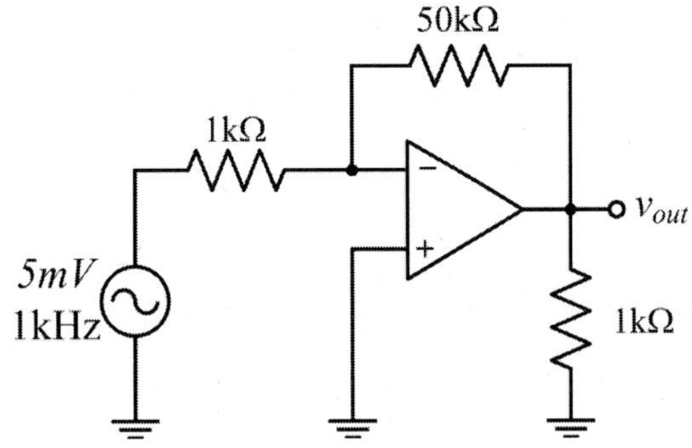

그림 10-5. 예제 10.1

[풀 이] 반전 단자의 전압은 가상접지에 의해 접지되어 있는 것과 같다.

출력은 $v_{out} = -\frac{R_f}{R_i}v_i = -\frac{50\,k\Omega}{1\,k\Omega}5\,mV = -250\,mV$ 이므로

출력파형은 위상이 반전된다.

10.2.2. 비반전 증폭기

그림 10-6에서와 같이 비반전 입력단자로 신호가 인가되지만 출력의 궤환은 반전 증폭기에서처럼 반전 입력단자로 이루어진다.

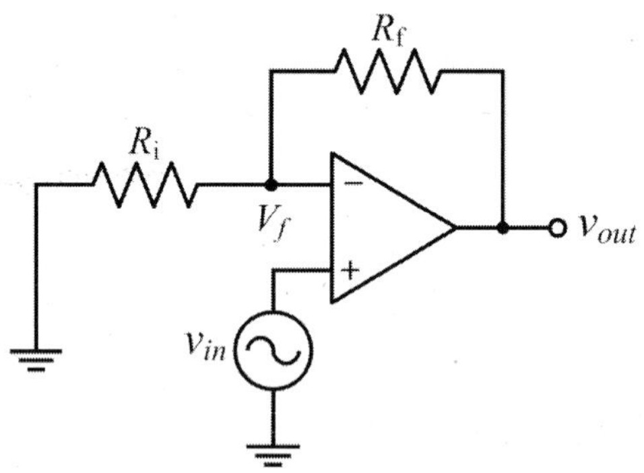

그림 10-6. 비반전 증폭기

반전 입력단자의 저항 R_i가 접지되어 있으므로 궤환전압 V_f은 전압분배 법칙에 의해 식 (10-6)과 같이 된다.

$$V_f = \left(\frac{R_i}{R_i + R_f} \right) v_{out} \tag{10-6}$$

가상접지 개념에 의해 반전 입력단자의 궤환전압 V_f는 비반전 입력단자의 입력 전압 v_{in}과 같다. 따라서 식 (10-6)을 출력전압에 관하여 다시 고쳐 쓰면

$$v_{out} = \left(1 + \frac{R_f}{R_i} \right) v_{in} \tag{10-7}$$

가 되며, 폐루프의 전압이득은 개방 루프의 이득과 전혀 관계가 없다. 따라서 폐루프의 전압이득은 저항 R_i와 R_f의 값을 적당히 선택하면 결정할 수 있다.

비반전 증폭기에서의 입력 임피던스는 궤환이 없는 경우의 내부 입력 임피던스 Z_{in}에 비해 $(1+A_{OL}B)$배 만큼 크다.

$$Z_{in(NI)} = (1+A_{OL}B)Z_{in} \tag{10-8}$$

여기서 A_{OL}은 개루프 전압이득이고, $B = R_i/(R_i+R_f)$이다. 출력 임피던스의 값은 반대로 연산증폭기의 내부 임피던스보다 $1/(1+A_{OL}B)$배 만큼 작아진다.

$$Z_{out(NI)} = \frac{Z_{out}}{1+A_{OL}B} \tag{10-9}$$

결국 비반전 증폭기에서의 부궤환은 입력 임피던스를 증가시키고, 출력 임피던스는 감소시킨다. 또한 출력신호가 입력신호와 동상(同相)이다. 즉, 비반전 증폭기는 신호원에 부하효과를 미치지 않고, 또 다른 부하에 의해 영향을 받지도 않는다.

그러나 반전 증폭기에서는 입력 임피던스는 가상접지로 인해 외부 입력 저항 R_i와 거의 같으며, 출력 임피던스는 내부 출력 임피던스 Z_{out}과 거의 같은 값을 가진다.

예제 10. 2 그림 10-7의 회로에서 입력 sin파(정현파)에 대한 출력을 구하라.

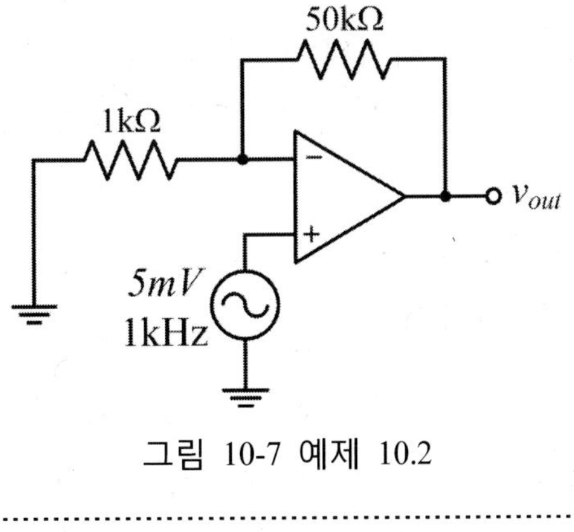

그림 10-7 예제 10.2

[풀 이] 입력 신호가 비반전 단자에 인가되어 있으므로, 출력은

$$v_{out} = \left(1 + \frac{50\,k\Omega}{1\,k\Omega}\right) v_1 = 51 \times 5\,mV = 255\,mV$$

따라서 출력 파형은 255 mV 정현파이다.

10.2.3. 전압 폴로우

그림 10-8의 전압 폴로우(voltage follower)는 비반전 회로를 응용한 것이다. 비반전 증폭회로에서 $R_f = 0$(단락)으로 하고, $R_i = \infty$(개방)로 한 경우이다.

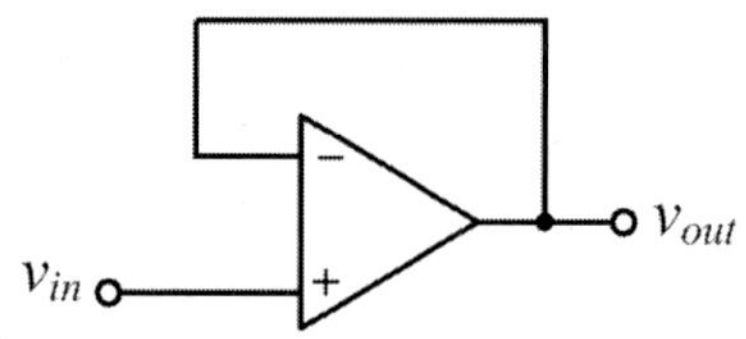

그림 10-8. Voltage follower

전압 폴로우에서 출력전압은 식 (10-7)에서 $R_f = 0$으로 하고, $R_i = \infty$로 하면 $v_{out} = v_{in}$가 되어 입력 신호가 그대로 출력에 전달되는 것을 알 수 있다. 이것은 트랜지스터에서 공통 콜렉터 회로인 이미터 폴로우와 같은 역할을 한다.

OP-AMP 741C는 위에서 보인 연산증폭기를 IC로 제작한 것으로 핀 배열을 그림 10-9에 나타내었다.

10.2.4. 비선형 연산증폭기

연산증폭기는 값이 싸고 호환성과 신뢰성이 높아 많이 사용되고 있다. 따라서 전압 증폭기, 전류원, 능동필터뿐만 아니라 능동다이오드회로, 비교기 및 파형정형에도 사용된다. 또한, 출력파형이 입력신호와 달라지는 비선형 증폭회로에도 사용된다.

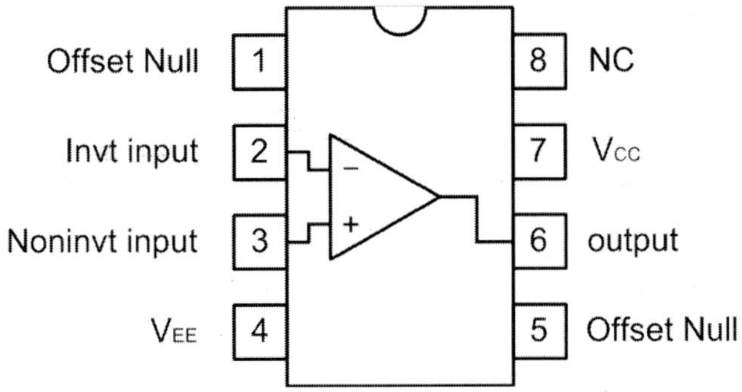

그림 10-9. OP-Amp LM741C 핀 배열

(1) 능동 반파정류회로

연산증폭기는 다이오드회로에 대하여 그 성능을 향상시킨다. 즉 다이오드의 문턱전압의 영향을 감소시키며, 정류, 피크 검출, 클리핑 및 클램핑 등을 할 수 있다. 능동반파정류기는 그림 10-10과 같이 구성할 수 있다.

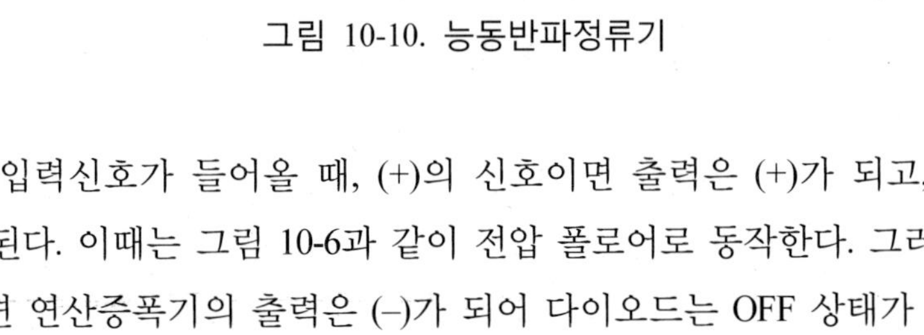

그림 10-10. 능동반파정류기

비반전에 입력신호가 들어올 때, (+)의 신호이면 출력은 (+)가 되고, 다이오드는 ON 상태가 된다. 이때는 그림 10-6과 같이 전압 폴로어로 동작한다. 그러나 입력신호가 (–)가 되면 연산증폭기의 출력은 (–)가 되어 다이오드는 OFF 상태가 된다. 따라서 부하저항 양단에는 전압이 나타나지 않게 된다. 이와 같이 하여 거의 완전한 반파정류회로가 된다. 연산증폭기를 사용하게 됨에 따라 문턱전압의 영향이 거의 나타나지 않음을 알 수 있다.

(2) 능동 클램핑회로

클램핑회로는 교류신호가 직류신호에 더해져 기준 전위가 높아지거나 낮아지는 회로를 말한다. 그림 10-11은 연산증폭기와 다이오드를 이용한 능동 클램핑회로이다. 그림에서 출력파형은 입력신호에 (+)의 직류성분이 더해져 있는 것을 알 수 있으며, 출력은 직류레벨의 변동을 제외하고는 입력신호와 같은 형태를 가진다.

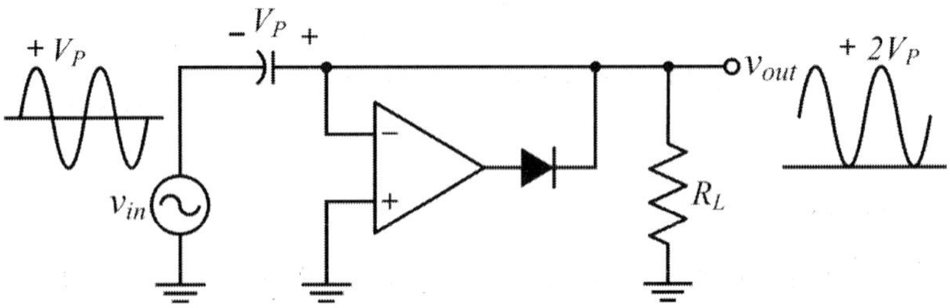

그림 10-11. 능동클램핑회로

이 회로의 동작은 커패시터가 완전히 방전되어 있을 때, 입력신호가 먼저 (+)의 값을 가지게 되면 연산증폭기의 출력은 (–)가 되어 다이오드가 OFF 상태가 된다. 다시 입력신호가 (–)로 변하게 되면 연산증폭기는 (+)의 출력전압을 가지게 된다. 이때 다이오드는 ON 상태가 되며 연산증폭기는 가상접지를 가지게 된다. 연산증폭기의 (+)단자는 접지되어 있으므로 가상접지로 인해 (–)단자의 전압은 '0'이 된다. 따라서 커패시터에는 (–)의 피크전압이 충전되게 된다.

커패시터가 충전하고 나면 입력신호가 커패시터의 충전전압보다 낮아지게 될 경우 연산증폭기의 (–)로 입력되는 신호의 크기는 커패시터에 충전된 전압보다 작기 때문에 다이오드는 OFF 상태가 되어 개방된다. 다이오드가 개방되면 연산증폭기의 귀환이 없어지므로 가상접지 또한 적용할 수 없다. 따라서 출력전압은 입력신호와 커패시터의 충전전압의 합으로 나타난다. 이와 같은 이유로 능동 정(+) 클램핑회로(active positive clamping circuit)이라고 한다.

(3) 적분기

적분기(integrator)는 수학적인 적분을 수행하는 회로이다. 일반적으로 적분은 면적이므로 출력파형은 램프(ramp) 파형을 가진다. 적분을 수행하는 회로는 그림 10-12와 같으며, 이때 입력파형으로는 구형파를 입력한다. 일반적으로 적분을 알아보기 위한 파형으로는 구형파가 적합하다.

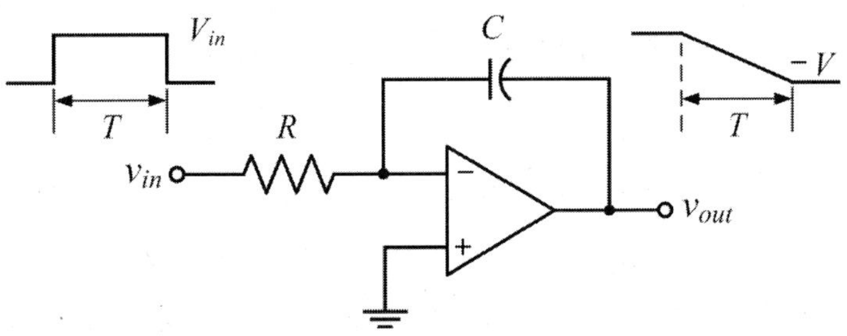

그림 10-12. 적분기

입력되는 구형파가 높은 레벨이 되면 가상접지에 의해 입력전류가 커패시터로 다 흐르게 된다. 따라서 커패시터는 충전되고 그 양단 전압은 출력전압으로 나타난다. 연산증폭기의 반전 입력단자에 입력되고 있으므로 출력은 (–)의 값을 가지게 된다. 커패시터에 흐르는 전류는 일정하기 때문에 전하는 시간에 따라 지속적으로 증가하게 되며, 따라서 커패시터의 전압이 선형적으로 증가하게 된다는 것을 뜻한다. 그러므로 출력전압은 램프파형을 가진다. 입력이 다시 '0'이 되면 전류는 흐르지 않게 되며, 커패시터도 충전을 멈추고 방전 경로가 없기 때문에 전하를 그대로 유지한다. 따라서 출력전압도 –V의 전압으로 그대로 유지한다.

(4) 미분기

미분기(differentiator)는 수학적인 미분이라는 연산을 수행하는 회로이다. 입력신호의 변화에 대한 순시적인 변화율에 비례하는 출력파형을 발생하는 것이며, 일반적으로 저항 R과 커패시터를 연결하여 그림 10-13과 같이 미분기를 구성할 수 있다.

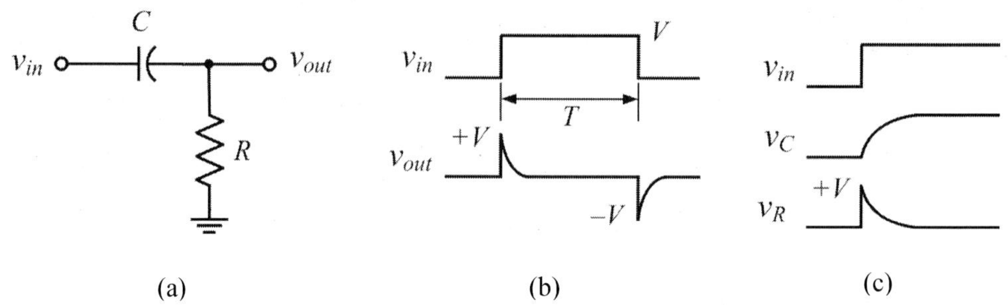

그림 10-13. RC 미분기와 입출력 파형

그림 10-13은 간단한 RC 회로에서 파형의 미분을 얻을 수 있음을 보이고 있다. RC 미분기에 입력신호가 입력되면 그림 (c)와 같이 저항 R과 커패시터 C의 곱에 의해 결정되는 시정수에 따라 커패시터에 충전된다. 이때 공급되는 입력신호는 커패시터와 저항에 나누어지게 되며, 결과적으로 저항 R에 걸리는 전압파형은 입력신호에서 커패시터에 걸리는 전압을 뺀 나머지와 같아야 한다. 따라서 저항에 나타나는 출력파형은 그림 (c)와 같다. 또한 입력신호가 +V에서 다시 영으로 떨어질 때에는 방전곡선을 그리게 되며, 결국 출력파형은 그림 (b)와 같이 나타난다.

이러한 미분회로를 연산증폭기를 이용하여 수행하기 위해서 그림 10-14와 같이 회로를 구성한다. 미분기는 주로 구형파의 가장자리(edge)를 검출하거나 램프입력으로부터 구형파를 만들어 내는 데 사용한다.

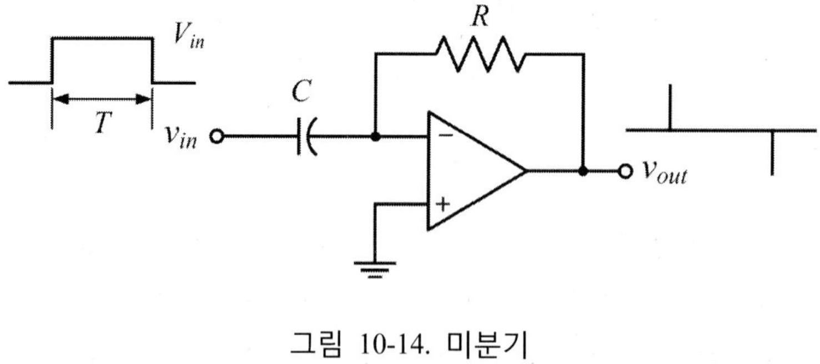

그림 10-14. 미분기

연산증폭기를 이용한 미분기는 적분기와 유사하다. 가상접지로 인해 커패시터의 전류는 귀환 저항을 통해 흐르게 되며, 식 (10-12)와 같다.

$$i = C\frac{dv}{dt} \tag{10-11}$$

dv/*dt*는 시간에 대한 변화율로 입력전압의 기울기와 같다.

연산증폭기의 출력파형은 그림과 같이 펄스파형을 만들어 낸다. 이것은 입력신호가 '0'에서 V로 증가할 때 기울기가 ∞이기 때문이다. 마찬가지로 V에서 '0'으로 떨어질 때에는 기울기가 –∞이므로 음의 방향으로 펄스파형을 만들어 낸다. 즉, 구형파의 입력신호는 미분기를 통해 입력파형의 가장자리를 검출할 수 있다.

연습문제

1. 이상적 연산증폭기의 특성을 기술하고, 실제에서 근사적으로 구현되는 것은 어떤 것인가?

2. 그림 p10-2의 회로에서 출력을 구하라.

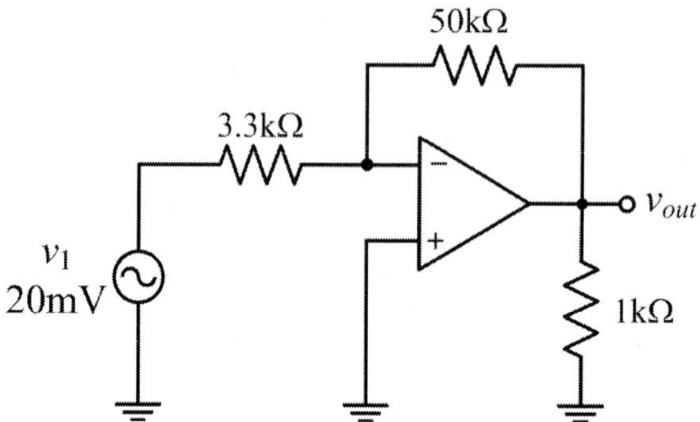

그림 p10-2.

3. 그림 p10-3의 회로에서 반전 단자에 연결된 두 입력 v_1, v_2에 대한 출력을 구하라.

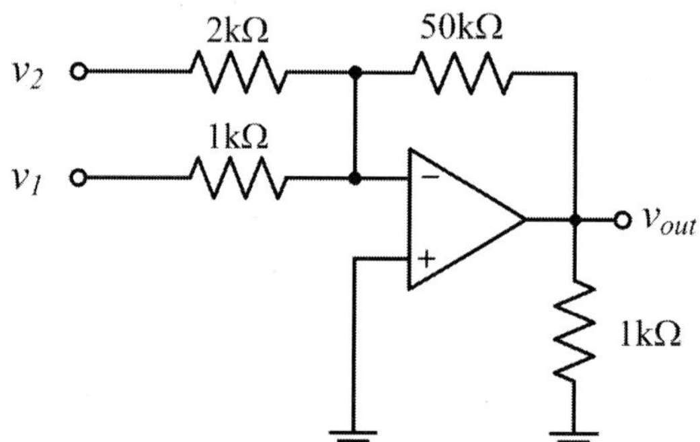

그림 p10-3.

4. 전압 폴로우의 역할은 무엇인가? 이미터 폴로우와 어떻게 다른가?

5. 반전 증폭기에서 가상접지는 실제 접지가 아니다. 가상접지의 의미를 설명하라.

6. 그림 p10-6의 회로에서 입력파형으로 구형파(square wave)가 들어간다면 출력 파형은 어떻게 되는가?

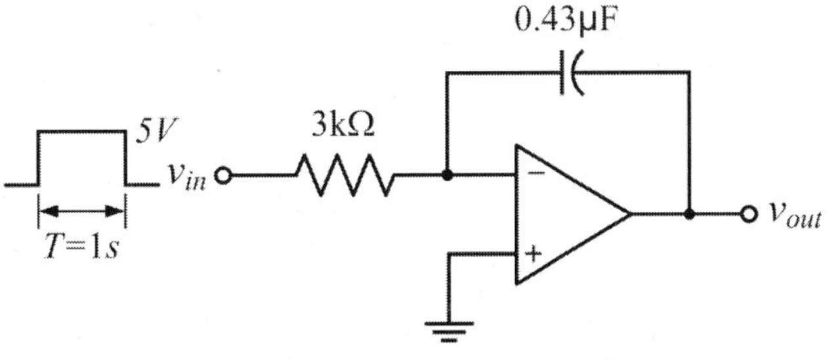

그림 p10-6.

7. 그림 p10-7의 회로에서 입력 파형으로 구형파가 들어갈 때 출력파형은 어떻게 되는가?

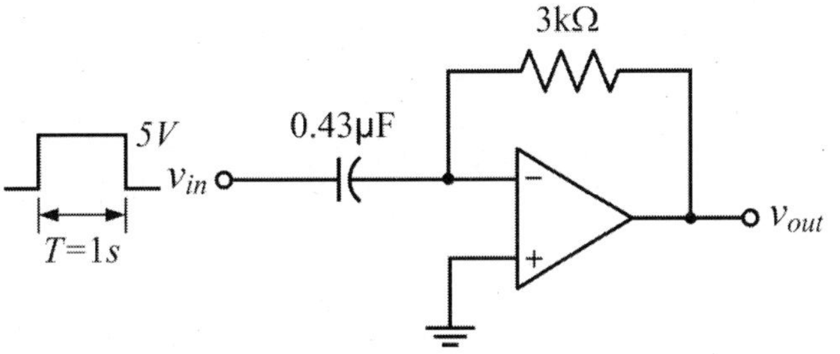

그림 p10-7.

PART Ⅳ
통신과 디지털 시스템
(Communications and Digital Systems)

11. 통신 시스템

11.1. 통신 시스템의 잡음

통신 시스템은 간단한 구성도로 표현할 수 있지만 내부적으로는 매우 복잡하다. 간단한 통신 시스템의 구조는 그림 11-1과 같다.

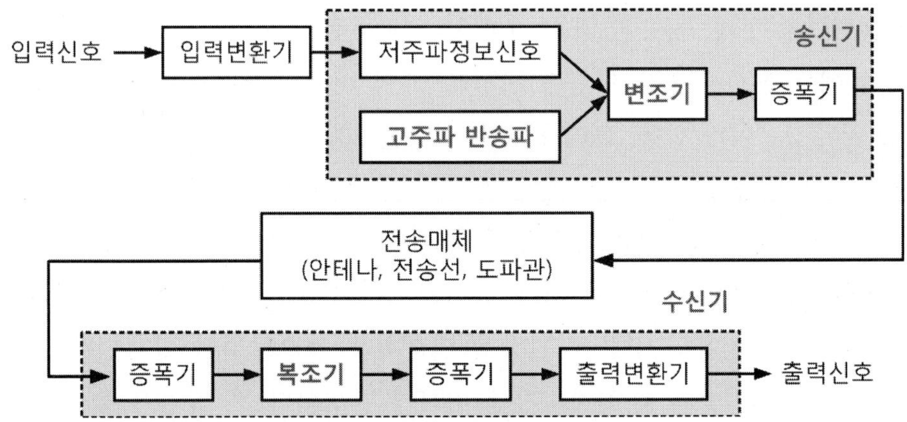

그림 11-1. 통신 시스템 구성도

여기서 송신기는 변조기와 증폭기로 구성되는데 변조기는 낮은 주파수의 정보 신호를 높은 주파수의 반송파와 곱하여 주는데 이렇게 함으로써 낮은 정보 신호를 높은 고주파 반송파에 싣게 된다. 이때 정보 신호의 크기가 반으로 줄어들게 되며, 전력은 1/4가 되므로 멀리 전송할 수 없게 된다. 따라서 증폭기를 추가로 구성하여 원하는 수준의 피변조파 신호를 만들어 안테나를 통하여 방출하게 된다.

변조된 정보 신호는 안테나를 통하여 공기 중에 방출되거나 도파관 또는 전송선을 통하여 전파된다. 수신기에서는 입력되는 작은 신호를 검출한 다음 전송과정에서 발생한 감쇠를 보상하기 위해 먼저 증폭한다. 다음으로 복조기에서 원하는 정보를 반송파에서 분리해 내고, 다시 증폭을 통해 정보 신호를 출력으로 변환한다.

이러한 과정에서 전기적 잡음(electrical noise)이 더해져 정보신호의 전달을 원활하게 하지 못하게 방해한다.

잡음은 크게 송신과정에서 발생하는 외부 잡음(external noise)과 송수신기 내부에서 발생하는 내부 잡음(internal noise)으로 구분한다. 송신된 정보신호의 전파의 수신에 영향을 미치는 외부 잡음은 많은 요인에 의해 발생한다. 대기잡음(atmosphere noise)은 번개, 우주선 방사와 같은 대기 중의 전기적 요인에 의해 발생하는 것이다. 이 대기잡음의 주파수 성분은 약 30 MHz까지는 균일하게 분포되어 있지만 그 이상에서는 점차 작아진다. 또 다른 외부 잡음은 태양에 의해 기인한다. 이로 인한 잡음을 태양잡음이라고 한다. 태양은 매 11년마다 최대의 활동을 하는 가변 잡음원이다. 이 기간 동안에는 통신에 많은 영향을 끼친다. 태양 이외의 행성들도 잡음을 방출하는데 이를 우주잡음이라 한다. 그러나 우주 잡음은 200 MHz 이하나 1.43 GHz 이상에서는 큰 영향이 없다.

외부잡음의 다른 한 형태는 인공잡음(man made noise)이다. 이것은 주로 산업체에서 발생하는 잡음원이며, 1 ~ 600 MHz 범위의 주파수에서 크게 영향을 미친다. 고압 송전 선로의 누설전류와 같은 자기장을 발행하는 것으로부터 발생한다.

내부잡음은 능동 및 수동 전자소자에 의하여 발생한다. 이 잡음은 불규칙 특성을 가지고 있기 때문에 통계적으로 해석가능하다. 내부잡음으로는 산탄잡음(shot noise)과 열잡음(thermal noise)이 주된 잡음원이다. 열잡음은 일명 백색잡음(white noise) 또는 존슨잡음(Johnson noise)라고 부르며, 능동 또는 수동의 임의의 저항소자에서 발생되며, 소자의 분자, 원자, 전자들의 불규칙적인 빠른 운동에 의해 발생한다. 잡음이 전 주파수 영역에서 고르게 분포되어 있기 때문에 백색잡음이라고 부르며, 잡음의 실효값 크기는 식 (11-1)에 의해 구할 수 있다.

$$v_N = \sqrt{4k\mathrm{T}\Delta\mathrm{f}\,\mathrm{R}} \tag{11-1}$$

여기서, k는 볼츠만 상수로 1.38×10^{-23} [J/K]이며, T는 절대온도, Δf는 대역폭, R은 저항값이다. 이 식으로부터 백색잡음은 시스템의 온도, 대역폭, 저항값에 따라 증가함을 알 수 있다. 이 잡음의 최대 피크값을 정확하게 예측할 수는 없지만 실효값의 10배가 넘는 경우도 있다. 이 잡음은 보통 작은 값을 가지고 있으며, 높은 이득의 수신기 앞 단에서는 정보신호와 함께 높은 값으로 증폭이 되기 때문에 문제가 될 수 있다. 심지어 정보신호의 식별이 불가능해 질 수도 있다.

산탄잡음은 트랜지스터의 콜렉터에 도달하는 전자(또는 정공)의 불규칙한 변화에 의한 잡음이다. 이 잡음은 다른 모든 능동소자에서도 발생한다. 전자의 통로가 불규칙하기 때문에 전류가 흐를 때 원하지 않는 전하의 변동이 발생하여 생기는 잡음이다.

전기적 잡음의 효과를 최소화하는 통신장치의 성능은 수신기의 감도 결정에 크게 영향을 미친다. 감도는 스피커 또는 헤드폰에서 만족할 만한 출력신호를 얻기 위한 수신기의 입력에서의 최소신호 수준으로 정의한다. 이 감도는 원하는 주파수와 원하지 않는 주파수 사이를 변별하는 수신기의 선택도와는 다르다.

11.2. 변조

통신이란 한 곳에서 다른 곳으로 정보를 전송하는 것이다. 최초의 정보 전송의 형태는 먼 산에서 연기를 피워 위험을 알리는 봉화와 같은 것이었다고 할 수 있다. 통신에 있어서 보다 정확하고 신속한 정보의 전송을 위해 새로운 반도체 소자와 집적회로를 이용하여 끊임없이 새로운 통신 장비들을 개발하고 개선하여 나가고 있다. 통신은 전자공학의 기본적인 추구 목적·이라고 할 수 있다. 트랜지스터의 발명과 디지털 시스템이 실현되면서 통신시스템은 획기적으로 발전하게 되었다.

통신의 가장 기초적인 내용은 변조(modulation)의 개념이다. 변조는 낮은 주파수의 정보 신호를 멀리 전송하기 위해 고주파 반송파(carrier wave)에 정보를 싣는 과정이다. 수신측에서는 고주파의 신호를 받은 다음 다시 원하는 정보 신호를 추출하게 되는데 이 과정을 복조(demodulation)이라고 한다. 정보를 직접 전송하지 않고 변조 및 복조와 같은 복잡한 과정을 거치는 이유는 크게 3가지로 볼 수 있다. 첫째로는 음성 주파수의 범위가 20 Hz ~ 4 kHz 정도이기 때문이다. 만일 여러 사람이 동시에 정보를 쏟아낸다면 이 주파수 사이에 혼선이 일어나 제대로 된 정보를 받기 힘들게 된다. 따라서 정보를 높은 고주파로 변조하게 되면 주파수 간의 간격이 넓어져 각 신호간의 혼선을 제거할 수 있으며, 서로 다른 반송파 주파수로 변조하게 되면 다중화된 정보의 전송이 가능하다. 또한 주파수가 낮은 신호의 경우 안테나 길이가 길어져 실현 가능성이 낮아진다. 실제 1 kHz의 주파수를 멀리 보내고 이를 수신하기 위해서는 150 km에 이르는 안테나가 필요하게 된다. 그러나 높은 주파수의 반송파를 이용하여 변조하게 되면 안테나의 길이를 효율적으로 줄일 수 있게 된다. 변조된 신호가 약 100 MHz이면 안테나의 길이는 약 1.5 m가 된다. 이는 보통의 FM 안테나의 길이와 유사하다. 마지막으로 저주파의 정보 신호는 일반적으로 전력의 한계로 인해 멀리 전송할 수 없다. 그러나 변조를 통해 전력을 높일 수 가 있으며, 전송 중에 중간 증폭을 통해 신호를 재전송함으로써 멀리까지 전송이 가능해 진다.

이상과 같은 이유로 정보의 전송에 있어서 변조가 필수적이 된다. 원거리 전송과 안테나 크기도 작아져 다루기 쉽게 될 수 있도록 충분히 높은 주파수로 변조하여야 하며, 혼선을 방지하기 위해 각 정보 신호들은 서로 다른 고유한 고주파로 분리되어 변조하여야 한다. 저주파의 정보 신호를 고주파의 반송파에 싣는 방법은 크게 3가지로 구분된다. 일반적으로 반송파의 표현은 식 (11-2)와 같이 정현파(또는 여현파)에 의해 수학적으로 표현된다.

$$v = \mathrm{V_p}\cos(\omega t + \theta) \tag{11-2}$$

여기서, v는 순시값이며, $\mathrm{V_p}$는 최대 진폭값, ω는 각주파수로 $2\pi f$와 같으며, θ는 위상이다. 위의 식에는 3 가지 매개변수가 있으며, 이 중 한 가지를 저주파 정보 신호에 따라 변화시키면 변조된 신호를 얻을 수 있게 된다. 만일 정보 신호 값에 따라 반송파의 진폭 성분인 최대 진폭값을 변화시키면 진폭변조(amplitude modulation, AM)라고 하며, 주파수 ω를 변화시키면 주파수변조(frequency modulation, FM), 그리고 위상 θ를 변화시키면 위상변조(phase modulation)이라고 한다. PM의 특성은 FM과 거의 유사해서 용어 사용에 있어 상호 교환하여 사용하기도 한다.

통신 시스템은 사용하는 변조파의 무선 주파수(radio frequency)의 범위에 따라 명칭을 달리하는데 표 11-1은 무선 주파수 스펙트럼의 명칭이다.

표 11-1. 무선 주파수 스펙트럼

주파수	명 칭	약 자
3 ~ 30 kHz	Very Low Frequency	VLF
30 ~ 300 kHz	Low Frequency	LF
300 kHz ~ 3 MHz	Medium Frequency	MF
3 ~ 30 MHz	High Frequency	HF
30 ~ 300 MHz	Very High Frequency	VHF
300 MHz ~ 3 GHz	Ultra High Frequency	UHF
3 ~ 30 GHz	Super High Frequency	SHF
30 ~ 300 GHz	Extra High Frequency	EHF

VLF 주파수 보다 낮은 대역은 음성 주파수(acoustic frequency) 대역이다. 저주파 대역은 손실이 적어 멀리 전송이 가능한 장점이 있어 장거리 탐지에서 사용되며, 일반적인 통신장비들은 HF 또는 VHF의 고주파 대역을 사용하고 있다.

EHF 대역은 적외선 주파수에서부터 시작하여 300 GHz 이상의 영역까지 걸쳐있다. 적외선 이상의 영역은 가시광선, 자외선, X-선, 감마선, 우주선 등이 있다.

예제 11. 1 낮은 주파수의 정보신호를 송신하기 위해서는 변조기에서 반송파와 곱한다. 이때 정보신호의 전력이 1/4로 줄어드는 이유를 설명하라.

[풀 이] 두 cosine 함수의 곱 $\cos\alpha \times \cos\beta = \frac{1}{2}[\cos(\alpha+\beta)+\cos(\alpha-\beta)]$ 이다.

크기는 반으로 줄어들고, 주파수는 두 신호의 합과 차로 나타난다.
즉, 정보신호와 반송파를 곱하면 정보신호의 크기는 1/2로 줄어든다.
따라서 전력은 전압의 제곱이므로 크기는 1/4로 줄어든다.

예제 11. 2 TV 방송에 사용되는 주파수 범위는 무엇인가?

[풀 이] VHF(30 ~ 300 MHz)와 UHF(300 MHz ~ 3 GHz) 대역이다.
참고 : 채널의 중심주파수는 CH 6은 85 MHz이고, 음성신호는 85 MHz − 2.75 MHz = 82.25 MHz를 사용하고, 영상신호는 85 MHz + 2.75 MHz = 87.75 MHz를 사용한다. 또한 CH 11은 중심주파수가 201 MHz이며, 음성은 198.25 MHz, 영상은 203.75 MHz이다. 즉, 각 채널의 중심주파수에서 영상과 음성신호가 2.75 MHz씩 위아래로 떨어져 있다.

11.3. 진폭변조

진폭변조(AM, amplitude modulation)은 반송파의 진폭을 정보 신호의 크기에 따라 변화시키는 것을 말한다. 반송파 $v_C(t)$의 진폭은 정보신호 $v_{info}(t)$의 순시값에 비례하여 변화하며, 변조된 AM 신호 $v_{AM}(t)$는 반송파와 정보 신호를 서로 곱하여 얻게 된다.

정보 신호 파형이 그림 11-2와 같다고 하자. 진폭변조를 위하여 반송파의 신호가 그림 11-3과 같을 경우 반송파 신호는 수학적으로 식 (11-3)과 같이 표현된다.

$$v_c(t) = V_c \cos(2\pi f_c t + \theta) \qquad (11\text{-}3)$$

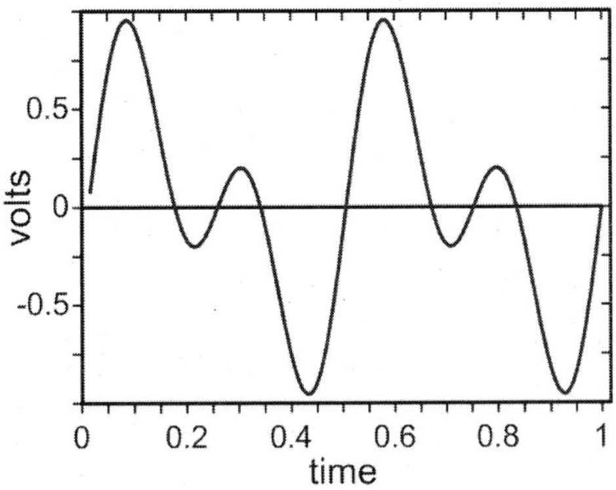

그림 11-2. 정보신호

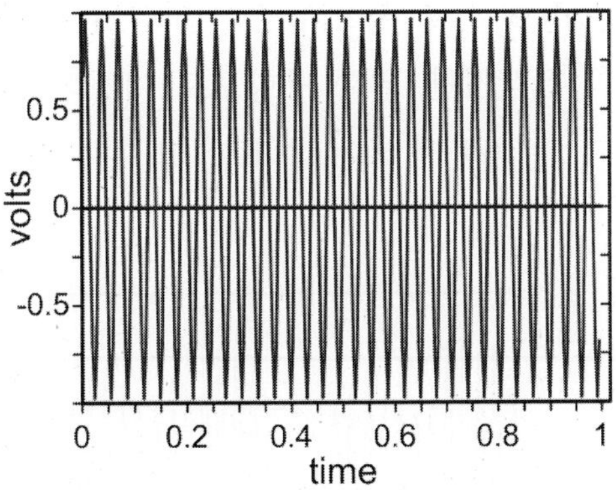

그림 11-3. 반송파

여기서, V_C는 반송파의 진폭, θ는 위상을 나타내며, 편의상 $V_C = 1$, $\theta = 0°$으로 가정한다. 그림 11-3의 반송파 주파수는 32 Hz이며, 그림 11-2의 정보신호는 그림 11-3의 반송파의 진폭을 변화시킨다.

AM 변조 방식에서는 변조된 신호만을 전송하는 DSB-SC(double side band with suppressed carrier) 방식과 변조된 신호에 반송파를 함께 보내는 DSB-TC(double side band with transmitted carrier) 방식이 있다. 각 방식에서의 변조된 AM 신호는 식 (11-4) 및 식 (11-5)의 형태로 각각 표현한다.

$$v_{DSB-SC}(t) = v_{info}(t) \times v_c(t) \tag{11-4}$$

$$= V_m \cos\omega_{info} t \cos\omega_c t$$

$$= \frac{V_m}{2}\{\cos(w_c - \omega_{info})t + \cos(w_c + \omega_{info})t\}$$

$$v_{DSB-TC}(t) = V_c \cos(\omega_c t) + \frac{V_c}{2}\cos(\omega_c - \omega_{info})t + \frac{V_c}{2}\cos(\omega_c + \omega_{info})t \tag{11-5}$$

식 (11-5)의 변조된 신호에 반송파가 포함되어 있다. DSB-TC 방식으로 변조된 AM 신호는 그림 11-4와 같이 나타나며 정보신호 파형이 반송파의 진폭에 얹혀 있는 형태로 AM 신호의 포락선은 정보 신호 파형과 같이 나타난다. 즉, 포락선 윗부분의 가장자리 형태는 정보신호와 똑같지만, 위쪽 방향으로 이동되었다. 이와 같이 아래 부분의 가장자리도 윗부분과 똑같은 형태이고 또한 그 부분에도 정보신호가 포함된다.

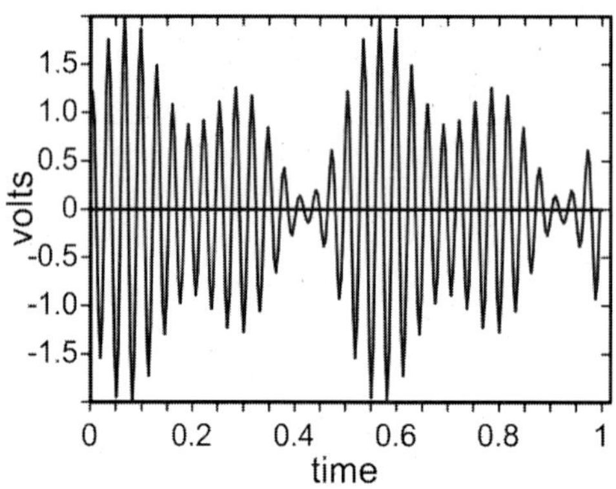

그림 11-4. AM 신호

반송파의 진폭은 처음의 자신의 진폭과 정보신호의 진폭과의 조합으로 변화된다. 변조의 양, 또는 변조의 정도는 반송파와 관련된 정보신호의 진폭에 의해서 결정된다. 또한 반송파의 진폭은 정보신호의 크기와 비교하여 일정 이상의 크기를 가져야 변조로 인한 파형의 왜곡(distortion)이 발생하지 않는다. 반송파의 진폭과 정보신호의 최대 진폭비를 변조지수(modulation index, μ)라하며, 식 (11-6)과 같이 정의한다.

$$\mu = \frac{\text{정보신호의 최대 진폭}(V_{info})}{\text{추가 반송파의 진폭}(V_c)} \tag{11-6}$$

그림 11-5는 반송파의 진폭에 따른 변조된 AM 신호의 형태를 보인다. 그림 11-5 (c)와 같이 반송파의 진폭이 정보신호의 진폭보다 작을 경우에는 변조지수가 1보다 크고(μ > 1), 파형의 왜곡이 발생하여 정보 신호를 잃게 된다.

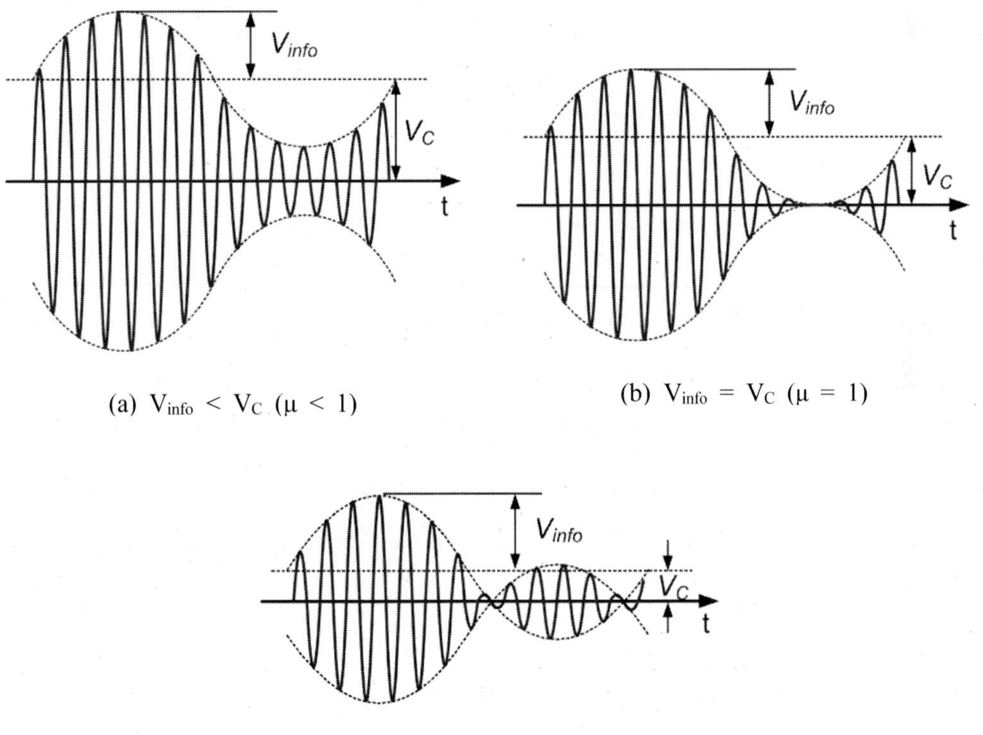

(a) $V_{info} < V_C$ (μ < 1)　(b) $V_{info} = V_C$ (μ = 1)

(c) $V_{info} > V_C$ (μ > 1)

그림 11-5. 변조지수에 따른 AM 신호

정보신호를 잃지 않기 위해서 반송파의 진폭을 크게 하면 되지만 이 경우 송신하는데 있어 전력 소비가 커지게 된다. 따라서 변조지수는 1에 가까운 크기를 가지는 것이 좋다.

따라서 앞 절에서 설명한 통신 시스템의 구조에서 송신기의 구성은 그림 11-6과 같이 표현할 수 있다. 일반적으로 정보 신호가 음파(acoustic wave)의 형태를 가진다고 할 때 마이크로폰과 송신회로를 거쳐 전자기파 형태로 변환된다.

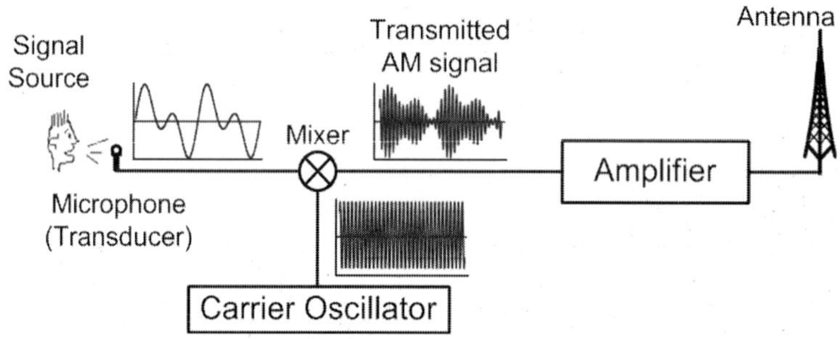

그림 11-6. AM 송신기 구성도

마이크로폰에서 입력되는 음성 정보신호는 혼합기(mixer)에서 고주파의 반송파와 음성 정보신호를 곱하여 변조된 AM 신호를 발생시킨 후 증폭기를 통해 신호를 증폭하여 안테나를 통해 방출한다. 이때 변조된 AM 신호를 얼마나 멀리 보낼 것인가? 또는 사용할 전송채널은 무엇인가? 등에 따라 변조된 신호의 크기를 결정한다.

신호의 크기는 무한정 크게 할 수는 없고, 장거리 전송을 위해서는 중간에 신호를 받아 다시 증폭한 다음 재전송하는 기지국을 사용함으로써 장거리 전송이 가능하다.

그림 11-7은 수신기의 구성도를 나타내며 안테나에 의해 공기 중으로부터 수집된 신호는 신호가 약하기 때문에 전치증폭기(pre-amplifier)에 의해서 먼저 증폭되고 난 후, 복조기(demodulator)에서 포락선 검파기(envelop detector)에 의해 AM 신호 파형의 외곽선인 포락선을 추출함으로서 정보신호를 검출한다. 정보신호를 다시 증폭한 후 스피커에 의해서 다시 음파로 환원된다.

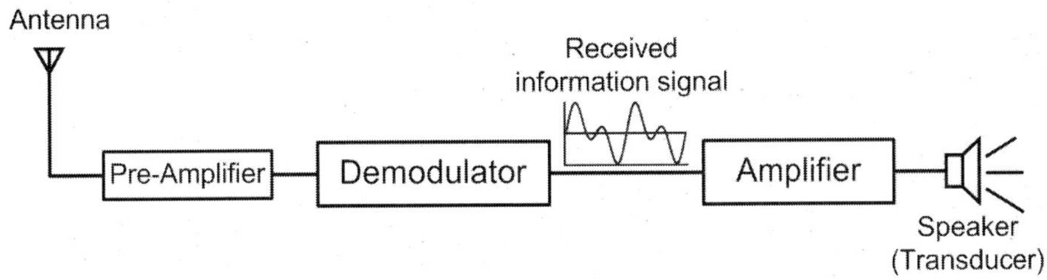

그림 11-7. AM 수신기 구성도

DSB-SC 방식의 AM의 경우 정보신호에 반송파를 곱하여 변조한 것을 그대로 송신하게 되면 변조과정에서 사용된 반송파와 동일한 주파수 및 위상을 가진 반송파를 수신기에서 재생해야 하는 어려움이 있다. 이와 같은 동기 검파를 위해서는 수신기에서 반송파 신호와 동일한 신호로 국부발진을 할 수 있어야 하며, 반송파와 발진기의 출력 사이에 동기를 시키기 위한 동기회로를 포함하고 있다. 그러나 수신기에서 반송파를 추출하기가 쉽지 않은 경우도 발생한다. 따라서 DSB-TC와 같이 송신측에서 변조되지 않은 반송파를 추가로 함께 전송하게 되면 수신측에서 반송파의 신호를 검출하여 동기를 잡기 쉽게 된다. 이 경우 수신기는 저렴한 가격으로 구현 가능하지만 송신측에서는 큰 출력을 가지는 송신기가 요구된다. 따라서 일대일 통신에서는 반송파를 포함하지 않는 방식을 사용하는 것이 더 효율적이며, 방송과 같은 일대다 통신의 경우에는 반송파를 포함하여 송출하고, 수신기를 간단하고 값싸게 제작하는 것이 더 효율적이다. 보통 AM 변조는 반송파를 포함하는 방식을 말한다.

예제 11. 3 DSB-SC 방식의 AM 변조에서 정보신호의 주파수는 2 kHz이다. AM 변조에서 반송파의 주파수는 1000 kHz이라고 할 때, 변조된 신호의 주파수는?

[풀 이] AM 변조에서 변조된 신호의 주파수는 두 주파수의 합과 차로 나타난다. 따라서, 1000 kHz ± 2 kHz = 1002 kHz 및 998 kHz이다.

예제 11. 4 정보신호의 변화폭이 10 mV이라고 하자. 반송파의 신호 크기를 15 mV로 하였을 때 변조지수는 얼마인가?

[풀 이] 변조지수는 $\mu = \dfrac{\max\{\ V_{info}\}}{V_C}$ 이므로, $\mu = \dfrac{10\,mV}{15\,mV} = 0.67$ 이다.

11.4. 주파수 변조와 위상 변조

11.4.1. 주파수 변조

주파수 변조(frequency modulation)에서는 정보신호가 순간적인 반송파의 주파수를 변화시키는데 사용된다. 정보신호와 반송파 신호를 각각 식 (11-5a) 및 (11-5b)와 같이 가정할 경우 FM 신호는 식 (11-6)과 같이 표현할 수 있다.

$$\text{정보 신호 : } V_{info}(t) = V_{info}\cos(2\pi f_{info}t) \qquad (11\text{-}5a)$$

$$\text{반송파 신호 : } V_C(t) = V_c\cos(2\pi f_c t) \qquad (11\text{-}5b)$$

$$\text{FM 변조 신호 : } V_{FM}(t) = V_c\cos\{2\pi(f_c t + k_f\int_0^t v_{info}(\tau)d\tau) \qquad (11\text{-}6)$$

그림 11-8은 FM 변조 신호 $V_{FM}(t)$를 보이고 있다. 진폭은 상대적으로 일정하고 스펙트럼 분포는 AM의 경우보다 훨씬 더 복잡한 것을 알 수 있다.

FM 시스템은 잡음이라는 관점에서는 AM 시스템보다 성능면에서 많은 장점이 있다. 물론 AM 신호와 같이 FM 신호도 수신되기 위해서는 배경 잡음보다는 커야 한다.

한편, 불규칙한 잡음이 복조과정에서 발생하여 정보신호에 더해지게 되는 경우가 있는데 AM 시스템에서는 이러한 잡음에 매우 취약하나, FM 시스템은 일정한 진폭으로 동작되므로 이러한 잡음의 변화에 대해서는 영향을 받지 않는다.

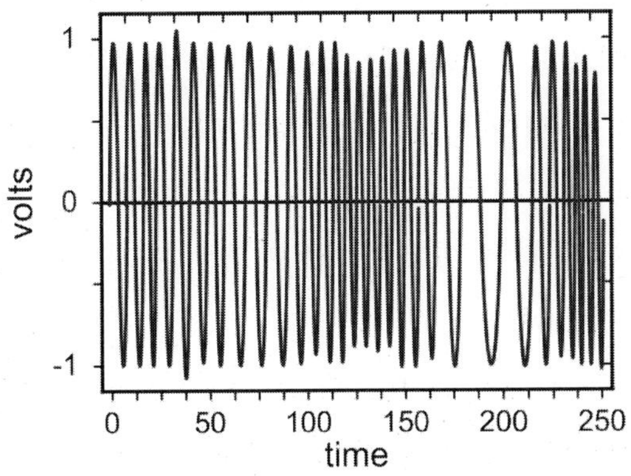

그림 11-8. FM 신호

잡음이 FM 시스템에 영향을 주기 위해서는 주파수상에서 불규칙하게 변하는 협대역의 주파수 성분을 가지는 경우이다. 그러나 이러한 잡음의 발생은 매우 드물어서 일반적으로 FM은 잡음에 강하다고 말 할 수 있다. 한편, AM 라디오는 자동차의 점화 시스템, 머리위로 지나는 전력선 그리고 많은 다른 전원으로부터의 잡음에 영향을 받는다.

11.4.2. 위상 변조

위상변조(phase modulation)은 주파수 변조 방식과 유사하나 조금 상이하다. 위상 변조된 신호는 식 (11-7)로 나타낼 수 있다.

$$\text{위상 변조 신호 : } V_{PM}(t) = V_c \cos\{2\pi(f_c t + k_p v_{\text{info}}(t))\} \qquad (11\text{-}7)$$

그림 11-9는 정보신호인 구형파와 정현파 정보신호로 변조된 PM 신호와 FM 신호의 파형을 보여준다. FM 신호는 구형파와 정현파에 대하여 쉽게 표현할 수 있지만 PM 신호는 정현파의 경우 표현하기가 어렵다. PM 신호의 경우 정보신호 $v_{\text{info}}(t)$를 미분하고 이를 FM 변조와 같은 방법을 사용하여 파형을 구할 수 있다. 따라서 변조

된 신호만 보면 FM 신호와 구별하기가 어렵다. 따라서 PM 변조의 경우 위상의 변화 대신 이산된 위상을 이용하여 극단적으로 표현할 수 있는 구형파로 설명한다. 구형파의 경우 불연속점이 존재하고, 이 점에서는 미분이 불가능하다. 불연속점에서의 미분은 임펄스의 값을 가지므로 순시 주파수가 무한대가 된다. 따라서 위상이 순간적으로 바뀌게 된다. 이와 같은 이유로 PM 변조는 '0'과 '1'로 표현되는 디지털 통신에서 많이 사용하는 방법이다.

식 (11-6)과 식 (11-7)을 비교해보면 유사성이 많음을 알 수 있다. 그림 11-10과 같이 PM 신호에 $v_{info}(t)$ 대신 $\int v_{info}(\tau)\,d\tau$ 를 대입하면 FM 신호가 되고 정보신호를 미분하여 FM 변조하면 PM 변조한 것과 동일하게 된다.

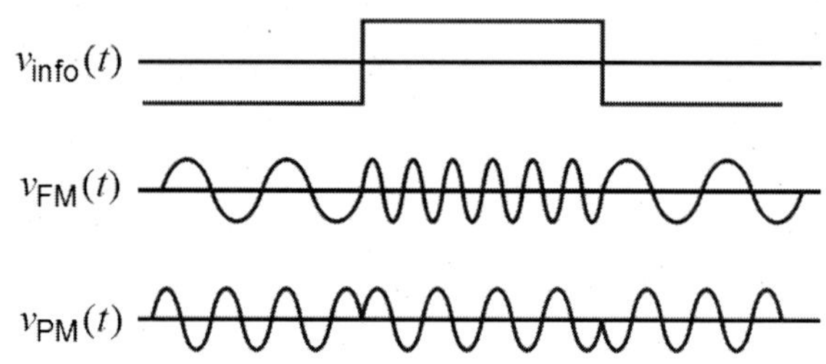

(a)

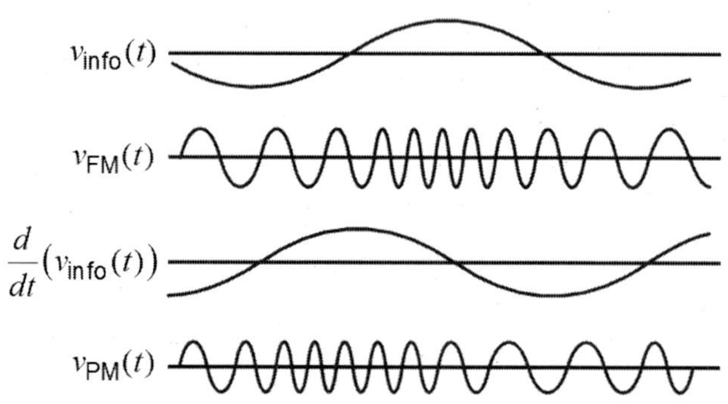

(b)

그림 11-9. 구형파 및 정현파 신호의 PM 및 FM 신호

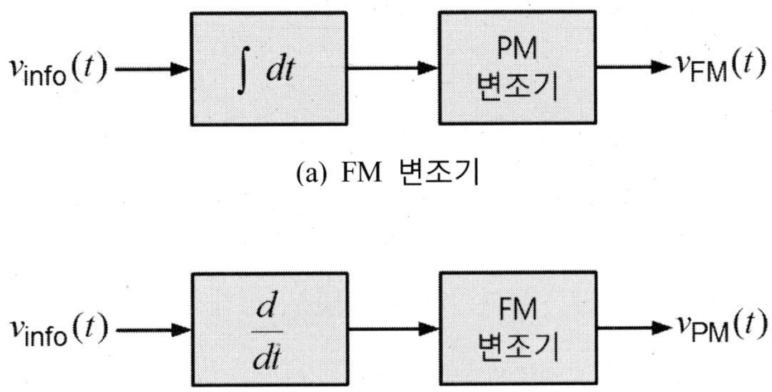

(a) FM 변조기

(b) PM 변조기

그림 11-10. FM 변조와 PM 변조와의 관계

연습문제

1. 낮은 주파수의 음성신호를 높은 주파수인 반송파를 이용하여 변조하는 이유를 설명하라.

2. 전기잡음에 대한 정의를 쓰고, 외부와 내부 형태로 분류하라.

3. 잡음 중 광대역으로 나타나는 잡음은 어떠한 것들이 있는가?

4. 진폭변조와 주파수변조의 차이점과 장단점을 설명하라.

5. 변조지수 $\mu=1$이라고 할 때, 정보신호가 그림 p11-5와 같다면 AM 변조된 신호는 어떻게 나타나는가? 단, 반송파의 주파수는 고려하지 않는다.

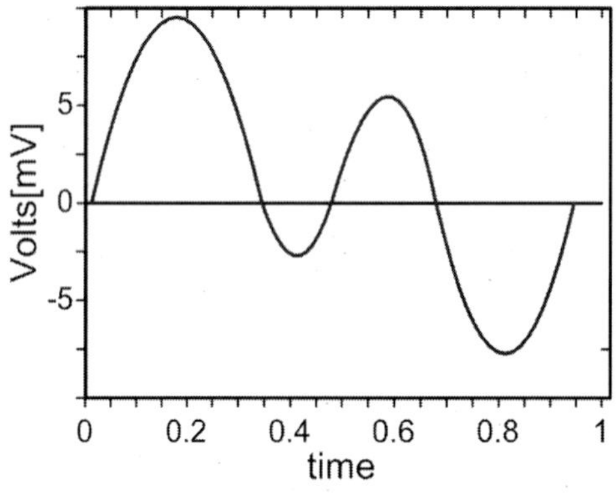

그림 p11-5.

6. 진폭변조에서 변조지수 μ가 1보다 클 경우 어떤 문제가 발생하는가?

7. 88 MHz의 FM 신호를 수신하기 위한 $\lambda/4$ 안테나 길이를 구하라.

8. FM 변조와 PM 변조의 관계를 설명하라.

9. 1000 W의 출력을 가지는 FM 방송의 경우 약 64 km 정도의 가청권을 가진다. 과 TV 방송대역은 약 100 km 정도로 제한되는데 반하여 AM 방송의 경우 왜 야간에는 수천 km까지 되는가?

12. 디지털 시스템

디지털이라고 부르는 현대의 과학 기술은 일상생활에서 중요한 역할을 하고 있다. 디지털 전화, 디지털 TV, 디지털 카메라 등 디지털 컴퓨터가 필수적인 시대에 살고 있다. 디지털 컴퓨터의 가장 큰 특징은 보편성이다. 적절한 프로그램(program)에 의해 다양한 작업을 수행 할 수 있기 때문이다.

아날로그(analog)라고 하는 물리적 값은 연속적인 값을 가지는 것을 말한다. 이는 자연현상의 값들이 연속적인 값을 가지고 있어 이와 유사한(analogue) 것이라는 의미에서 아날로그라고 부른다. 이와 반대로 디지털(digital)은 수의 자리(digit)로 표현되는 값들이라는 의미에서 디지털이라고 부른다.

12.1. 진법

12.1.1. 수의 표현

우리가 일상에서 사용하는 수는 10진법이다. 따라서 각 자리에 올 수 있는 숫자로는 0~9까지 가능하다. 그러므로 만일 536이라는 숫자는 5 개의 백 더하기 3 개의 십 더하기 6 개의 일을 더한 것을 나타낸다. 여기서 백은 10^2이고, 십은 10^1, 일은 10^0과 같다. 따라서 숫자 536은 다음과 같이 표현할 수 있다.

$$536 = 5 \times 10^2 + 3 \times 10^1 + 6 \times 10^0$$

따라서 일반적인 수의 표현은 식 (12-1)과 같이 표현할 수 있다.

$$a_5 a_4 a_3 a_2 a_1 a_0 \cdot a_{-1} a_{-2} a_{-3} \tag{12-1}$$

여기서 진법을 R이라고 할 때 계수 a_j 는 0 ~ (R-1) 사이의 값을 가지며, 첨자 j는 가중치에 해당하는 진수의 멱승을 나타낸다. 10진 시스템에서는 0~9까지의 수를 사용하며, 기수(밑수 또는 진수)가 10이라고 한다. 그러나 디지털 시스템에서는 이진 시스템을 사용하므로 각 자리에 올 수 있는 값은 '0'과 '1' 둘 뿐이다. 각 계수로 올 수 있는 것도 '0' 과 '1' 뿐이므로 각 가중치에 대하여 '1' 들만 고려하면 된다. 또한 기수가 2이므로 가중치는 2^j가 된다. 이진수 11010에 대한 등가의 십진수는

$$(11010)_2 = 1 \times 2^4 + 1 \times 2^3 + 0 \times 2^2 + 1 \times 2^1 + 0 \times 2^0 = (26)_{10}$$

이 된다.

일반적으로 진수가 10 이하인 경우에는 십진수의 숫자를 이용하여 계수를 표현한다. 그러나 기수가 10 이상인 진법에서는 10 개의 숫자와 그 이상에서는 영문 알파벳을 이용하여 표현한다. 예를 들어 16진법에서는 첫 10 개의 숫자는 0~9까지는 사용하고, 10~15에 해당하는 수는 영문 알파벳 A, B, C, D, E, F를 사용하여 10, 11, 12, 13, 14, 15를 표현한다.

따라서 16진수 B5D3의 경우 등가의 10진 값은 다음과 같다.

$$(B5D3)_{16} = 11 \times 16^3 + 5 \times 16^2 + 13 \times 16^1 + 3 \times 16^0 = (46,547)_{10}$$

12.1.2. 진법의 변환

R 진법에서 십진수로 변환하는 것은 앞에서와 같이 멱승으로 전개하여 각 항을 더하면 구할 수 있다. 이와 반대로 십진수를 R 진수로 변환하는 경우를 살펴보자. 이때 수의 소수점 위와 아래 부분을 구분하여 변환한다. 소수점 윗부분은 R 진수로 나누어 나머지들을 모아서 구할 수 있으며, 소수점 아래 부분은 R 진수를 곱하여 구한다. 즉, 다음의 예제 12.1과 12.2와 같이 변환한다.

만일 예제 12.2와 같이 소수부분이 0으로 되지 않고 일정부분이 반복되는 경우에는 반복되는 숫자 위에 점으로 표시한다.

예제 12. 1 십진수 53을 이진수로 변환하라.

[풀 이] 53을 먼저 2로 나누면 몫 26과 나머지 1이 남는다. 몫을 다시 2로 나누고, 이 과정을 반복함으로써 얻을 수 있다.

	정수 몫	나머지	계수
53/2	26	1	a_0
26/2	13	0	a_1
13/2	6	1	a_2
6/2	3	0	a_3
3/2	1	1	a_4
1/2	0	1	a_5

따라서 $(53)_{10} = (a_5a_4a_3a_2a_1a_0)_2 = (110101)_2$ 이다.

예제 12. 2 십진수 0.6을 이진수로 변환하라.

[풀 이] 0.6를 먼저 2로 곱하면 정수와 소수를 얻게 된다. 이때 정수는 이진수로 변환한 값으로 되며, 소수는 위 과정을 반복하여 얻는다.

	정수	소수	계수
0.6×2	1	0.2	a_{-1}

0.2×2	0	0.4	a_{-2}
0.4×2	0	0.8	a_{-3}
0.8×2	1	0.6	a_{-4}

따라서 $(0.6)_{10} = (0.10011001\cdots)_2 = (0.\dot{1}00\dot{1})_2$ 이다.

12.1.3. 8진법과 16진법

2진법에서 8진법과 16진법의 변환이나 그 반대의 경우에는 직접적으로 변환이 가능하다. 8은 2^3이고, 16은 2^4이므로 2진법에서 8진법으로의 변환은 3-비트씩 끊어 변환할 수 있으며 마찬가지로 16진법으로 변환은 4-비트씩 끊어 변환하면 된다. 반대의 경우도 8진법은 각 자리를 3-비트의 이진수로 변환하여 표현할 수 있으며, 16진법은 각 자리를 4-비트의 이진수로 바꾸어 주면 된다. 소수점이 포함되어 있는 경우에는 소수점을 기준으로 나누고 부족한 자리는 소수점으로부터 먼 곳에 추가하여 준다.

$$10101011100.01011 = 010\ 101\ 011\ 100\ .\ 010\ 110 = (2534.26)_8$$

$$10101011100.01011 = 0101\ 0101\ 1100\ .\ 0101\ 1000 = (55C.58)_{16}$$

예제 12. 3 파워포인트에서 상자의 색을 지정하려고 할 때, RGB 3가지 색을 지정한다. R=0, G=100, B=255으로 하려면 이를 16진수로 지정하라.

[풀 이] R = 0 이므로 00_H

G = 100은 이진수 1100100_2이므로 이를 16진수로 고치면 64_H 이다.

B = 255는 255 = 256 − 1 이므로 $11111111_2 = FF_H$ 이다.

12.2. 보수

보수(complement)는 디지털 시스템에서 뺄셈 연산을 간편하게 하기 위하여 사용한다. 일반적으로 이진 시스템에서는 덧셈만이 가능하며, 실제의 뺄셈은 음수를 더하여 얻는 결과와 같다. 따라서 음수를 표현하는 방법으로 보수를 사용한다. 기수 R인 시스템에서 보수는 R의 보수와 (R-1)의 보수가 있다. 따라서 십진수에서는 10의 보수와 9의 보수가 있다.

(R-1)의 보수는 각 자리에 올 수 있는 최대값(십진수에서는 9, 이진수에서는 1)에서 각 자리값을 빼주면 된다.

5470에 대한 9의 보수 : 9999 – 5470 = 4529

100110에 대한 1의 보수 : 111111 – 100110 = 011001

특히 이진수의 경우에는 각 자리값을 '0'은 '1'로 '1'은 '0'으로 바꾸어 주면 간단하게 구할 수 있다.

R의 보수는 (R-1)의 보수에 '1'을 더하여 주면 쉽게 구할 수 있다.

2476에 대한 10의 보수 : 9999 – 2476 + 1 = 7524

10101에 대한 2의 보수 : 11111 – 10101 + 1 = 01011

12.2.1. 수의 표현

수를 표현하기 위해서는 부호와 크기를 표시하여야 하는데 부호 자리에 '0'이 오면 양수를 나타내고, '1'이 오면 음수를 나타낸다. 이때 음수인 경우 보수를 이용하여 표현하는 방법이 있다. 따라서 수의 표현에는 부호-크기 방법, 부호화 1의 보수, 부호화 2의 보수와 같이 3 가지 방법으로 표현가능하다.

부호-크기 방법은 용어 그대로 부호와 크기만을 나타낸다. 8-비트 시스템으로 표현할 경우 다음과 같이 표현한다.

$(01101100)_2$: + 1101100 = + $(108)_{10}$

$(11001100)_2$: – 1001100 = – $(76)_{10}$

부호화 1의 보수를 이용한 방법은 음수의 경우 1의 보수를 이용하여 표현하고, 부호화 2의 보수는 음수의 경우에 2의 보수를 이용하여 표현한다.

$(01101100)_2$: + 1101100 = + $(108)_{10}$

$(11001100)_2$: – 0110011 = – $(51)_{10}$: 부호화 1의 보수

$(11001100)_2$: – 0110100 = – $(52)_{10}$: 부호화 2의 보수

양수인 경우에는 부호-크기 방법과 차이가 없으나 음수인 경우 부호화 1의 보수 또는 2의 보수를 이용하여 표현하므로 부호 bit가 '1' 인 경우에는 보수로 표현되어 있음에 유의한다.

예제 12. 4 다음의 십진수를 8-비트로 부호-크기 방식과 부호화 1의 보수 및 부호와 2의 보수로 표현하라.

(1) + 26 (2) – 43

[풀 이] (1) + 26

(a) 부호-크기 방식 : 00011010

(b) 부호화 1의 보수 : 00011010

(c) 부호화 2의 보수 : 00011010

(2) – 43

(a) 부호-크기 방식 : 10101011

(b) 부호화 1의 보수 : 11010100

(c) 부호화 2의 보수 : 11010101

12.2.2. 보수를 이용한 뺄셈

두 수의 뺄셈 A – B = A + (–B)와 같이 해석하여 계산한다. 따라서 –B로 표현된 수를 부호화 1의 보수를 이용하거나 부호화 2의 보수를 이용하는 방법이 있다. 부호화 보수를 사용하는 시스템의 경우 이미 음수에 대하여 보수로 표현되어 있으므로 단순히 더하기만 하면 결과를 얻을 수 있다. 다만 정확한 답을 얻기 위해서는 자리 올림이 발생하는 것에 대한 충분한 비트를 확보하여야 한다.

2의 보수를 이용하여 7과 15의 두 수에 대한 모든 경우를 살펴보면 다음과 같은 네 가지 경우에 대하여 부호 비트까지를 포함하여 덧셈이 수행된다.

+ 7	00000111	– 7	11111001
+ 15	00001111	+ 15	00001111
+ 22	00010110	+ 8	00001000

+ 7	00000111	– 7	11111001
– 15	11110001	– 15	11110001
– 8	11111000	– 22	11101010

부호 비트는 아무런 작용을 하지 않고 결과의 합이 음수일 경우 부호화 2의 보수 형태로 그대로 나타난다.

예제 12. 5 부호-크기 방식으로 표현된 다음의 이진수를 부호화 2의 보수를 이용하여 계산하라.

(1) 01001101 – 00011011 (2) 00110111 – 01001111

[풀 이] (1)

	01001101	
−	00011011	자리올림은 버린다.
	01001101	부호자리가 '0'이므로 (+)이다.
+	11100101	따라서 결과값은 + 0110010 이다.
	100110010	

(2)

	00110111	
−	01001111	부호자리가 '1'이므로 (−)이다.
	00110111	따라서 부호화2의 보수로 표현되어 있다.
+	10110001	결과값은 − 0011000 이다.
	11101000	

12.3. 이진코드

디지털 시스템은 2 개의 다른 값을 가지는 신호와 2 개의 안정된 상태를 가지는 회로소자를 이용하여 이진수뿐만 아니라 많은 이산적인 정보 요소를 나타낸다. 어떤 정보라도 '0'과 '1'의 조합인 2진 코드로 표시할 수 있다.

2진 코드에서 n-비트로 2^n 개에 해당하는 값을 0과 1로 표현할 수 있다. 즉, 4 개의 상태를 구분하기 위해서는 2 개의 비트를 00, 01, 10, 11과 같은 조합으로 표시가능하다. 따라서 8 개의 상태는 3 개의 비트로, 16 개의 상태는 4-비트로 표현할 수 있다. 결국 n 개의 상태는 0부터 2^{n-1}까지 2진 형태로 구성된다.

코드를 구성하는 방법은 다양하게 설정할 수 있다. 몇 개의 비트로 구성할 것인가에 따라 다양한 방법으로 코드를 구성할 수 있으며, 시스템에 따라 결정된다.

12.3.1. BCD 코드

십진수에 대한 표현으로 BCD(Binary Coded-Decimal) 코드가 있다. 만일 십진수 95를 표현한다면 1011111이 된다. 그러나 이진수로 표현된 정보는 한눈에 등가의 십진수가 얼마인지 알기 힘들다. 따라서 십진수에 대하여 보다 편리한 표현 방법을 생각한 것이 BCD 코드이다. 만일 0~9까지의 십진수에 대하여 코드를 표현한다면 10개의 상태이므로 적어도 4 개의 비트가 필요하게 된다. 4 개의 비트로 표현할 수 있는 가능한 상태는 모두 $2^4 = 16$에 의해 16 가지가 가능하다. 따라서 사용하지 않는 6 개의 상태가 남게 된다. BCD 코드는 십진수에 해당하는 각 자리에 대하여 4 개의 비트를 이용하여 표현하는 방법이다. 표 12-1과 같이 각 십진수에 대하여 BCD 코드로 표현하는 것이다. 십진수 95에 대하여 등가의 이진수는 7-비트가 필요하지만 BCD 코드로 나타내면 1001 0101로 표현되고 8 개의 비트가 필요하게 된다.

표 12-1. BCD(Binary Coded-Decimal)

십진수	BCD
0	0000
1	0001
2	0010
3	0011
4	0100
5	0101
6	0110
7	0111
8	1000
9	1001

그러므로 k 자리의 십진수는 BCD 코드로 표현할 경우 4k-비트가 필요하게 된다. 십진수 118의 경우에도 등가의 이진수는 1110110로 나타나고 7-비트이다. 그러나

BCD 코드로 표현하면 0001 0001 1000이 되며, 12-비트가 요구된다. 따라서 BCD 코드의 경우 등가의 이진수에 비해 표현하는데 필요한 비트수는 늘어남을 알 수 있다.

12.3.2. BCD 코드의 덧셈

BCD 코드의 덧셈은 각 숫자의 자리에 9를 초과할 수 없기 때문에 합으로 올 수 있는 최대값은 자리올림을 포함하여 9+9+1=19가 된다. 이진수에서는 19는 10011이 되고, BCD 코드에서는 0001 1001이 된다. 따라서 BCD 코드를 초과하는 경우에는 각 자리에 0110을 더하여 주면 정확한 BCD 코드로 변환가능하다. 이것은 BCD 코드에서의 값이 0~9를 표현하는데 4-비트로 표현할 수 있는 최대값은 15까지 이기 때문에 그 차에 해당하는 값을 더하는 것과 같다.

```
  + 3      0011          + 8       1000
  + 6      0110          + 7       0111
  ----    ------         ----   -----------
  + 9      1001          + 15      1111
                                  +0110
                                -----------
                                0001 0101
```

12.3.3. 3-초과 코드

BCD 코드와 유사하면서 널리 사용되는 코드로 3-초과 코드(excess-3 code)가 있다. 3-초과 코드의 이점으로는 산술연산에 있다. 십진수를 3-초과 코드로 변환하면 각 자리값에 3을 더하여 4-비트의 이진수로 표현하면 된다. 표 12-2에 3-초과 코드를 나타내었다. 3-초과 코드의 특징은 십진수의 보수에 대하여 이진수로 표현된 코드에서도 보수로 나타난다. 즉 십진수 3에 대한 9의 보수는 6이다. 이에 대응하는 3-초과 코드는 각각 0110과 1001로 서로 1의 보수 관계에 있다. 또한 3에 대한 10의 보수는 7이며, 이에 대응하는 3-초과 코드의 3(0110)에 대한 2의 보수도 7(1010)이 된다.

표 12-2. 3-초과 코드(Excess-3 Code)

십진수	Excess-3 code
0	0011
1	0100
2	0101
3	0110
4	0111
5	1000
6	1001
7	1010
8	1011
9	1100

12.3.4. 그레이 코드

일반적인 2진 시스템에서는 한 상태에서 다음 상태로 전환하는 경우 여러 개의 비트가 변할 수 있다. 예를 들어 '3'에서 '4'로 변하는 경우에는 0011에서 0100으로 3 개의 비트가 그 값을 바꾸어야 한다. 그러나 그레이 코드(grey code)는 표 12-3과 같이 한 숫자에서 다음 숫자로 변할 때 단지 한 비트만 변하도록 한 코드이다. 즉 '2'에서 '3'로 변할 때, 0011에서 0010으로 변한다.

그레이 코드는 숫자 0에서부터 코드를 부여하는데 제일 아래 자리를 바꾸어 이전에 나오지 않은 코드일 경우 다음 코드로 지정한다. 즉, 숫자 '0'에 0000으로 4-비트로 표현한다면 '1'은 0001이 되고, '2'는 제일 아래쪽인 '1'을 '0'으로 바꾸게 되면 0000이 되어 앞의 '0'과 같아지므로 그다음 자리를 바꾸어 0011이 된다. 다음 숫자인 '3'의 경우 제일 아래쪽을 바꾸게 되면 0010이 되고, 이전에 없으므로 적용할 수 있다.

표 12-3. Grey Code

십진수	Grey Code
0	0000
1	0001
2	0011
3	0010
4	0110
5	0111
6	0101
7	0100
8	1100
9	1101
10	1111
11	1110
12	1010
13	1011
14	1001
15	1000

이와 같이 모든 숫자에 적용하면 그레이코드를 작성할 수 있다. 그러나 그레이 코드는 가중치 코드가 아니기 때문에 임의의 수에 대한 그레이 코드를 작성하는 데는 어려움이 있다. 따라서 이진수와 그레이 코드 사이의 관계를 확인할 필요성이 있다. 그레이 코드와 2진 코드는 XOR를 사용하여 변환할 수 있다.

먼저 숫자에 대한 2진 코드는 쉽게 작성할 수 있으므로 숫자 '12'을 가지고 설명한다. '12'에 해당하는 이진수는 1100이다. 이에 대응하는 그레이 코드는 1010이다. 즉, 이진수의 MSB(most significant bit)는 그대로 가져온다. 다음 자리는 이진수의 바로 아랫자리와 비교하여 XOR를 적용하면 같은 값을 가지면 0이 되고, 다른 값을 가지면 1이 된다. 따라서 '12'에 대항하는 그레이 코드는 1010이 되는 것이다. 그레이 코드에서 2진 코드로 변환하는 반대의 경우에는 MSB는 그대로 가져와 이진수로 표시하고, 이것과 변환하고자 하는 그레이 코드의 다음 자리와 비교하여 2진 코드를 계속 발생한다. 즉, 1010의 그레이 코드의 경우 이진수로 1을 먼저 가져오고 이 1과 1010의 두 번째 0과 비교하여 XOR의 결과를 표시한다. 따라서 1이 된다. 다음 자리는 1이므로 두 번째 결과와 비교하면 0이 되며, 마지막 자리도 0이 된다. 따라서 1100으로 되어 앞의 결과와 같아진다.

예제 12. 6 이진수를 그레이 코드로 그레이 코드를 이진수로 변환하라.

(1) 이진수 10010111 (2) 그레이 코드 00010011

[풀 이] (1) 이진수 10010111 ⇒ 그레이 코드 11011100

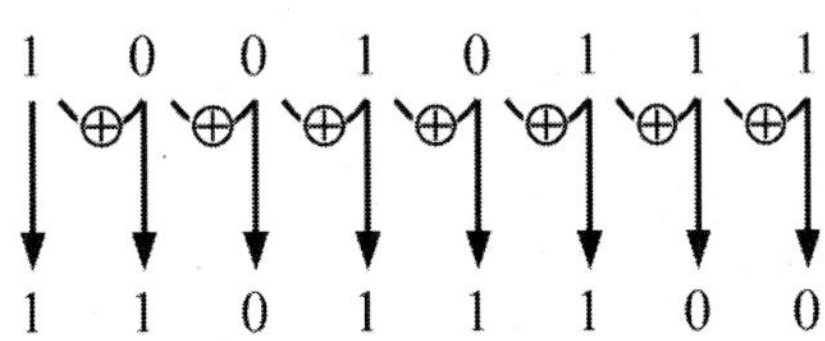

(2) 그레이 코드 00010011 ⇒ 이진수 00011101

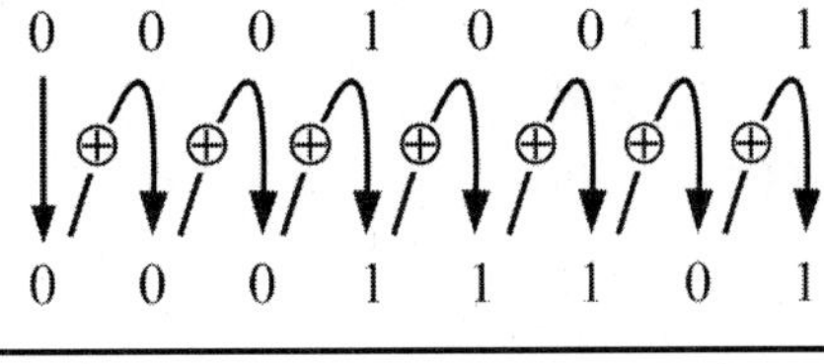

12.3.5. ASCII 코드

디지털 컴퓨터는 숫자뿐만 아니라 많은 기호들과 알파벳과 같은 문자들도 다루고 있다. 알파벳 대소문자 52 개와 10 개의 숫자, 그리고 특수문자들을 포함하면 적어도

64 개를 넘어선다. 따라서 이들을 표현하기 위해서는 적어도 7 비트의 이진 코드가 필요하게 된다. 이들 문자들을 할당해 놓은 것이 ASCII(American Standard Code for International Interchange)이다. 이 ASCII 코드는 표 12-4와 같이 표현하고 있으며, 문자들 이외에도 여분의 상태들에 제어문자를 할당하고 있다. 제어문자들은 줄을 바꾸거나 공간을 띄우거나 하는 등의 미리 정해진 작업을 출력에서 나타내는데 사용한다.

표 12-4. ASCII 코드

$B_4B_3B_2B_1$	$B_7B_6B_5$							
	000	001	010	011	100	101	110	111
0000	NUL	DLE	SP	0	@	P	`	p
0001	SOH	DC1	!	1	A	Q	a	q
0010	STX	DC2	"	2	B	R	b	r
0011	ETX	DC3	#	3	C	S	c	s
0100	EOT	DC4	$	4	D	T	d	t
0101	ENQ	NAK	%	5	E	U	e	u
0110	ACK	SYN	&	6	F	V	f	v
0111	BEL	ETB	'	7	G	W	g	w
1000	BS	CAN	(	8	H	X	h	x
1001	HT	EM	)	9	I	Y	i	y
1010	LF	SUB	*	:	J	Z	j	z
1011	VT	ESC	+	;	K	[	k	{
1100	FF	FS	,	<	L	\	l	|
1101	CR	GS	-	=	M	]	m	}
1110	SO	RS	.	>	N	^	n	~
1111	SI	US	/	?	O	_	o	DEL

표 12-4의 ASCII 코드에서 약어로 표현된 34 개의 제어문자들은 표 12-5와 같다.

표 12-5. ASCII 코드의 제어문자

약어	제어 내용	약어	제어 내용
NUL	Null	DLE	Data-link escape
SOH	Start of heading	DC1	Device control 1
STX	Start of text	DC2	Device control 2
ETX	End of text	DC3	Device control 3
EOT	End of transmission	DC4	Device control 4
ENQ	Enquiry	NAK	Negative acknowledge
ACK	Acknowledge	SYN	Synchronous idle
BEL	Bell	ETB	End-of-transmission block
BS	Backspace	CAN	Cancel
HT	Horizontal tab	EM	End of medium
LF	Line feed	SUB	Subsitute
VT	Verical tab	ESC	Escape
FF	Form feed	FS	File separator
CR	Carriage return	GS	Group separator
SO	Shift out	RS	Record separator
SI	Shift in	US	Unit separator
SP	Space	DEL	Delete

12.3.6. 패리티 비트

이러한 문자들에 코드를 할당하는 것은 데이터 통신에서 사용하기 위함이다. 그러나 서로의 정보를 교환하고 전달하는 과정에서 오류가 발생할 수 있다. 따라서 오류의 발생 여부를 확인하기 위해 보내는 정보의 코드에서 1의 수를 홀수 또는 짝수로 만들어 전송한다. 즉, 7-비트로 된 ASCII 코드에서 한 1-비트를 추가하여 전체적으로 1의 개수를 홀수 내지는 짝수로 만들어 전송한다. 이렇게 추가하는 비트를 패리티

(parity) 비트라고 한다. 패리티란 정보의 코드에서 1의 개수가 홀수인가 짝수인가를 나타내는 것이다.

데이터 통신 규약상 홀수 패리티를 사용하기로 정하였다면 ASCII 코드에서 지정하고 있는 코드들에서 1의 수가 홀수인가 짝수인가를 살펴보고 짝수이면 1을 홀수이면 0을 넣어 8-비트를 만들어 전송한다.

예를 들어 표 12-4에서 대문자 A에 대한 ASCII 코드는 '1000001'이므로 짝수 패리티를 사용한다면 패리티 비트에 추가할 내용은 '0'이 되어 '01000001'로 전송하고, 홀수 패리티를 사용한다면 '11000001'로 전송한다.

일반적으로 짝수 패리티를 많이 사용하며 패리티 비트는 왼쪽 또는 오른쪽에 추가한다. 만일 데이터의 전송 과정에서 임의의 한 비트에서 오류가 발생하였다면 이는 0에서 1로 또는 1에서 0으로 변한 것을 의미하며, 이렇게 될 경우 수신측에서는 패리티는 홀수가 되어 오류가 발생하였음을 알 수 있다.

결국 패리티의 불일치로 인해 전송과정에서 오류가 발생하였음을 알 수 있으며, 재전송 요청을 통해 정확한 정보를 다시 요구하게 된다. 물론 올바른 정보의 전달 후에도 정보의 수신여부를 응답하여 통신이 완료된다. 만일 짝수개의 비트에서 오류가 발생한다면 오류를 검출할 수 없다.

12.3.7. 기타코드

이외에도 많은 2진 코드가 있으며, 가중치 코드로써 2421코드, 84(-2)(-1)코드, 이중5코드(5043210코드) 등이 있으며, 오류검출코드로 해밍코드(hamming code)가 있다.

(1) 가중치 코드

BCD코드는 일명 8421코드라고 불린다. 이것은 각 자리수의 가중치가 8421이기 때문이다. 이와 같이 십진수 0~9를 표현하기 위한 가중치 코드로 각 자리의 가중치를 2421이거나 84(-2)(-1)인 경우에도 십진수에 대한 일관성 있는 표현이 가능하다. 또한 주판의 개념을 약간 변형하여 코드화 한 이중5코드도 가중치 코드로 분류된다.

표 12-5에 이들 코드에 대한 표현을 나타내었다.

표 12-5. 기타 코드

십진수	2421	84(-2)(-1)	5043210
0	0000	0000	0100001
1	0001	0111	0100010
2	0010	0110	0100100
3	0011	0101	0101000
4	0100	0100	0110000
5	1011	1011	1000001
6	1100	1010	1000010
7	1101	1001	1000100
8	1110	1000	1001000
9	1111	1111	1010000

2421 코드와 82(-2)(-1) 코드의 경우에도 3-초과 코드에서처럼 십진수의 보수에 대하여 이진수로 표현된 코드에서도 보수로 나타난다. 즉 십진수 3에 대한 2421 코드와 84(-2)(-1) 코드의 경우 각각 0011과 0101이며 이에 대한 1의 보수는 각각 1100과 1010이다. 이것은 2421 코드와 84(-2)(-1) 코드에서 십진수 6에 해당되는 코드로 십진수 3에 대한 9의 보수이다.

이중5코드의 경우 '5' 이상과 이하를 구분하는 비트 2 개와 '4' 이하를 표현하는 5 개의 비트를 사용하여 전체 7-비트로 표현한다. 7 개의 비트 중 2 개만이 '1'로 표현한다. 마치 주판(abacus)의 수에 대한 표현과 동일하다.

(2) 오류검출코드

오류를 검출하고 수정할 수 있는 해밍코드는 정보 데이터 n-비트와 m 개의 패리티 비트를 이용하여 새로운 (n+m) 비트의 새로운 코드를 만든다. 이때 패리티 비트로 사용하여야 하는 m의 값은 식 (12-2)의 조건을 만족하여야 한다.

$$2^m \geq n+m+1 \tag{12-2}$$

즉, 8-비트의 정보 데이터를 해밍코드로 만들려고 할 경우에는 $n=8$이므로 식 (12-2)에 의해 $m=4$가 되어야 만족하므로, 4 개의 패리티 비트를 추가하여야 하며, 12-비트 정보 데이터의 경우에는 5 개의 패리티 비트가 추가로 필요하게 된다.

이러한 해밍코드는 오류를 검출하고 1-비트에 대한 오류는 수정이 가능하다. 그러나 2-비트의 오류에 대하여는 검출만 가능하며 수정은 불가능하다. 이러한 해밍코드는 백색잡음 환경에서 단일 오류에 대한 정정을 하는 최적의 코드이다.

$(n+m)$ 비트로 만들어지는 해밍코드에서 m 개의 각 패리티 비트가 들어갈 자리는 2^j($j=0, 1, 2, \ldots, m-1$)에 해당하는 자리에 들어가며 나머지 자리는 정보 데이터가 순서대로 들어간다. m 개의 각 패리티 비트는 다음의 조건에 의해 자리와 값을 결정한다.

P_k : skip (k-1) bit(s), check k bit(s), skip k bit(s), check k bit(s), skip k bit(s), etc.

$$k = 2^j,\ j = 0,\ 1,\ 2,\ 3,\ \ldots,\ (m-1)$$

만일 $j=0$일 때, $k=1$이 되며, 패리티 비트 P_1은 1, 3, 5, 7, … 과 같은 홀수 자리의 비트들에 대한 XOR의 결과를 패리티로 가진다. $j=1$일 때에는 $k=2$이며, 패리티 비트 P_2는 첫째 비트를 건너뛰고 다음 2 개의 비트(2, 3번째 비트)와 다시 2 개의 비트(4, 5번째 비트)를 건너뛰고, 다음 2 개의 비트(6, 7번째 비트)를 고려하는 것과 같은 방법으로 반복하여 XOR 한 결과를 패리티로 결정한다.

$j=3$일 때에는 $k=8$이므로, 처음 7-비트를 건너뛰고, 다음 8 개의 비트들(8 ~ 15번째 비트)과 다시 8 개의 비트들(16 ~ 23번째 비트)을 건너뛴 다음 8 개의 비트들(24 ~ 31 비트)을 또 고려하는 방법으로 고려해야하는 비트들에 대한 XOR의 결과를 패리티 비트 P_8의 값으로 결정한다. 이와 같은 방법으로 각 패리티 비트를 결정하여 해밍코드를 구성한다.

이와 같은 원리로 8-비트의 정보 데이터 비트가 '10011010' 이라면 패리티 비트를 포함한 해밍코드는 표 12-6과 같이 만들 수 있다.

표 12-6. 8-비트 정보데이터에 대한 해밍코드 설정

1	**2**	3	**4**	5	6	7	**8**	9	10	11	12
P_1	P_2	1	P_4	0	0	1	P_8	1	0	1	0

각 패리티의 값은 XOR를 이용하여 설정되므로, 짝수 패리티인 경우 다음과 같이 결정된다.

	P_1	**P_2**	1	**P_4**	0	0	1	**P_8**	1	0	1	0	
P_1	P_1		1		0		1		1		1		**0**
P_1	-	P_2	1			0	1			0	1		**1**
P_1				P_4	0	0	1					0	**1**
P_1								P_8	1	0	1	0	**0**

따라서 정보 데이터 10011010에 대한 최종 해밍코드는 표 12-7과 같다.

표 12-7. 해밍코드 예

1	**2**	3	**4**	5	6	7	**8**	9	10	11	12
0	**1**	1	**1**	0	0	1	**0**	1	0	1	0

만일 수신된 정보가 7번째 비트에서 오류가 발생하여 '1'에서 '0'으로 수신되었다면 수신된 코드는 '011100**0**01010' 과 같다. 패리티 비트의 위치를 알고 있으므로 이를 통하여 검증해보면(오류가 난 비트를 진하게 밑줄로 표시하였다.)

$P_1 = 0 \oplus 1 \oplus 0 \oplus \underline{\mathbf{0}} \oplus 1 \oplus 1$에서 $P_1 = 1$

$P_2 = 1 \oplus 1 \oplus 0 \oplus \underline{\mathbf{0}} \oplus 0 \oplus 1$에서 $P_2 = 1$

$P_4 = 1 \oplus 0 \oplus 0 \oplus \underline{\mathbf{0}} \oplus 0$ 에서 $P_4 = 1$

$P_8 = 0 \oplus 1 \oplus 0 \oplus 1 \oplus 0$ 에서 $P_8 = 0$

이로부터 $P_8P_4P_2P_1 = 0111$이므로 7번째 비트에서 오류가 난 것을 알 수 있다.

예제 12. 7 해밍코드로 수신된 코드가 101100110010 이었다면 오류가 있는지 확인하라. 또 오류가 있다면 어느 비트에서 오류가 있는가?

[풀 이] $P_1 = 1 \oplus 1 \oplus 0 \oplus 1 \oplus 0 \oplus 1 = 0$

$P_2 = 0 \oplus 1 \oplus 0 \oplus 1 \oplus 0 \oplus 1 = 1$

$P_4 = 1 \oplus 0 \oplus 0 \oplus 1 \oplus 0 = 0$

$P_8 = 1 \oplus 0 \oplus 0 \oplus 1 \oplus 0 = 0$

따라서 $P_8P_4P_2P_1 = 0010$ 이므로, 2번째 비트에서 오류가 발생하였다.

12.4. 부울 대수와 논리 게이트

부울 대수(Boolean algebra)는 19세기 영국의 수학자 George Booled에 의해 창안된 논리를 수학적으로 해석하기 위한 것으로 2진 변수와 논리 연산을 다루는 대수이다. 부울 대수식을 구현하는 회로의 가장 기본적인 것이 논리 게이트(logic gate)이다. 따라서 부울 함수는 0과 1의 2진 변수와 논리 연산을 나타내는 기호로 구성된다.

12.4.1. 부울 대수

부울 함수는 2진 변수 사이의 논리적인 관계를 나타내는 식이다. 부울 대수의 공리적 성질을 표 12-8에 나타내었다.

표 12-8. 부울대수의 주요 공리 및 정리

OR 논리	AND 논리	공리 및 정리
X + X = X	X · X = X	정리 1
X + 0 = X	X · 1 = X	항등원 존재
X + Y = Y + X	X · Y = Y · X	교환법칙
X + (Y+Z) = (X+Y) + Z	X · (Y · Z) = (X · Y) · Z	결합법칙
X · (Y+Z) = X · Y + X · Z	X + (Y · Z) = (X+Y) · (X+Z)	분배법칙
X + XY = X	X · (X+Y) = X	흡수정리
X + X′Y = X + Y	X · (X′+Y) = X · Y	흡수정리
(X+Y)′ = X′ · Y′	(X · Y)′ = X′ + Y′	De Morgan 정리
XY + X′Z + YZ = XY + X′Z	(X+Y)(X′+Z)(Y+Z) = (X+Y)(X′+Z)	합치정리

표 12-8의 공리들과 정리들을 이용하여 부울 함수들을 간략화 한다. 만일 부울 함수가 다음과 같이 주어졌다고 하자.

$$F_1 = x + yz'$$

부울 함수 F_1은 $x=1$ 또는 $y=z'=1$이면 '1'이 되고 그렇지 않으면 '0'이 된다. $z'=1$이라는 것은 $z=0$을 뜻한다. 따라서 $x=1$이거나 $y=1$, $z=0$이면 함수 F_1은 '1'이다. 그러므로 변수들의 모든 가능한 2진 값의 표현으로부터 함수의 결과를 결정할 수 있다. 이러한 변수들의 모든 가능한 상태에 대한 함수의 결과를 표로 표현한 것이 진리표(truth table)이다. n개의 변수를 가진 부울 함수는 진리표에서 2^n개의 상태를 가지게 된다. 이러한 각 상태에 대한 부울 함수의 출력값을 표현한 것이 진리표이다. 표 12-9는 위 부울 함수 F_1에 대한 진리표이다.

부울 대수가 진리표로 표현할 때에는 한 가지 방법밖에 없다. 그러나 부울 함수로 표현할 경우에는 동일한 논리를 가지는 다양한 형태로 표현 가능하다. 부울 대수규칙에 의하여 함수를 표현하면 간략화한 함수를 얻을 수 있게 되며, 결과적으로 게이트와 입력의 수를 많이 줄일 수 있게 된다. 부울 함수 F_2에 대하여 어떻게 간략화되는가를 살펴보자.

$$F_2 = xy'z' + xyz' + y'z$$

표 12-9. F_1 및 F_2에 대한 진리표

x	y	z	F_1	F_2
0	0	0	0	0
0	0	1	0	1
0	1	0	1	0
0	1	1	0	0
1	0	0	1	1
1	0	1	1	1
1	1	0	1	1
1	1	1	1	0

이 함수는 변수 x, 변수 y 및 y′, 변수 z 및 z′를 사용하고 있다. 따라서 3-입력 AND 논리, 변수 y와 z에 대한 NOT, 그리고 3-입력 OR 논리가 필요하다. 그러나 이 부울 함수를 동일한 논리를 갖는 간략화한 함수로 바꿀 수 있다.

$$F_2 = xy'z' + xyz' + y'z = xz'(y' + y) + y'z = xz' + y'z$$

함수의 간략화 결과는 2-입력 AND 논리 2 개와 2-입력 OR 논리에 의해 표현된다. 따라서 부울 함수를 간략화하여 보다 간단히 표현하는 것이 부울 함수를 실현하는데 사용되는 게이트 수의 측면에서는 효과적일 것이다.

예제 12. 8 다음 부울 함수를 간략화 하라.

(1) $xyz' + x'yz + xyz + x'yz'$　　　　(2) $xyz + x'y + xyz'$

[풀 이] (1) $xyz' + x'yz + xyz + x'yz' = xy(z' + z) + x'y(z + z')$

$$= xy + x'y = (x + x')y = y$$

(2) $xyz + x'y + xyz' = xyz + x'y(z + z') + xyz'$

$$= xyz + x'yz + x'yz' + xyz'$$

$$= yz(x + x') + x'y(z + z') + xy(z + z')$$

$$= yz + x'y + xy = yz + (x' + x)y$$

$$= yz + y = y(z + 1) = y$$

12.4.2. 논리게이트

부울 함수에서 사용하는 논리 기호에 대하여 직접 논리적 기능을 수행하도록 만든 것을 논리 게이트(logic gate)라고 한다. 즉, 하나 또는 여러 개의 입력을 받아 필요한 논리적 출력을 얻는 회로이다. 전압(또는 전류)와 같은 전기적 신호를 '0'과 '1'로 변환하여 2진 값을 표현하게 되는데, 0 V일 때를 논리값 '0'으로 하고, 5 V일 때를 논리값 '1'로 한다. 그러나 일반적으로 논리회로를 구성하는 다이오드나 저항 등에서 작은 전압을 가지게 되므로 논리값으로 표현되는 전기적 신호 값에는 허용되는 범위가 있다.

논리회로에 사용되는 논리 게이트로는 AND 게이트, OR 게이트, NOT 게이트 등의 기본 게이트와 이들이 결합된 형태로 자주 사용되는 NAND 게이트, NOR 게이트, XOR 게이트 등 있다. 이들 논리 게이트가 실제 제작될 때는 트랜지스터, 다이오드 등을 이용하여 회로상에서 전압의 값이 2진 논리를 가지도록 설계 제작된다.

(1) AND 게이트

그림 12-1은 스위치 입력과 100 kΩ 부하저항을 가진 간단한 다이오드 회로이다.

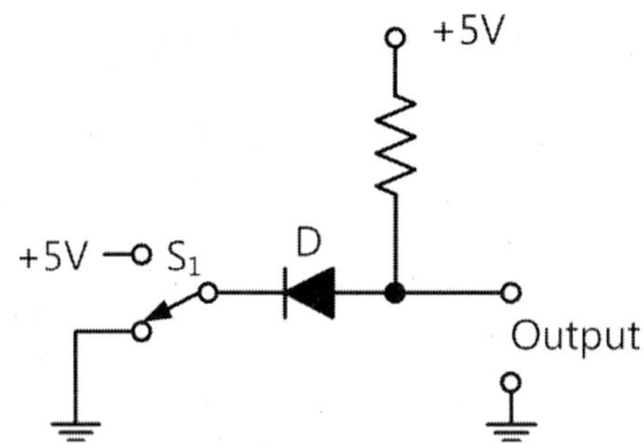

그림 12-1. 다이오드를 이용한 논리회로

그림에서 스위치가 접지에 연결되어 있을 때는 입력이 '0'인 Low 상태이고 이때 다이오드는 0.7 V의 전압강하를 가지며 순방향 상태가 된다. 따라서 입력전압이 Low일 때는 출력전압은 약 0.7 V가 되며 논리적으로 Low 상태가 된다. 반대로 스위치가 +5 V로 연결되면 입력이 High 상태이고, 다이오드의 양단에 똑같이 +5 V가 걸리게 되어 다이오드의 문턱전압으로 인해 다이오드는 개방(Off) 상태가 되므로 전류가 흐르지 않는다. 따라서 출력전압은 +5 V가 걸리게 되어 논리적으로 High 상태가 된다.

입력단자를 2 개로 하여 그림 12-2와 같이 회로를 구성하면 논리적으로 AND 기능을 가진 논리회로를 구성할 수 있다.

그림 12-1과 12-2에서 살펴보면 2 개 이상의 입력을 가지는 AND 논리도 쉽게 구현할 수 있음을 알 수 있다. 스위치 S_1과 S_2 둘 중 하나만이라도 닫히게 되면 다이오드는 ON 상태가 되어 출력전압이 0.7 V로 됨을 알 수 있다.

그림 12-2의 AND 논리회로에 대한 진리표는 표 12-10과 같다. 표 12-10 (a)에는 실제 전압값으로 표시하였으며, 0 ~ 0.7 V 사이의 전압값이 나타나면 논리적으로 Low(0)에 해당되고, 3.5 ~ 5 V 사이의 전압이 나타날 경우 논리적으로 High(1)로 취급하여 진리표를 작성하면 표 12-10 (b)와 같이 된다.

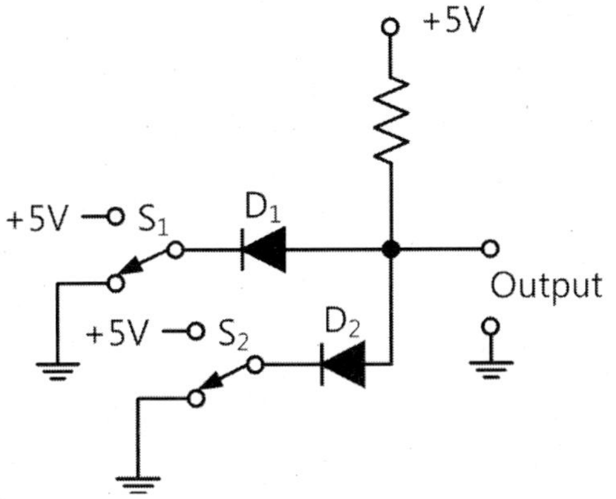

그림 12-2. AND 게이트 논리회로

표 12-10. 2-입력 AND 게이트 진리표.

(a) 전압값

입 력		출 력
A	B	
0 V	0 V	0.7 V
0 V	5 V	0.7 V
5 V	0 V	0.7 V
5 V	5 V	5 V

(b) 논리값

입 력		출 력
A	B	
0	0	0
0	1	0
1	0	0
1	1	1

AND 게이트는 두개의 입력이 모두 +5 V일 때만 출력이 +5 V로 나타나게 되고 어느 하나라도 0 V이면 출력이 0 V가 된다.

(2) OR 게이트

OR 게이트의 회로는 그림 12-3과 같다. AND 게이트와는 다르게 부하저항의 한 쪽 끝단이 접지와 연결되어 있어 출력 전압은 이 부하저항에 걸리는 전압이 된다.

OR 게이트의 진리표는 표 12-11과 같다. 스위치 S_1, S_2 중 어느 하나라도 +5 V에 연결되면, 다이오드는 순방향으로 되어 부하저항으로 전류가 흐르게 된다. 따라서 다이오드의 문턱 전압 0.7 V를 뺀 4.3 V가 부하에 걸리게 되어 출력은 High(4.3 V)가 되게 된다.

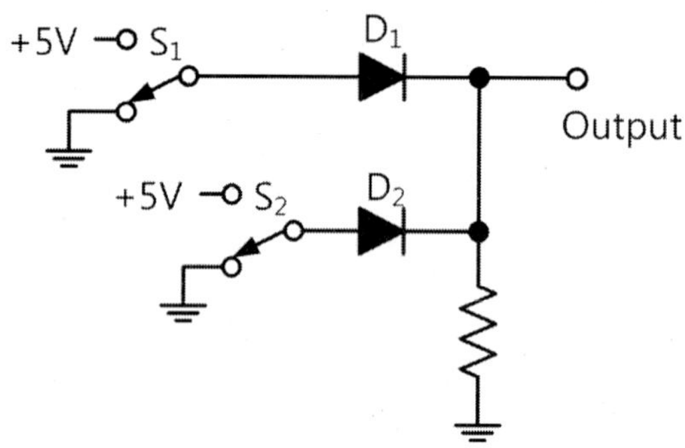

그림 12-3. OR 게이트 논리회로

표 12-11. 2-입력 OR 게이트 진리표.

(a) 전압값

입 력		출 력
A	B	
0 V	0 V	0 V
0 V	5 V	4.3 V
5 V	0 V	4.3 V
5 V	5 V	4.3 V

(b) 논리값

입 력		출 력
A	B	
0	0	0
0	1	1
1	0	1
1	1	1

그리고 두 스위치가 모두 접지에 연결될 때, 두 다이오드 양단에는 같은 전압이 걸리게 되어 다이오드의 문턱전압으로 인해 다이오드에 전류가 흐르지 않게 되어

개방(Off) 상태가 된다. 따라서 부하저항 양단 전압이 0 V가 되어 출력전압은 0 V가 되고 논리적으로 Low 상태가 된다.

(3) NOT 게이트

NOT 게이트는 일명 인버터(Invert)라고도 한다. 논리회로의 논리값을 반전하는 게이트이다. 그림 12-4는 트랜지스터를 이용한 NOT 게이트의 회로도이며, NOT 게이트에 대한 진리표는 표 12-12와 같다.

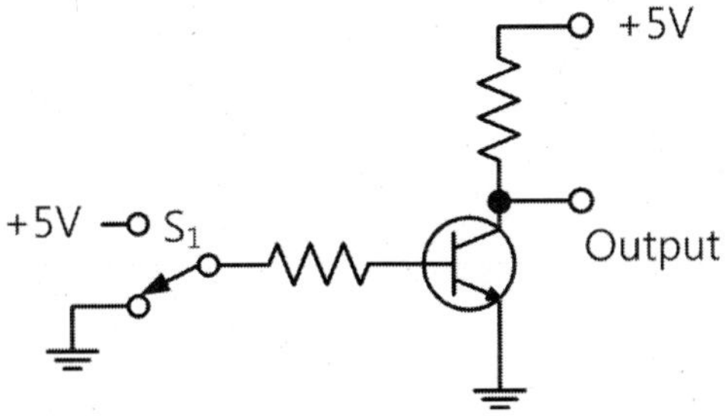

그림 12-4. NOT 게이트 논리회로

표 12-12. NOT 게이트 진리표

입 력	출 력
0	1
1	0

트랜지스터의 경우 입력 전압이 없으면 트랜지스터는 OFF 상태가 되고, 입력이 있을 경우 트랜지스터는 정상동작을 한다. 따라서 스위치 S_1이 닫혀 입력이 +5 V이면 트랜지스터가 ON(도통)된다. 이때 이미터에 저항이 없으므로 출력은 0 V가 된다. 반대로 입력이 0 V이면 트랜지스터가 OFF(차단)되어 출력은 +5 V가 된다.

(4) NOR / NAND 게이트

AND, OR, NOT 게이트는 다른 논리회로의 기본적인 요소가 되는데 OR 게이트와 NOT 게이트가 결합한 형태를 NOR 게이트라고 한다. 즉, OR 게이트의 출력단에 NOT 게이트가 결합한 형태이다. 또한 AND 게이트와 NOT 게이트가 결합한 형태는 NAND 게이트이며, 이는 AND 게이트 출력단에 NOT 게이트가 결합한 형태이다. NOR 게이트와 NAND 게이트에 대한 진리표는 각각 표 12-13과 12-14와 같다.

표 12-13. NOR 게이트 진리표

입 력		출 력
A	B	
0	0	1
0	1	0
1	0	0
1	1	0

표 12-14. NAND 게이트 진리표

입 력		출 력
A	B	
0	0	1
0	1	1
1	0	1
1	1	0

NOR 게이트의 경우 두 입력 중 하나만이라도 High(+5 V)이면 출력은 Low(0 V)가 된다. 반면에 NAND 게이트는 두 입력 중 하나만이라도 Low이면 출력은 High가 된다. 그 외에도 논리 게이트는 여러 가지가 있으며, 논리회로에서 사용되는 논리게이트의 기호는 그림 12-5와 같다.

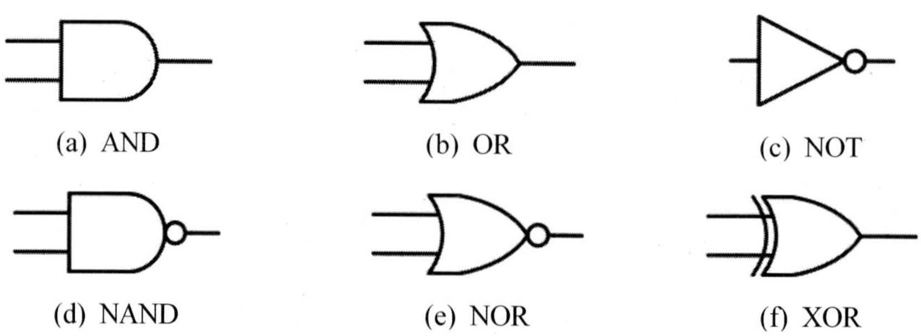

그림 12-5. 논리 게이트 기호

이들 논리 게이트는 부울 함수식(Boolean Function)에 의해 수식으로 표현 가능하며, 논리게이트의 입력을 A, B, 출력을 Y라고 할 때, 이들에 대한 부울 함수식은 표 12-15와 같다.

표 12-15. 논리함수와 부울 함수식

논리 게이트	부울 함수식
AND	$Y = A \cdot B = AB$
OR	$Y = A + B$
NOT	$Y = \overline{A} = A'$
XOR	$Y = A \oplus B$

(5) IC 게이트

대부분의 논리회로는 다이오드나 바이폴라 트랜지스터(BJT), MOSFET 등을 이용하여 실현가능하지만 집적회로의 발달로 인해 IC로 제작하여 사용되고 있다. IC로 제작할 경우 사용되는 소자의 종류에 따라 구분한다.

트랜지스터-트랜지스터 논리소자(transistor-transistor logic, TTL), 이미터-결합 논리소자(emitter-coupled logic, ECL), 금속-산화물 반도체(MOS), 상보형 금속-산화물 반도체(CMOS)와 같이 크게 4 가지의 디지털 논리소자 군으로 구분하고 있으며, TTL 소자가 가장 보편적으로 사용되고 있다. 고속 연산이 요구되는 시스템에서는 ECL 소자들이 사용되며, 부품의 밀도가 높아야 하는 회로에서는 구조가 간단한 MOS 소자들이 사용된다. 또한 CMOS 소자들은 낮은 전력 소비를 요구하는 디지털 카메라 등에 사용된다. 자세한 내용은 14장에서 다루도록 한다.

그림 12-6은 TTL 7400시리즈의 논리 게이트 IC 내부 구조이다. 일반적으로 14 핀(pin)으로 되어 있기 때문에 전원 공급과 접지단자 각 1 핀을 제외하면 12 핀이 남게 된다. 따라서 2-입력 논리 게이트는 4 개의 소자가 한 IC에 들어간다. 그러나 NOT 게이트는 입출력에 각 한 단자를 사용하므로 6 개의 소자가 들어가 있다.

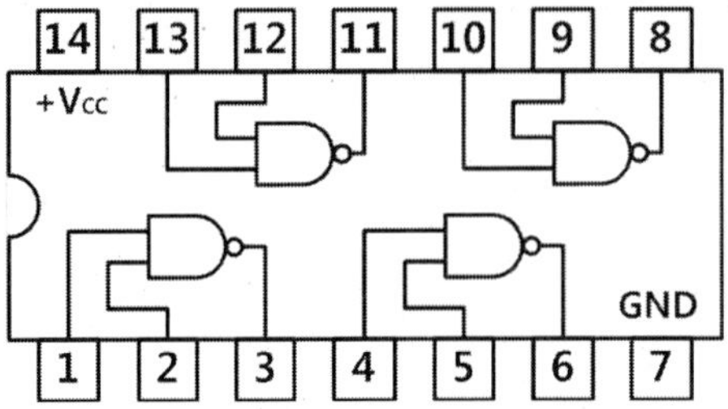

(a) 7400

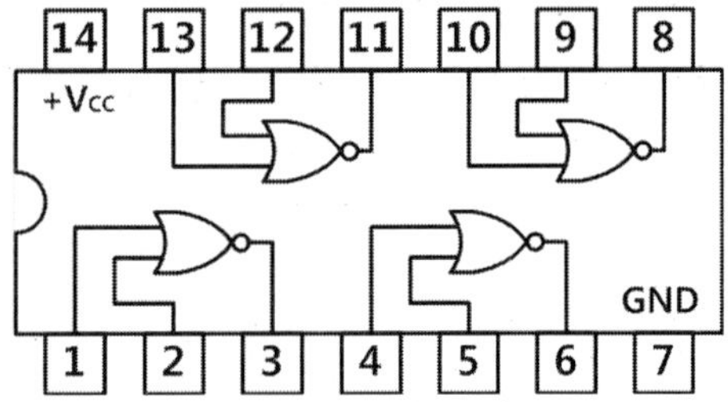

(b) 7402

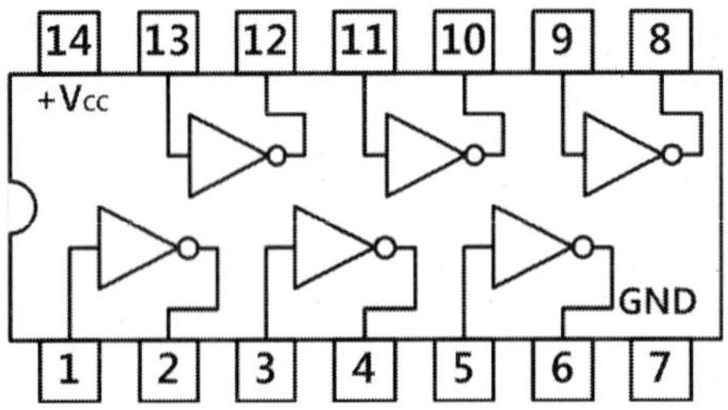

(c) 7404

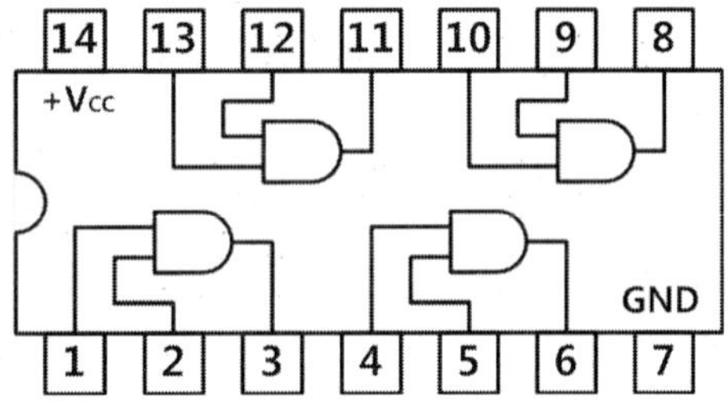

(d) 7408

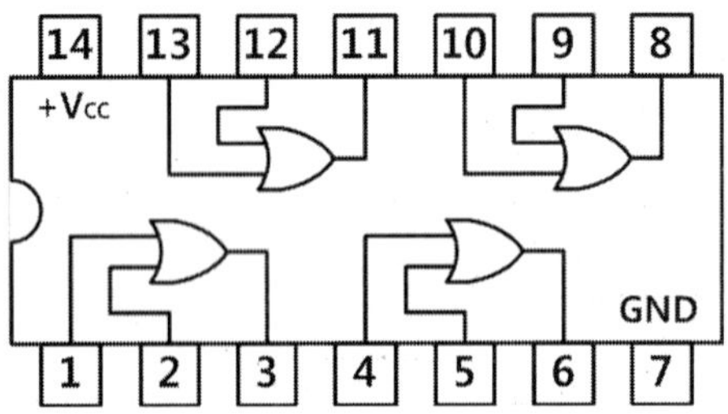

(e) 7432

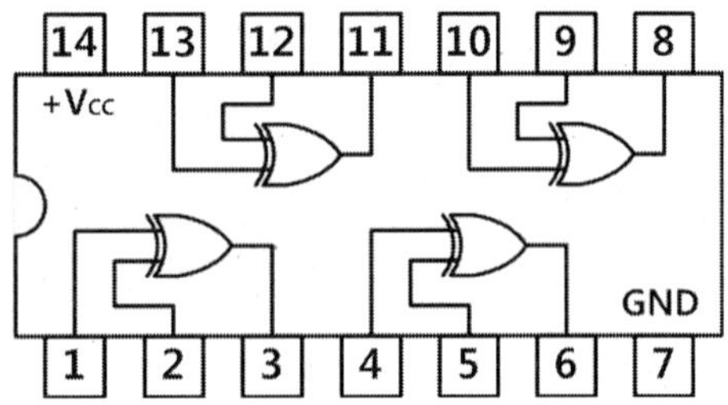

(f) 7486

그림 12-6. TTL 7400 시리즈 주요 IC의 핀 배열

12.4.3. 최소항과 최대항

만일 진리표가 주어진다면 이로부터 부울 함수를 표현할 수 있다. 진리표에 대하여 최소항(min-term)과 최대항(Max-term)은 표 12-16과 같다.

표 12-16. 최소항과 최대항

X	Y	Z	최소항		최대항	
0	0	0	m_0	X'Y'Z'	M_0	X+Y+Z
0	0	1	m_1	X'Y'Z	M_1	X+Y+Z'
0	1	0	m_2	X'YZ'	M_2	X+Y'+Z
0	1	1	m_3	X'YZ	M_3	X+Y'+Z'
1	0	0	m_4	XY'Z'	M_4	X'+Y+Z
1	0	1	m_5	XY'Z	M_5	X'+Y+Z'
1	1	0	m_6	XYZ'	M_6	X'+Y'+Z
1	1	1	m_7	XYZ	M_7	X'+Y'+Z'

변수 X, Y, Z의 각 조합들에 대한 최소항과 최대항을 이용하여 부울 함수로 표현하는 방법은 진리표로부터 '1'들에 대한 최소항들의 합으로 표현하거나, '0'들에 대한 최대항들의 곱으로 표현하면 된다.

최소항과 최대항의 지수는 각 자릿값의 합으로 나타낸다. 즉 X=0, Y=0, Z=0이면 XYZ의 값은 '0' 이므로 m_0 또는 M_0으로 표현한다. 또한 X=1, Y=0, Z=1이면 XYZ의 값은 '5' 이므로 m_5 또는 M_5으로 표현한다. 따라서 최소항과 최대항의 지수를 알면 변수들의 조합이 어떻게 되는지 알 수 있다.

이와 같이 주어진 진리표에서 부울 함수가 '1'이 되는 조합들을 모두 OR 하면 부울 함수를 실현할 수 있으며, 이 부울 함수를 간략화 등을 통해 함수를 실현한다.

만일 최대항을 이용하여 표현하려고 할 때에는 최대항들을 서로 AND 연산하여 부울 함수를 구할 수 있다. 그러나 최대항은 최소항과 보수 관계에 있으므로 부울 함수를 구하기 위해서는 진리표상에서 '0'들에 대한 최대항들을 서로 AND 하여야 한다.

진리표상에서 '1'의 개수가 많을 경우 최소항들의 합으로 표현한다면 많은 최소항들을 서로 OR 해야 하기 때문에 '0'에 대한 최대항을 이용하면 보다 쉽게 부울 함수를 구할 수 있다.

예제 12. 9 다음의 진리표에서 부울 함수를 최소항으로 표현하라.

x	y	z	F
0	0	0	0
0	0	1	0
0	1	0	1
0	1	1	1
1	0	0	1
1	0	1	0
1	1	0	1
1	1	1	0

[풀 이] 부울 함수 $F = \sum(m_2, m_3, m_4, m_6)$이다.

따라서 $F = x'yz' + x'yz + xy'z' + xyz'$

이 함수를 간략화하면

$F = x'y(z' + z) + xz'(y' + y) = x'y + xz'$

예제 12. 10 다음의 진리표에서 부울 함수를 최대항으로 표현하라.

x	y	z	F
0	0	0	1
0	0	1	1
0	1	0	0
0	1	1	1
1	0	0	0
1	0	1	0
1	1	0	1
1	1	1	0

[풀 이] 최대항을 이용하기 위해서는 진리표에서 '0'을 이용한다. 따라서

F = $\Pi(M_2, M_4, M_5, M_7)$이므로

$$F = (x + y' + z)(x' + y + z)(x' + y + z')(x' + y' + z')$$

[별 해] 최대항을 이용하기 위해서는 부울 함수의 보수에 대한 최소항을 살펴보면

$$F' = \Sigma(m_2, m_4, m_5, m_7) = x'yz' + xy'z' + xy'z + xyz$$

다시 보수를 취하면

$$\begin{aligned} F = (F')' &= [x'yz' + xy'z' + xy'z + xyz]' \\ &= (x'yz')'(xy'z')'(xy'z)'(xyz)' \\ &= (x + y' + z)(x' + y + z)(x' + y + z')(x' + y' + z') \end{aligned}$$

12.5. 부울 함수의 간략화

부울 함수를 간략화 하는 방법은 여러 가지가 있다. 앞서 설명한 방법과 같이 대수학적인 방법을 통하여 간략화 하는 방법은 경험에 의하여 얼마나 빠르고 정확하게 간략화할 수 있는가가 결정된다. 보다 체계적인 방법으로 Karnaugh map(K-map)을 이용하는 도식적인 방법과, Quine McCluskey 방법으로 알려져 있는 테이블 방법(tabular method)이 있다. 일반적으로 변수가 4~5 개 이하일 때에는 K-map을 이용하여 간략화하며, 입력 변수의 수가 5 개 이상일 때에는 K-map을 이용하기 어려우므로 컴퓨터를 활용한 테이블 방법을 사용한다. '1'의 개수에 의해 인접한 항을 찾아 묶음을 만들어 가는 테이블 방법에 관한 자세한 내용은 디지털 공학 전문 서적을 참고하기 바라며, 이 책에서는 K-map을 이용한 Mapping 방법에 대하여 간단히 살펴본다.

12.5.1. Mapping 방법

이 방법은 K-map이라고 부르는 도식적인 방법으로 최소항을 이용하여 간략화 하는 방법이다. 먼저 3-변수에 대한 K-map을 살펴보자. 3-변수들의 조합은 000~111까

지이므로 총 8 개의 최소항이 존재한다. 따라서 이들 최소항을 행과 열로 구분하는데 2×4 또는 4×2의 형태로 만들 수 있다. 1×8이나 8×1로도 할 수 있으나 비효율적이다. 그림 12-7은 4×2의 형태로 표현한 K-map이다.

$x \backslash yz$	00	01	11	10
0	$x'y'z'$	$x'y'z$	$x'yz$	$x'yz'$
1	$xy'z'$	$xy'z$	xyz	xyz'

(a)

$x \backslash yz$	00	01	11	10
0	m_0	m_1	m_3	m_2
1	m_4	m_5	m_7	m_6

(b)

그림 12-7. 3 변수 K-map

3-변수에 대하여 두 변수를 한 축에 두고 나머지 한 변수를 다른 축에 두면 된다. 가장 많이 사용하는 방법으로 MSB인 x를 열에 놓고, 다른 변수들 y와 z를 행에 두어 값의 조합을 만들 수 있다. 이때 y, z 값의 변화는 인접한 두 수가 공통항을 가질 수 있도록 그레이코드 순서에 의한다. 각 최소항의 위치는 그림 12-7 (a)와 같이 3-변수의 조합에 의해 순서가 결정된다. 유의할 점은 가로가 그레이 코드로 되어 있으므로 최소항의 순서가 그림 12-7 (b)와 같이 m_0, m_1, m_3, m_2로 되는 것이다. 그림에서 최소항 $m_0(x'y'z')$와 $m_1(x'y'z)$은 인접하고 있으므로 공통항$(x'y')$이 존재한다. 즉, $m_0 = x'y'z'$이고, $m_1 = x'y'z$ 이므로 $m_0 + m_1 = x'y'(z'+z) = x'y'$로 될 수 있다. 세로로 인접한 m_3과 m_7의 경우에도 $m_1 + m_7 = yz(x'+x)$와 같이 간략화 할 수 있다. 또한, m_4와 m_6의 경우 $m_4 + m_6 = xz'(y'+y)$와 같이 인접하고 있다. 이것은 K-map을 말거나 순환한 형태로 인접한지 판단할 수 있음을 뜻한다. 다만 인접한 항들의 수는 2 개, 4 개, 8 개와 같이 2^n 형태로 묶을 수 있다.

이때 인접한 항의 묶음은 변수의 수를 줄일 수 있게 되는데 인접한 2 개의 '1'을 묶으면 2^1에 의해 하나의 변수가 줄어든 형태로 표현된다. 인접한 4 개의 '1'을 묶을 경우 2 개의 변수를 줄일 수 있다. 만일 인접한 '1'이 없을 경우 그 자체로 부울 함수로 표현한다. 이 경우 $2^0=1$ 이므로 모든 변수들이 부울 함수의 표현에 나타난다.

만일 부울 함수가 F(x, y, z) = Σ(2,3,4,6,7)이라 할 때, K-map을 이용하여 간략화하는 방법을 살펴본다.

먼저 인접하고 있는 '1'들을 최대한의 크기를 묶는다. 다만 '1'의 개수는 2^n 이어야 한다. 그림 12-8에서는 m_2, m_3, m_6, m_7의 4 개의 '1'을 묶을 수 있다. 이 묶음은 x에 대하여 '0'과 '1'에 모두 걸쳐져 있으므로 x의 값에는 영향을 받지 않는다. 그리고 yz의 값은 '11'과 '10'에 걸쳐져 있으므로 공통항으로 $y=1$이면 된다. 따라서 묶음은 y로 나타낼 수 있다. 4 개의 '1'이 인접하므로 $2^2=4$에 의해 2 개의 변수가 줄어든 것을 확인할 수 있다.

다음으로 남은 '1'들을 살펴보면 m_4가 남아 있다. 이때 K-map은 그림과 같이 양쪽 끝이 인접한 것과 같으므로 인접한 '1'은 m_6가 있다. 부울 대수는 같은 항을 몇 번이라도 더해도 같은 논리값을 가지므로 m_6를 다시 묶음에 이용하여 묶게 되면 x에 대하여는 '1'의 열에 위치하고 있고, yz의 값은 '10'과 '00'에 걸쳐 있으므로 공통항으로 $z=0$이 된다. 따라서 $x=1$ 및 $z=0$이므로 묶음은 xz'로 표현할 수 있다. 따라서 위의 부울 함수 F(x, y, z) = Σ(2,3,4,6,7) = $y+xz'$ 가 된다.

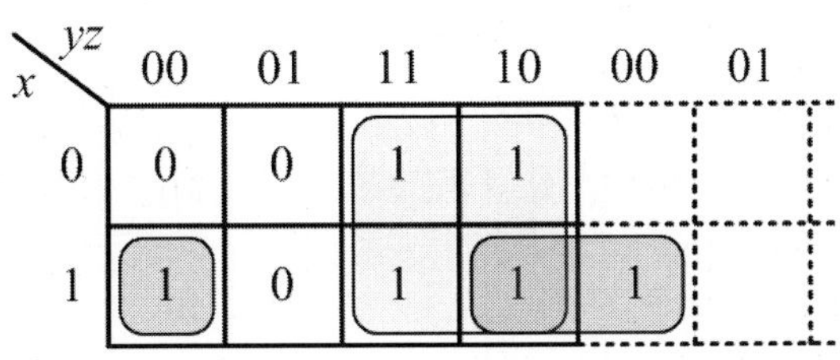

그림 12-8. 3변수 K-Map을 이용한 간략화

4-변수의 경우 2 개의 변수씩 구분하여 그림 12-9와 같이 K-map을 4×4 형태로 만들 수 있다. 최소항의 순서는 각 행과 열에 대하여 그레이 코드로 되어 있다.

4-변수 K-map에서는 최대 16 개의 '1'들이 묶일 수 있으며, 8 개, 4 개, 2 개 등으로 인접한 '1'들로 묶을 수 있다.

$wx \backslash yz$	00	01	11	10
00	m_0	m_1	m_3	m_2
01	m_4	m_5	m_7	m_6
11	m_{12}	m_{13}	m_{15}	m_{14}
10	m_8	m_9	m_{11}	m_{10}

그림 12-9. 4-변수 K-Map

그림 12-10은 4-변수 map에서 나타날 수 있는 묶음의 예이다. 그림 (a)는 인접한 8 개 '1'들의 묶음(Octet)이며, 그림 (b)는 4 개 '1'들의 묶음(Quad)이다.

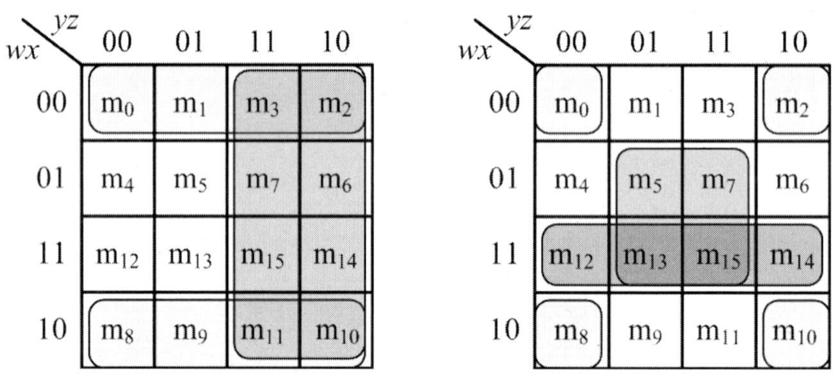

(a) Octet (b) Quad

그림 12-10. 4-변수 K-map의 묶음(Octet과 Quad) 예

그림 (a)에서 3 행과 4 행의 묶음은 wx의 모든 열에 걸쳐 있으므로 관계가 없고, yz 행에 대하여는 '11'과 '10'에 걸쳐 있으므로 $y=1$이 공통이다. 따라서 묶음에 대한 부울 함수의 표현은 y로 표현한다. 1 열과 4 열의 8 개의 '1'들의 인접한 묶음은

yz 모든 행에 걸쳐 있으므로 관계가 없고, wx의 '00'과 '10' 열에 대하여 공통적으로 $x=0$이 해당된다. 따라서 이 묶음에 대한 부울 함수의 표현은 x'가 된다.

그림 (b)는 4개의 '1'들로 묶은 Quad이며, m_{12}, m_{13}, m_{14}, m_{15}의 4개의 '1'들에 대하여 wx의 '11' 열만 해당되며, yz의 모든 행에는 관계가 없다. 따라서 이 묶음에 대한 표현은 wx=11이므로 wx로 표현한다.

각 묶음에 대한 부울 함수 표현들을 모두 OR로 결합하면 부울 함수에 대한 간략화된 표현이 된다.

위와 같이 K-map에서 '1'들은 인접한 많은 '1'들과 다양하게 묶을 수 있다. 어떤 경우에는 묶음들 중에서 일부의 묶음은 '1'의 개수는 같으나 다른 최소항들로 구성된 묶음이 가능할 수도 있다.

그림 12-11은 두 가지 가능한 결합이 나타나는 경우이다. 그림 (a)에서는 부울 함수가 $F=w'x'+wx+wz'$로 표현된다. 그러나 그림 (b)에서는 다른 묶음을 이용하여 $F=w'x'+wx+x'z'$로 표현된다. 두 경우의 부울 함수는 2-변수의 AND로 표현되어 있으며, 3개의 항이 OR 결합되어 있다. 따라서 어떤 형태로 부울 함수를 표현하더라도 동일한 수의 게이트를 사용하게 되므로 차이가 없다.

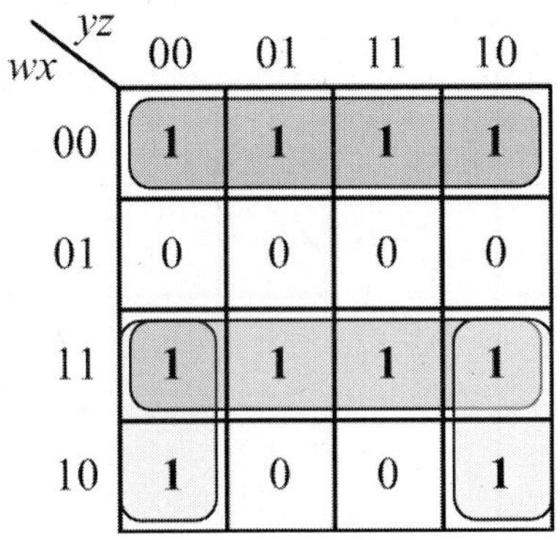

(a) $F=w'x'+wx+wz'$

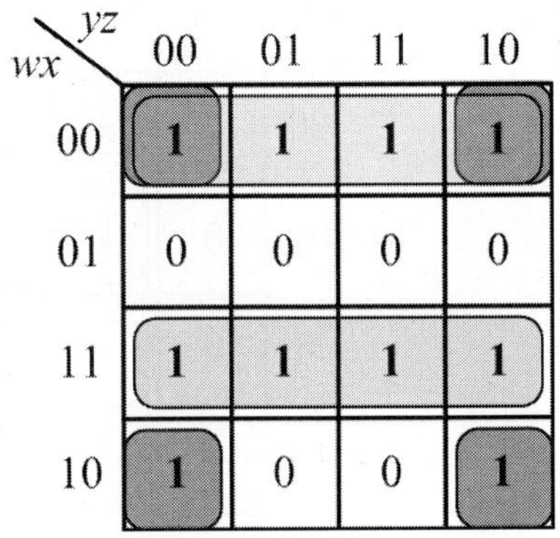

(b) $F=w'x'+wx+x'z'$

그림 12-11. 2가지 가능한 표현

예제 12. 11 부울 함수 $F = \sum(0,1,2,4,7)$ 에 대하여 K-Map을 이용하여 간략화하라.

[풀 이]

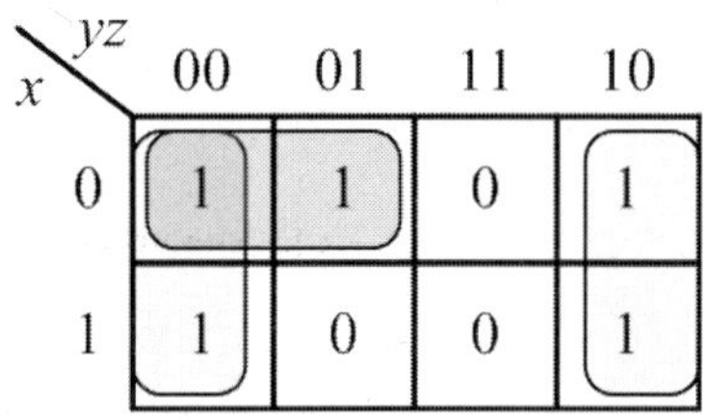

$F = z' + x'y'$

예제 12. 12 다음의 부울 함수를 K-Map을 이용하여 간략화하라.

(1) $F = \sum(0,1,5,7,8,9,13)$

(2) $F = \sum(0,1,2,7,8,9,12,13)$

[풀 이] (1) (2)

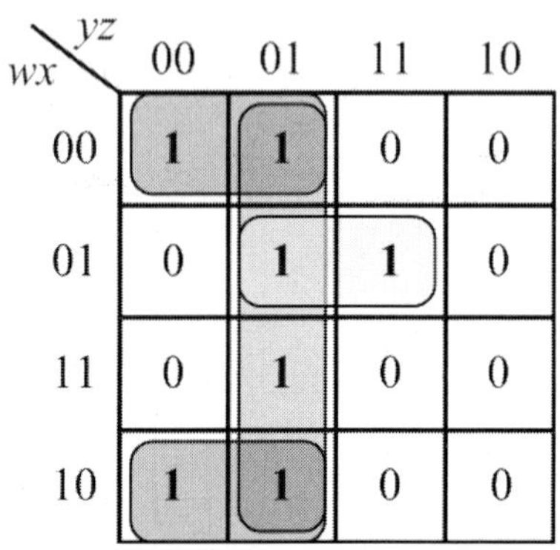

$F = y'z + x'y' + w'xz$

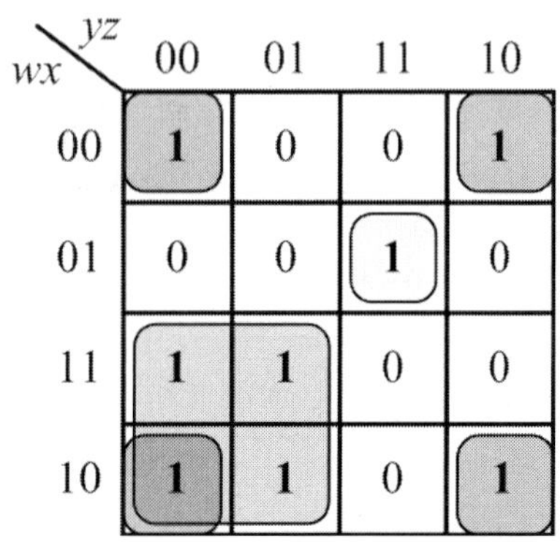

$F = wy' + x'z' + w'xyz$

12.5.2. 무정의 조건

무정의 조건(don't care condition)은 출력에 영향을 미치지 않는 입력 변수의 조합으로 부울 함수의 표현에서 '0'이나 '1'로 간주할 수 있는 상태를 말한다. 즉, '0'이나 '1'로 간주하여 간략화를 하여도 부울 함수의 결과에 영향을 미치지 않는다는 것을 뜻한다. 예를 들면 BCD 코드의 경우 4-비트로 표현하는데 0000 ~ 1001까지만 사용하고, 나머지 6가지 상태 1010 ~ 1111까지는 사용하지 않는다. 이 6가지 상태는 입력조합으로 규정하지 않고 있으므로 무정의 조건이라고 한다. 무정의 조건들은 K-map에서 'X'로 표시하며, 함수를 간략화 할 때 필요에 따라 '0' 또는 '1'로 간주하여 묶음을 만들어 가장 간단한 표현을 얻을 수 있다.

예제 12.13에서 무정의 조건을 이용하지 않으면 부울 함수는 $F=yz+w'x'z$로 표현된다. 그러나 하나 또는 2 개의 인접한 무정의 조건을 이용하면 보다 간략화된 부울 함수에 대한 표현을 얻을 수 있다.

예제 12. 13 부울 함수 F = ∑(1,3,7,11,15) 에 대하여 무정의 조건이 d = ∑(0,2,5)일 때, 간략화하고 가능한 경우를 모두 표현하라.

[풀 이] i) 무정의 조건 m_0과 m_2를 '1'로 간주하면 간략화 된 부울 함수는 $F=yz+w'x'$가 된다.

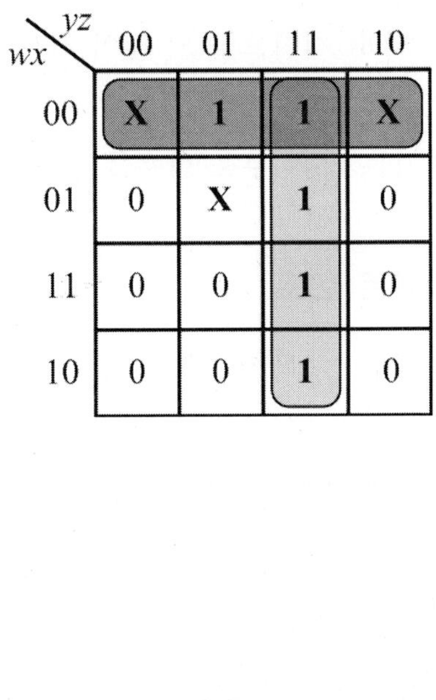

ii) 무정의 조건 m_5를 '1'로 간주하면 간략화 된 부울 함수는

$$F = yz + w'z$$

wx \ yz	00	01	11	10
00	X	1	1	X
01	0	X	1	0
11	0	0	1	0
10	0	0	1	0

두 표현 모두 예제의 조건을 만족하므로 부울 함수를 필요에 따라 선택하면 된다. 그러나 가급적 무정의 조건이 적은 묶음을 이용하는 것이 더 바람직하다.

12.6. 2-레벨 실현

부울 함수를 최소항 또는 최대항을 이용하여 실현하면 AND–OR 또는 OR–AND의 2-level로 논리함수를 실현할 수 있게 된다. 그러나 많은 논리회로에서는 AND, OR 게이트보다 NAND, NOR 게이트를 더 많이 사용한다. 이것은 회로로 구성하기가 쉽고, 게이트 연산에 걸리는 시간, 즉 전파지연 시간이 작기 때문이다. 따라서 AND, OR, NOT으로 주어지는 많은 부울 함수를 등가의 NAND, NOR로 바꾸어 구성한다.

12.6.1. NAND 게이트 회로

모든 디지털 시스템은 NAND로 구현할 수 있다. 따라서 NAND 게이트를 범용 게이트라고 한다. AND, OR, NOT 게이트는 쉽게 NAND 게이트로 실현할 수 있다.

NAND 게이트로 부울 함수를 구현하는 것은 먼저 부울 함수를 곱의 합 형태로 만들어야 한다. 만일 부울 함수가 식 (12-3)과 같이 구해졌다고 하자.

$$F = AB + CD \tag{12-3}$$

이 부울 함수는 AND–OR로 이루어져 있으며, 논리회로도는 그림 12-12와 같이 나타난다. 여기에서 AND 게이트를 NAND 게이트로 바꾸면 출력이 반전되므로 OR 입력 앞에서 다시 NOT를 추가하여야 한다. 이때 De Morgan의 정리에 의하여 NOT–OR는 NAND로 변환되므로 결국 그림 12-12 (c)와 같이 NAND 게이트만으로 구현된다.

위와 같이 NAND–NAND 게이트로 변환은 부울 함수식에서 De Morgan 정리를 이용하여 다음 식과 같이 대수적으로 증명이 가능하다.

$$F = AB + CD = [(AB + CD)']' = [(AB)'(CD)']'$$

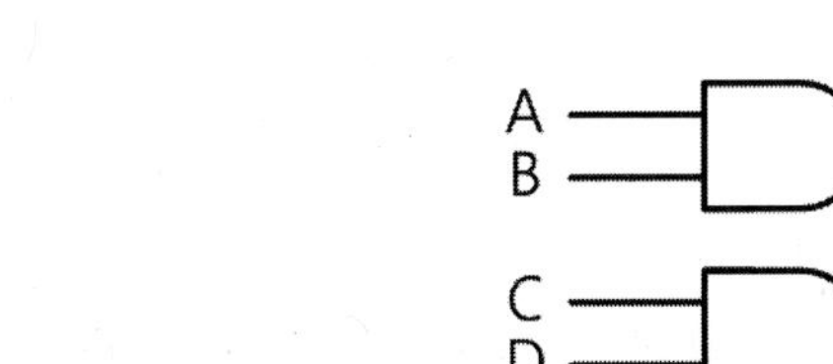

(a)

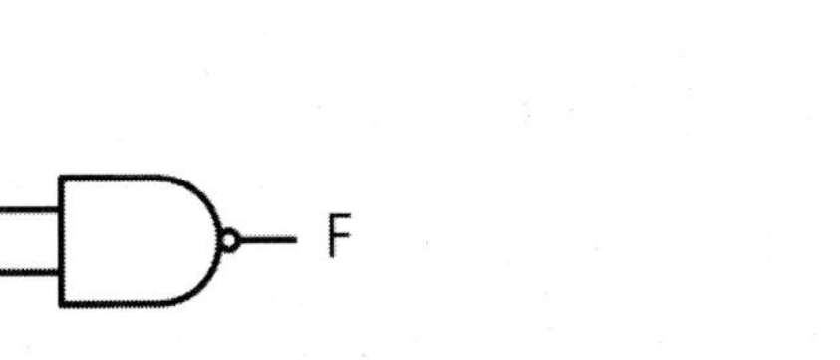

(b)

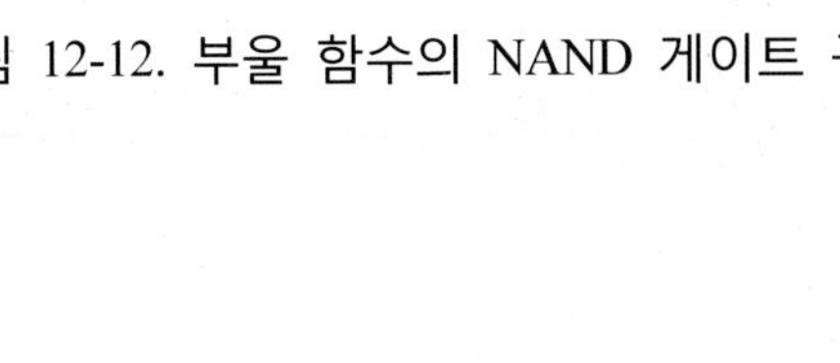

(c)

그림 12-12. 부울 함수의 NAND 게이트 구현

12.6.2. NOR 게이트 회로

NOR 게이트 회로는 NAND 게이트 회로에 대하여 쌍대(duality)를 이룬다. NOR 게이트 회로를 구현하는 방법은 NAND 게이트 회로를 구성하는 방법에 대응하여 '1'은 '0'으로 AND는 OR로 OR은 AND로 바뀌는 것이다.

NOR 회로를 구성하기 위해서는 부울 함수를 합의 곱 형태의 함수로 표현하여야 한다. 이것은 진리표에서 함수의 보수인 '0'에 대하여 함수를 구한 다음, 다시 보수를 취하여 원래의 부울 함수를 구하는 것이다. 따라서 OR–AND로 나타난 부울 함수는 NAND–NAND 회로로 변환하는 방법과 동일한 방법으로 NOR–NOR 회로로 변환가 능하다. 다음의 부울 함수에 대한 논리회로는 그림 12-13과 같이 나타난다.

$$F = (A+B)(C+D) = [(A+B)' + (C+D)']'$$

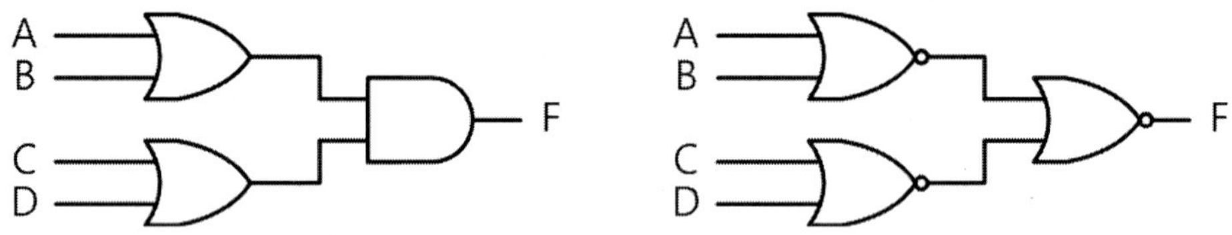

(a) (b)

그림 12-13. 부울 함수의 NOR 게이트 구현

12.6.3. 기타 2-레벨 회로

NAND–NAND와 NOR–NOR 회로는 AND–OR 회로와 OR–AND 회로와 등가임을 앞에서 살펴보았다. 이외에도 많은 2-레벨 게이트의 조합이 가능하다. AND, OR, NAND, NOR 4 개의 게이트만을 고려할 때 총 16 개의 조합이 가능해진다. 그러나 앞에서 설명한 것과 같이 NAND–NAND나 NOR–NOR 회로와 같이 동일한 게이트들로 2-레벨이 형성될 수 있으며, 이러한 형태를 축퇴형식(degenerate form)이라고 한다.

축퇴형식 중에서 AND나 OR 게이트로 된 것은 하나의 AND나 OR 게이트로 줄일 수 있게 된다. 그 외 2-레벨의 논리 회로를 비축퇴형식(nondegenerate form)이라고 하며, 이러한 형식의 2-레벨에는 AND–OR, OR–AND, NOR–OR와 NAND–AND 회로가 있으며, 이들과 등가의 형태인 NAND–NAND, NOR–NOR, OR–NAND, AND–NOR 등이 해당된다. 앞의 2 개의 형태는 앞서 살펴보았으며, NOR–OR와 NAND–AND 회로에 대하여 살펴본다.

(1) NOR–OR 회로

NOR–OR 회로는 OR–NAND 회로와 등가의 형태이다. 첫째 단에 있는 NOR 게이트는 OR 게이트의 출력단에 NOT 게이트가 있는 것과 같다. 이 NOT 게이트를 둘째단의 입력으로 가져오더라도 회로의 논리에는 변화가 없다. 따라서 NOT–OR 게이트는 등가의 NAND 게이트로 바꿀 수 있게 된다. 따라서 NOR–OR 회로는 OR–NAND 회로와 등가의 회로가 되면 그림 12-14와 같이 표현할 수 있다.

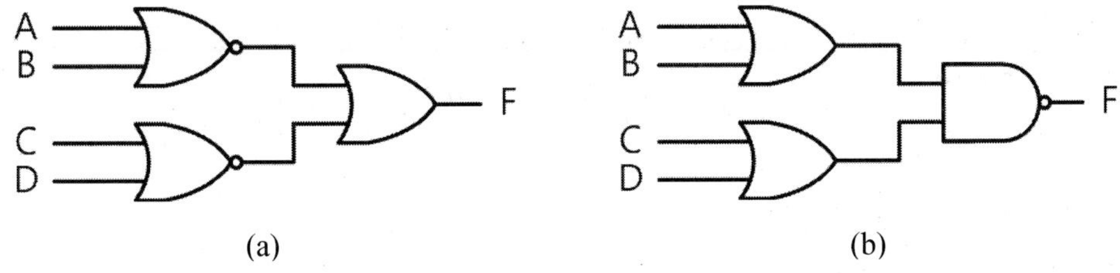

그림 12-14. NOR–OR 회로와 등가의 OR–NAND 회로

(2) NAND–AND 회로

같은 원리에 의해 NAND–AND 회로는 AND–NOR 회로와 등가의 형태이다. 첫째단에 있는 NAND 게이트의 출력에 있는 NOT 게이트를 둘째단의 입력으로 가져오고 NOT–AND 형태는 NOR 게이트로 바꿀 수 있으므로 그림 12-15와 같이 전체적으로는 AND–NOR 회로가 된다.

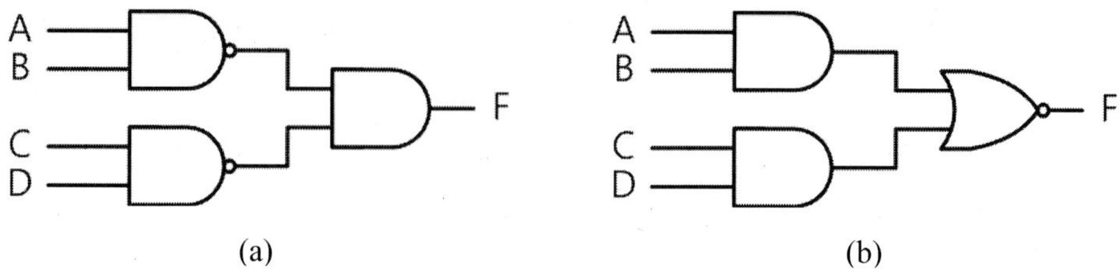

그림 12-15. NAND–AND 회로와 등가의 AND–NOR 회로

이러한 NAND–AND로 논리회로를 구현하기 위해서는 곱의 합 형태에서 함수의 보수를 간략화 한 다음 함수의 AND-OR 부분을 F'로 구현한다. 이것은 변환된 논리회로가 AND–OR NOT의 형태이기 때문에 기본적으로 AND–OR와 같은 방식을 이용하여 부울 함수를 정리하지만 최종 출력에서 NOT 게이트가 사용되고 있으므로 부울 함수의 보수를 사용하여야 한다.

예제 12. 14 다음의 부울 함수를 NAND 게이트만을 이용하여 구현하라.

$F(x, y, z) = \sum(0, 1, 3, 6, 7)$

[풀 이] 부울 함수 F는 $F = x'y'z' + x'y'z + x'yz + xyz' + xyz$

이 함수를 간략화하면 $F = x'y' + xy + yz$ 이므로

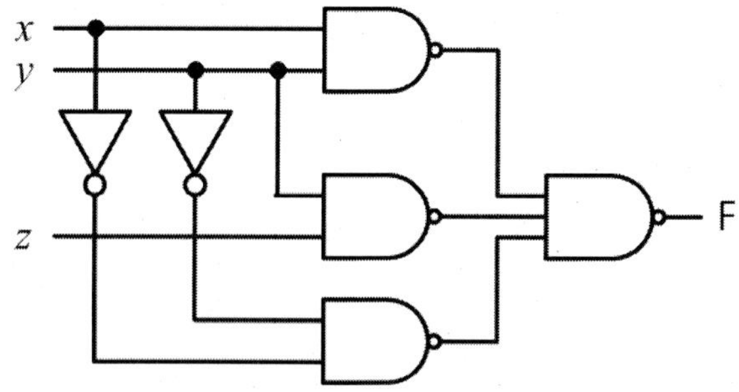

연습문제

1. 다음의 이진수에 대하여 등가의 십진수를 구하라.
   (1) 1010110 (2) 11111111

2. 다음의 십진수를 이진수로 변환하라.
   (1) 35.75 (2) 27.1875

3. 다음의 이진수를 등가의 8진수와 16진수로 변환하라.
   (1) 1011101 (2) 1010110100

4. 홈페이지 바탕화면 색을 #3399CC 지정하였다. 등가의 십진수는 얼마인가?

5. 다음의 십진수를 8-비트로 부호-크기 방식과 부호화 1의 보수 및 부호화 2의 보수로 표현하라.
   (1) + 37 (2) – 100 (3) – 45

6. 부호-크기 방식으로 표현된 다음의 이진수를 부호화 2의 보수를 이용하여 계산하라.
   (1) 00110100 + 00101011 (2) 01100110 + 10011000
   (3) 01010111 – 00001111 (4) 01001101 – 10010011

7. 다음의 십진수를 BCD 코드로 변환하라.
   (1) 25 (2) 256

8. 다음은 BCD 코드로 표현한 연산이다. 연산 결과를 구하라.

(1) 0011 + 0101 (2) 1001 + 0111

(3) 01010111 + 01101000 (4) 01110011 − 00011001

9. 이진수를 그레이 코드로 그레이 코드를 이진수로 변환하라.

(1) 이진수 10101011 (2) 그레이 코드 00111011

10. ASCII 코드에서 NAVY를 짝수 패리티를 이용하여 8-비트로 표현하라. 단, 패리티 비트는 제일 왼쪽에 추가한다.

11. 다음의 이진수를 해밍코드로 변환하라.

(1) 10011001 (2) 10111011

12. 다음의 해밍코드로 수신된 코드가 오류가 있는지 확인하라. 또 오류가 있다면 어느 비트에서 오류가 있는가?

(1) 101100101010 (2) 101101110011

13. 다음의 진리표에서 부울 함수를 최소항으로 표현하라.

x	y	z	F
0	0	0	0
0	0	1	1
0	1	0	0
0	1	1	1
1	0	0	0
1	0	1	1
1	1	0	1
1	1	1	0

14. 문제 14의 진리표에서 부울 함수를 최대항으로 표현하라.

15. 다음의 부울 함수를 간략화하라.

(1) $F = x'y'z' + x'yz + xy'z' + xyz$

(2) $F = x'y'z + x'yz' + x'yz + xy'z + xyz$

(3) $F = a'b'c'd + a'b'cd' + a'bcd' + a'bcd + ab'c'd + ab'cd' + abcd' + abcd$

16. 다음의 무정의 조건을 포함하는 부울 함수에 대하여 간략화하라.

(1) $F(w,x,y,z) = \Sigma m(0,6,8,13,14) + \Sigma d(2,4,10)$

(2) $F(w,x,y,z) = \Sigma m(1,3,5,7,9,15) + \Sigma d(4,6,12,13)$

17. 다음의 부울 함수에 대하여 2-레벨로 실현하라.

$F(x,y,z) = \Sigma(0,1,4,5,7)$

(1) NAND 게이트로만 구현하라.

(2) NAND–AND의 2-레벨로 구현하라.

(3) NOR–OR의 2-레벨로 구현하라.

13. 조합논리회로

디지털 논리회로는 논리회로의 출력값이 어떻게 결정되는가에 따라 조합논리회로(combinational logic circuit)와 순차논리회로(sequential logic circuit)로 구분한다. 이들 논리회로의 출력이 논리회로에 입력되는 각 변수들의 조합에 의해서만 결정되는가? 아니면 이들 입력변수들 이외에 현재 논리회로의 출력에 의해서도 영향을 받는가? 하는 것에 의해 구분된다.

대개의 디지털 시스템에서 사용하는 2진 정보를 처리하는 데는 기본적인 회로 몇 가지 종류만으로 가능하다. 이들 기본적 구성 요소들을 중복해서 사용하면 원하는 기능을 수행하는 시스템을 구성할 수 있다. 따라서 조합논리회로는 논리 게이트들로만 구성되어 있기 때문에 입력값이 주어지면 출력을 바로 구할 수 있게 된다.

13.1. 덧셈기와 뺄셈기

디지털 컴퓨터는 덧셈, 뺄셈, 곱셈, 나눗셈 등의 산술연산을 수행하는 회로를 가지고 있어야 한다. 기본적인 연산으로는 덧셈과 뺄셈이며, 곱셈은 덧셈을 되풀이하여 실현하고, 나눗셈은 뺄셈을 반복하여 계산한다.

두 이진수의 합을 계산하는 것을 살펴보자. 일반적으로 이진수는 1-비트로 구성되어 있지 않고 여러 개의 비트들로 구성되어 있다. 4-비트의 이진수인 두 수 A와 B를 더하는 과정을 살펴보자. 각각의 4-비트 이진수를 다음과 같이 가정하자.

$$A = A_4A_3A_2A_1$$

$$B = B_4B_3B_2B_1$$

두 이진수 A와 B를 더함에 있어 먼저 각 이진수의 LSB인 제일 아래 자리 두 수 A_1과 B_1의 덧셈을 수행하고, 자리올림을 고려하여 다음 자리인 A_2와 B_2를 더하는 방식으로 계산한다. 이때에는 두 이진수의 값뿐만 아니라 아래에서 올라오는 자리올림까지 3 개의 값을 더하여야 한다.

13.1.1. 반덧셈기

반덧셈기(half Adder, 반가산기)는 1-비트씩을 사용하는 2 개의 입력을 더하는 경우이며, 아래 자리올림을 고려하지 않고 있다. 따라서 완전한 덧셈을 수행하기 위해서는 2 개의 덧셈기가 필요하게 되므로 이를 반덧셈기라고 한다. 반덧셈기를 이용한 연산의 결과는 합(sum)과 자리올림(carry)의 2 개를 출력을 가진다.

앞의 이진수 A와 B에서 LSB인 두 자리 A_1과 B_1의 덧셈의 경우는 아래에서 자리올림이 없으므로 반덧셈기를 이용하여 연산을 할 수 있다. 반덧셈기에 대한 진리표는 표 13-1과 같이 나타난다.

표 13-1. 2-비트 덧셈의 합과 자리올림

A_1	B_1	S	C
0	0	0	0
0	1	1	0
1	0	1	0
1	1	0	1

합과 자리올림에 대하여 각각 부울 함수로 표현하면 식 (13-1) 및 (13-2)와 같으며, 이를 논리게이트로 실현한 것을 반덧셈기라고 하며 그림 13-1과 같다.

$$S = A_1B'_1 + A'_1B_1 = A_1 \oplus B_1 \tag{13-1}$$

$$C = A_1B_1 \tag{13-2}$$

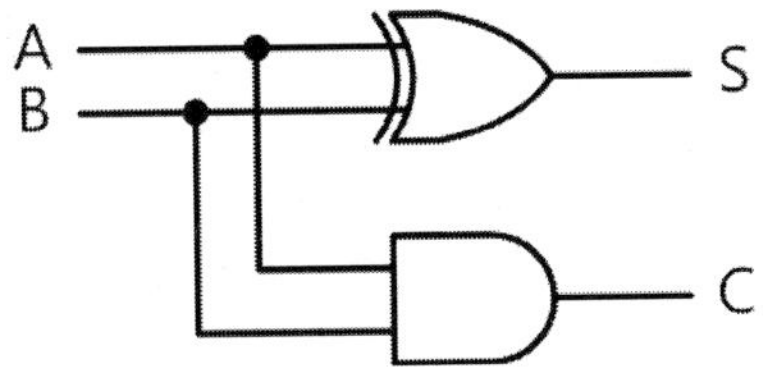

그림 13-1. 반덧셈기

13.1.2. 덧셈기

덧셈기(Full Adder, 전가산기)는 2 개의 입력과 아래에서 발생한 자리올림을 포함한 3 개의 수에 대한 덧셈을 수행한다. 즉, 두 이진수 A와 B에서 A_2와 B_2, A_3와 B_3, A_4와 B_4 등을 더할 때에는 아래 자리의 연산 결과에서 나타나는 자리올림을 포함하여 덧셈을 수행하여야 한다. 앞 절의 반덧셈기와 달리 아래 자리 연산에서 발생한 자리올림까지 고려하므로 이를 덧셈기라고 한다. 세 이진수의 덧셈에 대한 진리표를 표 13-2에 나타내었다.

표 13-2. 3-비트 덧셈의 합과 자리올림

x	*y*	*z*	S	C
0	0	0	0	0
0	0	1	1	0
0	1	0	1	0
0	1	1	0	1
1	0	0	1	0
1	0	1	0	1
1	1	0	0	1
1	1	1	1	1

표 13-2의 진리표에서 더하고자 하는 두 수를 x와 y로 두고, 아래에서 올라오는 자리올림을 z라 둔다면 합 S와 자리올림 C에 대한 부울 함수식을 나타내면 식 (13-3)과 (13-4)와 같다.

$$\begin{aligned} S &= x'y'z + x'yz' + xy'z' + xyz \\ &= x'(y'z + yz') + x(y'z' + yz) \\ &= x'(y \oplus z) + x(y \oplus z)' = x \oplus y \oplus z \end{aligned} \quad (13\text{-}3)$$

$$\begin{aligned} C &= x'yz + xy'z + xyz' + xyz \\ &= xy + z(x \oplus y) \end{aligned} \quad (13\text{-}4)$$

식 (13-3)과 (13-4)를 논리회로로 실현하면 그림 13-2와 같이 구현할 수 있다. 덧셈기는 반덧셈기 2 개와 하나의 AND 게이트로 구성할 수 있음을 알 수 있다.

또한 식 (13-3)으로부터 합 S는 x, y, z가 서로 XOR되어 있으므로 3-비트의 '1'의 개수가 홀수이면 '1'이 됨을 알 수 있고, 자리올림 C는 더하는 두 수 x, y가 '1'인 경우 AND에 의해 자리올림 C는 발생하고, x, y가 서로 다른 경우 아래 비트의 덧셈에서 자리올림(z)이 발생하였다면 윗자리로 자리올림이 전달됨을 알 수 있다. 이러한 개념은 게이트 지연을 해결하기 위한 앞보기 캐리 발생기(look-ahead carry generator)라는 것을 만드는 기초 개념이 된다.

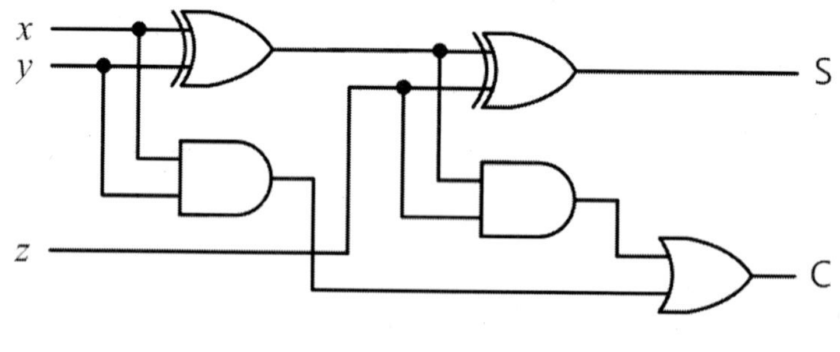

그림 13-2. 덧셈기

예제 13. 1 표 13-2의 진리표에서 출력 C에 대한 부울 함수를 최소항으로 표현하고, 간략화한 후 이에 대한 논리회로를 그려라.

[풀 이] 부울 함수 $C=\Sigma(3,5,6,7)$ 이다.

따라서 $C=x'yz+xy'z+xyz'+xyz=xy+yz+zx$

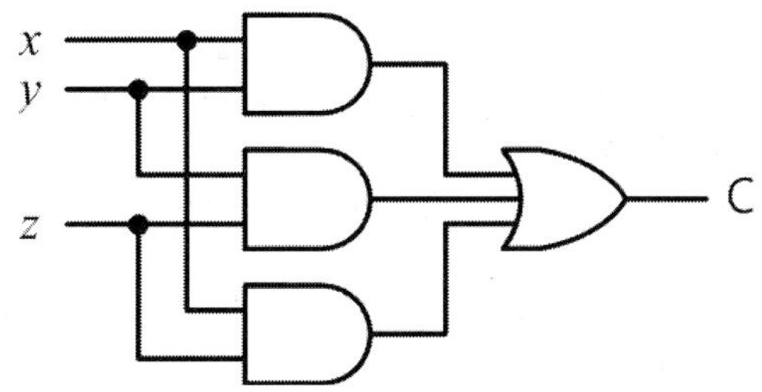

13.1.3. 뺄셈기

디지털 시스템에서 뺄셈기(subtractor)는 12장에서 설명한 보수를 이용하여 실행된다. 즉, A–B의 뺄셈은 A+(–B)와 같이 보수를 더하여 결과를 얻는다. 따라서 일반적으로 이진수에 대한 보수를 구하는 방법을 먼저 알아본다.

XOR 게이트는 입력되는 값이 서로 다를 경우 출력을 '1'로 발생하는 논리 게이트이다. 따라서 한쪽 입력을 '1'로 할 경우 나머지 입력이 '0'이면 출력을 '1'로 발생하며, 만일 입력이 '1'인 경우에는 '0'으로 출력을 낸다. 결국 입력되는 변수를 1의 보수로 변환할 수 있다.

가장 보편적으로 많이 사용하는 2의 보수로 만들어 주기 위해서는 1의 보수로 바꾼 후 LSB 자리에 '1'을 더하여 주어야 한다. 따라서 LSB의 덧셈에서도 반덧셈기 대신 덧셈기를 사용하여 아래에서 올라오는 자리올림이 '1'인 것처럼 해주면 1의 보수를 2의 보수로 바꿀 수 있다.

4-비트 두 이진수를 빼기 위한 논리회로는 그림 13-3과 같이 구성할 수 있다.

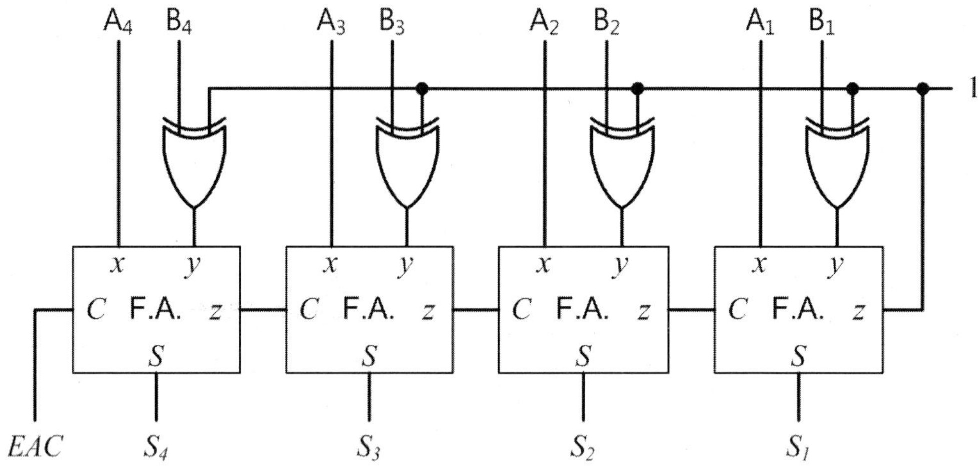

그림 13-3. 4-비트 뺄셈기

그림에서 이진수 B의 각 자리는 XOR 게이트를 통해 1의 보수로 바뀐다. 또한 LSB에 '1'을 더하고 있으므로 이진수 B는 2의 보수로 바뀐 것과 같다.

4-비트 뺄셈기의 결과는 이진수 A가 B보다 큰 경우 결과는 양수가 되며, 이때 EAC(end-sround carry)는 '1'로 나타난다. 이 경우에 두 이진수의 차는 $S_4S_3S_2S_1$로 표현된다. 그러나 B가 A보다 큰 경우에는 결과는 음수가 되고, 이때 EAC는 '0'으로 나타나게 된다. 따라서 EAC가 '0'이면 두 이진수의 차는 $S_4S_3S_2S_1$에 대하여 2의 보수를 취해주고 음수로 표현하면 된다. 두 이진수의 차를 계산하는 자세한 내용은 12.2.2절을 참조하라.

13.1.4. 크기 비교기

두 이진수를 비교하여 어떤 수가 더 큰가를 비교할 필요가 있다. 이러한 기능을 가지는 시스템을 크기 비교기(magnitude comparator)라고 한다.

크기 비교기는 두 수의 MSB부터 비교를 하여 두 수가 '0' 또는 '1'로 같으면 다음 자리를 비교해 나가는 방법으로 마지막 LSB까지 비교하면 된다. 앞의 두 이진수 A와 B에 대하여 크기 비교기를 하는 방법을 살펴본다.

가장 MSB인 A_4와 B_4를 비교하여 같은가 여부를 판단하기 위해서는 XNOR 게이트를 이용하면 된다. 따라서 각 자리에서의 크기가 같은가를 판단하기 위하여 식 (13-5)와 같이 x_i를 정의한다.

$$x_i = A_iB_i + A'_iB'_i = (A_iB_i' + A_i'B_i)' \tag{13-5}$$

먼저 A > B 이기 위해서는 MSB인 $A_4B'_4 = 1$인 경우이며, 만일 $x_4 = 1$이라면 다음 자리인 $A_3B'_3 = 1$ 이면 된다. 이와 같은 방법으로 LSB까지 계속 해 나가면 된다.

따라서 식 (13-6)~(13-8)과 같이 크기를 비교할 수 있으며 이에 대한 조합논리회로는 그림 13-4와 같다.

$$(A = B) : \ x_4x_3x_2x_1 \tag{13-6}$$

$$(A > B) : \ A_4B_4' + x_4A_3B_3' + x_4x_3A_2B_2' + x_4x_3x_2A_1B_1' \tag{13-7}$$

$$(A < B) : \ A_4'B_4 + x_4A_3'B_3 + x_4x_3A_2'B_2 + x_4x_3x_2A_1'B_1 \tag{13-8}$$

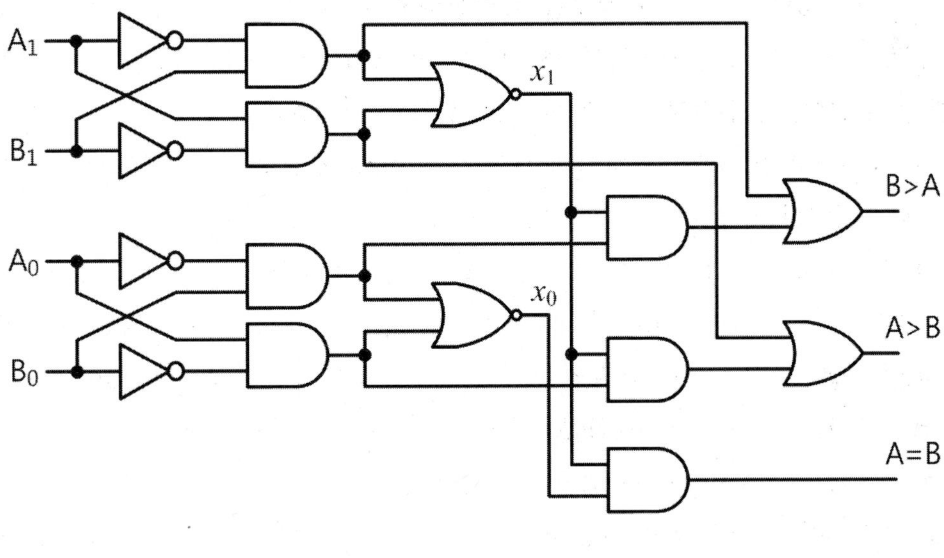

그림 13-4. 2-비트 크기 비교기

식 (13-5)와 같이 두 이진수가 같음을 확인하기 위한 논리회로는 XNOR 게이트를 사용하면 되지만 식 (13-6)~(13-8)에 나오는 각 항목들을 이용하기 위해서 식 (13-5)의 두 번째 항으로 논리회로를 구성하면 보다 회로가 간단해진다. 그러나 기본적으로 크기 비교기는 아주 복잡한 형태를 이루고 있다. 2-비트 이상의 크기 비교기는 그림 13-4를 확장하면 얻을 수 있다. TTL 7400 계열 중 7485는 4-비트 크기 비교기이다.

13.2. 디코더와 인코더

13.2.1. 디코더

디지털 시스템에서는 '0'과 '1'의 조합으로 표현된 이진 정보를 주고받는다. 만일 N 개의 상태를 표현하기 위해서는 $2^n > N$ 을 만족하는 n-비트로 정보를 표현하여야 한다. 이렇게 '0'과 '1'들의 조합으로 표시된 n-비트의 데이터는 2^n의 정보를 표현할 수 있는데, 디코더(decoder)는 n-비트의 이진으로 표시된 데이터를 2^n 중의 한 상태로 변환하는 소자이다. 따라서 디코더를 해독기 또는 복호기라고 부른다. 이들 2^n 개의 상태들은 n-비트로 표현된 입력변수에 대한 최소항들이다.

예를 들어 16-비트로 이진 정보를 표현한다고 할 때 이 중에서 4-비트를 연산을 수행하는 명령어코드로 할당하였다면 4-비트의 조합에 의해 16 가지의 다른 명령을 수행할 수 있으며, 이 정보는 이진 형태로 부호화(coding)되어 있다. 따라서 4-비트로 표현된 이진수를 16 가지 중 하나의 코드로 해독(decode)하여야 하며 이때 사용하는 것이 디코더이다.

그림 13-5는 3-비트로 표현된 이진정보를 해독하는 디코더에 대한 논리회로이다. 그림에서 3-비트의 정보(ABC)가 만일 011이라면 Y_3의 AND 게이트의 모든 입력만 유일하게 High 상태가 되고 따라서 출력 Y_3 만 High로 나타난다. 만일 3-비트의 입력이 100으로 된다면 출력 Y_4 만 High로 되고 나머지 출력들은 모두 Low 상태가 된다.

각 AND 게이트의 출력들은 입력의 조합에 의해 각각 다른 상태들로서 설계자가 설계하기에 따라 여러 가지 기능을 수행할 수 있는 8 가지의 상태들을 나타낸다.

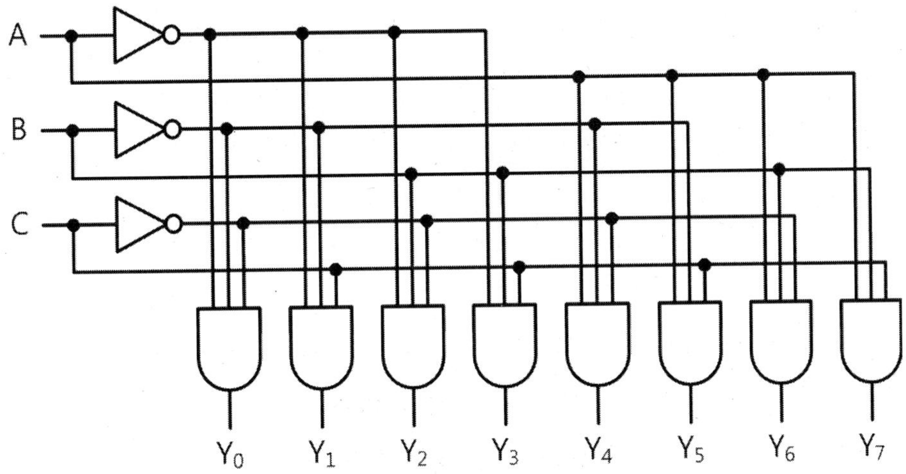

그림 13-5. 디코더 논리회로

그림 13-5에서 보는 것처럼 3-비트인 경우 8 개의 AND 게이트가 필요한 것을 알 수 있다. 일반적으로 n-비트의 정보를 처리하기 위하여 2^n 개의 AND 게이트가 필요하다. 따라서 많은 비트를 가지는 경우 사용되는 AND 게이트의 수는 엄청나게 늘어나게 되어 그림으로 표시하기에는 복잡하게 된다. 따라서 AND 게이트들을 제외하고 입력과 출력의 단자만 표시한 블록기호를 많이 사용한다. 그림 13-6은 2×4 디코더에 대하여 표현한 것으로 S_0, S_1의 2 개 입력과 D_0에서 D_3까지 4 개 출력을 가지고 있음을 알 수 있다.

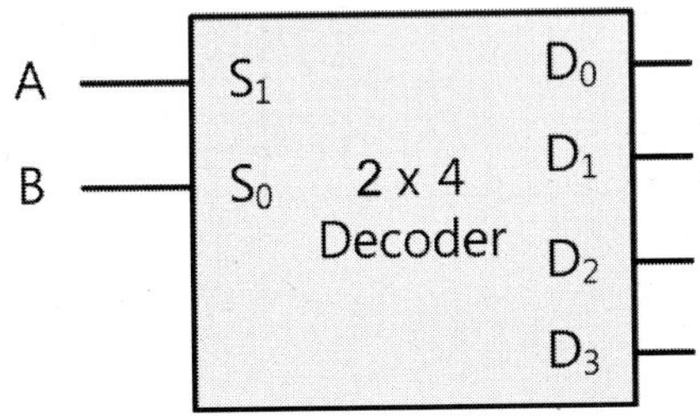

그림 13-6. 2×4 디코더

디코더를 이용하여 부울 함수식을 실현하는 방법은 디코더의 각 AND 게이트가 입력 A, B, C에 대한 최소항의 형태로 되어 있기 때문에 주어진 부울 함수식을 최소항의 형태로 만든 다음 각 출력을 OR 게이트를 통하여 연결하여 주면 실현이 가능하다. 만일 임의의 부울 함수식이 식 (13-5)와 같이 주어졌다고 하자.

$$F = A'B'C' + A'BC + AB'C' + ABC \tag{13-5}$$

첫 번째 항은 A(0), B(0), C(1)이 입력되는 AND 게이트 즉, D_1의 출력이 '1' 되고, 나머지 출력은 '0'이 된다. 두 번째 항은 A(0), B(1), C(0)인 경우이므로 D_2의 AND 게이트가 '1'이 되고, 세 번째 항은 A(1), B(0), C(0) 이므로 D_4, 네 번째 항은 A, B, C 모두 '1'인 경우에만 해당되므로 D7의 AND 게이트가 '1'이 된다. 따라서 이들 출력 D_1, D_2, D_4, D_7의 출력을 OR 게이트를 통해 결합하면 식 (13-5)의 부울 함수식을 실현할 수 있으며 그림 13-7과 같이 표현한다.

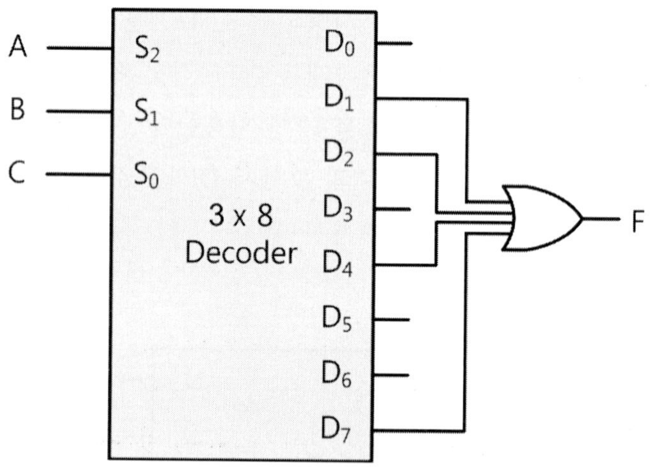

그림 13-7. 3×8 디코더를 이용한 부울 함수 실현

IC TTL 74138, 3 to 8 line decoder의 핀 배열은 그림 13-8과 같다.

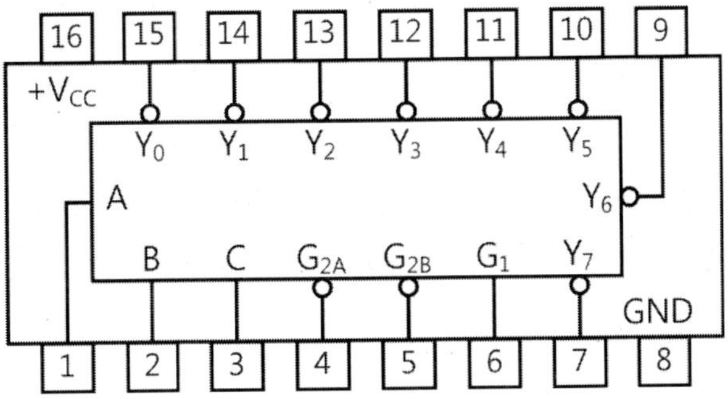

그림 13-8. TTL 74138 (3 × 8 decoder) IC의 핀 배열

13.2.2. 인코더

인코더(encoder)는 디코더의 반대 개념으로 2^n 개의 상태 중 하나를 n-비트로 표현하는 것이다. 따라서 인코더를 부호기, 암호기라고 부른다. 인코더는 OR 게이트들로 구성되며, 8 개의 상태에 대한 2진 부호기의 진리표는 표 13-3과 같이 표현할 수 있다. 진리표에서 입력으로 나타나는 D_0 ~ D_7은 각 상태를 표현하기 때문에 동시에 '1'이 될 수 없다.

표 13-3. 8 개 상태에 대한 2진 부호기 진리표

D_0	D_1	D_2	D_3	D_4	D_5	D_6	D_7	x	y	z
1	0	0	0	0	0	0	0	0	0	0
0	1	0	0	0	0	0	0	0	0	1
0	0	1	0	0	0	0	0	0	1	0
0	0	0	1	0	0	0	0	0	1	1
0	0	0	0	1	0	0	0	1	0	0
0	0	0	0	0	1	0	0	1	0	1
0	0	0	0	0	0	1	0	1	1	0
0	0	0	0	0	0	0	1	1	1	1

만일 동시에 '1'을 가질 경우 부호기는 입력들에 우선순위를 정하여 가장 높은 우선순위를 가지는 입력에 대해 부호화한다. 즉, 입력 D의 첨자가 높은 것이 낮은 것에 비해 우선순위가 높다고 한다면 D_4와 D_2가 동시에 '1'이 될 경우에는 D_4가 우선순위가 높기 때문에 출력이 100으로 코딩된다. 표 13-3의 진리표에서 각 출력으로 나타나는 *x*, *y*, *z*에 대하여 함수의 출력을 구하면 식 (13-6)과 같으며, 이에 대한 인코더는 그림 13-9와 같이 OR 게이트로 구현한다.

$$\begin{aligned} x &= D_4 + D_5 + D_6 + D_7 \\ y &= D_2 + D_3 + D_6 + D_7 \\ z &= D_1 + D_3 + D_5 + D_7 \end{aligned} \quad (13\text{-}6)$$

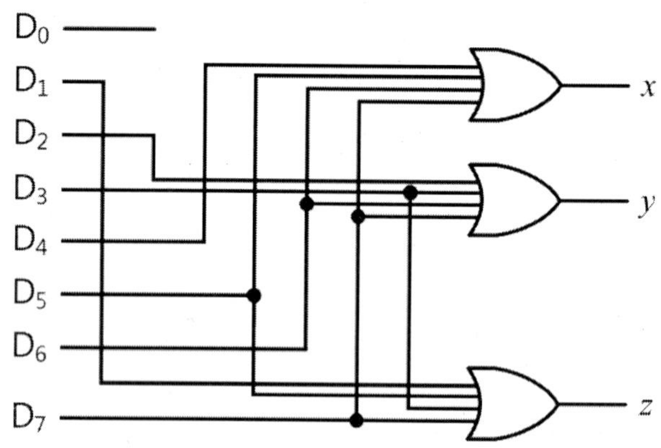

그림 13-9. 8 × 3 인코더

13.3. 멀티플렉서와 디멀티플렉서

13.3.1. 디멀티플렉서

앞 절의 디코더에서 AND 게이트 대신에 NAND 게이트를 사용하기도 한다. NAND 게이트는 AND 게이트의 출력을 반전시킨 연산 결과를 가지므로 보수 형태로 고려하는 것이 더 바람직하다. NAND 게이트는 입력 중 어느 하나만이라도 '0'이 들어가면 출력은 '1'이 되는 특징을 가지고 있다. 또한 대개의 디코더들은 게이트의 동작을 제어하기 위해 Enable 입력을 포함하고 있다. 따라서 Enable 단자의 입력은 디코더 전체의 동작여부를 결정한다. NAND 게이트를 사용하고 Enable 단자를 포함한 2×4 디코더를 그림 13-10에 나타내었다.

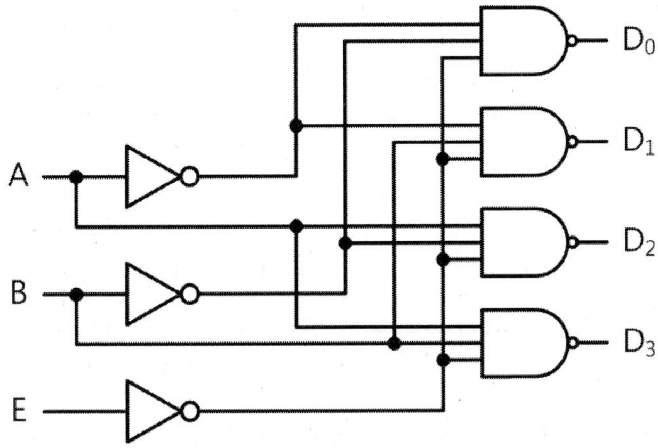

그림 13-10. Enable 단자를 가지는 2 × 4 디코더

그림 13-10은 보수의 개념을 사용하기 때문에 이에 대한 진리표는 표 13-4와 같이 주어진다. 따라서 출력값이 '0'이면 입력 A와 B에 의해 선택된 것으로 나타난다.

표 13-4. Enable을 가지는 2 × 4 디코더 진리표

E	A	B	D_0	D_1	D_2	D_3
1	X	X	1	1	1	1
0	0	0	0	1	1	1
0	0	1	1	0	1	1
0	1	0	1	1	0	1
0	1	1	1	1	1	0

Enable 입력 단자를 가지는 디코더의 경우 서로 연결하여 더 큰 많은 비트를 가지는 디코더를 구현할 수 있다. 그림 13-11은 3 × 8 디코더를 구현하기 위하여 Enable 단자를 가지는 2 개의 2 × 4 디코더를 이용하여 구현하는 방법을 나타내었다.

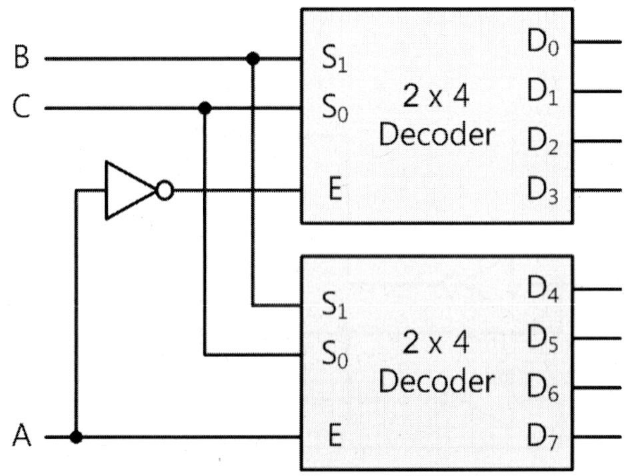

그림 13-11. 2 개의 2 × 4 디코더로 구성한 3 × 8 디코더

A = 0일 때 위쪽의 디코더가 동작하게 되고, 아래쪽의 디코더는 동작하지 않는다. 즉, 아래쪽의 출력은 모두 '0'이고, 위쪽의 출력은 A는 '0'이므로 B와 C에 의해 000에서 011사이의 값을 생성한다. 같은 방법으로 A = 1일 때에는 위쪽의 디코더는 모두 '0'을 출력하며 아래쪽은 100에서 111의 값에 대해 출력을 나타낸다. 이와 같이 Enable 입력 단자는 보다 많은 입력과 출력을 가지도록 확장할 때나 2 개 이상의 구성요소를 상호 연결하는데 유용하게 사용된다.

이러한 Enable 단자의 개념을 바꾸어 신호가 Enable선으로 들어오게 되면 선택선에 의해 2^n 개의 출력선 중 하나로만 정보를 보내는 회로를 구성할 수 있으며, 이를 디멀티플렉서(demultiplexer)라고 한다. 디멀티플렉서도 블록박스로 간단하게 표현하며 1 × 4 디멀티플렉서에 대한 도식 기호를 그림 13-12에 나타내었다. Enable 단자인 E가 데이터 입력이 되며, 선택선 A와 B에 의해 E로 들어오는 신호를 제어하여 특정한 출력단자로 신호를 보낼 수 있게 된다.

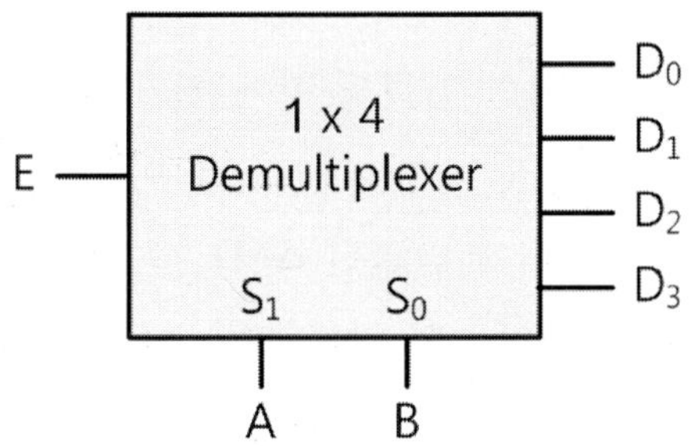

그림 13-12. 1 × 4 디멀티플렉서

13.3.2. 멀티플렉서

다중화(multiplexing)이란 많은 수의 정보들을 적은 수의 채널(channel)이나 선들을 통해 전송하는 것을 말한다. 디지털 멀티플렉서(multiplexer)는 많은 입력선들 중에서 하나의 이진 정보를 선택하여 출력에 전달하는 조합논리회로이다. 즉, 디멀티플렉서와 반대의 개념이다. 멀티플렉서는 2^n 개의 입력선과 n 개의 선택선으로 구성된다.

4 × 1 멀티플렉서에 대한 구성은 그림 13-13과 같이 입력으로 4 개의 AND 게이트를 사용하며 출력으로 하나의 OR 게이트를 사용하면 된다.

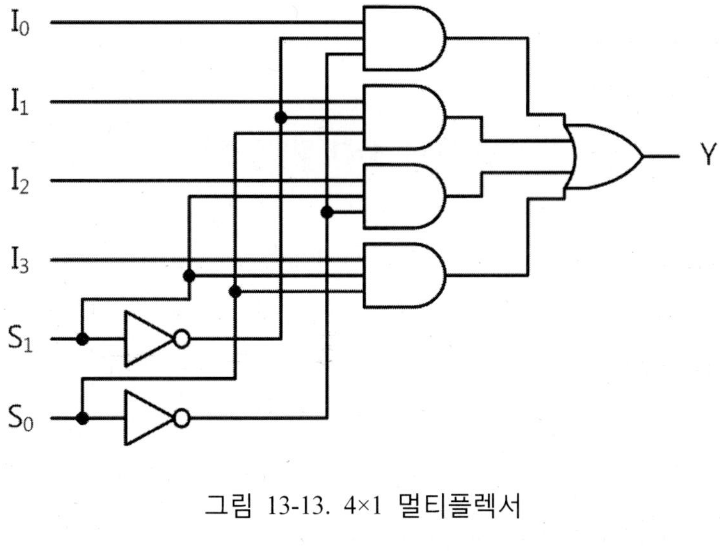

그림 13-13. 4×1 멀티플렉서

이때 AND 게이트에 I_0에서 I_3까지 4 개의 입력이 인가되며, 특정한 신호를 선택하기 위해서 S_0와 S_1의 2 개의 선택선 입력도 함께 인가된다. 또한 AND 게이트의 출력은 OR 게이트의 입력으로 연결되어 한 개의 출력이 나타난다. 회로의 동작은 S_1S_0 = 01인 경우를 살펴보자. 입력 I_1에 연결된 AND 게이트의 2 개 선택선 입력은 모두 '1'이다. 그러나 나머지 AND 게이트의 입력들은 선택선의 입력에 의해 반드시 하나의 입력은 '0'이 들어가게 되므로 AND 게이트의 출력은 항상 '0'이 된다. 따라서 OR 게이트의 출력은 I_1의 값에 따라 결정된다. 이와 같이 입력되는 신호들 중의 하나를 선택선의 비트 조합에 의해 선택하여 출력으로 보내기 때문에 멀티플렉서를 데이터 선택기(data selector)라고도 한다.

멀티플렉서에 대한 진리표와 회로에서 표시하는 블록기호는 그림 13-14와 같이 나타낸다. 선택선 S_0와 S_1에 의해 출력은 입력 I_0에서 I_3 중 하나로 나타난다.

S_1	S_0	Y
0	0	I_0
0	1	I_1
1	0	I_2
1	1	I_3

(a) 진리표

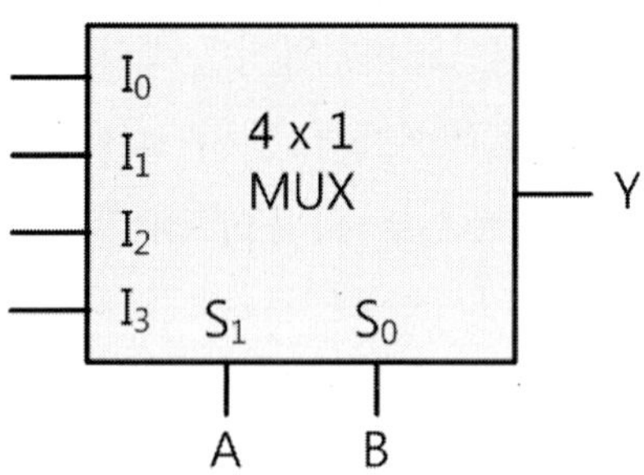

(b) 블록도

그림 13-14. 4 × 1 멀티플렉서

멀티플렉서를 이용하여 다중 비트의 선택기능을 가지도록 할 수도 있다. 만일 4-비트의 두 이진수가 있다고 한다면 2 × 1 멀티플렉서 4 개와 선택선 하나를 사용하여 각 비트를 선택할 수 있게 함으로서 데이터 선택이 가능해진다.

멀티플렉서를 이용한 부울 함수식을 실현하는 방법을 살펴본다. 부울 함수는 일반적으로 n 개의 변수들에 의해 2^n 개의 상태들 중 '1'들이 나타나는 최소항들의 합으로 표현한다. 또한 멀티플렉서는 입력선과 선택선이 있으므로, n 개의 변수 중 (n–1) 개의 변수들을 선택선으로 설정하고 남은 변수는 입력에 사용한다. 만일 부울 함수가 3 개의 변수들로 구성되어 있다면 선택선으로 2 개의 변수를 설정하여야 하며, 이에 따라 입력선은 4 개가 나타난다. 이때 입력선에 인가되는 값들은 '1', '0', 또는 남은 변수와 그의 보수에 의해 결정된다. 또한 입력 변수들 중 어떤 것을 선택선으로 선택하여도 관계없다.

부울 함수가 다음과 같이 주어졌을 때 그림 13-15는 멀티플렉서를 이용하여 부울 함수를 실현하는 방법을 나타낸다.

$$F(x,y,z) = \Sigma(1,2,6,7)$$

x	y	z	F
0	0	0	0
0	0	1	1
0	1	0	1
0	1	1	0
1	0	0	0
1	0	1	0
1	1	0	1
1	1	1	1

(a) 진리표

yz	00	01	10	11
	I_0	I_1	I_2	I_3
x'	0	(1)	(2)	3
x	4	5	(6)	(7)
	0	x'	1	x

(b) 구현표

그림 13-15. 멀티플렉서 구현

멀티플렉서를 구현하기 위한 표에서 선택선으로 변수 y, z를 선택하고, 입력에 변수 x를 이용하였다. 이때 x, y, z에 대한 최소항을 기록하는 것에 주의한다. 본 예에서는 입력으로 x를 선택하였으므로 선택선 yz의 값에 따라 가로방향으로 최소항들이 결정되지만 다른 변수를 입력으로 선택하면 최소항들의 위치가 달라진다. 다음으로 입력되는 값을 결정하여야 하는데 최소항들에 대하여 '1'로 나타나는 항들을 체크하고 선택선 yz의 값에 대응하는 입력 I_0에서 I_3에 대하여 입력을 결정한다. 입력 I_0는 하나도 체크되지 않았으므로 '0'으로 입력한다. 입력 I_1은 x'에만 체크되어 있으므로 입력을 x'로 한다. 입력 I_2는 모두 체크되어 있으므로 '1'을 입력한다. 마지막으로 입력 I_3에는 x열에만 체크되어 있으므로 입력을 x로 한다. 이와 같이 하여 멀티플렉서를 이용하여 위의 부울 함수를 실현한 것이 그림 13-16이다.

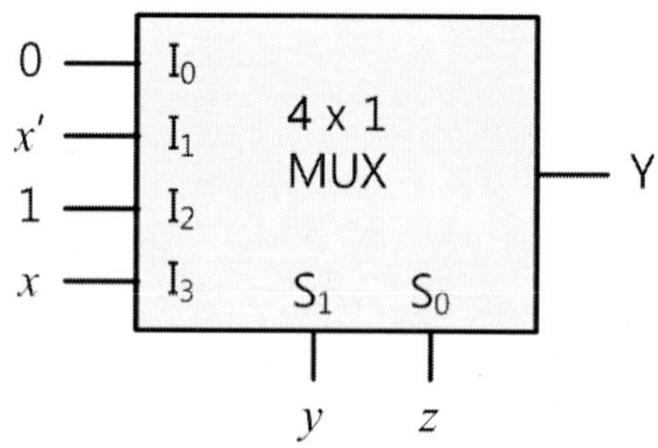

그림 13-16. 멀티플렉서를 이용한 부울 함수의 실현

연습문제

1. 덧셈기에서 AND와 OR 게이트의 전파지연시간은 15 ns이고, XOR 게이트의 경우 25 ns이라고 가정하자. 4-비트 연산에서 정상적인 값이 계산되기 위해서는 걸리는 총 전파지연시간을 계산하라.

2. 크기 비교기에서 4-비트의 두 이진수가 같은 경우에 대한 부울 함수를 구하고, 이에 대한 논리회로를 그려라.

3. 2×4 디코더의 내부 논리회로를 AND 게이트와 NOT 게이트를 이용하여 그려라.

4. 다음의 부울 함수를 3 × 8 디코더를 이용하여 구현하라.
   (1) $F_1(A,B,C) = \Sigma(1,2,4,7)$
   (2) $F_2(A,B,C) = \Sigma(1,3,4,6)$

5. 덧셈기의 합(S)과 자리올림(C)에 대하여 3×8 디코더를 이용하여 구현하라.

6. 디코더에 Enable 단자를 추가하여 많이 사용한다. 이 단자의 역할은 무엇인가?

7. 다음 부울 함수를 Enable 단자를 가진 2개의 2 × 4 디코더를 이용하여 구현하라.
   $F(x,y,z) = \Sigma(0,3,5,7)$

8. 디멀티플렉서와 디코더의 차이점은 무엇인가?

9. 4×1 멀티플렉서를 이용하여 아래의 조건으로 덧셈기를 구현하라. 입력은 x, y, z로 하고, 출력은 S와 C로 한다.

(1) 입력 A와 B를 선택선의 입력으로 선택한 경우
(2) 입력 B와 C를 선택선의 입력으로 선택한 경우
(3) 입력 A와 C를 선택선의 입력으로 선택한 경우

14. 순차논리회로

앞 장까지는 설명한 조합논리회로들은 어느 순간의 입력신호에 의해 출력이 결정되는 논리회로이다. 그러나 많은 디지털 시스템은 조합논리회로뿐만 아니라 출력상태를 저장하고 있는 저장 소자를 가지고 있으며, 외부의 입력과 이 저장 소자의 값에 의해 출력이 결정되는 순차논리회로(sequential logic circuit)이다.

이러한 순차논리회로는 신호의 타이밍에 따라 크게 두 가지로 나눈다. 규정된 각 시점에서 입력신호를 이용하여 출력을 결정하는 동기식(synchronous) 순차논리회로와 입력신호의 변화되는 순간에 출력을 결정하는 비동기식(asynchronous) 순차논리회로가 있다. 동기식 순차논리회로는 규정된 시점에서만 동작하여야 하므로 동기화를 이루기 위하여 주기적인 클럭 펄스(clock pulse)를 사용한다.

또한 저장소자로는 1-비트의 이진 정보를 저장할 수 있는 기본 셀로 플립플롭(flip-flop)을 사용한다. 만일 여러 비트를 저장하기 위해서는 여러 개의 플립플롭을 사용하여 저장한다.

14.1. 플립플롭

플립플롭은 1-비트를 저장하는 이진 메모리 셀로서 2개의 안정된 상태를 가지고 있다. 즉 한 출력이 논리적으로 '1'인 상태이면 다른 한 출력은 그의 보수인 '0'인 상태를 가진다. 논리적으로 '1'인 상태는 높은 전압 값을 가지고 있으며, 보통의 경우 3.5 V ~ 5 V의 전압을 말한다. 이러한 플립플롭은 여러 가지 형태가 있다. 논리적으로 2개의 상태를 가지는 가장 간단한 구조는 그림 14-1과 같이 NOT 게이트를 2개 연결하면 된다.

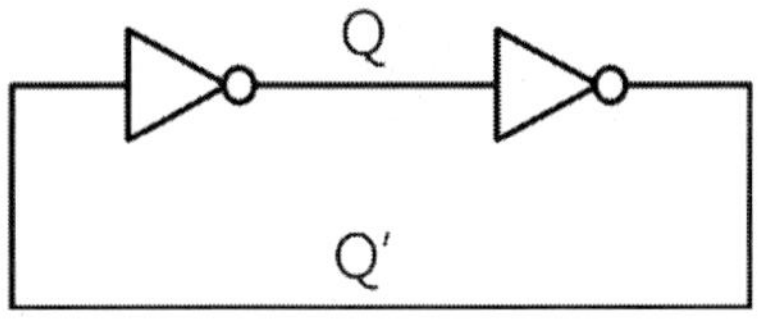

그림 14-1. NOT 게이트를 이용한 2개의 안정된 상태

NOT 게이트는 입력을 반전시켜 출력으로 내기 때문에 2개를 직렬로 연결하면 한 쪽은 Q의 상태를 다른 쪽은 Q'의 상태를 가진다. NOT 게이트는 자체의 전파지연 시간을 가지므로 2개의 안정된 상태가 지속적으로 반복된다. 이와 같이 2개의 안정된 상태를 지속적으로 가지므로 기억소자로 활용할 수 있다. 그러나 NOT 게이트는 하나의 입력만 가지게 되어 외부에서 이들 기억소자의 값을 지정할 수 없다. 따라서 NOT 게이트 대신 NAND 게이트나 NOR 게이트를 이용하여 외부에서 입력을 조정하여 기억소자에 저장되는 값을 조정할 수 있도록 한다. 플립플롭의 기억소자는 회로에 전원이 공급되는 동안 외부에서의 입력에 의해 상태가 변하기 전까지는 2진 상태를 계속 유지한다.

14.1.1. R-S 플립플롭

RS 플립플롭은 NOR 게이트 또는 NAND 게이트를 사용하여 구성한다. 입력으로 안정된 두 상태 중 한 출력을 '1'로 만들어 주는 S(set) 입력과 '0'으로 만들어 주는 R(reset) 입력을 가지고 있다.

NOR 게이트를 이용하여 그림 14-2와 같은 논리회로를 구성하면 2개의 입력에 의해 출력값은 결정된다. NOR 게이트는 입력 중의 하나가 '1'이 되면 출력을 '0'으로 만드는 특성이 있다. 그림 14-2의 NOR 게이트를 이용한 RS 플립플롭의 동작은 Q의 상태를 세트하기 위해 입력 S에 '1'을 입력 R에 '0'을 인가되면 입력 S에 '1'이 인가되었으므로 NOR 게이트의 출력 Q'는 '0'으로 되고, Q'와 입력 R은 모두 '0'이므로 출력 Q는 '1'로 세트된다. 반대로 Q를 리셋하기 위해 입력 R에 '1'을 입력 S에 '0'을 인가하면 입력 R에 의해 Q'는 '1'로 되고 따라서 Q는 '0'으로 리셋 된다.

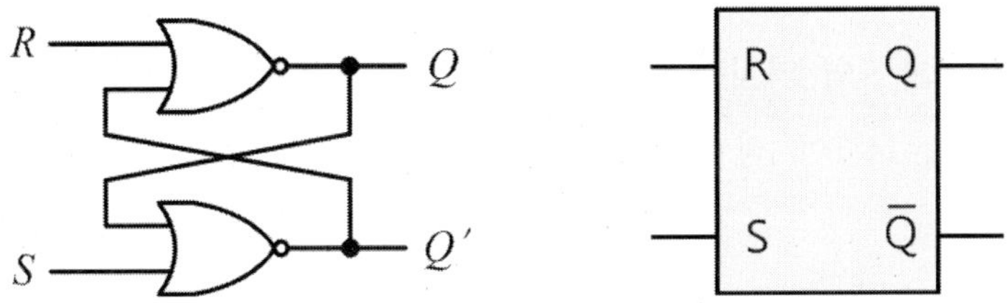

(a) (b)

그림 14-2. NOR 게이트를 이용한 RS F/F

다른 경우로 RS 플립플롭의 어느 입력에도 '1'이 인가되지 않고 '0'으로 인가될 경우를 살펴보자. Q의 초기 상태는 '1'일 수도 '0'일 수도 있다. 만일 초기 Q 상태가 '0'에 있었다면 입력 S와 연결된 NOR 게이트에는 모든 입력이 '0'이므로 Q'의 출력은 '1'이 그대로 유지된다. 또한 입력 R과 연결된 NOR 게이트는 Q'의 입력과 R 입력에 의해 '1'과 '0'이 입력되므로 출력 Q는 '0'으로 그대로 유지한다. Q의 초기 상태가 '1'인 경우에는 위와 반대로 작동하며 이 또한 이전의 상태가 그대로 유지됨을 알 수 있다. 이와 같이 출력 Q를 리셋하기 위한 입력 R에도 세트하기 위한 S 입력에도 전압이 인가되지 않으면 출력 Q는 그 상태를 그대로 유지한다.

마지막 경우로 입력 R과 S에 모두 '1'인 인가되어 세트 또는 리셋하려고 할 경우이다. 입력 R과 S에 모두 '1'이 입력되면 NOR 게이트의 특성상 게이트의 출력은 모두 '0'이 되므로 2개의 상태 Q와 Q'는 서로 '0'이 되어야 한다. 그러나 Q와 Q'는 서로 보수의 관계이므로 성립하지 않는다. 따라서 이러한 입력은 RS 플립플롭에서는 허용하지 않는 입력이다.

RS 플립플롭을 NOR 게이트 대신 NAND 게이트를 사용하는 경우를 살펴본다. NAND 게이트는 어느 입력 중 하나에 '0'이 들어가면 출력은 '1'이 되는 특성을 가지고 있다. 따라서 앞의 NOR 게이트에서 유사하게 허용되지 않는 입력은 R과 S에 모두 '0'이 들어가는 것이 된다. 다시 말해 세트하거나 리셋하기 위해 입력하는 것은 '0'이 입력되는 경우이다. 즉, NAND 게이트를 이용한 RS 플립플롭은 부의 논리를 사용하는 것과 같다.

NAND 게이트를 이용한 RS 플립플롭은 그림 14-3과 같다. NOR 게이트를 사용하였을 때와 입력 R과 S의 위치가 바뀌었음에 유의한다. RS 플립플롭의 입력과 출력에 대한 진리표를 표 14-1에 나타내었다.

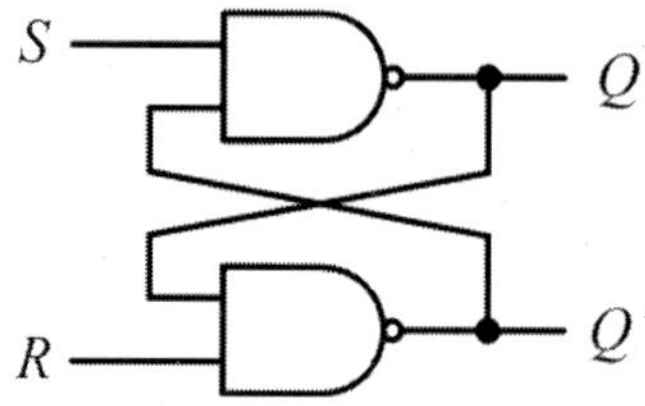

그림 14-3. NAND 게이트를 이용한 RS F/F

표 14-1. RS 플립플롭의 진리표

(a) NOR 게이트

S	R	Q(t)	Q(t+1)
0	0	0	0
0	0	1	1
0	1	0	0
0	1	1	0
1	0	0	1
1	0	1	1
1	1	0	X
1	1	1	X

(b) NAND 게이트

S	R	Q(t)	Q(t+1)
0	0	0	X
0	0	1	X
0	1	0	1
0	1	1	1
1	0	0	0
1	0	1	0
1	1	0	0
1	1	1	1

이와 같은 RS 플립플롭은 두 입력 모두 세트와 리셋하려고 할 경우 출력 Q의 상태와 Q'의 상태가 같은 값이 나오는 부정 상태가 된다. 따라서 이러한 입력이 인가되지 않도록 주의하여야 하며, 이러한 상태를 방지하기 위해 변형된 형태의 플립플롭들이 여러 가지 있다.

RS 플립플롭은 입력이 변하는 시점에 출력 Q의 상태가 바뀐다. 따라서 논리회로에서 출력 Q가 바뀌는 순간은 입력이 변화하는 시점이 되므로 예측할 수 없다. 이러한 방식이 비동기식이다. 그러나 플립플롭에서 주기적으로 일정한 시간마다 입력값들을 고려하여 출력 Q를 변화시키도록 하면 동기화를 시킬 수 있다. 따라서 주기적인 일정한 순간을 결정하기 위한 제어신호를 추가하여 플립플롭을 사용한다. 제어입력으로는 클럭 펄스를 이용하기 때문에 클럭에 동기화된 플립플롭(clocked flip-flop)이라고 한다. 동기화된 플립플롭의 구조는 그림 14-4와 같다.

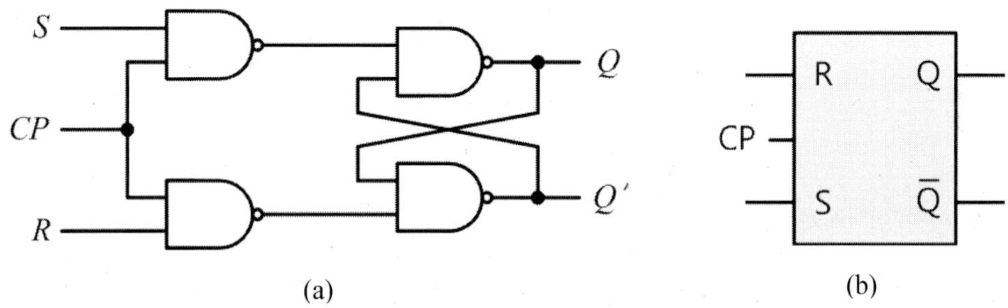

그림 14-4. Clocked RS F/F

기존의 RS 플립플롭과 NAND 게이트 2개로 구성된다. 클럭 펄스 CP가 '0'일 경우 NAND 게이트의 출력은 '1'이 되어 플립플롭의 상태는 변하지 않고 계속 유지된다. 클럭 펄스 CP가 '1'이 되면 이제 입력 R과 S에 의해 플립플롭의 입력이 결정되어 출력 Q의 상태는 RS의 입력값에 따라 변하게 된다.

클럭 펄스의 형태는 그림 14-5와 같이 인가된다. 여기서도 클럭 펄스가 '1'인 영역이 존재하므로 시점을 결정하기 어렵다. 따라서 클럭 펄스의 값이 변하는 순간, 즉, '0'에서 '1'로 변하는 순간 또는 '1'에서 '0'으로 바뀌는 순간에 플립플롭이 동작하도록 하는 것이 더욱 바람직하게 된다. 이러한 변하는 순간을 에지 트리거(edge trigger)라고 한다. 트리거는 신호의 레벨이 변하는 두 가지 상태가 존재하며, '0'에서 '1'로 변하는 순간을 상승 에지(positive edge)라고 하며, '1'에서 '0'으로 변하는 순간을 하강 에지(negative edge)라고 한다.

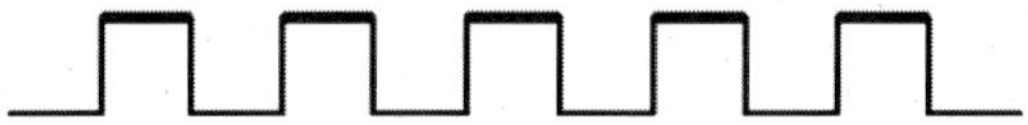

(a) 클럭 펄스

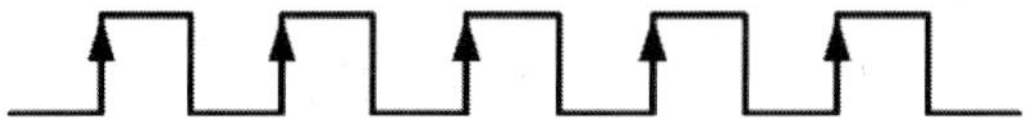

(b) 클럭 펄스의 상승 에지

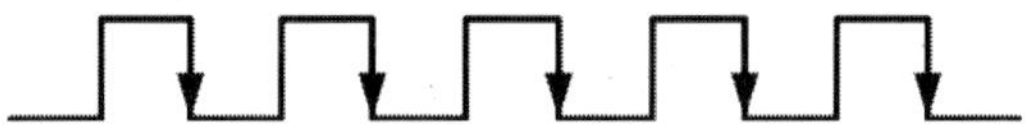

(c) 클럭 펄스의 하강 에지

그림 14-5. 클럭 펄스와 에지 트리거

클럭 펄스의 에지 트리거에 대한 플립플롭의 기호는 그림 14-6과 같다. 상승 에지에서는 삼각형만 표시하며, 하강 에지는 삼각형 앞에 표시한 원으로 구분한다.

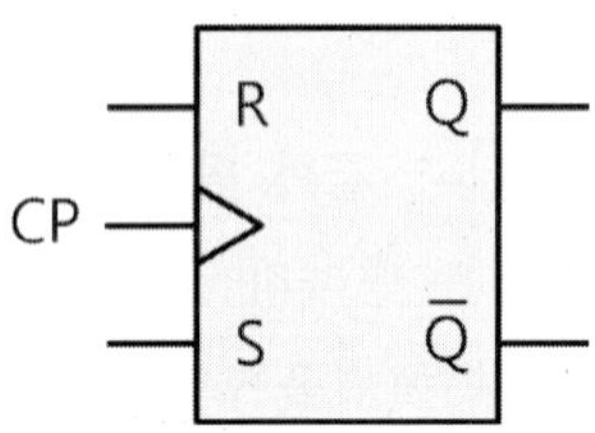

(a) 상승 에지

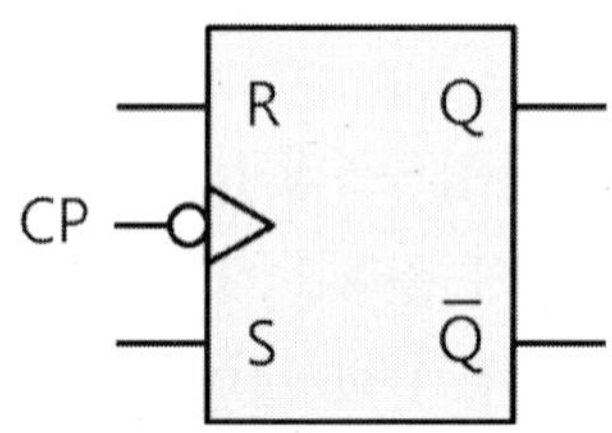

(b) 하강 에지

그림 14-6. 상승 에지와 하강 에지의 표현

14.1.2. D-래치

RS 플립플롭의 입력 RS에 동시에 세트하기 위한 입력이 들어오게 되면 출력 Q의 상태를 결정할 수 없다. 이 문제를 해결하기 위하여 입력 R과 S에 동시에 '1'이 입력되지 못하도록 한 것이 D-래치(latch)이며, 그림 14-7에 구조를 나타내었다.

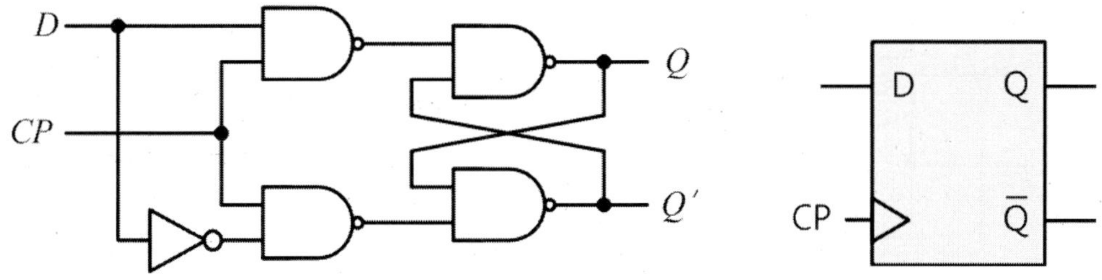

(a) (b)

그림 14-7. D 래치

입력 S에 대해 입력 R은 NOT 게이트를 통해 연결되어 있으므로 서로 동시에 '1'이 될 가능성이 없어졌다. 따라서 제어신호 CP가 '1'인 동안에 입력 D가 '1'이 되면 출력 Q가 '1'로 세트되며, D가 '0'일 때에는 출력 Q가 '0'이 된다. 만일 제어신호 CP가 '0'인 동안에는 플립플롭은 동작하지 않고 입력 D의 값에 관계없이 지난 상태를 계속 유지하게 된다. 그러나 D-래치의 경우 출력이 변하지 않는 경우에도 입력 D에 계속 유지할 수 있는 값을 인가하여야 하는 문제가 있다.

14.1.3. T 플립플롭

D 래치와 달리 현재의 출력 Q의 상태를 바꾸고자 할 경우에만 입력을 인가하여 출력을 바꾸도록 한 것이 T(toggle) 플립플롭이다. T 플립플롭의 구조는 그림 14-8에 보였다. D-래치에서 NAND 게이트가 사용된 것과 달리 NOR 게이트를 사용하고 있음에 유의한다. NOR 게이트를 이용한 RS 플립플롭과 그 출력 Q가 귀환되어 입력 T와 클럭 펄스와 함께 AND 게이트로 결합되어 있다. NOR 게이트를 이용한 RS 플립플롭은 출력 Q 쪽의 입력이 리셋(R) 입력이므로 Q가 '1'일 경우 입력 T와 CP에 의해 출력 Q는 리셋 된다. 따라서 T 플립플롭은 입력 T에 '1'이 인가되면 클럭 펄스에 의해 출력 Q의 상태는 반전(toggle)하게 된다. 즉, 현재 출력 Q가 '0'인 경우에 입력 T에 '1'이 가해지면 출력 Q는 '1'로 되고, 현재의 출력이 '1'이었다면 '0'으로 상태가 바뀌게 된다.

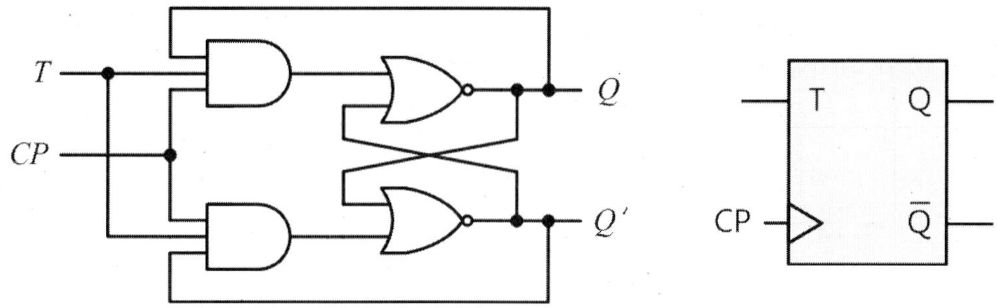

(a) (b)

그림 14-8. T 플립플롭

14.1.4. JK 플립플롭

플립플롭의 경우 다양한 게이트들을 서로 연결하여 회로를 구성하게 되며, 가장 경제적이고 효과적인 플립플롭은 가장 적은 숫자의 게이트로 구성되는 에지-트리거 하는 D-래치이다. 그러나 RS 플립플롭의 경우 허용되지 않는 입력이 존재하며, D-래치의 경우에는 상태가 바뀌지 않는 경우에도 입력을 지속적으로 인가하여야 하는 문제점이 존재한다. 따라서 가장 폭넓게 사용하는 플립플롭은 앞서 설명한 T 플립플롭과 JK 플립플롭이다. JK 플립플롭의 형태는 그림 14-9와 같다. T 플립플롭과 유사한 형태로 구성되어 있으나, 출력 Q와 Q'의 귀환이 다르게 되어 있음에 유의한다.

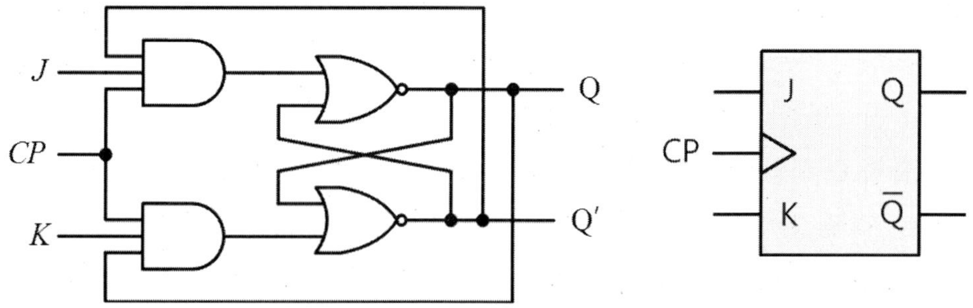

(a) (b)

그림 14-9. JK 플립플롭

일반적으로 플립플롭이 수행할 수 있는 상태의 변화는 '0'으로 리셋하거나 '1'로 세트하거나 현재 출력 상태를 그대로 유지하거나 또는 보수화하는 4 가지 동작이다.

앞의 RS 플립플롭은 출력 Q를 세트 또는 리셋하고 현재의 상태를 유지할 수 있다. 그러나 현재의 상태를 보수화 할 수는 없다. 또한 입력으로 금지하고 있는 부정 상태가 존재한다. 또한, T 플립플롭은 현재의 상태를 그대로 유지하거나 보수화할 수 있을 뿐이다. 이러한 두 플립플롭을 결합한 것이 JK 플립플롭이다. JK 플립플롭의 입력 J는 세트할 수 있는 입력이며, 입력 K는 리셋할 수 있는 입력이다. J와 K 입력 모두 '0'인 경우에는 현재의 상태를 그대로 유지하는 것이며, J와 K 입력 모두 '1' 인 경우에는 현재의 상태를 보수화 한다. 따라서 RS 플립플롭과는 달리 입력의 조합으로 금지하고 있는 상태가 없고, 플립플롭의 4 가지 동작을 모두 수행 가능하기 때문에 가장 널리 사용되고 있다.

각 플립플롭에 대한 상태 특성표는 표 14-2와 같다. 현재의 출력 상태를 Q(t)라고 표시하고, 입력과 현재의 출력에 의해 결정되는 다음 출력을 Q(t+1)로 표현하였다.

표 14-2. 플립플롭의 특성표

(a) D-래치

D	Q(t+1)
0	0
1	1

(b) T F/F

T	Q(t+1)
0	Q(t)
1	Q'(t)

(c) RS F/F

S	R	Q(t+1)
0	0	Q(t)
0	1	0
1	0	1
1	1	X

(d) JK F/F

J	K	Q(t+1)
0	0	Q(t)
0	1	0
1	0	1
1	1	Q'(t)

JK 플립플롭에 대한 TTL IC의 핀 배열은 그림 14-10과 같다. 두 IC에 있는 CLR 단자는 초기에 출력들을 리셋(clear)하기 위한 단자이며, 7476에는 2 개의 PR 단자가 추가로 있어 16-핀으로 이루어져있다. PR 단자는 초기에 출력들을 '1'로 프리셋(preset)하는 기능을 가진다.

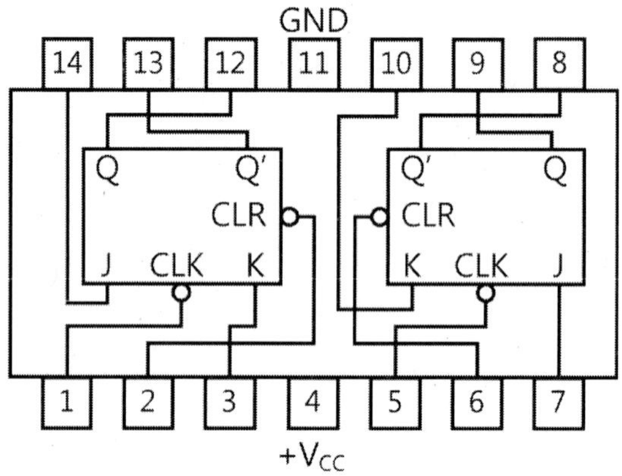

(a) 7473, Dual-JK F/F

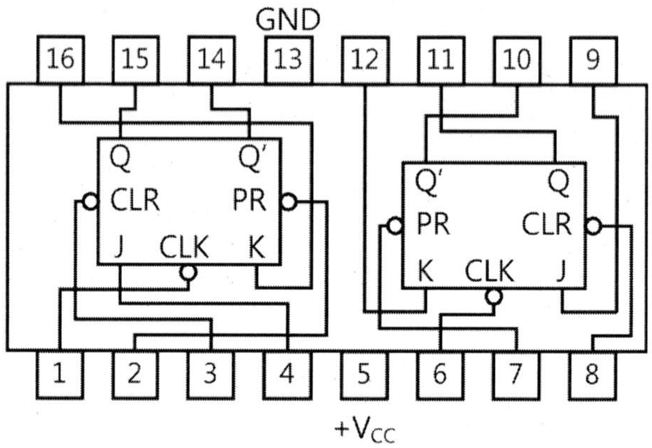

(b) 7476, Dual-JK F/F

그림 14-10. TTL 계열 JK 플립플롭 IC 핀 배열

14.1.5. 디지털 논리소자 군

대개의 디지털 시스템은 여러 가지 논리 기능을 조합시켜 제작한다. 최근 전자공학의 발달로 인해 집적 회로(integrated circuit, IC) 기술은 소규모의 집적 회로(SSI 또는 MSI)에서부터 한 패키지 내에 수천 개의 게이트를 가지는 초대규모의 집적회로(very large scale integration, VLSI)까지 발달하고 있다. 이러한 기술을 바탕으로 논리회로들은 IC화 되어 제작되고 있다. 이러한 논리소자들은 제작 형태에 따라 크게 4가지의 논리소자 군으로 분류할 수 있다.

1. 트랜지스터-트랜지스터 논리(transistor to transistor logic, TTL)
2. 이미터결합 논리(emitter coupled logic, ECL)
3. 금속산화물 반도체(metal-oxide logic, MOS)
4. 상보형 금속산화물 반도체(complementary MOS, CMOS)

어떤 논리소자 군의 IC를 사용하는 것이 바람직한가는 사용 용도에 따라 동작 속도나 소비 전력, 제작에 소요되는 가격, 집적도 등을 고려하여 결정한다. 일반적으로 고속을 요구하는 디지털 시스템에서는 ECL 계열 논리소자들을 사용한다. 그러나 ECL 계열은 소비전력이 높은 편이다. MOS 계열은 집적도가 아주 높기 때문에 고밀도로 제작해야 하는 경우에 주로 사용한다. CMOS 계열은 전력 소비가 아주 낮고, 동작속도가 빠른 반면에 제작 공정의 비용이 많이 들고, 낮은 집적도를 가지는 단점이 있다.

보편적으로 가장 많이 사용되고 있는 TTL 논리소자 군은 다양한 사양으로 제작되고 있다. 74L00 계열은 저전력용이며, 소비전력이 1 mW 정도로 작다. 그러나 평균 전파지연은 33 ns 정도로 긴 편이다. 반면에 74H00 계열은 고속 연산용이며, 전파지연은 6 ns 정도이지만 소비전력이 23 mW 정도로 비교적 큰 편이다. 74S00 계열은 아주 높은 고속 특성을 가진다. 이것은 쇼트키 트랜지스터를 사용하기 때문이며 평균 전파지연은 3 ns 정도이다. 74LS00 계열은 저전력 고속용으로 평균 전파지연이 9.5 ns 정도이며, 평균 소비전력도 2 mW 정도이다.

14.2. 레지스터

클럭에 동기화된 순차회로는 귀환 경로를 가지는 플립플롭과 조합논리회로의 집합으로 구성된다. 플립플롭이 없다면 순차논리회로가 될 수 없다. 다시 말해 조합논리회로가 없이 플립플롭만으로 논리회로가 구성된다 하더라도 순차논리회로로 간주한다. 순차논리회로는 크게 레지스터와 카운터로 구분한다.

레지스터는 플립플롭의 집합체로서 각각의 플립플롭은 1-비트의 정보를 저장할 수 있기 때문에 n-비트 레지스터는 n 개의 플립플롭으로 구성된다. 그림 14-11은 4-비트 레지스터의 구조이다.

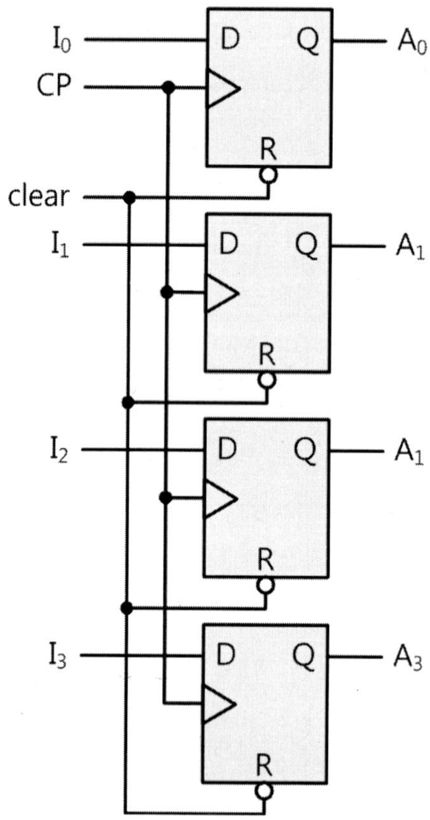

그림 14-11. 4-비트 레지스터

그림 14-11의 플립플롭은 클럭 펄스의 상승 에지에서 동작하고 있으며, 입력 I_0에서 I_3으로 들어오는 이진 정보들은 상승 에지를 만나게 되면 D 플립플롭에 의해 출력으로 전달되어 4-비트 레지스터(A_0에서 A_3까지)로 전송하게 된다. Clear 입력은 플립플롭의 상태를 초기화시키는 역할을 한다.

14.2.1. 시프트 레지스터

필요에 따라 이진 정보를 레지스터 내에서 왼쪽으로 또는 오른쪽으로 이동할 필요가 발생하는데 이때 이용하는 것이 시프트 레지스터(shift register)이다. 이 구조는 한 플립플롭의 출력이 다음 플립플롭의 입력으로 종속 연결된 형태를 가진다. 또한 모든 플립플롭을 동일한 클럭 펄스로 동작하게 하여 동시에 이동할 수 있게 한다. 간단한 시프트 레지스터의 구조를 그림 14-12에 나타내었다.

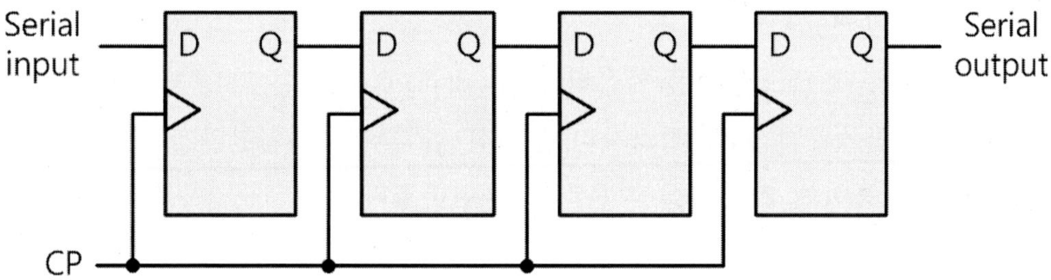

그림 14-12. 4-비트 시프트 레지스터

그림 14-12에서는 D-래치를 사용하였으며, 클럭 펄스에 의해 오른쪽으로 1-비트만큼 이동한다. 직렬로 입력되는 신호는 제일 왼쪽의 플립플롭의 출력을 결정하게 되며, 클럭 펄스에 의해 오른쪽으로 시프트하게 된다.

그러나 일반적으로 클럭 펄스에 의해 시프트 동작을 결정하지 않고 시프트 동작을 제어하는 신호를 클럭 펄스와 AND 게이트를 통해 연결하여 시프트 동작을 제어 신호가 있을 때 클럭 펄스에 의해 시프트 동작이 일어나도록 하여 사용한다.

14.3. 계수기

제어 신호에 의해 미리 정해진 순서대로 상태가 변하는 레지스터를 계수기 또는 카운터(counter)라고 한다. 제어 신호로는 클럭 펄스나 플립플롭의 출력을 사용할 수 있다. 모든 플립플롭을 동일한 카운터가 제어하게 되면 동기식 카운터(synchronous counter)라고 하며, 동일한 카운터에 의해 제어되지 않고 다른 플립플롭의 출력들이 제어하는 경우에는 리플 카운터(ripple counter)라고 한다. 이와 같이 카운터는 리플 카운터와 동기식 카운터 두 종류로 구분한다.

카운터에서 변하는 상태들이 이진수로 되어 있는 경우에는 이진 카운터(binary counter)라고 한다. n-비트의 이진 카운터는 n 개의 플립플롭으로 구성되어 2진으로 0에서 2^n-1까지 카운터 할 수 있다.

14.3.1. 2진 리플 카운터

가장 간단한 구조로 2진 리플 카운터(binary ripple counter)는 각 플립플롭의 출력이 다음 단의 플립플롭의 클럭 펄스자리에 대신 입력되어 제어한다. 그림 14-13에 T 플립플롭을 사용하여 2진 리플 카운터를 구성하였다.

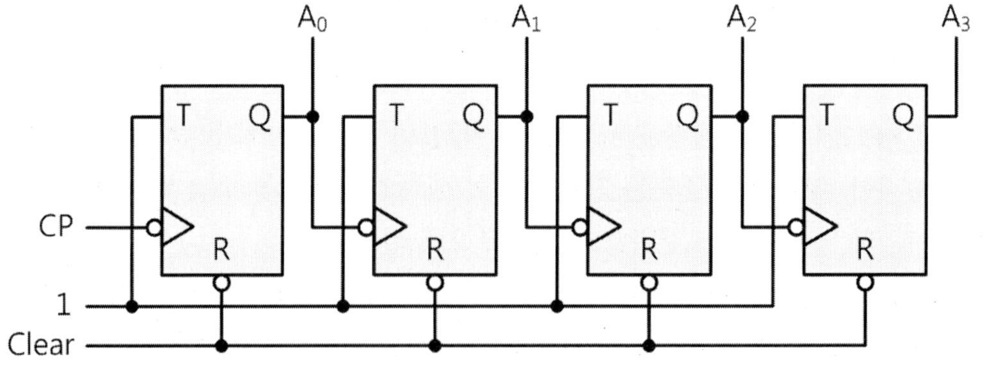

그림 14-13. 2진 리플 카운터

클럭 펄스는 제일 처음에만 입력되어 T 플립플롭의 상태를 반전시킨다. 클럭 펄스에 의해 반전되는 출력 A_0는 클럭의 하강 에지에서 동작하므로 주기가 2 배로 늘어난 형태의 클럭 펄스가 된다. 이 출력을 다음 플립플롭의 제어 신호로 입력되기 때문에 출력 A_1은 A_0 신호의 하강 에지에서 2 배의 주기를 가지고 동작하게 된다. 이와 같이 2진 리플 카운터에서 출력에 대한 파형은 그림 14-14와 같다.

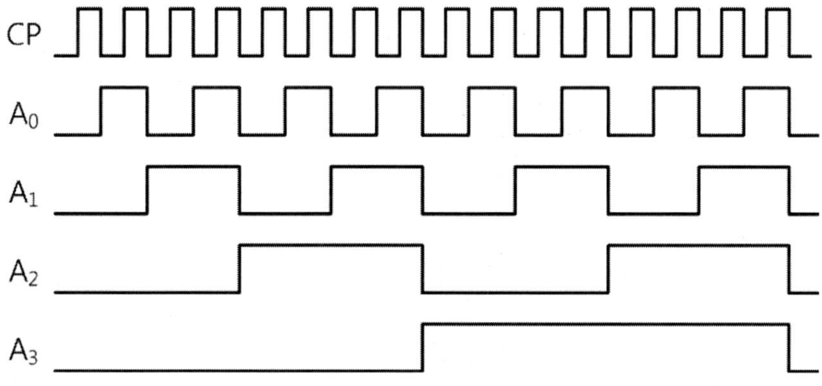

그림 14-14. 2진 리플 카운터 출력파형

14.3.2. 동기식 카운터

클럭 펄스가 모든 플립플롭의 제어 입력에 동시에 가해진다는 점이 리플 카운터와 구별되는 특징이다. 이때 플립플롭의 상태의 변화는 플립플롭에 입력되는 값에 의해 결정된다. 많은 경우 T 플립플롭이나 JK 플립플롭을 사용한다.

특히 동기식 2진 카운터는 아주 간단하게 설계할 수 있다. 각 플립플롭의 상태는 하위 비트에 대한 플립플롭 상태가 모두 '1'인 경우 보수 상태로 변한다. 예를 들어 4-비트 카운터의 현재의 상태가 $A_3A_2A_1A_0$ = 0011이면 다음 클럭 펄스에서 0100가 되어야 하므로 A_1의 경우 하위 비트인 A_0가 '1'이므로 '1'에서 '0'으로 바뀌며, A_2는 하위 비트 A_1A_0가 11이므로 역시 '0'에서 '1'로 바뀐다. A_3의 경우 하위 비트 $A_2A_1A_0$가 011이므로 그대로 있다. 따라서 하위 비트들이 모두 '1'이 되는가를 확인하기 위한 AND 게이트를 이용하며, AND 게이트 출력을 이용하여 출력을 보수화 한다.

그림 14-15는 4-비트에 대한 동기식 2진 카운터를 보였다. AND 게이트의 출력을 다음 단의 JK 입력에 인가하여 출력을 보수화 하고 있으며, 오른쪽으로 계속 연결하게 되면 n-비트의 카운터도 가능해진다. JK 플립플롭 대신 T 플립플롭을 사용하여도 위의 카운터 회로는 동일하다.

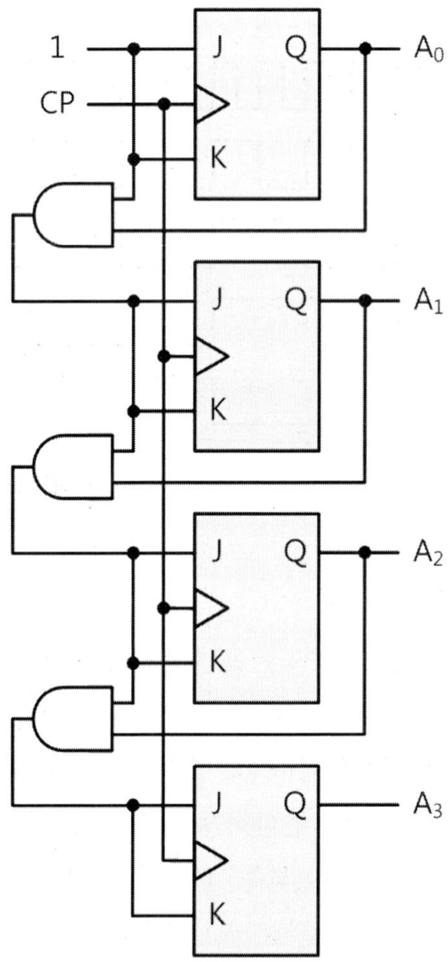

그림 14-15. 4-비트 동기식 2진 카운터

연습문제

1. 순차 논리회로에서 동기식과 비동기식의 차이점을 설명하라.

2. RS 플립플롭에서 초기의 출력 상태가 1이다. 이때 입력단자 RS에 00, 10, 01, 00이 순차적으로 입력된다면 출력의 상태는 어떻게 변하는가?

3. RS 플립플롭에서 NAND 게이트를 사용한 것과 NOR 게이트를 사용한 것의 차이점을 설명하라.

4. 클럭에 동기화된 RS 플립플롭에 NAND 게이트 대신 NOR 게이트를 사용하면 어떻게 되는가?

5. 클럭 펄스의 상승 에지 또는 하강 에지를 사용하는 이유는 무엇인가?

6. D-래치의 특징은 무엇이며, 지난 상태의 출력을 그대로 유지하기 위해서는 어떻게 하여야 하는가?

7. T-플립플롭의 특징은 무엇이며, 출력을 '0'으로 만들기 위해서는 어떻게 하여야 하는가?

8. JK 플립플롭의 보수 출력이 Q'(t+1) = J'Q' + KQ 임을 보여라.

9. 플립플롭에서 진리표와 특성표의 차이점은 무엇인가?

10. TTL 74LS76은 내부에 JK 플립플롭이 2 개 들어 있다. CLR 단자와 PR 단자의

역할은 무엇인가?

11. 디지털 논리소자 군을 4 가지로 분류하고, 이들 논리소자 군의 특징을 간단히 설명하라.

12. 초기값이 1011인 4-비트 레지스터에서 직렬 입력이 100101과 같이 6 번 입력되었다. 시프트 명령에 의한 각각의 이동에 있어서 레지스터의 내용은 어떻게 되는가?

13. 카운터에서 리플 카운터와 동기식 카운터의 차이점은 무엇인가?

14. 리플 카운터에서 클럭 펄스의 주기에 대하여 4 배의 주기를 가지는 신호를 발생하려면 플립플롭은 몇 개가 필요한가?

참고문헌

◦ G. M. Miller, "Modern Electricity / Electronics"

◦ Malvino, "Electronic Principles"

◦ Floyd, "Electronics Fundamentals Circuits, Devices, and Applications"

◦ 이영근, “전자공학”

◦ 박송배, “신회로이론”

◦ M. Morris Mano, "Digital Design"

부 록

2-port 시스템의 해석

1. Z-parameter

일반적으로 하나의 입력 및 출력 단자를 가지는 시스템은 그림 A-1과 같이 나타내며, 이러한 시스템의 표현을 2 포트(port) 시스템이라고 한다.

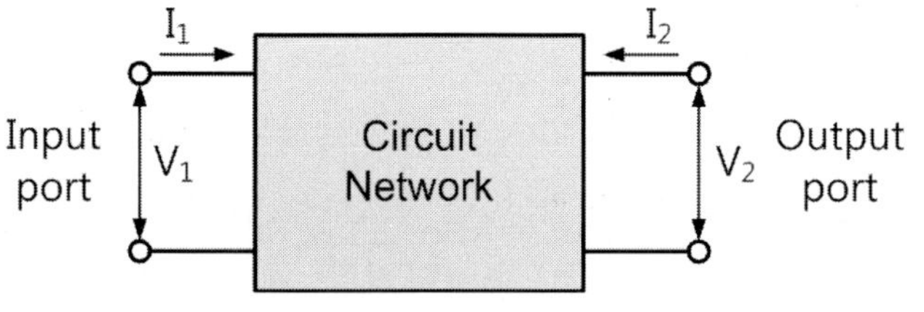

그림 A-1. 2-port 시스템

2 포트 시스템에서 입력단과 출력단에서 전압과 전류를 측정하게 되면 미지의 회로 시스템을 정의할 수 있다.

먼저 입력과 출력의 전압을 전류로 표현하는 방법이다. 전압과 전류의 비는 저항이므로 이를 임피던스 Z를 이용하여 표현하기 때문에 Z-파라미터라고 한다.

그림 A-1의 2 포트 시스템을 Z-파라미터를 이용하여 표현하면 식 (A-1)과 (A-2)로 정의한다.

$$V_1 = z_{11} I_1 + z_{12} I_2 \quad (A\text{-}1)$$

$$V_2 = z_{21} I_1 + z_{22} I_2 \quad (A\text{-}2)$$

여기에서 z_{11}은 입력 임피던스, z_{12}는 전달 임피던스, z_{21}은 역전달 임피던스, z_{22}는 출력 임피던스이라고 하며, 식 (A-3)~(A-6)과 같이 구할 수 있다.

$$z_{11} = \left.\frac{V_1}{I_1}\right|_{I_2=0} \tag{A-3}$$

$$z_{12} = \left.\frac{V_1}{I_2}\right|_{I_1=0} \tag{A-4}$$

$$z_{21} = \left.\frac{V_2}{I_1}\right|_{I_2=0} \tag{A-5}$$

$$z_{22} = \left.\frac{V_2}{I_2}\right|_{I_1=0} \tag{A-6}$$

식 (A-3)의 의미는 입력 임피던스 z_{11}은 출력단자의 전류 I_2를 '0'으로 하였을 때, 입력단에서 측정되는 전압과 전류의 비를 말한다. 입력 및 출력 단자의 전류 I_1과 I_2를 '0'으로 한다는 것은 입력 또는 출력단자를 개방하는 것을 의미한다.

2. Y-parameter

Z-파라미터와 반대로 입력과 출력단의 전류를 전압으로 표현하는 방법이다. 저항의 역수를 어드미턴스(admittance)라고 하며, 2-port 시스템을 식 (A-13)과 (A-14)로 정의한다.

$$I_1 = y_{11} V_1 + y_{12} V_2 \tag{A-7}$$

$$I_2 = y_{21} V_1 + y_{22} V_2 \tag{A-8}$$

여기에서 y_{11}은 입력 어드미턴스, y_{12}는 전달 어드미턴스, y_{21}은 역전달 어드미턴스, y_{22}는 출력 어드미턴스라고 하며, 식 (A-9) ~ (A-12)와 같이 구할 수 있다.

$$y_{11} = \left. \frac{I_1}{V_1} \right|_{V_2 = 0} \tag{A-9}$$

$$y_{12} = \left. \frac{I_1}{V_2} \right|_{V_1 = 0} \tag{A-10}$$

$$y_{21} = \left. \frac{I_2}{V_1} \right|_{V_2 = 0} \tag{A-11}$$

$$y_{22} = \left. \frac{I_2}{V_2} \right|_{V_1 = 0} \tag{A-12}$$

식 (A-9)의 의미는 입력 어드미턴스 y_{11}은 출력단자의 전압 V_2를 '0'으로 하였을 때, 입력단에서 측정되는 전류와 전압의 비를 말한다. 입력 및 출력 단자의 전압 V_1과 V_2를 '0'으로 한다는 것은 입력 또는 출력단자를 단락시킨다는 것을 의미한다.

3. H-parameter

Z 파라미터와 Y 파라미터를 혼용하여 사용한다는 의미에서 혼합(hybrid)의 약자로 H라고 하며, 2 포트 시스템을 식 (A-13)과 (A-14)로 정의한다.

$$V_1 = h_{11} I_1 + h_{12} V_2 \tag{A-13}$$

$$I_2 = h_{21} I_1 + h_{22} V_2 \tag{A-14}$$

여기에서 h_{11}은 입력 임피던스, h_{12}는 역방향 전압이득, h_{21}은 순방향 전류이득, h_{22}는 출력 어드미턴스라고 하며, 식 (A-15) ~ (A-18)과 같이 구할 수 있다.

$$h_{11} = \left. \frac{V_1}{I_1} \right|_{V_2 = 0} \tag{A-15}$$

$$h_{12} = \left.\frac{V_1}{V_2}\right|_{I_1=0} \tag{A-16}$$

$$h_{21} = \left.\frac{I_2}{I_1}\right|_{V_2=0} \tag{A-17}$$

$$h_{22} = \left.\frac{I_2}{V_2}\right|_{I_1=0} \tag{A-18}$$

트랜지스터의 공통이미터회로에서 순방향 전류이득을 h_{FE}라고 표현한 것은 식 (A-17)에서 출력단자를 단락시켰을 때(V_2=0) 입력전류에 대한 출력 전류의 비로 표현되기 때문이다.

Y-Δ 변환 해석

1. Δ 형에서 Y 형으로 변환

Y 형과 Δ 형의 회로에 대하여 각 저항을 그림 B-1과 같이 표현한다.

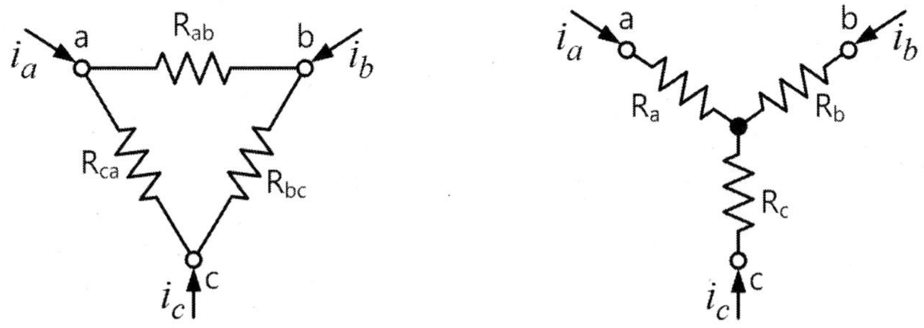

그림 B-1. Y형 회로와 Δ형 회로

Y 형과 Δ 형의 회로가 서로 등가가 되기 위해서는 각 단자 a, b, c에서 전압이 동일하며, 또한 흐르는 전류도 같아야 함을 뜻한다.

만일 그림 B-1의 두 회로가 등가라고 가정하면 단자 a가 개방하였을 때, 단자 b-c에서 본 저항이 서로 같아야 한다. 따라서

$$R_b + R_c = R_{bc} \,//\, (R_{ca} + R_{ab}) = \frac{R_{bc}(R_{ca} + R_{ab})}{R_{ab} + R_{bc} + R_{ca}} \qquad \text{(B-1)}$$

또한 단자 b를 개방하고 c-a에서 본 저항도 서로 같아야 하므로

$$R_c + R_a = \frac{R_{ca}(R_{ab} + R_{bc})}{R_{ab} + R_{bc} + R_{ca}} \qquad \text{(B-2)}$$

마지막으로 단자 c를 개방하고 a-b에서 본 저항은

$$R_a + R_b = \frac{R_{ab}(R_{bc} + R_{ca})}{R_{ab} + R_{bc} + R_{ca}} \tag{B-3}$$

위 식들은 첨자가 $a \rightarrow b \rightarrow c \rightarrow a$ 순서로 순환하고 있음을 알 수 있다.
위 식 (B-1) ~ (B-3)을 더하면

$$R_a + R_b + R_c = \frac{R_{ab}R_{bc} + R_{bc}R_{ca} + R_{ca}R_{ab}}{R_{ab} + R_{bc} + R_{ca}} \tag{B-4}$$

따라서 식 (B-4)에서 식 (B-1)~(B-3)를 각각 빼면

$$R_a = \frac{R_{ca}R_{ab}}{R_{ab} + R_{bc} + R_{ca}} \tag{B-5 a}$$

$$R_b = \frac{R_{ab}R_{bc}}{R_{ab} + R_{bc} + R_{ca}} \tag{B-5 b}$$

$$R_c = \frac{R_{bc}R_{ca}}{R_{ab} + R_{bc} + R_{ca}} \tag{B-5 c}$$

또한, 식 (B-5)을 각각 곱하면 식 (B-6)과 같이 된다.

$$R_aR_b = \frac{R_{ab}(R_{ab}R_{bc}R_{ca})}{(R_{ab} + R_{bc} + R_{ca})^2} \tag{B-6 a}$$

$$R_bR_c = \frac{R_{bc}(R_{ab}R_{bc}R_{ca})}{(R_{ab} + R_{bc} + R_{ca})^2} \tag{B-6 b}$$

$$R_cR_a = \frac{R_{ca}(R_{ab}R_{bc}R_{ca})}{(R_{ab} + R_{bc} + R_{ca})^2} \tag{B-6 c}$$

식 (B-6)을 더하여 정리하면 식 (B-7)과 같다.

$$R_a R_b + R_b R_c + R_c R_a = \frac{(R_{ab} R_{bc} R_{ca})}{R_{ab} + R_{bc} + R_{ca}} \tag{B-7}$$

Δ 형에서의 단자 a-b 사이의 저항 R_{ab}에 대하여 정리하면

$$R_{ab} = (R_a R_b + R_b R_c + R_c R_a) \times \frac{R_{ab} + R_{bc} + R_{ca}}{R_{bc} R_{ca}}$$

여기에 식 (B-5 c)를 대입하면

$$R_{ab} = \frac{R_a R_b + R_b R_c + R_c R_a}{R_c} \tag{B-8 a}$$

마찬가지 방법으로 Δ 형의 나머지 저항을 구하면

$$R_{bc} = \frac{R_a R_b + R_b R_c + R_c R_a}{R_a} \tag{B-8 b}$$

$$R_{ca} = \frac{R_a R_b + R_b R_c + R_c R_a}{R_b} \tag{B-8 c}$$

부록 C. 국제단위계에서 사용하는 약자

접두사	약자	크기	접두사	약자	크기
deci-	d-	10^{-1}	deka-	da-	10^{1}
centi-	c-	10^{-2}	hecto-	h-	10^{2}
milli-	m-	10^{-3}	kilo-	k-	10^{3}
micro-	μ-	10^{-6}	mega-	M-	10^{6}
nano-	n-	10^{-9}	giga-	G-	10^{9}
pico-	p-	10^{-12}	tera-	T-	10^{12}
femto-	f-	10^{-15}	peta-	P-	10^{15}
atto-	a-	10^{-18}	exa-	E-	10^{18}
zepto-	z-	10^{-21}	zetta-	Z-	10^{21}
yocto-	y-	10^{-24}	yotta-	Y-	10^{24}

부록 D. 그리스 문자

기호		문자명	기호		문자명
대문자	소문자		대문자	소문자	
Α	α	alpha	Ν	ν	nu
Β	β	beta	Ξ	ξ	xi
Γ	γ	gamma	Ο	ο	omicron
Δ	δ	delta	Π	π	pi
Ε	ε	epsilon	Ρ	ρ	rho
Ζ	ζ	zeta	Σ	σ	sigma
Η	η	eta	Τ	τ	tau
Θ	θ	theta	Υ	υ	upsilon
Ι	ι	iota	Φ	φ	phi
Κ	κ	kappa	Χ	χ	chi
Λ	λ	lambda	Ψ	ψ	psi
Μ	μ	mu	Ω	ω	omega

부록 E. 물리 상수

Constant Name	Symbol	Value
Atomic mass unit	amu	1.661×10^{-27} kg
Avogadro Number	No	6.022×10^{23} ea/mol
Boltzman Constant	k	1.380×10^{-23} J/K
Electron mass(rest)	m_e	9.109×10^{-31} kg
Electron Charge	e	1.6021×10^{-19} C
Faraday Constant	F	96484.56 Coulomb/mol
Gas Constant(molar)	R	8.314 j/K g-mol
Gravity Acceleration(STD)	g	9.806 m/s^2
Permeability of Vacuum	μ_0	1.257×10^{-6} T^2 m^3/J
Permittivity of Vacuum	ϵ_0	8.854×10^{-12} C^2/J m
Planck Constant	h	6.626×10^{-34} J s
Proton mass(rest)	m_p	1.673×10^{-27} kg
Rydberg Constant	R	2.180×10^{-18} J
Rydberg Constant	R_∞	10973731.534 m^{-1}
Speed of Light	c	2.9979×10^{8} m/s
Stefan-Boltzmann Constant	σ	5.57×10^{-8} $W(m^2K^4)$

Answer for Selected Problems

Chapter 1.

1-1	8.01 C
1-2	16.03 mA
1-3	5.56 A
1-4	4.8 C
1-5	0.11 Ω
1-6	(1) 6.8 kΩ ± 680 Ω (2) 1 kΩ ± 50 Ω (3) 47 Ω ± 4.7 Ω
1-7	30 V
1-8	전조등에 흐르는 전류 : I = 4 A 전자시계에 흐르는 전류 : I = 0.013 A
1-9	전류 : I = 0.275 A 소비전력 : P = 60.5 W
1-10	소비전력 : P = 22 W
1-11	전력량 : Wh = 1100 Wh
1-12	전류 I = 0.33 [A]
1-13	(1) 1800 원 (2) 2400 원 (3) 2400 원 (4) 6132 원
1-14	2.5 A

Chapter 2.

2-1	병렬 : R_3 와 R_4, $(R_3//R_4)$와 R_5		
	직렬 : R_1와 R_2와 등가저항「$(R_3//R_4) + R_5$ 」		
2-2	$V_{R2} = 10.054$ V,	$I_{R2} = 5.027$ mA,	
	$V_{R3} = V_{R4} = 4.865$ V,	$I_{R3} = 2.432$ mA,	
	$I_{R4} = 1.622$ mA		
2-3	$R_T = 333\ \Omega$,	$I_T = 36.036$ mA	
2-4	$V_{330\Omega} = 1.681$ V		
2-5	from left Resistor, Current flow from left to right,		
~	$V_{2k} = 3.628$ V,	$V_{3k} = 8.373$ V,	
2-8	$V_{1k} = 0.977$ V,	$V_{2k} = 9.348$ V,	
	$V_{1k} = -5.651$ V,	$I_{2k} = 1.814$ mA,	
	$I_{3k} = 6.628$ mA,	$I_{1k} = -0.977$ mA,	
	$I_{2k} = 4.674$ mA,	$I_{1k} = -5.651$ mA,	
2-9	$R_X = 168\ \Omega$		
2-10	$R_{TH} = 1.14\ k\Omega$,	$V_{TH} = 4.552$ V,	
	$V_{RL} = 2.901$ V		
2-11	$I_N = 5$ mA,	$R_{TH} = 1\ k\Omega$	
2-12	$V_{RL,500\Omega} = 1.667$ V,	$I_{RL,500\Omega} = 3.333$ mA	
	$V_{RL,1k\Omega} = 2.5$ V,	$I_{RL,1k\Omega} = 2.5$ mA	
2-13	$R_{TH} = 0.667\ k\Omega$,	$V_{TH} = 7.333$ V,	$I_N = 11$ mA,
	$V_{RL} = 5.499$ V,	$I_{RL} = 2.749$ mA	
2-14	$I_N = 8$ mA,	$R_{TH} = 2.5\ k\Omega$	
2-15	$13.333\ \Omega$		
2-16	0.716 A		

Chapter 3.

3-1	(1) 88.54 pF	(2) 44.27 pF	(3) 664.05 pF
3-2	(1) 1.771 nC	(2) 885.4 pC	(3) 13.281 nC
3-3	100nF ± 10% (90 nF ~ 110 nF), 20nF ± 5% (19 nF ~ 21 nF)		
3-4	1.059 μF		
3-5	4 times		
3-6	(1) 300 ms	(2) skip	(3) maintain 10 V
3-7	(1) 300 ms,	(2) 750 ms	
3-8	0.25 times		
3-9	5.923 mH		
3-10	(1) 4.16 μs (3) τ = 1.667 ms and I = 0.736 mA at $t = \tau$	(2) I = 5 mA	

Chapter 4.

4-1	A. permanent magnetic, B. current flow along a conducting medium C. time-variable Electric field
4-2	Fleming Right-hand rule : motor, Fleming Left-hand rule : generator
4-3	2.5 T
4-4	from B to the coil
4-5	2 times
4-6	2 times

4-7	Fleming Left-hand rule		
4-8	$I = 120\ mA$		
4-9	Magnetic relay, Speaker, Microphone etc.		

Chapter 5.

5-1	$V_{rms} = 10.607\ V$,	$f = 5\ Hz$	
5-2	$V_{rms} = 220\ V$,	$V_P \fallingdotseq 311\ V$	
5-3	$V_1 = 10\ V$,	$V_2 = 4.330\ V$,	$V_3 = 5.657\ V$
5-4	$I = 100\ mA$		
5-5	$F = 2\times10^{-3}\ N$		
5-7	$V_S = 60\ V$,	$I_{RL} = 60/R_L$	
5-8	$V_S = 15\ V$,	$I_S = 50\ mA$	
5-9	$I_{L,1:10} = 10\ mA$,	$I_{L,3:1} = 300\ mA$	
5-10	(1) $f = 66.67\ Hz$, (2) $f = 33.33\ Hz$, (3) $f = 33.33\ Hz$		
5-11	10 : 1		
5-12	lower transmission power loss		
5-13	distance = 52 km,	$T_2 = 2 : 1$	

Chapter 6.

6-1	$X_C = 677\ \Omega$,	$Z = 1.2\ k\Omega$
6-2	$C = 69.5\ nF$,	$\theta = 66.4°$

6-3	θ = 82.84°		
6-4	X_L = 6.283 Ω, Z = 6.840 kΩ	X_C = 6.773 kΩ,	
6-5	C = 15.9 nF		
6-6	Low-pass Filter,	f_C = 7.958 Hz	
6-7	almost 0		
6-8	(1) X_L = 1.885 Ω, (3) Z = 3.386 kΩ (5) Z = 335 Ω, (7) (5) is capacitive circuit and (6) is inductive circuit	(2) X_C = 3.386 kΩ, (4) f_R = 4.238 kHz, (6) Z = 184 Ω	
6-9	(1) BW = 10 kHz, (3) 550 mH	(2) Q = 99 (4) R = 34.55 kΩ	
6-10	(1) f_R = 1.642 kHz (3) Z_{max} = 14.184 kΩ (4) BW = 23.87 Hz and $f_{C,L}$ = 1.630 kHz, $f_{C,H}$ = 1.654 kHz	(2) Q = 68.76	

Chapter 7.

7-1	(1) electron : 2.25×10^4, (2) electron : 10^{18},	hole : 10^{16} hole : 2.25×10^2	
7-2	electron : 1.95×10^{18}	hole : 1.15×10^2	
7-3	0.7 V above, forward bias		
7-4	burn out		
7-5	(1) 2.53 TA (2) –50 μA		
7-6	(1) I_{RL} = 0.1 A,	V_{RL} = 10 V	P_{RL} = 1 W

	(2) I_{RL} = 0.1 A,	V_{RL} = 9.3 V	P_{RL} = 0.93 W
	(3) I_{RL} = 0.095 A,	V_{RL} = 9.3 V	P_{RL} = 0.884 W
7-7	main power on,	D_1 : ON, D_2 : OFF	
	main power failure,	D_1 : OFF, D_2 : ON	
7-8	avalanche breakdown and zener breakdown		
7-9	use external resistor at anode		
7-10	I = 11.76 mA at V_S = 10 V		
	I = 19.11 mA at V_S = 15 V		
7-12	터널 다이오드에 인가되는 역바이어스 전압이 증가함에 따라 전도대의 전자들이 가전자대의 정공들과 재결합으로 인해 전류가 증가하다가 이 과정이 끝나고 나면 전류가 다시 감소하게 된다. 이 구간을 부성저항의 특성을 가지는 영역이라고 하며, 계속 역방향 바이어스가 증가하면 항복 현상에 의해 다시 전류가 급격하게 증가하게 된다.		

Chapter 8.

8-1

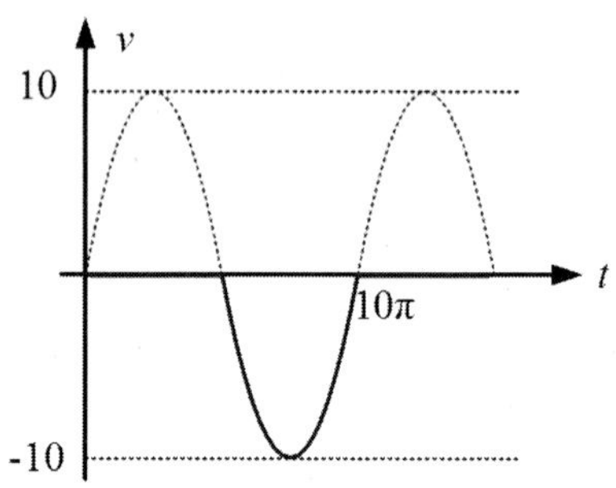

8-2

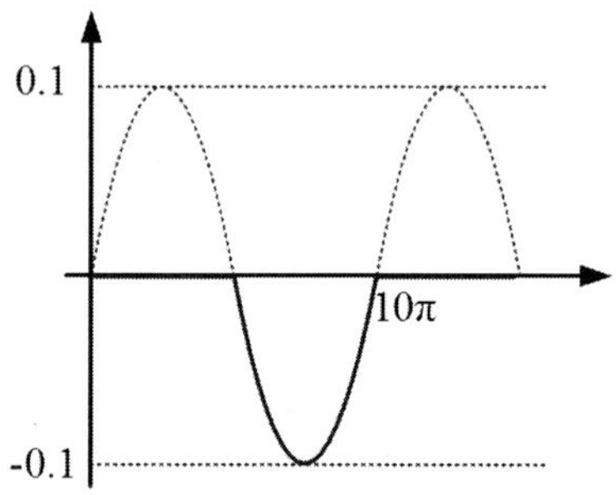

8-3

(1) $v = 4.3\ V$, $P_{R_L} = \dfrac{v_{rms}^2}{R_L} = \dfrac{9.245}{R_L}$

(2) $v = 8.6\ V$, $P_{R_L} = \dfrac{v_{rms}^2}{R_L} = \dfrac{36.98}{R_L}$

8-4 7.07%

8-5	Half-wave Rectifier : V_{DC} = 0.318 V_P, V_{rms} = 0.5 V_P, 157% Full-wave Rectifier : V_{DC} = 0.636 V_P, V_{rms} = 0.707 V_P, 111%
8-6	C = 2.4 mF, 0.5%로 감소
8-7	C가 작아질수록 맥동이 커진다.
8-8	Diode : 1st Approx. 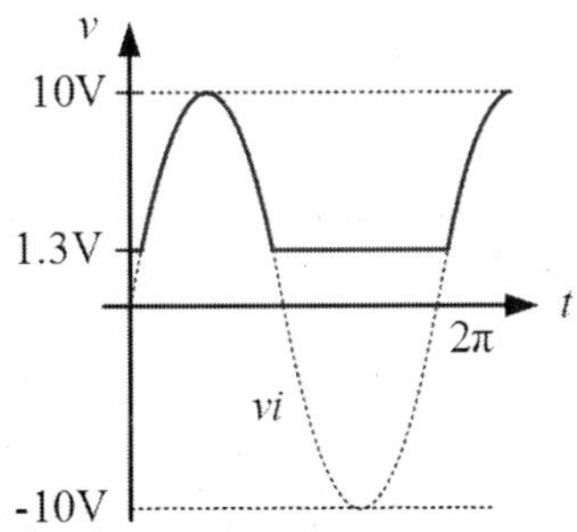
8-9	Diode : Ideal case 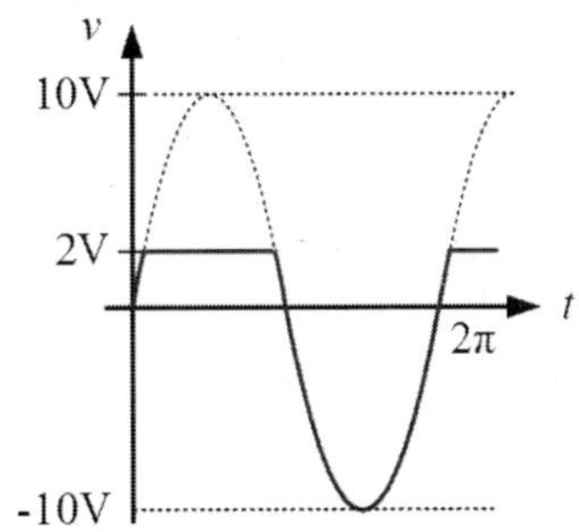
8-12	$I_{R=200\Omega}=0.05\,A$, $I_{R=1k\Omega}=0.01\,A$

Chapter 9.

9-1	Emitter-Base : Forward Bias, Base-Collector : Reverse Bias
9-2	트랜지스터에서 신호의 증폭시 일그러짐을 방지하기 위함
9-3	I_B : 1 mA ~ 3 mA DC forward Gain : 30 AC forward Gain : $\frac{90-30}{3-1}=30$
9-4	$A_V = 28.28$

9-5	입력임피던스가 매우 커서 부하에 전달하는 전압을 높일 수 있다.
9-6	Av = 117
9-7	Ci, C_O : DC blocking and AC coupling capacitors, C_E : Bypass capacitor

Chapter 10.

10-2	$v_{out} = -0.303\,V$
10-3	$v_{out} = -25\,V_1 - 50\,V_2$
10-4	전압 폴로우는 비반전 증폭기를 이용한 것이며, 트랜지스터를 이용한 이미터 폴로우와 같은 특징을 가진다.
10-6	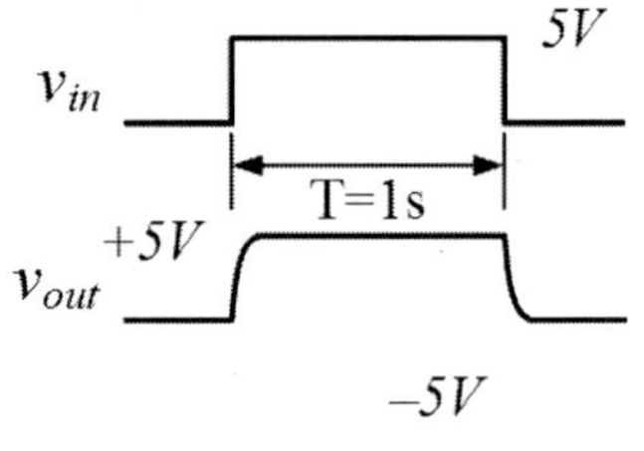
10-7	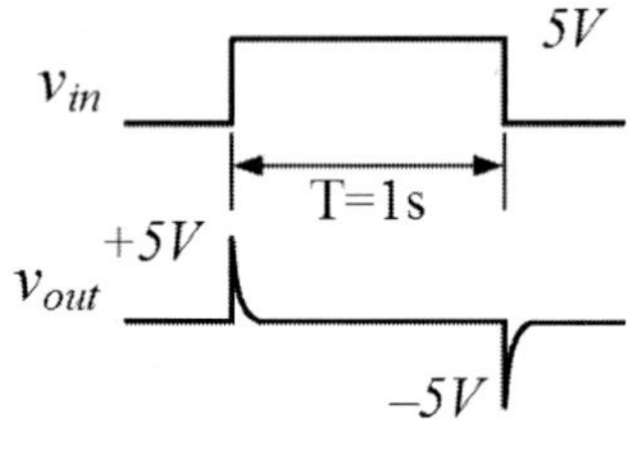

Chapter 11.

11-1	혼선을 방지, 안테나 길이의 효율성, 고전력으로 장거리 전송

11-3 Wideband Noise : white noise(thermal noise),

11-4 진폭변조 : 정보신호의 크기에 따라 반송파의 진폭을 변화시킴
주파수변조 : 정보신호의 크기에 따라 반송파의 주파수를 변화시킴
진폭변조는 쉽게 변조가능하며 시스템이 간단함
주파수변조는 진폭변조보다 시스템은 복잡하지만 잡음에 강함

11-5

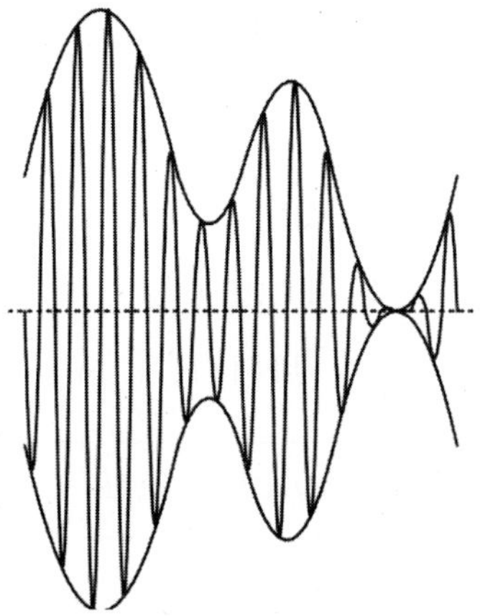

11-6 정보신호의 일그러짐이 발생한다.

11-7 85 cm

Chapter 12.

12-1 (1) 86, (2) 255

12-2 (1) 100011.11 (2) 11011.0011

12-3 (1) $(135)_8$, $(5D)_H$ (2) $(1264)_8$, $(2B4)_H$

12-4 색은 RGB로 각각 지정하며, 각각 2 자리의 16진수로 표현한다.
R = 51, G = 153, B = 204

12-5 (1) 부호-크기 : 00100101
부호-1의 보수, 부호-2의 보수 : 양의 값이므로 동일

(2) 부호-크기 : 11100100

부호-1의 보수 : 10011011　　부호-2의 보수 : 10011100

(3) 부호-크기 : 10101101

부호-1의 보수 : 11010010　　부호-2의 보수 : 11010011

12-6	(1) 00110100 (+52) 00101011 + (+43) 01011111 (→ +95)	(2) 01100110 (+102) 10011000 + (−104) 11111110 (→ −2)
	(3) 01010111 (+87) 11110001 − (+15) 01001000 (→ +72)	(4) 01001101 (+77) 00101101 − (−45) 01111010 (→ +122)
12-7	(1) 0010 0101	(2) 0010 0101 0110
12-8	(1) 0011 (3) 0101 + (5) 1000 (→ +8)	(2) 1001 (9) 0111 + (7) 0001 0000 0110 0001 0110 (→ 16)
12-9	(1) 11111110	(2) 00100010
12-10	01001110 01000001 01010110 01011001	
12-11	(1) 101000101001	(2) 001101111011
12-12	(1) 3rd bit error	(2) no errors
12-13	F = x'y'z + x'yz + xy'z + xyz'	
12-14	F = (x+y+z)(x+y'+z')(x'+y+z)(x'+y'+z')	
12-15	(2) F = x'y + z	(3) F = cd' + bc + b'c'd
12-16	(1) F = yz' + x'z' + wxy'z	(2) F = w'z + xz + y'z

Chapter 13.

13-1 220 ns

13-2 $A_4B_4 + A'_4B'_4 + A_3B_3 + A'_3B'_3 + A_2B_2 + A'_2B'_2 + A_1B_1 + A'_1B'_1$

13-3

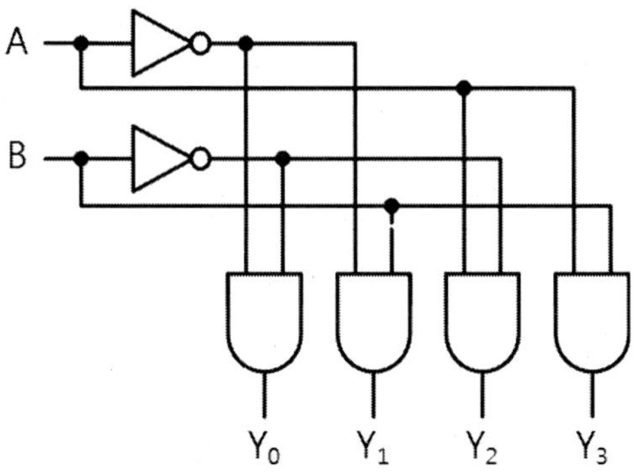

13-4 (1)

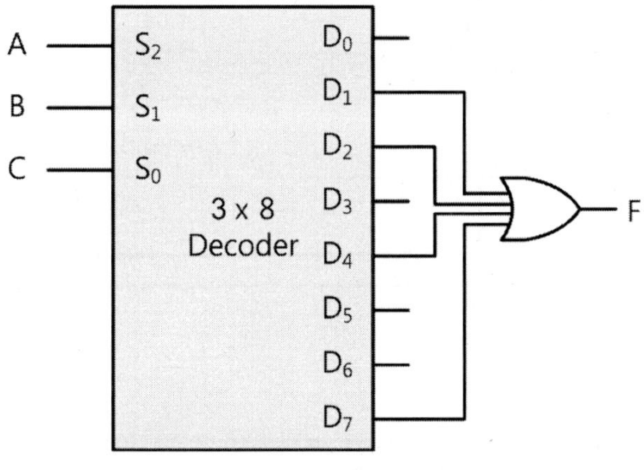

13-5

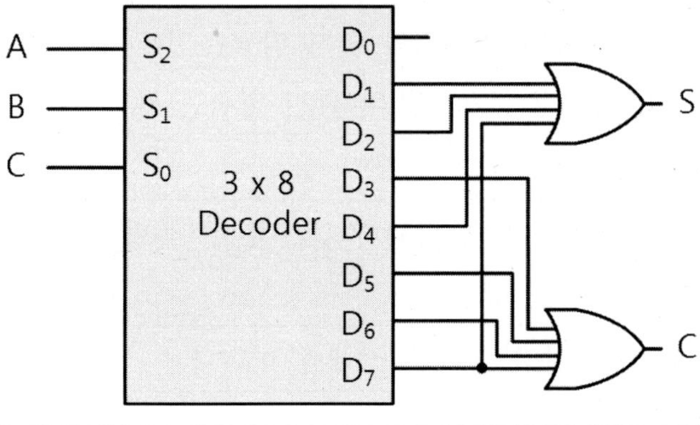

13-6	control logic gate to operate
13-8	Decoder : set high one state corresponding to n-bit inputs Demultiplexer : from one channel input to one of output channels by combinations of select bits
13-9	(1) 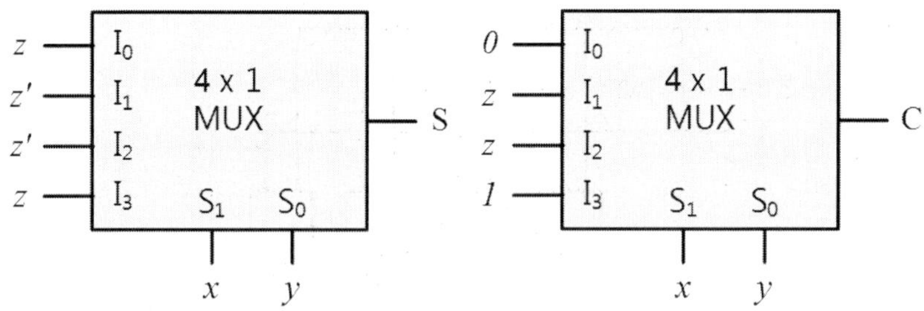 (3) 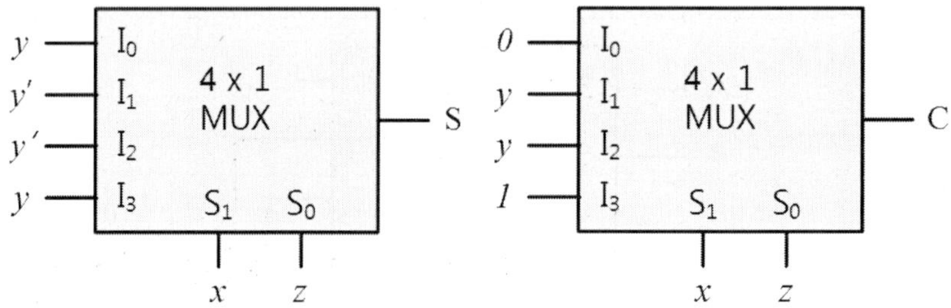

Chapter 14.

14-2	1(initial state) → 1 → 0 → 1 → 1
14-3	NOR gate를 사용한 RS FF의 금지 입력은 '11' NAND gate를 사용한 RS FF의 금지 입력은 '00'
14-5	플립플롭의 동작을 동기화 시킬 수 있다.
14-6	R과 S에 동시에 '1'이 입력되지 않도록 한 플립플롭 D의 입력을 '0'으로 한다.
14-7	T 입력이 '1'이 되면 출력은 상태를 변한다.

14-8	JK flip flop의 진리표로부터 Q'(t+1) = J'K'Q' + J'KQ' + J'KQ + JKQ = J'Q' + KQ
14-9	진리표 : 각 플립플롭의 입력에 따라 출력이 어떻게 나타날 것인가를 표시하는 표 특성표 : 각 플립플롭의 입력에 따라 다음 상태의 출력이 어떻게 변할 것인가를 나타낸 표
14-10	CLR 단자 : JK 플립플롭의 출력을 모두 '0'으로 만들어 주는 단자 PR 단자 : JK 플립플롭의 출력을 모두 '1'으로 만들어 주는 단자
14-11	TTL : 보편적으로 사용 ECL : 고속의 처리속도를 요구하는 경우, 소비전력이 높다 MOS : 고밀도로 제작해야 하는 경우 CMOS : 전력소비가 작으며, 동작속도가 빠르다. 제작 비용이 높고, 낮은 집적도를 가진다.
14-12	1011(초기) → 1101 → 0110 → 0011 → 1001 → 0100 → 1010
14-13	플립플롭이 T와 JK로 다르며, 클럭펄스의 입력이 다르다. 등
14-14	2 개

찾아보기

◈ 저자 ◈

정석문
부산대학교 전자공학과 학사(1985)
부산대학교 전자공학과 공학박사(1994)
현 해군사관학교 전기전자공학과 교수(1993~)
현 해군해양연구소 기획운영실장(2010~)
저서 : Easy 전기전자공학 개론
해군 무기체계공학 개론

홍우영
해군사관학교(1982, 36기)
연세대학교 전자공학과 석사(1985)
미국 University of Minnesota 박사(1991)
미국 해군사관학교 전기공학과 교환교수(1997-2000)
국방과학연구소 위촉연구원
국방대학교 안전보장대학원(2008)
현 해군사관학교 공학처장 겸 해군해양연구소장
(해군대령)

Easy 전기전자공학 개론

2011년 2월 10일 2판1쇄 발행
2012년 9월 5일 2판2쇄 발행
2014년 9월 3일 2판3쇄 발행
2021년 2월 19일 2판4쇄 발행

저 자 정석문, 홍우영
펴낸이 이 길 안
펴낸곳 세종출판사

부산광역시 중구 흑교로 71번길 12(보수동2가)
전화 463-5898, 253-2213~5
팩스 248-4880
E-mail sjpl@chollian.net

출판등록 제02-01-96

값 20,000원

ISBN 978-89-6125-455-7 93560